ゾル-ゲルテクノロジーの最新動向

Current Status of Sol-Gel Technology

監修：幸塚広光
Supervisor：Hiromitsu Kozuka

シーエムシー出版

刊行にあたって

　ゾル-ゲル法に関する4冊の書籍がシーエムシー出版から出版されている。
　　2000年「ゾル-ゲル法応用技術の新展開」（作花済夫監修）
　　2005年「ゾル-ゲル法のナノテクノロジーへの応用」（作花済夫監修）
　　2010年「ゾル-ゲル法技術の最新動向」（作花済夫監修）
　　2014年「ゾル-ゲル法の最新応用と展望」（野上正行監修）
本書籍はこのシリーズの5冊目にあたる。ゾル-ゲル法にかかわる最新の学術・技術情報を提供していただくべく，今回も第一線で活躍しておられる国内の研究者の方々に執筆をお願いした。その結果，大学から31件，企業から7件，公的研究機関から4件（大学との共著1件を含む），計41件の記事を集録することができた。

　このシリーズの最初の書籍が出版されてからすでに17年が経過している。昨今，学会発表や学術雑誌に見られる最近の研究に方向性の類似したものが目につくことが少なくないが，本書の読後感はこれとは逆であって，どのような問題意識のもとで何を制御・開拓しようとしているかという点に「多様性」がまざまざと感じられる。そして「多様性」は無限の可能性を感じさせてくれる。同じ研究室に所属する複数の研究者に異なるテーマでの執筆を依頼することを可能としてくれたのもこのような状況あってこそのことである。このように，多様性と広がりに支えられたゾル-ゲル法に関わる科学技術の進歩と深化には目を瞠るものがある。

　ゾル-ゲル法に初めて触れようとする読者もおられるかもしれない。そして，第2章で郡司天博教授がゾル-ゲル法の定義について触れておられるにもかかわらず，「ゾル-ゲル法とは何であるか，本書を読んでもよく分からなかった」と思われる方もおられよう。これについてひと言触れておく。「アルコキシドの加水分解によって生成するゾルがゲル化する過程を含む材料合成法」がゾル-ゲル法であることに異論をもつ研究者はいない。しかし，「アルコキシド以外の原料を使用する方法」や「ゲル化過程を含まない方法」をゾル-ゲル法とよんでよいかどうかについては，研究者間で見解が分かれる。研究者にとって，自身の方法がゾル-ゲル法に分類されるかどうかは必ずしも重要ではないかもしれないし，ひょっとすると本書の著者のなかにも自身の方法をゾル-ゲル法とよばれるのは困るという方がおられる可能性もある。私見であるが，ゾル-ゲル法であるか否かの峻別は，関連する科学・技術の発展に寄与しないように思われる。（学術用語にはこのようなものは多くある。「セラミックス」などもそうであろう。セラミックスであるか否かを厳しく区別しても，その材料の物質科学的理解は深まらない。）大切なことは，プロセスの各段階で何が起こっているかを認識し，思考やアイディアの創出に役立てることである。本書の各記事で紹介されるそれぞれの場面で「何が起こっているか」に注意を向け，勇気をもって

ゾル-ゲル法と（何となく）よばれている科学技術の分野に飛び込んでいただければと願う。

　最後になったが，御多忙中にもかかわらず，貴重な記事を執筆して下さった皆様に心より感謝申し上げる。

2017年7月

関西大学教授
幸塚広光

執筆者一覧（執筆順）

幸塚 広光	関西大学 化学生命工学部 化学・物質工学科 教授	
郡司 天博	東京理科大学 理工学部 先端化学科 教授	
金子 芳郎	鹿児島大学 学術研究院 理工学域工学系 准教授	
菅原 義之	早稲田大学 理工学術院 先進理工学部 応用化学科；早稲田大学 各務記念材料技術研究所 教授	
中西 和樹	京都大学 大学院理学研究科 化学専攻 准教授	
金森 主祥	京都大学 大学院理学研究科 化学専攻 助教	
下嶋 敦	早稲田大学 理工学術院 教授	
黒田 一幸	早稲田大学 理工学術院 教授	
内山 弘章	関西大学 化学生命工学部 化学・物質工学科 准教授	
髙橋 雅英	大阪府立大学 大学院工学研究科 物質化学系専攻 教授	
横井 敦史	豊橋技術科学大学 総合教育院 研究員	
武藤 浩行	豊橋技術科学大学 総合教育院 教授	
長田 実	(国研)物質・材料研究機構 国際ナノアーキテクトニクス研究拠点 主任研究者	
伴 隆幸	岐阜大学 工学部 化学・生命工学科 教授	
徳留 靖明	大阪府立大学 大学院工学研究科 准教授	
赤松 佳則	セントラル硝子㈱	
犬丸 啓	広島大学 大学院工学研究科 応用化学専攻 教授	
金指 正言	広島大学 大学院工学研究科 化学工学専攻 准教授	
都留 稔了	広島大学 大学院工学研究科 化学工学専攻 教授	
平社 英之	旭硝子㈱ 商品開発研究所 新商品第1グループ マネージャー	
増田 万江美	旭硝子㈱ 商品開発研究所 新商品第1グループ	
米田 貴重	旭硝子㈱ 商品開発研究所 新商品第1グループ グループリーダー	
鈴木 一子	㈱KRI エネルギー材料研究部 主任研究員	
福井 俊巳	㈱KRI エネルギー材料研究部 部長；執行役員	
松川 公洋	京都工芸繊維大学 分子化学系 研究員	
河村 剛	豊橋技術科学大学 電気・電子情報工学系 助教	
垣花 眞人	東北大学 多元物質科学研究所 副所長・教授	
小林 亮	東北大学 多元物質科学研究所 助教	
加藤 英樹	東北大学 多元物質科学研究所 准教授	

冨田　恒之	東海大学　理学部　化学科　准教授	
佐藤　泰史	岡山理科大学　理学部　化学科　准教授	
片桐　清文	広島大学　大学院工学研究科　応用化学専攻　准教授	
村井　俊介	京都大学　大学院工学研究科　材料化学専攻　助教	
梶原　浩一	首都大学東京　大学院都市環境科学研究科　分子応用化学域　准教授	
小谷　佳範	キヤノン㈱　R&D本部　材料・分析技術開発センター　主任研究員	
藤原　　忍	慶應義塾大学　理工学部　応用化学科　教授	
中島　智彦	(国研)産業技術総合研究所　先進コーティング技術研究センター　グリーンデバイス材料研究チーム　主任研究員	
土屋　哲男	(国研)産業技術総合研究所　先進コーティング技術研究センター　副センター長	
下田　達也	北陸先端科学技術大学院大学　先端科学技術研究科　マテリアルサイエンス学系　教授	
伊藤　真樹	ダウコーニング（東レ・ダウコーニング）　Resins, Coatings, and Adhesives Product Development，フェロー	
今井　宏明	慶應義塾大学　理工学部　教授	
渡辺　洋人	東京都産業技術研究センター　研究員	
神谷　和孝	日本板硝子㈱　グループファンクション部門　研究開発部	
忠永　清治	北海道大学　大学院工学研究院　応用化学部門　教授	
大幸　裕介	名古屋工業大学　生命・応用化学専攻　助教	
松田　厚範	豊橋技術科学大学　大学院工学研究科　教授	
長谷川丈二	九州大学　大学院工学研究院　応用化学部門(機能)　助教	
元木　貴則	青山学院大学　理工学部　助手	
曽山　信幸	三菱マテリアル㈱　中央研究所　電子材料研究部　部長補佐	
坂本　　渉	名古屋大学　未来材料・システム研究所　材料創製部門　材料プロセス部　准教授	
三村　憲一	(国研)産業技術総合研究所　無機機能材料研究部門　テーラードリキッド集積グループ　研究員	
加藤　一実	(国研)産業技術総合研究所　理事	
城﨑　由紀	九州工業大学　大学院工学研究院　物質工学研究系　応用化学部門　准教授	

目　次

【序論】

第1章　統計に見るゾル-ゲルテクノロジーの動向　　幸塚広光

1 はじめに …………………………………… 1
2 論文に見るゾル-ゲルテクノロジーの
　動向 ………………………………………… 1
　2.1 論文数全体の動向 …………………… 1
　2.2 応用分野別動向 ……………………… 3
　2.3 形態・態様別動向 …………………… 5
3 国内特許に見るゾル-ゲルテクノロジー
　の動向 ……………………………………… 5
　3.1 出願特許件数全体の動向 …………… 5
　3.2 応用分野別動向 ……………………… 8
　3.3 形態・態様別動向 …………………… 11
4 おわりに …………………………………… 12

【基礎編：反応，構造制御，構造形成】

第2章　メタロキサンの合成　　郡司天博

1 はじめに …………………………………… 15
2 シロキサン結合の生成反応 ……………… 16
3 ゾルの生成とその条件 …………………… 17
　3.1 反応モル比 …………………………… 18
　3.2 溶媒，触媒，反応系の液性（pH）
　　　 ……………………………………… 18
　3.3 金属アルコキシドの反応性と官能性
　　　 ……………………………………… 19
4 加水分解重縮合過程の追跡 ……………… 20
　4.1 反応の in situ 解析 ………………… 20
　4.2 ゾルの誘導体化と単離および構造確
　　　認 …………………………………… 20

第3章　構造制御されたイオン性シルセスキオキサンおよび環状シロキサンの創成　　金子芳郎

1 はじめに …………………………………… 24
2 イオン性ロッド状／ラダー状ポリシルセ
　スキオキサンの合成 ……………………… 24
　2.1 カチオン性側鎖置換基を有するラ
　　　ダー状ポリシルセスキオキサンの
　　　合成 ………………………………… 24
　2.2 アニオン性側鎖置換基を有するラ
　　　ダー状ポリシルセスキオキサンの
　　　合成 ………………………………… 26
3 アンモニウム側鎖置換基含有POSS誘導
　体の合成 …………………………………… 28
　3.1 側鎖にアンモニウム基を有する
　　　POSSの高収率・短時間合成 …… 28
　3.2 2種のアンモニウム側鎖置換基を有
　　　する低結晶性POSSの合成 ……… 29
　3.3 POSS連結型可溶性ポリマーの簡易

合成 …………………… 30
4　単一構造のアンモニウム基含有環状テトラシロキサンの合成 ……………… 31
5　シロキサン骨格を含むイオン液体の合成 ……………………………… 32
　5.1　ランダム型オリゴシルセスキオキサン構造を含むイオン液体の合成
　　　…………………… 32
　5.2　POSS構造を含むイオン液体の合成 …………………………………… 32
　5.3　環状オリゴシロキサン構造を含むイオン液体の合成 ……………… 33
6　おわりに ……………………………… 34

第4章　架橋型前駆体を用いたゾル-ゲル反応による有機-無機ハイブリッド材料の作製　　菅原義之

1　はじめに ……………………………… 37
2　ケイ素系架橋型前駆体からの有機-無機ハイブリッド形成 ………………… 38
3　ケイ素系架橋型前駆体からの有機-無機ハイブリッド材料 ……………… 41
　3.1　ジホスホン酸から作製される有機-無機ハイブリッド材料の応用 ……… 42
4　おわりに ……………………………… 43

第5章　マルチスケール多孔質材料の構造制御　　中西和樹

1　はじめに ……………………………… 46
2　加水分解と縮合・析出反応の制御 …… 46
3　酸化チタン系 ………………………… 47
4　酸化アルミニウム系 ………………… 48
5　様々な価数をもつ金属酸化物系への拡張 …………………………………… 50
6　リン酸塩系マクロ多孔体の構造制御 …………………………………… 52
7　おわりに ……………………………… 54

第6章　有機-無機ハイブリッドエアロゲルの合成と性質　　金森主祥

1　はじめに～エアロゲルとは ………… 57
2　代表的なシリカエアロゲルとその問題点 ………………………………… 58
3　有機-無機ハイブリッドによる高強度・柔軟化 ……………………………… 59
　3.1　ハイブリッド系における設計指針 …………………………………… 59
　3.2　ポリメチルシルセスキオキサン系 …………………………………… 60
　3.3　ポリエチルシルセスキオキサンおよびポリビニルシルセスキオキサン系 …………………………………… 61
　3.4　有機架橋ポリシルセスキオキサン系 …………………………………… 63
　3.5　有機架橋ポリメチルシロキサン系 …………………………………… 65
4　まとめと今後の展望 ………………… 66

第7章 自己組織化プロセスによるシロキサン系ナノ構造体の創製　　下嶋 敦, 黒田一幸

1 はじめに ………………………………… 69
2 有機シラン／シロキサン化合物の自己組織化によるメソ構造体形成 ………… 69
3 オリゴシロキサンの自己組織化と分散によるナノ粒子合成 …………………… 71
4 水素結合を利用したかご型シロキサンの配列制御 ……………………………… 72
5 光応答性材料への展開 ………………… 73
6 おわりに ………………………………… 75

第8章 ゾル-ゲルディップコーティング膜における自発的な表面パターン形成　　内山弘章

1 はじめに ………………………………… 77
2 Bénard-Marangoni対流によるセル状パターンの形成 ……………………………… 77
 2.1 Bénard-Marangoni対流 ………… 77
 2.2 Bénard-Marangoni対流を利用した表面パターニング ………………… 78
 2.3 Bénard-Marangoni対流によって生じるセル状パターンのサイズ制御 ……………………………………… 80
3 低速ディップコーティングにおけるストライプパターンの形成 ………………… 83
 3.1 低速ディップコーティング ……… 83
 3.2 スティック-スリップモーションによるパターン形成 …………………… 84
 3.3 スティック-スリップモーションによって生じるストライプパターンのサイズ制御 ………………………… 85
4 おわりに ………………………………… 86

第9章 金属水酸化物の表面におけるミクロ多孔性金属有機構造体の成長　　髙橋雅英

1 はじめに ………………………………… 89
2 金属有機構造体（MOF）……………… 89
3 金属水酸化物を前駆体としたMOF薄膜の作製 …………………………………… 90
4 ヘテロエピタキシャル成長による配向性MOF薄膜 ………………………………… 94
5 まとめ …………………………………… 98

第10章 ナノ粒子活用のための複合化開発　　横井敦史, 武藤浩行

1 はじめに ………………………………… 100
2 微構造制御のための粉末デザイン …… 101
3 静電吸着複合法 ………………………… 103
4 集積複合粒子を原料とした機能性複合材料の作製 ………………………………… 104
5 静電吸着複合法の応用展開：エアロゾル

デポジション法……………105 6 おわりに……………………109

第11章 ナノシートの合成と集積化による高機能材料の創成　　長田　実

1 はじめに……………………110
2 ナノシートの合成……………110
3 ナノシートの集積による高次ナノ構造体の構築……………………113
4 おわりに……………………117

第12章 無機ナノフレークやナノシートのボトムアップ合成　　伴　隆幸

1 はじめに……………………119
2 金属酸ナノシートのボトムアップ合成反応……………………119
3 金属酸ナノシートの形態制御………121
　3.1 金属錯体を原料とした合成………121
　3.2 多結晶ナノシートの合成………122
　3.3 イオン液体中での金属酸ナノフレークのボトムアップ合成……………123
4 ナノシートをビルディングユニットとしたナノ材料作製……………………124
　4.1 ゾルゲル薄膜の作製………124
　4.2 アナターゼ型酸化チタンのナノ材料作製……………………124
5 おわりに……………………125

第13章 層状水酸化物材料の合成と構造制御　　德留靖明

1 はじめに……………………127
2 層状複水酸化物（LDH）とは………127
3 水酸化物材料の一般的な合成法……128
4 水酸化物材料のナノ/マクロ構造制御……………………129
　4.1 界面・表面への水酸化物結晶の析出……………………129
　4.2 水酸化物ナノ材料の合成………130
　4.3 多孔性水酸化物材料の合成………132
5 まとめと今後の展望……………133

第14章 ゾル-ゲルコーティングの成膜条件と膜品質「成膜欠陥防止のためのヒント」　　赤松佳則

1 はじめに……………………135
2 実用化例（ゾル-ゲル法の有用性）……135
　2.1 表面形状制御されたシリカ系薄膜……………………135
　2.2 低温硬化シリカ厚膜………136
　2.3 赤外線カットガラス………137
　2.4 高滑水性ガラス………137
3 成膜現場における問題点（成膜欠陥につ

いて）……………………138
4　基板温度が表面形状に及ぼす影響……139
5　成膜をより安定化させるためには……144

6　おわりに（ゾル-ゲル技術への期待）
　　………………………………145

第15章　樹脂を基板とする酸化物結晶薄膜の作製　　幸塚広光

1　はじめに……………………147
2　ウェットプロセスに基づく既存技術
　　………………………………147
3　筆者らのゾル-ゲル転写技術………149
4　より高温で焼成した薄膜の転写………150
5　薄膜と樹脂基板の密着性……………154
6　おわりに……………………157

【機能編：光，電気，化学，生体関連】

第16章　メソポーラスシリカで結晶粒子を包含したナノ触媒・光触媒の合成と機能　　犬丸　啓

1　はじめに……………………159
2　酸化チタン粒子をメソポーラスシリカで包含した複合構造と光触媒機能………159
3　粒子の形の整ったナノ粒子をメソポーラスシリカで包含した複合体：$SrTiO_3$ナノキューブ-メソポーラスシリカ複合体によるCO_2還元反応………………165
4　おわりに……………………167

第17章　シリカ系分子ふるい膜の細孔構造制御と透過特性　　金指正言，都留稔了

1　はじめに……………………169
2　多孔膜における透過機構……………170
3　ゾル-ゲル法による多孔質シリカ膜
　　………………………………171
4　アモルファスシリカネットワーク構造制御……………………………172
　4.1　Si-H基の反応性を用いた細孔構造制御……………………………172
　4.2　アニオンドープ……………177
5　おわりに……………………179

第18章　撥水ウィンドウガラス　　平社英之，増田万江美，米田貴重

1　はじめに……………………181
2　撥水性の発現メカニズム……………181
3　転落性の発現メカニズム……………182
4　撥水ガラスの設計……………183
5　撥水ガラスの実現……………185
6　おわりに……………………188

第19章　フッ素フリー撥水撥油材料の開発　　鈴木一子，福井俊巳

1　はじめに …………………………… 190
2　フッ素フリー撥水撥油材料の作製 …… 190
3　フッ素フリー撥水撥油材料の特徴 …… 192
　3.1　ナノ相分離構造 ………………… 192
　3.2　機械特性 ………………………… 193
　3.3　耐熱性 …………………………… 193
　3.4　プライマリーフリーでの成膜性
　　　 …………………………………… 194
4　まとめ ……………………………… 196

第20章　金属酸化物ナノ粒子分散体の調製と有機無機ハイブリッド透明材料への応用　　松川公洋

1　はじめに …………………………… 197
2　シランカップリング剤によるジルコニアナノ粒子分散体の作製と問題点 …… 198
3　2段階法によるジルコニアナノ粒子分散体の調製 ……………………………… 199
4　デュアルサイト型シランカップリング剤によるジルコニアナノ粒子分散体の調製 ………………………………………… 201
　4.1　ビスフェニルフルオレン誘導体からのデュアルサイト型シランカップリング剤とその適用 ……………………… 201
　4.2　ジアリルフタレートからのデュアルサイト型シランカップリング剤とその適用 ………………………………… 204
5　おわりに …………………………… 207

第21章　金属ナノ粒子分散機能性メソ多孔体の創成　　河村　剛

1　はじめに …………………………… 209
2　メソ多孔体中での銀ナノロッドの精密アスペクト比制御 …………………… 209
3　異方性メソ多孔体鋳型を用いた1次元金ナノ構造体の配向制御と偏光特性 …… 211
4　アナターゼを含むメソ多孔体への金ナノ粒子の析出と紫外〜近赤外光利用高効率光触媒への応用 ……………………… 212
5　おわりに …………………………… 216

第22章　無機クラスターを活用した水溶液プロセスによる蛍光体の合成　　垣花眞人，小林　亮，加藤英樹，冨田恒之，佐藤泰史

1　はじめに …………………………… 217
2　グリコール修飾シラン（GMS）を活用したケイ酸塩系蛍光体の合成 ……… 218
3　ポリエチレングリコール修飾リン酸エステルを活用したリン酸塩蛍光体の合成
　 ……………………………………… 222
　3.1　水溶性リン酸エステルの製法とその性質 …………………………………… 222

| 3.2 水溶性リン酸エステルを用いた蛍光体の合成 …………………224 | 4 ケイ酸塩及びリン酸塩系材料の今後の展開 …………………224 |

第 23 章　無機ナノ粒子を用いた機能性複合材料の合成　　片桐清文

1 はじめに …………………………227
2 磁性ナノ粒子をコアとするコア-シェル粒子の合成 …………………228
3 磁性ナノ粒子と多糖ナノゲルのハイブリッド材料のバイオメディカル応用 …………………………231
4 近赤外光による光線力学療法のためのハイブリッドナノクラスター …………234
5 おわりに ………………………236

第 24 章　プラズモニクスとゾル-ゲル法を利用した新規光機能材料の創成　　村井俊介

1 はじめに …………………………238
2 領域 I（ナノギャップ領域） ………239
　2.1 大面積ナノギャップ構造作製のためのテンプレート ……………239
　2.2 メソポーラスシリカ基板を利用した金メソグレーティング構造作製 ……………………………240
　2.3 SERS 特性 …………………241
3 領域 II（光回折領域） ……………242
　3.1 光回折アレイ ………………242
　3.2 光回折アレイによる発光制御 …243
　3.3 メソポーラスシリカ層の屈折率による光回折アレイの共鳴波長制御 ……………………………246
4 まとめ …………………………247

第 25 章　光機能性シリカガラスの合成　　梶原浩一

1 はじめに …………………………250
2 希土類フッ化物ナノ結晶含有シリカガラス ……………………………250
3 希土類-アルミニウム共ドープシリカガラス …………………………251
4 希土類オルトリン酸塩ナノ結晶含有ガラス ……………………………253
5 おわりに ………………………258

第 26 章　ゾル-ゲル法を用いた高性能反射防止膜 'SWC' の開発　　小谷佳範

1 はじめに …………………………260
2 サブ波長構造による塗布型反射防止膜の製法 ……………………………261
3 カメラ用レンズへの適用 …………261

4 おわりに ……………………266

第27章 マルチ機能性発光材料　藤原 忍

1 はじめに ……………………268
2 磁性と発光 …………………268
3 光触媒と発光 ………………270
4 温度センシングと発光 …………272
5 化学センシングと発光 …………273

第28章 前駆体膜及び結晶化エネルギー投入手法の最適化による電気・光機能性酸化物コーティングの高度化　中島智彦，土屋哲男

1 はじめに ……………………277
2 化学溶液法により塗布された前駆体膜の光結晶化 ……………………278
3 ハイブリッド溶液光反応法によるフレキシブル酸化物電気機能性材料の創製 ……………………280
4 ナノ粒子／溶液ハイブリッド分散液を用いた高特性ポーラス光電極の作製 …282
5 まとめ ………………………285

第29章 InO系前駆体ゲルの構造とインプリント成形への応用　下田達也

1 はじめに ……………………287
2 酸化物の液体プロセス ……287
3 InO系クラスターゲルの紹介 ………288
4 InO系（ITO）溶液から作製したゲルの凝集力の評価 ……………………289
5 InO系クラスターゲルのプロセス性 ……………………294
6 まとめ ………………………296

第30章 高輝度LED用シリコーン封止材　伊藤真樹

1 はじめに ……………………297
2 シリコーンとその特性 ……297
3 シリコーンのLED封止材への応用 ……………………299
4 おわりに ……………………304

第31章 スーパーマイクロポーラスシリカの合成と応用　今井宏明，渡辺洋人

1 はじめに ……………………306
2 背景 …………………………306

- 2.1 多孔質シリカ材料 …………………306
- 2.2 メソポーラスシリカ ………………307
- 2.3 メソポーラスシリカからスーパーマイクロポーラスシリカへ ………307
- 3 スーパーマイクロポーラスシリカの合成 …………………………………308
  - 3.1 無溶媒合成法 ………………………308
  - 3.2 スーパーマイクロ孔のサイズ制御 …………………………………308
- 4 スーパーマイクロポーラスシリカの応用 1：分子ホスト ………………309
  - 4.1 揮発性有機分子吸着 ………………309
- 4.2 蛍光分子ホスト ……………………310
- 5 スーパーマイクロポーラスシリカの応用 2：量子ドットの合成と機能開拓 …311
  - 5.1 量子ドット …………………………311
  - 5.2 WO_3 量子ドットの合成と光触媒能の制御・向上 ………………312
  - 5.3 CuO 量子ドットの合成とサーモクロミズム ………………………313
  - 5.4 In_2O_3 量子ドットの合成と蛍光量子収率の増大 ……………………314
- 6 まとめ …………………………………314

第32章　自動車用熱線カットガラス　　神谷和孝

- 1 はじめに ………………………………317
- 2 熱線カットガラスの目標性能 ………317
  - 2.1 熱線カット性能 ……………………317
  - 2.2 電波透過性 …………………………319
  - 2.3 熱線カット材料 ……………………319
- 3 課題 ……………………………………320
- 4 アプローチ ……………………………321
- 5 熱線カットガラス ……………………323
- 6 おわりに ………………………………326

第33章　電池材料合成における液相法の利用　　忠永清治

- 1 はじめに ………………………………327
- 2 電池材料における液相合成法について …………………………………327
- 3 リチウムイオン二次電池用材料の合成 …………………………………327
- 4 リチウムイオン二次電池材料への表面コーティング ………………………329
- 5 リチウムイオン伝導性固体電解質の合成 …………………………………330
- 6 電気化学キャパシタ用材料 …………332
- 7 おわりに ………………………………333

第34章　プロトン伝導性と表面水酸基の結合状態　　大幸裕介

- 1 はじめに ………………………………335
- 2 溶融法で作製したガラスのプロトン伝導性 …………………………………335
- 3 ゾル-ゲル法で作製したガラスのプロトン伝導性 ……………………………337
- 4 水素との反応によって生成する OH 基

　　　　　　　　　　……………………339
5　重水素を利用したOH基の活性評価
　　　　　　　　　　……………………340
6　ゾル-ゲル法を用いたプロトン伝導体の
　　作製例……………………………342
7　ゾル-ゲル法で作製したH$^+$放出エミッ
　　ターを用いた室温大気圧H$^+$放出……342

第35章　イオン伝導性複合体　　松田厚範

1　はじめに………………………………346
2　プロトン伝導体の作製と燃料電池への応
　　用……………………………………346
3　水酸化物イオン伝導体の作製と金属空気
　　電池への適用………………………350
4　リチウムイオン伝導体の作製と全固体リ
　　チウムイオン電池の構築…………353
5　まとめ………………………………357

第36章　カーボン材料の設計と電気化学特性評価　　長谷川丈二

1　はじめに………………………………359
2　カーボン材料の作製………………359
3　多孔性カーボンモノリスの作製と細孔構
　　造制御………………………………360
4　多孔性カーボンモノリスへのヘテロ原子
　　の導入………………………………362
5　モノリス型カーボン電極…………362
6　電気二重層キャパシタ……………363
7　ナトリウムイオン二次電池………365
8　おわりに……………………………366

第37章　超伝導薄膜　　元木貴則

1　はじめに………………………………368
2　超伝導薄膜について………………368
3　溶液法による超伝導層の成膜……370
　　3.1　TFA-MOD法における動向……370
　　3.2　フッ素フリーMOD法における動向
　　　　………………………………371
　　3.3　水溶液を用いた溶液法の動向……373
4　溶液法を用いた金属基板や中間層への展
　　開……………………………………374
5　おわりに……………………………375

第38章　強誘電体材料・強誘電体薄膜の開発　　曽山信幸

1　はじめに………………………………377
2　ゾルゲル法による強誘電体薄膜の形成と
　　MEMS分野適用への課題…………378
3　圧電MEMS用厚膜形成用PZTゾルゲル
　　液の開発……………………………379
4　大型基板への工業用成膜技術の開発
　　………………………………………381
5　ドーピング技術による膜特性の改善
　　………………………………………383
6　おわりに……………………………385

第39章　無鉛圧電セラミックス薄膜の開発　　坂本　渉

1　はじめに……………………386
2　無鉛圧電セラミックス材料と薄膜化プロセス，圧電セラミックス薄膜の応用分野……………………387
3　ニオブ酸アルカリ化合物系無鉛圧電セラミックス薄膜の化学溶液法による作製……………………389
　3.1　ニオブ酸アルカリ系無鉛圧電セラミックス薄膜作製のための前駆体コーティング溶液の調製と前駆体の解析……………………389
　3.2　ペロブスカイトニオブ酸アルカリ系薄膜作製における揮発性元素に関する組成制御……………………389
　3.3　ニオブ酸アルカリ系薄膜への機能元素ドープによる電気的特性向上……………………391
　3.4　ニオブ酸アルカリ系薄膜の配向制御による高機能化……………………392
　3.5　ニオブ酸アルカリ系薄膜の微細加工と圧電セラミックス薄膜作製に関する将来展望……………………394
4　まとめ……………………396

第40章　次世代デバイス用誘電体単結晶ナノキューブ三次元規則配列集積体　　三村憲一，加藤一実

1　はじめに……………………398
2　ペロブスカイト型誘電体酸化物単結晶ナノキューブの水熱合成……………………398
3　チタン酸バリウムナノキューブ三次元規則配列構造の作製……………………399
4　チタン酸バリウム系ナノキューブ三次元規則配列構造体の電気特性……………………402
5　まとめ……………………407

第41章　シリカおよびシロキサンを含む有機-無機複合材料の生体応答性　　城﨑由紀

1　はじめに……………………410
2　ケイ素の生体内における役割………410
3　バイオガラスから溶出するケイ酸種と骨形成……………………412
4　シリカ，シリケートおよびシロキサン結合を含む有機-無機複合体……………………413
5　まとめ……………………415

【序論】

第1章　統計に見るゾル-ゲルテクノロジーの動向

幸塚広光*

1　はじめに

　産業界の方々から「現在と近未来のゾル-ゲルテクノロジーの動向について知見を提供して下さい」と尋ねていただくことが少なからずある。実際，大学人として「肌で感じる動向」というものがないわけではないが，それらは国内学会，国際会議，学術論文などの限られた場や媒体から感じられるものに過ぎず，それらをもって「これがゾル-ゲルテクノロジーの動向です」などと胸を張って伝える勇気を筆者はもたない。勇気をもてない原因は，筆者には産業界に身を置いて商品を開発した経験がないことにある。大学には，科学技術について夢を創造する責務があろう。しかし，夢は本来個人のものであり（それ故に価値があるとも言えるのであるが），個人の夢を「世の中の動向」であるがごとく喧伝する勇気もまた筆者はもたない。

　このようなわけであるので，漠然としたものであっても「動向」について情報を提供すべく，ささやかではあるけれど，ゾル-ゲル法に関連する「全世界の論文」と「国内出願特許」の統計をとってみることにした。統計はどこまでいっても統計に過ぎず，また，総計の取り方によって結果に大きい違いを生じることもあろう。また，統計の取り方を工夫することによって分析を精密化できることもできる。しかし，時間と力量に限りがあるなかでの統計調査を，敢えて試みることにした。

2　論文に見るゾル-ゲルゲクノロジーの動向

2.1　論文数全体の動向

　Web of Science™ を使い，2000〜2016年に全世界で発表された論文数の推移を調べた。ただし，Web of Science™ Core Collection をデータベースとした。また，科学技術全般にかかわる論文の数を調べる際には，社会科学，芸術，人文分野の論文の数を排除するために，引用索引を Science Citation Index Expanded に限定した。

　まず，ゾル-ゲル法に関わる論文の数の推移を調べた。検索時にどのようなキーワードを設定するかによって論文ヒット件数は大きく変化する。様々な試行錯誤の結果，今回は表1に挙げるキーワードを設定し，キーワードを「トピック」として含む論文を検索した。sol-gel や alkoxide だけをキーワードとしたときにヒットする論文を「狭義のゾル-ゲル関連論文」とし，

---

*　Hiromitsu Kozuka　関西大学　化学生命工学部　化学・物質工学科　教授

wet process や solution process などをもキーワードとしたときにヒットする論文を「広義のゾル-ゲル関連論文」とした。ただし，いずれの場合にも，アルコキシドを前駆体とするCVDに関する論文が含まれることがないよう，表1に示すように，排除すべきキーワードも設定した。

図1に検索結果を示す。図1に見られるように，ゾル-ゲル関連論文の数は年々急速に増えている。2016年の時点で狭義のゾル-ゲル関連論文は広義のそれの約70％を占め，1年間に広義のゾル-ゲル関連論文は約9,000件，狭義のそれは約6,500件発表されている。図1には全科学技術論文数の推移も示したが，広義のゾル-ゲル関連論文数の増大率は，全科学技術論文数のそ

表1 ゾル-ゲル関連論文を検索するために設定したキーワード

	検索に用いたキーワード（トピック）	排除したキーワード（トピック）
ゾル-ゲル（狭義）	sol-gel* or from-alkoxide-solution* or alkoxide-precursor* or alkoxide-derived	CVD* or MO-CVD* or chemical-vapor-deposit* or metal-organic-CVD or metal-organic-chemical-vapor-deposit*
ゾル-ゲル（広義）	sol-gel* or from-alkoxide-solution* or alkoxide-precursor* or alkoxide-derived or wet-process* or solution-process* or solution-route* or wet-route* or chemical-solution-deposit* or metal-organic-deposit*	CVD* or MO-CVD* or chemical-vapor-deposit* or metal-organic-CVD or metal-organic-chemical-vapor-deposit*

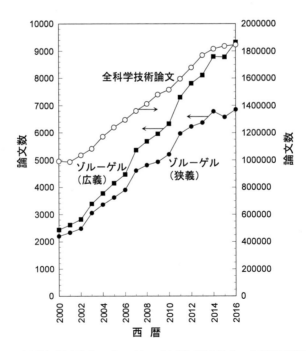

図1 ゾル-ゲル（狭義）関連論文，ゾル-ゲル（広義）関連論文，全科学技術論文の数の推移
検索にあたり，表1に示すキーワードを使用した。

第1章 統計に見るゾル-ゲルテクノロジーの動向

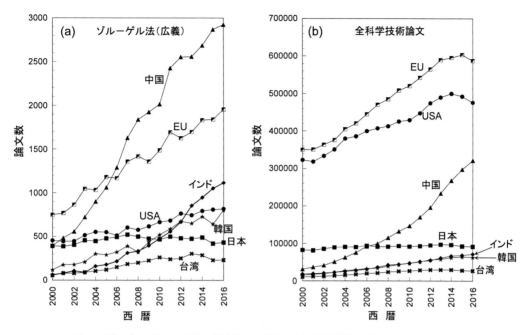

図2 (a) ゾル-ゲル（広義）関連論文の数と (b) 全科学技術論文の数の国別推移

れを上回る。

広義のゾル-ゲル関連論文数の国別の推移を図2aに示す。参考として，全科学技術論文数の国別推移を図2bに示す。中国とヨーロッパ（ここではEU 28ヶ国を対象とした）で全科学技術論文数の増加が著しいが（図2b），この傾向は，ゾル-ゲル関連論文数についても見られる。ただし，中国のゾル-ゲル関連論文は，増加率だけでなく数の上でも抜きん出ている（図2a）。インドにおいて，全科学技術論文の増加率は目立たないが（図2b），ゾル-ゲル関連論文の増加率は著しい（図2a）。これらとは対照的に，全科学技術論文と同様に，日本のゾル-ゲル関連論文の数はこの16年間ほぼ横ばい状態にある。科学技術論文の動向については文部科学省がより詳しい統計データを公表しているが[1,2]，動向の原因についての見解はあまり述べていないようである。さまざまな議論のある問題であろうが，それらを掘り下げるのが本稿の目的ではないので，最近話題となった文献を参考文献として挙げるにとどめておく[3〜5]。

2.2 応用分野別動向

ゾル-ゲル法関連論文がどのような応用分野にかかわるものであるかを調べるために，表2に挙げる17の応用分野を設定した。そして，表1の「ゾル-ゲル法（広義）」でヒットした論文のうち，表2に挙げるキーワードを「トピック」として含む論文を検索し，その数を調べた。応用分野に関するキーワードを設定するのにあたっても試行錯誤があった。電池関連のキーワードの設定にとくに工夫が必要であり，「cell」をキーワードとしながらも，「細胞」に関するものを排

除する必要があった。また,「electrode」「electrochemistry」「electrolyte」「conductor」などのキーワードについても,電池に関連するそれらに限定する必要があった。「capacitor」や「capacitance」をキーワードとしながらもヒットする論文を「電気化学キャパシタ」や「電気二重層キャパシタ」に関するものに限定する必要があった。これと裏返しのことが誘電体関連のキーワードの設定においても必要となり,「capacitor」や「capacitance」をキーワードとしながらも「電気化学キャパシタ」や「電気二重層キャパシタ」に関するものを排除する必要があった。

表2 応用分野別ゾル-ゲル関連論文を検索するために設定したキーワード

分野	検索に用いたキーワード(トピック)
電気・電子	electric* or electronic* or semiconduct* or transistor* or TFT*
センサ	sensor* or sensing* or chemosens*
電池	battery or batteries or fuel-cell* or SOFC or ((electrode* or cathode* or anode* or electrochemi* or electrolyte* or conductor* or conductivit*) and cell*) or capacitor* or capacitance not (solar* or dielectric* or ferroelectric* or piezoelectric* or MEMS or micro-electro-mechanical-system*)
磁性	magnet*
熱電	thermoelectric*
誘電・圧電	(dielectric* or capacitor* or capacitance* or ferroelectric* or piezoelectric* or MEMS or micro-electro-mechanical-system*) not (electrochem* or battery or batteries or cell*)
マルチフェロイック	multiferroic*
イオン伝導	proton-conduct* or ionic-conduct* or proton-conduct* or solid-state-electrolyte* or solid-electrolyte* or solid-state-ionic*
光学	optic* or luminescen* or photoluminescen* or refractive or antireflective or reflective or fluorescen* or phosphor* or cathodoluminescen* or photonic*
光触媒・太陽電池	photocatal* or photoelectrochem* or photoelectrode* or photodegrad* or water-splitting or solar-cell* or photovoltaic or solar-energy
触媒	catal* or electrocatal*
医用・生体	medica* or bio* or anti-bacterial or dental* or dentist* or bone* or tissue-engineering or drug* or osteo* or protein or hydroxyapatite or tooth or teeth or enzyme* or cyto*
機械(硬さ・耐摩耗・破壊)	mechanical* or hardness* or hard-coat* or abrasi* or anti-abrasi* or load-bear* or fatigue or wear* or fracture* or toughness*
親水・撥水・親油・撥油	hydrophobic* or super-hydrophobic* or hydrophilic* or super-hydrophilic* or wettabilit* or wetting* or water-repellen* or oil-repellen* or lipophil*
保護膜	protective-coat* or protective-film* or protective-thin-film* or protective-layer* or passivat* or corrosi* or anti-corrosi* or anti-oxid*
分離膜	filtrat* or nanofiltrat* or ultrafiltrat* or microfiltrat* or membrane* or permeat* or permeab* or reverse-osmosis* or selective-membrane* or barrier-membrane* or gas-separati* or liquid-separati*
断熱・伝熱	thermal-insulat* or heat-insulat* or thermal-barrier* or heat-barrier* or thermal-conduct* or heat-conduct*

第 1 章　統計に見るゾル-ゲルテクノロジーの動向

このようにして調べたゾル-ゲル応用分野別論文数の推移を図 3a に示す。いずれの応用分野にかかわるゾル-ゲル関連論文も，数の上では増加の一途をたどっている。その中でも「光学」「電気・電子」「光触媒」に関連する論文が，増加傾向の上でも数の上でも目立つ。すでに述べたように，全科学技術論文全般と同様にゾル-ゲル関連論文の数が年々増加している（図 1）。そこで，各年それぞれの応用分野の論文数（図 3a）をその年のゾル-ゲル関連論文総数（図 1）で割って比率を求めることによって，応用分野の動向の変化が浮かび上がると考えた。その結果を図 3b に示す。この図から，「光触媒・太陽電池」関連論文の比率の増加傾向が著しいことがわかる。「電気・電子」関連論文の比率の増加傾向もこれについで大きい。「光学」「医用・生体」「磁性」に関連する論文の比率にも増加傾向が認められる。その他の分野の論文の比率はほぼ横ばい状態と見ることができるが，「誘電・圧電」関連論文の比率には減少傾向が見られる。

2.3　形態・態様別動向

ゾル-ゲル法によって作製される材料の形態・態様が，論文数の上でどのような推移をたどっているかを調べることにした。具体的には，薄膜，ファイバー，複合体，粒子・粉末，有機・無機ハイブリッド，エアロゲル，多孔体を取り上げ，検索のために，表 3 に記載したキーワードを設定した。ただし，「粒子・粉末」には core-shell, nano rod, nano-crystal, LDH, nanosheet など，最近話題になっているものも含めた。同様に，「有機・無機ハイブリッド」には MOF を，「多孔体」には mesoporous を含めた。なお，作製された材料がこれらの形態・態様をもつものを検索するためには，これらのキーワードを「トピック」ではなく「タイトル」に含む論文を検索する必要があると判断した。そこで，表 1 において「ゾル-ゲル法（広義）」でヒットした論文のうち，これらのキーワードを「タイトル」に含む論文の件数を調べた。その結果を図 4a に示す。いずれの形態・態様の材料に関するゾル-ゲル関連論文も増加しているが，数の上では「薄膜」に関するものが最も多く，その次に「粒子・粉末」に関するものが多い。応用分野別論文について行ったのと同様に，各年の各形態・態様の材料に関する論文数（図 4a）を，各年のゾル-ゲル（広義）関連論文数（図 1）で割って比率を求めた。その結果を図 4b に示す。「薄膜」に関連する論文については，数は増加しているが（図 4a），比率はむしろ減少傾向にあることがわかる（図 4b）。「粉末・粒子」関連論文の比率には増加傾向が見られる。絶対数は大きくないものの，「ファイバー」や「複合体」に関する論文の比率にはわずかながら増加傾向が見られる。「エアロゲル」や「多孔体」に関する論文の比率はほぼ横ばい，「有機・無機ハイブリッド材料」に関する論文の比率は若干減少しているようにも見える。

3　国内特許に見るゾル-ゲルテクノロジーの動向

3.1　出願特許件数全体の動向

国内出願特許の検索を行った。公開特許公報を対象とし，設定したキーワードを出願特許の要

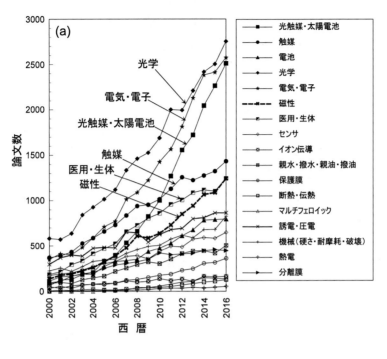

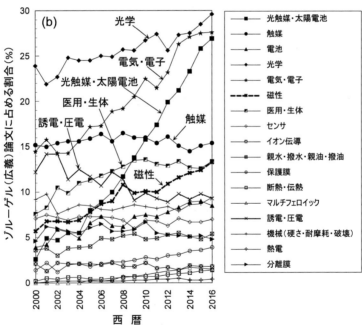

図3 応用分野別ゾル-ゲル（広義）関連論文の（a）件数と（b）割合の推移
検索にあたり，表1に加え，表2に示すキーワードを使用した。

第1章 統計に見るゾル-ゲルテクノロジーの動向

表3 材料の形態・態様別ゾル-ゲル関連論文を検索するために設定したキーワード

形態	検索に用いたキーワード（タイトル）
薄膜	film* or coat* or layer* or membrane*
ファイバー	fiber* or nanofiber* or wire* or nanowire* or filament* or electrosp*
複合体	composite* or nano-composite*
粒子・粉末	nanoparticle* or paticle* or powder* or colloid* or core-shell* or nano-rod* or nano-crystal* or LDH or layered-double-hydroxide or nano-sheet*
有機・無機ハイブリッド	hybrid* or nanohybrid* or supramolecul* or MOF or metal-organic-framework*
エアロゲル	aerogel*
多孔体	mesoporous or mesopore* or porous or pore* or nano-porous or nano-pore* or micro-porous or micro-pore* or macro-porous or macro-pore*

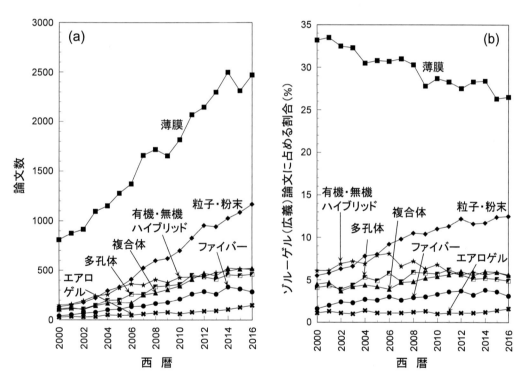

図4 材料の形態・態様別ゾル-ゲル（広義）関連論文の (a) 件数と (b) 割合の推移
検索にあたり，表1に加え，表3に示すキーワードを使用した。

約または請求項に含むものの公報発行年ごとの件数を調べた。

　論文を検索したときと同様に，「ゾル-ゲル法（狭義）」と「ゾル-ゲル法（広義）」にかかわる出願特許件数の推移を調べるために，表4に挙げるキーワードを設定した。国内の出願特許を検索する際には日本語のキーワードを設定する必要があり，日本語ならではの設定上の工夫が必要であった。検索結果を図5に示す。図5には「ゾル-ゲル法（狭義）」「ゾル-ゲル法（広義）」

表4 ゾル-ゲル関連国内出願特許を検索するために設定したキーワード

	検索に用いたキーワード（要約・請求項）
ゾル-ゲル（狭義）	ゾル-ゲル or ゾルゲル or ゾル・ゲル or アルコキシド
ゾル-ゲル（広義）	ゾル-ゲル or ゾルゲル or ゾル・ゲル or アルコキシド or ウェットプロセス or ウェット法 or 湿式プロセス or 湿式法 or 溶液プロセス or 溶液法 or CSD法 or 化学溶液堆積 or 塗布熱分解 or 有機金属分解法

図5 ゾル-ゲル（狭義）関連国内出願特許，ゾル-ゲル（広義）関連国内出願特許，国内全出願特許の数の推移
検索にあたり，表4に示すキーワードを使用した。

にかかわる出願特許件数の推移とともに，国内の全出願特許件数の推移も示した。ゾル-ゲル法にかかわる出願特許の数は概ね2008年以降減少しているが，これは，全出願特許の2002年以降の減少に追随した傾向であるように見える。特許出願の現状については特許庁が公開する特許行政年次報告書[6]で詳しく述べられており，同報告書2012年版第1部第2章[7]は，2000年代以降の特許出願の減少要因として，特許出願の厳選，外国出願・国際出願への振替などを挙げている。そのほかの要因を指摘する特許事務所もある[8]。

3.2 応用分野別動向

「ゾル-ゲル法（広義）」でヒットする出願特許に対して，論文に適用したのと同様の応用分野を設定し，分析した。すなわち，表4の「ゾル-ゲル法（広義）」でヒットした論文のうち，表5

第 1 章　統計に見るゾル-ゲルテクノロジーの動向

に挙げるキーワードを要約または請求項に含む出願特許の件数を調べた。キーワード設定上の日本語ならではの工夫がここでも必要であった。例えば，電池関連分野にかかわる出願特許を検索するにあたり，「蓄電」「正極」「負極」などをキーワードとして採用できる一方で，触媒関連分野の検索を行うに際し，「触媒」をキーワードとしながらも「光触媒」を除外する必要があった。解析結果を図 6a に示す。件数の多いトップ 3 は「電気・電子」「光学」「触媒」（光触媒を含まない）にかかわるものであるが，ゾル-ゲル関連特許と同様に，2008 年以降，その数は減少傾向を示している。その次に数が多いのは，「医用・生体」「機械（硬さ・耐摩耗・破壊）」「誘電・圧電」「親水・撥水・親油・撥油」関連の出願特許である。2016 年の時点での論文件数のトップ 3

表 5　応用分野別ゾル-ゲル関連国内出願特許を検索するために設定したキーワード

分野	検索に用いたキーワード （要約・請求項）	排除したキーワード （要約・請求項）
電気・電子	電子 or 電気 or 半導 or トランジスタ or TFT	
センサ	センサ or センシング	
電池	電池 or 正極 or 負極 or 電気化学キャパシタ or 電気二重層キャパシタ or 蓄電	太陽電池
磁性	磁気 or 磁性 or 磁化	
熱電	熱電	
誘電・圧電	誘電 or キャパシタ or ピエゾ or 圧電 or MEMS or 振動発電	電気化学キャパシタ or 電気二重層キャパシタ
マルチフェロイック	マルチフェロイック	
イオン伝導	プロトン伝導 or イオン伝導 or 固体電解質	
光学	光学 or ルミネッセンス or ルミネセンス or 屈折率 or 反射 or フルオレッセンス or フロオレセンス or 蛍光 or 発光 or 燐光 or りん光 or フォトニック	
光触媒	光触媒 or 光電極 or 湿式太陽電池 or 光電気化学 or 光陽極 or 光陰極 or 光半導体 or 水の分解 or 水の完全分解	
触媒	触媒	光触媒
医用・生体	医用 or 医療 or 生体 or バクテリア or 歯科 or 骨 or 組織工学 or ドラッグ or タンパク質 or 蛋白質 or たんぱく質 or たん白質 or アパタイト or 酵素 or 細胞	
機械（硬さ・耐摩耗・破壊）	機械的 or 力学的 or 硬さ or 硬度 or ハードコー or 磨耗 or 摩耗 or 疲労 or 破壊 or 靭性 or 脆性 or タフネス	
親水・撥水・親油・撥油	撥水 or 親水 or 撥油 or 親油 or 濡れ	
保護膜	保護膜 or 保護コート or 防食 or 防蝕 or 腐食 or 腐蝕 or 耐酸化 or パッシベーション or パッシヴェーション	
分離膜	ろ過 or ろ材 or 分離膜 or メンブランフィルタ or メンブレンフィルタ or ふるい or 篩 or 選択膜 or 浸透膜	
断熱・伝熱	断熱 or 熱遮断 or 熱バリア or 熱伝導 or 熱拡散	

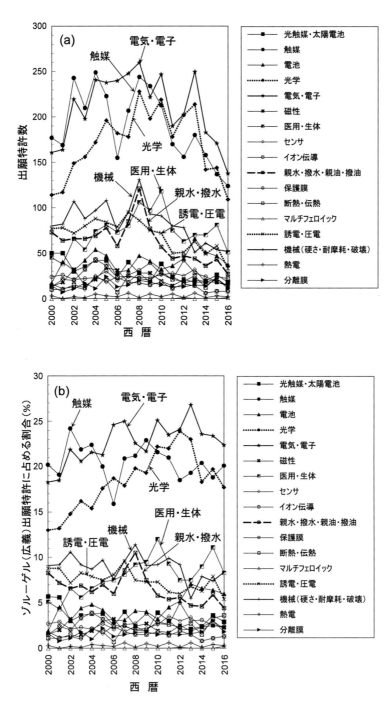

図6 応用分野別ゾル-ゲル(広義)関連国内出願特許の (a) 件数と (b) 割合の推移
検索にあたり,表4に加え,表5に示すキーワードを使用した。

第 1 章　統計に見るゾル-ゲルテクノロジーの動向

は「光学」「電気・電子」「光触媒・太陽電池」であるが（図3b），出願特許では「光学」「電気・電子」に加え，「光触媒」ではなく「触媒」が入る点に大きい違いがある。また，論文ではいずれの応用分野でも件数が増加しているが，出願特許で件数が増加し続ける応用分野はない。

　論文について行ったのと同様に，各年の各々の応用分野の出願特許件数（図6a）をその年のゾル-ゲル関連出願特許の総数（図5の「ゾル-ゲル（広義）」）で割り，応用分野別比率の推移を調べた。その結果を図6bに示す。「光学」関係の出願特許件数の割合は2012年まで増加しているが，それ以外の分野ではほぼ一定の割合で推移している。特許出願の世界では，「光学」分野を除き，ゾル-ゲル法がかかわる各応用分野に向けられる関心の強さは過去16年間あまり変化していないと見ることができる。

3.3　形態・態様別動向

　論文で行ったのと同様に，ゾル-ゲル法によって作製される材料の形態・態様が，出願特許件数の上でどのような推移をたどっているかを調べた。論文で取り上げた形態（表3）と同じ形態を選び，検索のために表6に記載したキーワードを設定した。そして，表4の「ゾル-ゲル法（広義）」でヒットした論文のうち，表6に挙げたキーワードを要約または請求項にもつ出願特許の件数を調べた。その結果を図7aに示す。「薄膜」関連の件数が突出して多く，その次に「粒子・粉末」関連のものが多い。いずれの形態に関連するものも，図5に見られるゾル-ゲル関連全出願特許と同様の推移を示している。応用分野別出願特許について行ったのと同様に，各年の各形態・態様の材料に関する出願特許数（図7a）を，その年のゾル-ゲル（広義）関連出願特許の総数（図5）で割り，比率を求めた。その結果を図7bに示す。図7bに見られるように，材料の形態によらず，それぞれの形態にかかわる出願特許の割合は過去16年間ほぼ一定であり，特許出願の世界で近年際だって関心が高まっている材料の形態・態様というものはないように見える。

表6　材料の形態・態様別ゾル-ゲル関連国内出願特許を検索するために設定したキーワード

形態	検索に用いたキーワード（要約・請求項）	排除したキーワード（要約・請求項）
薄膜	膜 or フィルム or コート or コーティング or メンブラン or メンブレン	
ファイバー	ファイバー or 繊維 or ワイヤ or フィラメント or エレクトロスピニング	
複合体	複合体 or ナノコンポジット or コンポジット	
粒子・粉末	粒子 or 粉末 or パウダー or コロイド or コアシェル or コア・シェル or コア-シェル or ナノロッド or ナノクリスタル or LDH or 層状複水酸化物 or ナノシート	
有機・無機ハイブリッド	ハイブリッド or トリアルコキシシラン or トリエトキシシラン or トリメトキシシラン or シルセスキオキサン or 超分子 or MOF or 金属有機構造体	ハイブリッドカー
エアロゲル	エアロゲル or エーロゲル or アエロゲル	
多孔体	ポーラス or メソ孔 or 多孔 or 気孔 or 細孔	

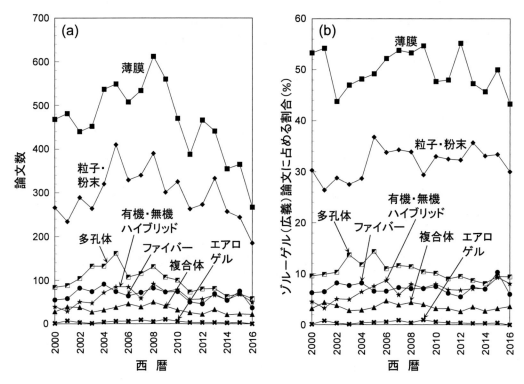

図7　材料の形態・態様別ゾル-ゲル（広義）関連国内出願特許の（a）件数と（b）割合の推移
検索にあたり，表4に加え，表6に示すキーワードを使用した。

4　おわりに

　本章は，世界のゾル-ゲル関連論文の動向と国内特許出願の動向を，それらの数の推移という点まとめたものにすぎない。論文投稿者や特許を出願する人・組織が関心をもつ分野に，地理的な特徴があるかないかについても，調べれば見えてくることがあるかもしれない。一方，学術的な基盤を担う研究においてどのような方面の事項に多くの関心がもたれているのかを，キーワードの設定に基づく文献検索によって調べることには技術的な難しさがある。その論文が学術的な基盤を担う研究であるかどうかは，その論文を読んでみなければ分からないからである。以上のように，極めて不満足な統計データであることを認めつつ，それでも少しは見えてくる点をいくつか提供できたと思いたい。

第 1 章　統計に見るゾル-ゲルテクノロジーの動向

文　　　献

1) 文部科学省科学技術指標 2016, http://data.nistep.go.jp/dspace/handle/11035/3143.
2) 文部科学省平成 28 年版科学技術白書, http://www.mext.go.jp/b_menu/hakusho/html/hpaa201601/detail/1371168.htm.
3) N. Philips, *Nature*, **543**, S7（2017）
4) Nature Press Release, 22 March 2017（2017）, http://www.nature.com/press_releases/nature-index-2017-japan.html.
5) ネイチャー・パブリッシング・グループプレスリリース 2017 年 3 月 23 日号, http://www.natureasia.com/ja-jp/info/press-releases/detail/8622）
6) 特許庁, 特許行政年次報告書, https://www.jpo.go.jp/shiryou/toukei/gyosenenji/index.html.
7) 特許庁, 特許行政年次報告書 2012 年版第 1 部第 2 章, https://www.jpo.go.jp/shiryou/toushin/nenji/nenpou2012/honpen/1-2.pdf.
8) 恩田博宣, パテントメディア, 特許業務法人オンダ国際特許事務所, https://www.ondatechno.com/Japanese/patentmedia/2011/92_1.html.

【基礎編：反応，構造制御，構造形成】

第2章　メタロキサンの合成

郡司天博*

1　はじめに

　「ゾル-ゲル法」は「アルコキシシランなどの加水分解重縮合反応により生成するゾルがゲル化することを特徴とする材料調製法」とされる。この「ゾル-ゲル法」は"sol-gel method"の術語として親しまれているが，いつの頃からか「ゾル-ゲル法」は"sol-gel process"を指すことが多くなり，現在に至るようである。最近，国際純正・応用化学連合（IUPAC）により"sol-gel process"が"process through which a network is formed from solution by a progressive change of liquid precursor into a sol, to a gel, and in most cases finally to a dry network"と定義された[1]。即ち，「液状の前駆物質がゾルからゲルへ，そして最終的に多くの場合は乾燥したネットワークへ進行的に変化することにより溶液からネットワークが形成される過程」といえる。この定義はまさしく「ゾルがゲル化する過程」に対する定義であり，ゾル-ゲル法に対する定義では無いようである。「ゾル-ゲル法」は，やはり，"sol-gel method"が正しい術語なのかも知れない。

　ゾル-ゲル法による酸化物系材料の調製には，金属アルコキシドが利用されることが多く，sol-gel processは金属アルコキシドの加水分解・重縮合反応に相当する。つまり，金属アルコキシドは加水分解とそれに引き続く重縮合という二段階でネットワークを形成することになる。たとえば，テトラアルコキシシラン（$Si(OR)_4$）を用いると，加水分解によりトリアルコキシシラノール（$Si(OR)_3OH$）が生成する。次に，シラノール（SiOH）とアルコキシ基（SiOR），またはシラノールどうしの縮合反応により，それぞれアルコール（ROH）と水（H_2O）を副生してシロキサン結合（Si-O-Si）を生成する。

　ゾル-ゲル法では，適当な金属アルコキシドの加水分解・重縮合反応により生成するポリメタロキサンのゲル化により金属酸化物前駆体を調製し，その熱処理により金属酸化物を得ることが多い。金属種としては単一種あるいは複数種の場合があり，目的とする金属酸化物の組成に応じて選択することができる。最も汎用とされる組成はケイ素アルコキシド類を用いたシリカの合成である（なお，ケイ素は非金属典型元素であるが，有機金属化学の例に倣って金属とみなす）。ゾル-ゲル法に利用されるアルコキシシランは，テトラエトキシシランやトリエトキシ（メチル）シランに代表されるアルコキシモノシランがほとんどであり，それらの重合体であるアルコキシオリゴシロキサンやアルコキシポリシロキサンの利用例は少ない。また，環状構造を有するシク

---

*　Takahiro Gunji　東京理科大学　理工学部　先端化学科　教授

ロテトラシロキサンやカゴ型シルセスキオキサンの利用例も少ない。これは，これらの化合物が入手しにくいことに一因があり，安定的に大量の供給が可能になれば，十分に利用できる化合物群である。これらのオリゴマーやポリマーを利用すると加水分解重縮合により副生するアルコールが減少するので，溶媒の揮発に伴う割れの発生や寸法変化が軽減されると期待され，ゾル-ゲル法による材料調製に大きく寄与できる化合物群である。

2　シロキサン結合の生成反応

　ゾル-ゲル法において，ゾルやゲルの主骨格となるメタロキサン結合について，シリカの主骨格となるシロキサン結合の生成反応を例として紹介する。

$$\begin{array}{c}
-\underset{|}{\overset{|}{Si}}-X \xrightarrow[-HX]{H_2O} -\underset{|}{\overset{|}{Si}}-OH \xrightarrow[-HX]{X-Si\equiv} -\underset{|}{\overset{|}{Si}}-O-\underset{|}{\overset{|}{Si}}- \quad (1)
\end{array}$$

(X = Halogen, NR_2, $OCOCH_3$, $NHCONR_2$, NCO, OR, H, $OCR=CR_2$, $ON=CR_2$, ONR_2)

$$-\underset{|}{\overset{|}{Si}}-OCOCH_3 + X-\underset{|}{\overset{|}{Si}}- \xrightarrow{-CH_3COX} -\underset{|}{\overset{|}{Si}}-O-\underset{|}{\overset{|}{Si}}- \quad (2)$$

(X = Cl, OR, NR_2)

$$-\underset{|}{\overset{|}{Si}}-\underset{|}{\overset{|}{Si}}- \xrightarrow{Oxidant} -\underset{|}{\overset{|}{Si}}-O-\underset{|}{\overset{|}{Si}}- \quad (3)$$

(m-CPBA, Me_3NO, O_3, or H_2O_2)

$$>Si=O \xrightarrow{Polymn.} -\underset{|}{\overset{|}{Si}}-O-\underset{|}{\overset{|}{Si}}-O- \quad (4)$$

加水分解重縮合（式（1））：　シロキサン結合を生成する最も一般的な方法である。アルコキシシランの他にも，アミノシラン，アセトキシシラン，シリル尿素，イソシアナトシラン，ヒドロシラン，などが用いられる。この方法では，ケイ素官能基の加水分解によりシラノールが生成し，シラノールとシランカップリング剤またはシラノールどうしの反応によりシロキサン結合が生成する。

縮合（式（2））：　アセトキシシランと酸塩化物，アルコキシシランまたはアミノシランとの反応によりシロキサン結合を生成する。この反応ではそれぞれ塩化アセチル，酢酸エステル，アセトアミドが副生する。この方法では水を用いないので，2種のケイ素化合物間の選択的な反応によりシロキサン結合を生成することができる。

酸化（式（3））：　ジシラン結合を適当な酸化剤で酸化することによりシロキサン結合を生成する。オリゴシランやポリシランなどが容易に合成できれば高選択的に反応させることができる。

付加重合（式（4））：　炭素-酸素二重結合を有するシラノンの付加重合であるが，シラノンの合成・単離が困難なので，この反応は利用が難しい。

第2章 メタロキサンの合成

脱離・縮合反応（式（5））： 三級アルコールが置換したアルコキシシランからオレフィンが脱離してシラノールを生成し，その縮合反応によりシロキサン結合を得る。

酸化・縮合（式（6））： ヒドロシランの酸化によりシラノールを生成し，これとヒドロシランまたはシラノールどうしの縮合反応によりシロキサン結合を生成する。

抽出（式（7））： シロキサン結合を骨格とするケイ酸塩からシロキサンを抽出し，アルコキシ化することによりシロキサン結合を有するアルコキシシランを生成する。

$$-Si-OCR_2CH_3 \xrightarrow[R_2C=CH_2]{Cat.} -Si-OH \xrightarrow[HX]{X-Si\backslash} -Si-O-Si- \quad (5)$$
$$(X = OCR_2CH_3, OH)$$

$$-Si-H \xrightarrow{Oxidant} -Si-OH \xrightarrow[-HX]{X-Si\backslash} -Si-O-Si- \quad (6)$$
$$(X = OR, OH)$$

$$X_3Si-O-SiX_3 \xrightarrow[ROH]{Acid} (RO)_3Si-O-Si(OR)_3 \quad (7)$$

3　ゾルの生成とその条件

ケイ素アルコキシド $Si(OR)_4$ のゾル-ゲル反応は，式（8）の加水分解で開始される。生成したシラノール（簡単のために $n = 1$ とする）は，式（9）の自己縮合または，式（10）のシラノールとアルコキシ基との縮合によりジシロキサンになり，さらに反応が進行すれば三量体になる。この反応を繰り返すことにより，低分子量のシロキサンオリゴマーが生じる。ケイ素アルコキシドは四官能性（$n = 4$，n：置換基の数，置換度）なので，式（8）により，シランジオール（$n = 2$）やトリオール（$n = 3$），オルトケイ酸（$n = 4$）などが生成する。これらがさらに縮合すれば，鎖状や環状あるいははしご状のポリシロキサンを経て，やがて架橋重合体であるゲルになる。

$$Si(OR)_4 + nH_2O \rightarrow (RO)_{4-n}Si(OH)_n + nROH \quad (8)$$

$$(RO)_{4-n}Si(OH)_n + (RO)_{4-m}Si(OH)_m$$
$$\rightarrow (RO)_{4-n}(HO)_{n-1}Si-O-Si(OR)_{4-m}(OH)_{m-1} + H_2O \quad (9)$$

$$(RO)_{4-n}Si(OH)_n + (RO)_{4-m}Si(OH)_m$$
$$\rightarrow (RO)_{4-n}(HO)_{n-1}Si-O-Si(OR)_{3-m}(OH)_m + ROH \quad (10)$$

ゾル-ゲル反応は速度や機構の異なる加水分解と重縮合が複合した反応であり，その反応の制御は容易ではない。このようなゾル-ゲル反応を高分子の生成過程として捉えるには，生成する

ゾルの単離とキャラクタリゼーションが必要である。したがって，通常の反応以上に，①加水分解時の反応モル比や温度および濃度，②溶媒，触媒，反応系の液性（pH）などを十分選択することはもちろん，③基質の官能性と反応性からもポリシロキサン生成の反応を制御せねばならない。

3.1 反応モル比

$Si(OEt)_4$（TEOS）に対する水のモル比（H_2O/TEOS）により，式（8）で生じるシラノール基の数（n）の異なるシラノール中間体が縮合してポリシロキサンが生成する。この反応は温度や濃度により大きく影響され，また，生成するゾルの構造は中間体のシラノール基の数nにより決まる。

3.2 溶媒，触媒，反応系の液性（pH）

ゾル-ゲル反応における溶媒は，濃度を調整し多成分の基質を均一な系で混合あるいは反応させる他に，分子量の増加に伴いポリシロキサンの会合性が高くなるので，ポリシロキサンを溶媒和して溶解性をあげ，縮合を抑制する役割をする。したがって，極性の高いアルコールやテトラヒドロフランおよびアセトニトリル，ジメチルホルムアミド（DMF），ジメチルスルホキシド（DMSO）などが用いられる。

TEOSの加水分解重縮合は酸や塩基により触媒作用を受け，強酸および強アルカリ性では，オルトケイ酸（式（8），$n=4$）や重合ケイ酸は安定であるが，弱酸性から弱アルカリ性の領域では縮合速度が大きく，容易にゲルを生じる。また，反応機構も酸と塩基では異なり，これが生成するゾルおよびゲルの構造にも反映する。

酸性条件下ではスキーム1に示すように，まずオキソニウムイオンが形成され，これが水と反応してシラノールが生成する。これが自己縮合するか又はオキソニウムを攻撃しジシロキサンが生じる。このジシロキサンにシラノールが求核攻撃し，トリシロキサンが生じる。さらにシラノールがこれに求核攻撃する場合，末端と二番目のケイ素の立体障害の差により，末端への攻撃が起こりやすい。このように，酸性では鎖状ポリシロキサンが生成しやすいが，酸濃度が高いとケイ素カチオンが生成し，これが末端以外のケイ素に結合するアルコキシ基の酸素をも攻撃するので，分岐や架橋重合体が生成しやすくなる。

一方，アルカリ性条件下ではスキーム2に示すように，まず水酸化物イオン（OH^-）がケイ素を求核攻撃してシラノールが生成する。アルコキシ基の数が少ないほどケイ素の電子密度が低く，水酸化物イオンの攻撃が容易であり，加水分解されやすい。このようにして生成したトリオールやオルトケイ酸およびそれらの重合体であるゾルは多官能性なので，容易に架橋重合体になる。したがって，塩基性条件下では粒子状のポリシロキサンゲルが得られる。

第2章 メタロキサンの合成

スキーム1

スキーム2

3.3 金属アルコキシドの反応性と官能性

金属アルコキシド $M(OR)_n$ の性質は，金属の電気陰性度や共有結合半径あるいは配位数，またアルコキシ基の炭素鎖長とその分岐に伴う立体構造など，その構成元素と有機基の構造に依存する。金属の陽性度と配位能が高く有機基の立体障害が小さいほど，加水分解やその他の求核置換反応は起こりやすい。相対加水分解性は，金属では Al > Ti > Zr > B > Si，アルキル基では Me > Et > n-Pr > n-Bu，また分岐により n-Pr > i-Pr の順に高い。$M(OR)_n$ のアルキル基の構造を変えるだけでなく，官能基 X を導入した $(RO)_{m-n}MX_n$ 誘導体に変換し，アルコキシ基より反応性の高い X を 2 個置換すれば擬二官能性モノマーの加水分解になるので，反応はさらに制御しやすくなる。このような誘導体はアルキルシラン $R_{4-n}SiX_n$ では多く知られているが，アルコキシシラン $(RO)_{4-n}SiX_n$ ではアルコキシ基自身が官能基であるために限られた例しか知られていない。

4 加水分解重縮合過程の追跡

アルコキシ基を側鎖とするアルコキシシロキサンは，アルコキシシランのゾル-ゲル反応により生成することが知られており，アルコキシシランの加水分解重縮合過程を ^{29}Si 核磁気共鳴（NMR）[2~6]や ^{17}O NMR[7~9]，ガスクロマトグラフ／質量スペクトル（GC-MS）[10]を用いて追跡することにより，その生成が推測されている。しかし，これらのアルコキシシロキサンを高選択的に合成・単離することは検討されていない。

4.1 反応の in situ 解析

反応で生じるアルコールの生成量や原料化合物の消費量，あるいは蒸気圧の高い加水分解種は，反応溶液をガスクロマトグラフ（GC）により定量できるが，分子量の大きな加水分解種はNMRなどによる測定が適している。

Assink と Kay が酸性メタノール中でテトラメトキシシラン $Si(OMe)_4$ の加水分解反応を ^{1}H NMR により in situ で追跡した結果[11, 12]によれば，素反応式（11）～（13）の速度定数はそれぞれ $0.2 \text{ L mol}^{-1} \text{ min}^{-1}$，$0.006 \text{ L mol}^{-1} \text{ min}^{-1}$，$0.001 \text{ L mol}^{-1} \text{ min}^{-1}$ であり，これを用いてコンピュータシミュレーションで得たアルコキシ基と水酸基の時間変化は，^{1}H NMR による測定結果とよく一致した。各素反応の速度定数は平均値であるにもかかわらず，計算値と実測値に良い一致がみられたので，上記3つの素反応の速度だけを考えればよく，$Si(OMe)_4$ と $(MeO)_3SiOSi(OMe)_3$ の加水分解速度はほぼ同じとみなせる。この系では $Si(OMe)_4$ の加水分解により生成したシラノールは安定であり，シラノール間で縮合反応が進行していることがわかる。

$$Si(OMe)_4 + H_2O \rightarrow (MeO)_3Si(OH) + ROH \tag{11}$$

$$(MeO)_3Si(OH) + (MeO)_3Si(OH) \rightarrow (MeO)_3Si\text{-}O\text{-}Si(OMe)_3 + H_2O \tag{12}$$

$$(MeO)_3Si(OH) + Si(OMe)_4 \rightarrow (MeO)_3Si\text{-}O\text{-}Si(OMe)_3 + ROH \tag{13}$$

GC-MS などにより不安定なゾルをそのまま測定できない場合，後述のようにシリル化誘導体として測定する。例えば，TEOS と金属アルコキシドから $SiO_2\text{-}M_xO_y$ 酸化物セラミック前駆体を調製する反応では，TEOS の加水分解により単量体やジシロキサンおよびオリゴシロキサンの混合物が生成している[13]ことが確認されている。

4.2 ゾルの誘導体化と単離および構造確認

低分子および高分子ポリシロキサンゾルはシラノール基を有し，濃度条件や触媒（酸又は塩基）の存在により容易に縮合するので，そのままでは単離が困難である。したがって，シラノール基を封鎖して誘導体にしてから単離するが，これはケイ素アルコキシドに限らず金属アルコキシドから生じるポリメタロキサン型無機高分子ゾルについも応用できる。このように，①誘導体

第2章 メタロキサンの合成

変換後,②単離操作により得られたゾルは,③分子量測定,機器測定,元素分析などの結果に基づき,構造が推定できる。

① 誘導体変換

シロキサンゾルは,シリル化[14],エステル化[15]やアセチル化[16]などにより安定な誘導体に変換されるが,操作が簡便なためにシリル化がよく行われる。シリル化剤にはクロロ(トリメチル)シラン(Me_3SiCl)や1,1,3,3-ヘキサメチルジシロキサン($Me_3SiOSiMe_3$)あるいは1,1,3,3-ヘキサメチルジシラザン($Me_3SiNHSiMe_3$)が用いられ,反応系に応じて使い分けられる。ポリシロキサンやケイ酸はシラノール基がエステル化およびアセチル化されたポリシロキサンを生成する。エステル化の平衡を右に移動させるために生成する水を共沸蒸留により除くが,その程度によりエステル化の進行度が決まる。

ポリシロキサンゾルに限らず,TEOS-$Ti(OPr^i)_4$系のゾル-ゲル反応で生じるゾル溶液をシリル化すれば,安定なポリチタノシロキサンが単離できる。また,二官能性のキレート錯体に誘導体変換した金属アルコキシドからは,自己縮合に対しきわめて安定なゾル[16]が得られる。

② 無機高分子ゾルの単離

安定化したゾルを反応溶液から分離するには,ゾルの有機溶媒に対する溶解度の差を利用するのが簡便で有効な方法である。シリル基やアルコキシ基が導入される程度(シリル化度およびエステル化度)に応じてゾルの溶解性が変わることを利用し,ゾル溶液を非溶媒に加えて沈殿として分離する方法(再沈殿法)である。エステル化あるいはシリル化した重合ケイ酸エステルやポリチタノシロキサンのアルコール溶液をヘキサンに加えることにより,それらが粉末として得られる。シリル化体で蒸気圧が高ければ,常圧あるいは減圧蒸留により単離できる。再沈殿が困難なゾルは,溶媒抽出あるいは液体クロマトグラフィー(LC)やゲル浸透クロマトグラフィー(GPC)により分離できる。分取クロマトグラフィをGPCに併用すれば,分子量別に試料を分離することもできる。

③ 構造の確認

金属アルコキシドの加水分解重縮合により生成するポリシロキサンやポリメタロシロキサンが単離された例はほとんどなく,その構造解析に関する報告もきわめて少ない。骨格を構成するメタロキサン結合は単純に見えるが,ミクロ構造を解析する手段も少なく,有機化合物や高分子に比べると,ゾルの構造確認にはまだ課題が多い。しかし,分子量や分子式および側鎖官能基あるいは骨格の化学結合とそれを構成する単位構造などの情報は,以下の機器分析により得ることができる。

分子量既知のポリスチレンやポリシロキサンで溶出時間と分子量の検量線を作成しておけば,GPCにより分子量が測定できる。分子量は相対値ではあるが,便利な分子量測定法であり,数平均分子量(M_n)と重量平均分子量(M_w)として求められる。一方,蒸気圧降下法(VPO)や光散乱法ではそれぞれM_nとM_wが測定できる。質量分析法(MS)ではイオン化させた分子の質量が直接求められるので,GCやLCと質量スペクトル(MS)を組み合わせたGC-MSや液

体クロマトグラフ／質量分析（LC-MS）では，混合物の分離と分子量測定および構造の同定が同時にできる。

　赤外吸収（IR）スペクトルは炭素と水素，酸素，ハロゲンなどの結合およびそれらの結合状態の違いあるいは官能基の確認に用いられる。特に，ゾルの骨格を形成するメタロキサン結合に関する情報を提供する。IR に不活性な結合はラマンスペクトルにより測定できる。これらと，分子の電子遷移に由来する情報を提供する紫外・可視（UV-VIS）吸収スペクトルを併用することにより，ゾルの化学結合に関する解析ができる。

　以上の機器は分子量や化学結合の確認には有効であるが，分子の構造に関する情報を直接提供してくれるのは，やはり ^{1}H，^{13}C，^{29}Si などの多核 NMR スペクトルである。溶液や固体試料を用いて，水素，炭素，酸素，ケイ素などの環境の異なる構造単位とその存在比を測定するのはもちろん，分子の動的な状態を観測することもできる。TEOS の加水分解を NMR の試料管中で行ないながら，^{1}H および ^{29}Si NMR スペクトルを測定することにより，シラノールの生成と縮合およびシロキサンの生成を in situ で観測できる。生成したゲルは固体用の NMR 試料管を用い，^{29}Si CP/MAS NMR を測定すれば，ケイ素の単位構造の種類とそれらのおおよその比が求められる。

　ゾルの分子式が求められるならば，これと機器の測定結果から構造が同定できる。そのためには，元素分析により正確な組成を決定せねばならない。炭素，水素，窒素の含量は元素分析装置により求めることができる。ゾルには他にケイ素や金属が含まれ，これらを依頼分析するときわめて高価なので，古典的ではあるが実験室でできる重量分析が金属含量を求める簡便で精度の良い方法である。金属イオンが錯形成すれば滴定や吸光光度法により，またイオンの発光スペクトル（ICP 法）からも金属含量は求められる。

文　　献

1) J. Alemán, A. V. Chadwick, J. He, M. Hess, K. Horie, R. G. Jones, P. Kratochvíl, I. Meisel,. I. Mita, G. Moad, S. Penczek, R. F. T. Stepto, *Pure Appl. Chem.*, **79**, 1801-1829（2007）
2) I. Artaki, M. Bradley, T. W. Zerda, J. Jonas, *J. Phys. Chem.*, **89**, 4399-4404（1985）
3) J. C. Pouxviel, J. P. Boilot, J. C. Beloeil, J. Y. Lallemand, *J. Non-Cryst. Solids*, **89**, 345-360（1987）
4) L. W. Kelts, N. J. Amstrong, *J. Mater. Res.*, **4**, 423-433（1989）
5) R. A. Assink, B. D. Kay, *Annu. Rev. Mater. Sci.*, **21**, 491-513（1991）
6) F. Brunet, B. Cabane, M. Dubois, B. Perly, *J. Phys. Chem.*, **95**, 945-951（1991）
7) C. W. Turner, K. J. Franklin, *J. Non-Cryst. Solids*, **91**, 402-415（1987）

8) F. Babonneau, J. Maquet, J. Livage in "Sol-Gel Science and Technology", ed. by E. J. A. Pope, S. Sakka, L. C. Klein, The American Chemical Society, Westerville, pp. 53-64 (1995)
9) F. Babonneau, C. Toutou, S. Gaveriaux, *J. Sol-Gel Sci. Technol.*, **8**, 554-556 (1997)
10) G. Wheeler, in "Ultrastructure Processing of Advanced Ceramics", ed. by J. D. Mackenzie, D. R. Ulrich, John Wiley & Sons, New York, pp. 819-825 (1988)
11) R. A. Assink and B. D. Kay, *J. Non-Crystal. Solids*, **99**, 359-70 (1988)
12) B. D. Kay and R. A. Assink, *J. Non-Crystal. Solids*, **104**, 112-122 (1988)
13) T. Gunji, I. Sopyan, and, Y. Abe, *J. Polym. Sci.: Part A: Polym. Chem.*, **32**, 3133-3139 (1994)
14) Y. Abe, A. Kaijou, Y. Nagao, and T. Misono, *J. Polym. Sci. Polym. Chem.Ed.*, **26**, 419 (1987)
15) Y. Abe, N. Shintani, and T. Misono, *J. Polym. Sci. Polym. Chem.Ed.*, **22**, 3759 (1984)
16) 野尻文夫, 阿部芳首, 御園生堯久, 日本化学会誌, 1277 (1983)
17) T. Gunji, H. Goto, Y., Kimata Y. Nagao, T. Misono, Y. Abe, *J. Polym. Sci.: Part A: Polym. Chem.*, **30**, 2295-2301 (1992)

第3章 構造制御されたイオン性シルセスキオキサンおよび環状シロキサンの創成

金子芳郎*

1 はじめに

　単位組成式が R_2SiO のシリコーン（原料の環状シロキサンも含む）や $RSiO_{1.5}$ のシルセスキオキサン（Silsesquioxane：SQ）は，代表的な有機シロキサン化合物として知られている。これらの化合物はシロキサン結合由来の熱的・化学的安定性を有することに加えて，単位組成式が SiO_2 である無機材料のシリカに比べると，有機置換基（R）の存在により種々の有機化合物（ポリマーなど）との相溶性に優れる特徴を有し，有機-無機ハイブリッドの分野を中心に注目されている。

　これらの有機シロキサン化合物をさらに多くの分野で応用するためには，これらの分子構造を精密に制御する手法の開拓が重要になると考えている。SQにおいては，かご型，不完全かご型，ダブルデッカー型，ラダー（はしご）型などの規則構造体が知られるが，研究の中心は合成が比較的容易なかご型の可溶性オリゴSQ（POSS：polyhedral oligomeric silsesquioxane の略称）や分子構造が制御されていないランダム型の不溶性ポリSQ（PSQ）であり[1]，ラダー型のような規則的な分子構造をもつ可溶性PSQの合成に関する研究例は非常に少ない。また，POSSの研究においては様々な側鎖置換基のものが既に報告されているが[2]，収率が低い・長時間の反応が必要・粉末状のためPOSS単独での材料応用が難しいなどの課題がある。一方，環状シロキサンにおいても，側鎖置換基の種類が限定されている・異種の置換基を含むものでは単一構造の化合物の合成が困難・新機能の創出など，解決すべき課題も多い。

　これまでに筆者らは，反応中にイオンを形成する側鎖置換基を有する3官能性および2官能性の有機アルコキシシランの加水分解／縮合反応によって，構造制御されたSQや環状シロキサンが合成できることを見出してきた。そこで本章では，これらの化合物の合成・構造制御・構造解析・物性について紹介する。

2 イオン性ロッド状／ラダー状ポリシルセスキオキサンの合成

2.1 カチオン性側鎖置換基を有するラダー状ポリシルセスキオキサンの合成

　三官能性有機アルコキシシラン（有機トリアルコキシシラン）の加水分解／縮合反応（いわゆ

---

*　Yoshiro Kaneko　鹿児島大学　学術研究院　理工学域工学系　准教授

第3章 構造制御されたイオン性シルセスキオキサンおよび環状シロキサンの創成

るゾル-ゲル反応）によって PSQ は合成されるが，通常は三次元方向に分子鎖が生長し不溶性のネットワークポリマー（ランダム型 PSQ）が形成されやすい。ラダー構造のように1次元方向に分子鎖を生長させるためには何らかの駆動力が必要であり，有機トリアルコキシシランからの直接合成においては，芳香族側鎖置換基を有するものに限られていた[3]。一方，メチル基含有ラダー状 PSQ においては，有機トリアルコキシシランからの直接合成は難しく，あらかじめ前駆体となる環状4量体を合成する必要がある[4]。

一方で筆者らは，原料に3-アミノプロピルトリメトキシシラン（APTMS）を用い，塩酸（HCl）などの強酸水溶液中室温で撹拌した後，開放系で加熱し溶媒（HCl 水溶液）を完全に蒸発させることで，カチオン性側鎖置換基（アンモニウム基）含有水溶性ロッド状／ラダー状PSQ（**PSQ-NH$_3$Cl**）が得られることを見出している（図1）[5]。さらに，この **PSQ-NH$_3$Cl** は固体状態でヘキサゴナル相に積層する（図1中のXRD）。このような規則構造を有するPSQ合成

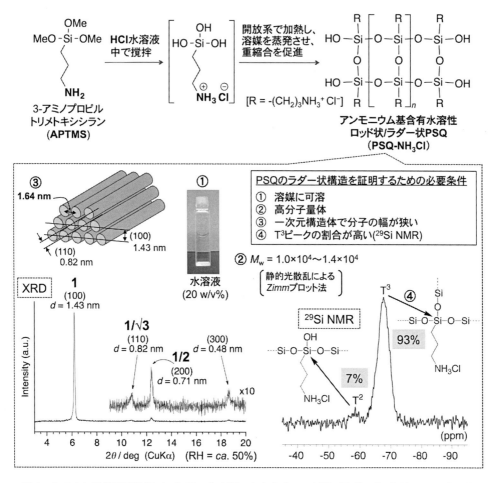

図1　カチオン性側鎖置換基（アンモニウム基）を有するロッド状／ラダー状ポリシルセスキオキサン（**PSQ-NH$_3$Cl**）の合成と構造解析

のポイントは，APTMS に対して HCl 水溶液を過剰量（HCl/APTMS(mol/mol) = 1.5 以上）加えることである。

PSQ のラダー状構造の形成を証明するための決定的な分析手法は未だに確立されていない。しかしながら，以下の 4 つの条件を同時に満たす PSQ が得られれば消去法でラダー状の構造が形成されたと見なすことができると考えている：①溶媒に可溶である（3 次元ネットワーク構造体でないことの証明），②高分子量体である（POSS などのオリゴ SQ でないことの証明），③一次元構造体であり，分子の幅が狭い（分岐鎖がないことの証明），④ ^{29}Si NMR スペクトルにおいて T^3 ピークの割合が高い（ポリマーの両末端以外にシラノール基がほとんど存在しないことの証明）。

PSQ-NH$_3$Cl で検証してみると（図 1），水に可溶であり，M_w は 1 万を超える（重合度 DP は約 70 以上）ことから，①と②の条件を満たす。また，XRD パターンより d 値の比が $1:1/\sqrt{3}:1/2$ である 3 本の回折ピークが観測されヘキサゴナル相の形成を示したことから，比較的高いアスペクト比を有する一次元ロッド状構造体であることが示唆され，回折ピークの d 値より算出されたロッドの直径（分子の幅）は 2 nm 以下と比較的細く，これらの結果から③の条件も満たしている。さらに，^{29}Si NMR スペクトルより T^3 ピークの積分比が 93 % であり比較的高い割合であったことから④の条件も満たしている。すなわち，分子の幅が 2 nm 以下の限られた空間の中で，DP が 70 以上の PSQ が高い割合で T^3 構造を有していることを考慮すると，**PSQ-NH$_3$Cl** はシロキサン結合からなる 8 員環が一次元方向につながったラダー状構造を有していると考えるのが妥当であろう（ただし，ポリマーの両末端以外に全くシラノール基のない"完全な"ラダー構造である確証はない）。

三官能性シラン化合物を高温・高濃度で加水分解／縮合反応すると，通常は不規則な 3 次元ネットワーク構造体（ランダム構造体）を形成し不溶性の材料となりやすい。しかし，本手法ではモノマー中のアミノ基と触媒の強酸から形成される"塩（イオン）"の働きにより，ランダム型の PSQ の生成を抑制したと考えている。このことは，アンモニア（NH$_3$）水溶液を触媒に用いた APTMS の加水分解／縮合反応では，不溶性のランダム型 PSQ が形成されたことからも支持される。一方，**PSQ-NH$_3$Cl** と同様な規則構造の水溶性 PSQ は，3-(2-アミノエチルアミノ)プロピルトリメトキシシラン（AEAPTMS）のような他のアミノ基含有有機トリアルコキシシランからも合成可能である[6]。

2.2 アニオン性側鎖置換基を有するラダー状ポリシルセスキオキサンの合成

筆者らは，側鎖置換基と対イオンの電荷の組み合わせが **PSQ-NH$_3$Cl** とは逆であるアニオン性置換基含有ラダー状 PSQ の合成についても検討している。例えば，加水分解によりカルボキシル基に変換可能なシアノ基含有の有機トリアルコキシシラン（2-シアノエチルトリエトキシシラン：CETES）を原料に用いて，水酸化ナトリウム（NaOH）水溶液中での加水分解／縮合反応により，カルボキシレート基含有ロッド状／ラダー状 PSQ（**PSQ-COONa**）が得られること

第3章　構造制御されたイオン性シルセスキオキサンおよび環状シロキサンの創成

を明らかにしている（図2a）[7]。

　また，酸化反応によりスルホ基（スルホネート基）に変換可能なメルカプト基を有する有機トリアルコキシシラン（3-メルカプトプロピルトリメトキシシラン：MPTMS）を，過酸化水素水とNaOHからなる混合水溶液中で反応（メルカプト基の酸化反応およびトリメトキシシリル基の加水分解／縮合反応）することで，可溶性のスルホ基含有ロッド状／ラダー状PSQ（PSQ-SO_3H）が得られることも見出している（図2b）[8]。ナフィオンに代表されるように，スルホ基含有ポリマーは固体高分子形燃料電池（PEFC）の固体電解質（プロトン伝導体）としての利用が期待されている材料であるが，ナフィオンは100℃付近にガラス転移点（T_g）が存在するため，この温度以上では作動できない。このことから，熱的物性に優れるスルホ基含有無機ポリマーの開発が期待されており，**PSQ-SO_3H** はその候補と考えられる。そこで **PSQ-SO_3H** のプロトン伝導度を測定したところ，80℃で相対湿度（RH）60%の条件において 2.5×10^{-2} S/cm，RH 90%において 1.4×10^{-2} S/cm の値を示し，ナフィオンの伝導度に近い値を示した。

　さらに最近，ホスホン酸ジエステル基を有するトリアルコキシシラン（2-(ジエトキシホスホリル)エチルトリエトキシシラン：PETES）からも，同様な規則構造のホスホン酸基（ホスホネート基）含有PSQ（**PSQ-PO_3H_2**）が形成されることを見出している（図2c）[9]。**PSQ-PO_3H_2**

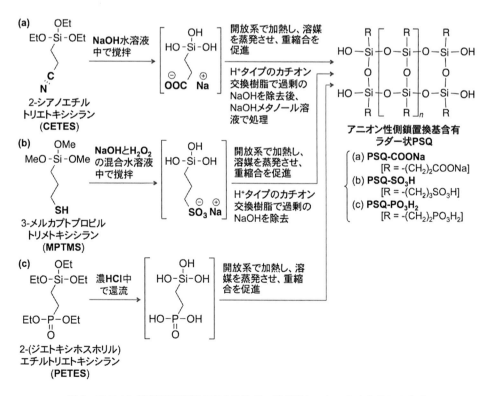

図2　アニオン性側鎖置換基を有するラダー状ポリシルセスキオキサンの合成
（a）**PSQ-COONa**，（b）**PSQ-SO_3H**，（c）**PSQ-PO_3H_2**

のプロトン伝導度は，**PSQ-SO$_3$H** よりもさらに高い値を示した（6.3×10^{-2} S/cm，80℃，RH 90％）。また，このPSQの熱分解温度は460℃近くで，非常に耐熱性の高い材料であった。これらのプロトン伝導性を示すロッド状／ラダー状PSQは，次世代の高耐熱性PEFCのためのプロトン伝導体として利用が期待される。

3 アンモニウム側鎖置換基含有POSS誘導体の合成

3.1 側鎖にアンモニウム基を有するPOSSの高収率・短時間合成

POSSはかご型（鳥かごのような）構造のシロキサン化合物であり[2]，様々な媒体に対して分散性に優れ，有機-無機ハイブリッドの分野で広く研究が展開されている。その中で，反応性基含有POSSは共有結合によるハイブリッド化が可能であるため特に注目されており，例えば3-アミノプロピル基含有POSS（**AP-POSS**）がよく知られている。**AP-POSS**はAPTMSなどの3-アミノプロピルトリアルコキシシランの加水分解／縮合反応により得られるが，通常は重合（多分子間での反応）を抑制するために希薄溶液中，穏やかな条件下で反応させ，徐々に析出してくる沈殿物を回収する手法で合成されている[10]。そのため，一般に**AP-POSS**の合成には長時間の反応が必要であるにもかかわらず，収率が比較的低く（30％程度）なってしまう。

筆者らは，前述の**PSQ-NH$_3$Cl**合成のための原料であるAPTMSの加水分解／縮合反応において，触媒を強酸のHCl水溶液から超強酸のトリフルオロメタンスルホン酸（HOTf）水溶液に代えて，**PSQ-NH$_3$Cl**合成の場合と同様に開放系で加熱し溶媒を蒸発させることで加水分解／縮合反応を行ったところ，**AP-POSS**が高収率（93％）・短時間（全体の反応時間：5～6時間程度）で得られることを見出した（図3a）[11]。ただし，8量体POSS（T$_8$-POSS）以外にもわずかに10量体POSS（T$_{10}$-POSS）が含まれていた（T$_8$：T$_{10}$ = 82：18，文献11中ではこれについて記載されていない）。一方，AEAPTMSを用いた同様の反応からもPOSS（**AEAP-POSS**，T$_8$：T$_{10}$ = 74：26）が高収率・短時間で得られることを見出している（図3b）[12]。これらの形成メカニズムについては現在も検討中であるが，プロトンが解離しやすいHOTfなどの超強酸を用いることで，APTMSやAEAPTMSのアミノ基がプロトン化されアンモニウムカチオンが形成しやすくなり，その結果側鎖同士の静電反撥が起こりながら縮合反応が進行するため，側鎖間距離がより離れたPOSS構造を形成したと推察している。本合成手法では濃縮して反応を促進させるため，縮合の際には高濃度溶液となっており，このような高濃度条件下では強酸（HClなど）中のプロトンは完全解離しないと思われる。このことから超強酸触媒と強酸触媒では異なる構造のSQ（POSSとラダー状PSQ）が得られたと考えている。

一方で，POSS研究の中心はT$_8$-POSSであり，10量体以上の大きな構造のPOSSを優先的に合成する研究例は限られている。特にアンモニウム基含有POSSにおいては，前述のようにT$_8$-POSSが主生成物として形成される。一方で筆者らは，前述のHOTfを触媒に用いたAPTMSやAEAPTMSの加水分解／縮合反応を水以外の種々の溶媒中で検討してきたところ，

第3章　構造制御されたイオン性シルセスキオキサンおよび環状シロキサンの創成

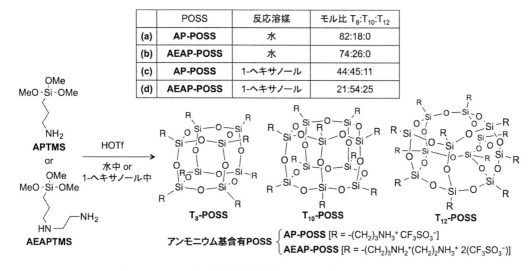

図3　アンモニウム側鎖置換基含有POSSの高収率・短時間合成
(a) AP-POSS（反応溶媒：水），(b) AEAP-POSS（反応溶媒：水），(c) AP-POSS（反応溶媒：1-ヘキサノール），(d) AEAP-POSS（反応溶媒：1-ヘキサノール）

1-ヘキサノールのような疎水性アルコールを溶媒に用いた場合に，T_{10}-POSSの割合が高いPOSS混合物（**AP-POSS** $T_8:T_{10}:T_{12}$ = 44：45：11（図3c），**AEAP-POSS** $T_8:T_{10}:T_{12}$ = 21：54：25（図3d））が得られることを見出している[13]。さらに，T_8，T_{10}，T_{12}-POSSの混合物はアルコールに対する溶解性の違いを利用した簡便な方法で，T_8-POSSとT_{10}，T_{12}-POSSに分離可能であることも明らかにしている[13]。

3.2　2種のアンモニウム側鎖置換基を有する低結晶性POSSの合成

対称構造体であるPOSS（特にT_8-POSS）は結晶性が高いために粉末状のものが多く，POSS単独で光学的に透明な膜を作製することは困難である。最近中らは，POSSの結晶化を抑制する手法として，POSSユニットが連結したダンベル型やスター型のPOSS誘導体を合成し，POSSの対称性を低下させることで光学的に透明な膜を形成する手法を報告している[14]。

一方筆者らは，2種類のアミノ基含有有機トリアルコキシシラン（APTMSとAEAPTMS）の混合物を原料に用いて，HOTf水溶液中での加水分解／縮合反応を行ったところ，透明な膜が形成可能な低結晶性POSS（**Low-C POSS**）が得られることを明らかにしている（図4a）[12]。**Low-C POSS**が低結晶性である理由として，2種の置換基がPOSSの側鎖にランダムに配置することで分子の対称性が低下したためと考えている。すなわち，**Low-C POSS**の膜中には可視光が散乱するような大きさの結晶ドメインがほとんど存在しないことから透明な膜になったと考えている。

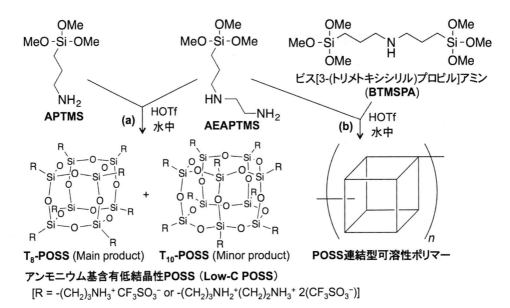

図4 アンモニウム側鎖置換基を有する (a) 低結晶性POSSおよび (b) POSS連結型可溶性ポリマーの合成

3.3 POSS連結型可溶性ポリマーの簡易合成

POSSを材料応用する手法の1つとして，POSSのポリマー化がこれまでに検討されている。可溶性のPOSS含有ポリマーは大きく2種類に分類され，1つ目は有機ポリマーの側鎖にPOSSがグラフトした化合物で，2つ目はPOSSがポリマー主鎖中に含まれる化合物である。特に後者の主鎖型POSS含有ポリマーは，熱物性において優れた特性を示す[15]。しかし，これらのPOSS含有ポリマーを得るためには，原料である有機トリアルコキシシランからの多段階の反応や煩雑な精製過程を必要とし，汎用的な利用を考えるとこれらポリマーの簡便な合成手法の開拓が望まれる。

そこでPOSSが連結した可溶性ポリマーの簡易合成を目的に，HOTf水溶液を触媒に用いて，POSSの原料となるAEAPTMSと架橋型有機アルコキシシラン（例えば，ビス[3-(トリメトキシシリル)プロピル]アミン：BTMSPA）の混合物のHOTf水溶液中での加水分解／縮合反応を検討した。その結果，生成物はPOSS（T_8-POSSユニットが主成分でT_{10}-POSSユニットもわずかに含まれる）が平均10個程度連結した水溶性ポリマーであることがわかった（図4b）[16]。またポリマーの水溶液をガラス基板上に塗布し乾燥したところ透明な膜が得られ，さらにXRD測定からは非晶質な材料であることがわかった。一方，熱分解温度（5%重量減少温度：T_{d5}）は351℃であり熱安定性に優れるポリマーであった。

4 単一構造のアンモニウム基含有環状テトラシロキサンの合成

環状シロキサンは2官能性シラン化合物の加水分解／縮合反応によって得られる化合物であり，シリコーンの原料などに用いられている。通常2官能性シラン化合物の加水分解／縮合反応からは，様々な分子量の環状および直鎖状シロキサンの混合物が得られる。また，1つのSi原子に異種の側鎖置換基が結合した環状シロキサンには異性体が存在し，例えば環状4量体では，all-*cis*，all-*trans*，*cis-trans-cis*，*cis-cis-trans* の4種類の異性体が存在する。そのため，異種の側鎖置換基を有する単一構造の環状シロキサンを原料から一段階で高収率・選択的に合成することは難しく，これらを合成する新規手法の開拓は学術・産業両分野において非常に重要である。

前述のように，アミノ基を有する3官能性有機アルコキシシランをHOTf水溶液中で加水分解／縮合反応することによりPOSSが[11～13]，強酸であるHCl水溶液中で同様の反応を行うことによりロッド状／ラダー状PSQが[5,6]得られることから，超強酸水溶液中でのアミノ基含有有機アルコキシシランの加水分解／縮合反応においては，ポリマーよりも環状化合物が優先して形成されることが予想される。

そこで，アミノ基含有2官能性有機アルコキシシランである3-アミノプロピルジエトキシメチルシラン（APDEMS）のHOTf水溶液中での加水分解／縮合反応を検討したところ，予想通りポリマーは形成されずに環状シロキサンのみが得られ，さらに驚いたことにこの化合物は単一構造体（**Am-CyTS**，*cis-trans-cis* 体の環状4量体のみ）であることが，^{1}H NMR，^{29}Si NMR，MALDI-TOF MS，ESI MS，Boc基でアミノ基が保護された生成物（**Boc-CyTS**）の単結晶X線構造解析などで明らかになった（図5)[17]。前述のPOSSの場合と同様に，側鎖同士の静電反撥により，側鎖間距離が最も離れた構造として *cis-trans-cis* 体が形成されたと推察している。さらに，**Boc-CyTS** の単結晶X線構造解析からは，ヘキサゴナル配列した二次元シート状集合体が積層した層構造を形成していることがわかった。

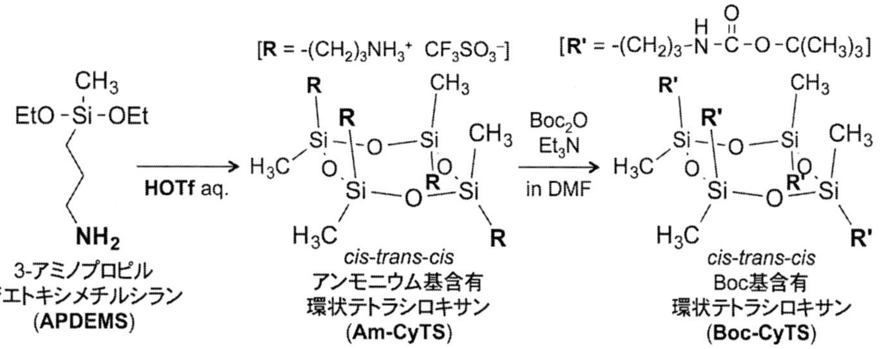

図5 単一構造（*cis-trans-cis* 体）のアンモニウム基含有環状テトラシロキサンの合成

5 シロキサン骨格を含むイオン液体の合成

5.1 ランダム型オリゴシルセスキオキサン構造を含むイオン液体の合成

イオン液体とは100℃以下（150℃以下という定義もある）で液体として存在するカチオンとアニオンのみから構成される塩であり，高イオン伝導性・難燃性・不揮発性などの特性をもち，近年非常に注目されている化合物である。多くのイオン液体はカチオン・アニオンのどちらか一方，あるいは両方が有機イオンから構成されており，シロキサン骨格などの無機成分を含むイオン液体の報告例は少ない。このような無機成分をより多く含むイオン液体は，耐熱性や難燃性のさらなる向上が予想され，より安全な電解質やグリーンソルベント，さらには新たな無機フィラーとしての利用が期待される[18]。

このような背景より，無機骨格材料であるPOSSを含むイオン液体の合成が中條・田中らによって初めて報告された[19]。このPOSSは側鎖にカルボキシレートアニオン，対イオンにイミダゾリウムカチオンを有し，23℃に融点（T_m）を持つイオン液体の性質を示すことが見出されている。このイオン液体は剛直なPOSS骨格を有するため，この化合物の側鎖と同じ構造をもつイオン液体に比べて，熱分解温度が向上することが報告されている。

一方で筆者らは，トリメチル[3-(トリエトキシシリル)プロピル]アンモニウムクロリド（**TTACl**）および1-メチル-3-[3-(トリエトキシシリル)プロピル]イミダゾリウムクロリド（**MTICl**）を原料に用い，触媒に超強酸のビス(トリフルオロメタンスルホニル)イミド（**HNTf$_2$**）を用いた加水分解／縮合反応を水中で行ったところ，ランダム型オリゴSQ構造を有し，約40℃および0℃で流動性を示す四級アンモニウム塩型イオン液体（**Am-Random-SQ-IL**）[20]およびイミダゾリウム塩型イオン液体（**Im-Random-SQ-IL**）[21]がそれぞれ得られることを見出している（図6a，b）。DSC測定より，T_gはそれぞれ15℃および-25℃であり，一方でT_m由来の吸熱ピークはいずれも観測されなかった。すなわち，**Am-Random-SQ-IL**および**Im-Random-SQ-IL**は非晶質であるためT_mは存在せず，その結果T_gより少し高い温度で流動したと考えている。

またTG測定より求められたT_{d5}はそれぞれ417℃および437℃であり，これらの化合物の側鎖部分と同じ構造のイオン液体（N,N,N-トリメチル-N-プロピルアンモニウム-NTf$_2$塩および1-メチル-3-プロピルイミダゾリウム-NTf$_2$塩）のT_{d5}（400℃および380℃）よりも高いことがわかった。これは，ランダム型オリゴSQ構造がイオン液体の熱安定性の向上に影響していることを示している。

5.2 POSS構造を含むイオン液体の合成

筆者らは，前述のTTAClやMTIClを原料に用いた反応の溶媒を水のみから水／メタノール混合溶媒に代えて同様の反応を行うことで，結晶性のPOSS（**Am-POSS**および**Im-POSS-IL**）がそれぞれ簡便に得られることも見出しているが（図6c，d）[20, 21]，これらの結晶性POSS

第3章　構造制御されたイオン性シルセスキオキサンおよび環状シロキサンの創成

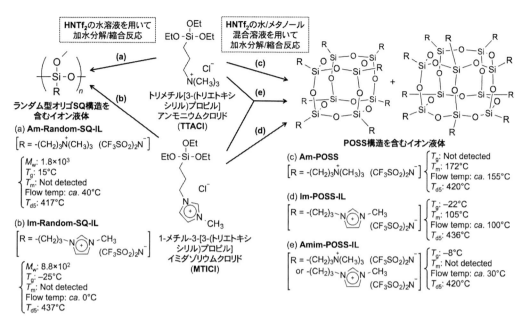

図6　オリゴシルセスキオキサン構造を含むイオン液体の合成
(a) Am-Random-SQ-IL, (b) Im-Random-SQ-IL, (c) Am-POSS, (d) Im-POSS-IL, (e) Amim-POSS-IL

はT_m程度（172℃および105℃）まで加熱しないと流動性を示さなかった。長期安定性を考慮すると，シラノール基の存在するランダム型オリゴSQよりも，シラノール基の存在しないPOSS構造を有するイオン液体の方が有利であると思われるが，**Am-POSS**および**Im-POSS-IL**の比較的高い流動温度が電解質やグリーンソルベントとして利用する際の課題であった。

そこで前述の2種の側鎖置換基を有する低結晶性POSSの合成手法（図4a）[12]を参考にして，TTAClとMTIClからなる混合物のHNTf$_2$を触媒に用いた加水分解／縮合反応を水／メタノール混合溶媒中で行ったところ，2種の側鎖置換基を有する室温イオン液体の性質を示すPOSS（**Amim-POSS-IL**, T_g：-8℃，T_m：なし，流動温度：30℃）が得られることがわかった（図6e）[22]。すなわち，**Amim-POSS-IL**は2種の側鎖置換基がPOSSの側鎖にランダムに配置したことで分子の対称性が低下し，結晶化が抑制されT_mが消失し，その結果室温付近で流動性を示したと考えている。

5.3　環状オリゴシロキサン構造を含むイオン液体の合成

さらに筆者らは，2官能性有機アルコキシシランの超強酸による加水分解／縮合反応により，環状オリゴシロキサン構造を含むイオン液体が得られることも明らかにしている。例えば，イミダゾリウム塩含有ジアルコキシシランである1-[3-(ジメトキシメチルシリル)プロピル]-3-メチルイミダゾリウムクロリド（DSMIC）にHNTf$_2$の水／メタノール混合溶液を加え加水分解／縮

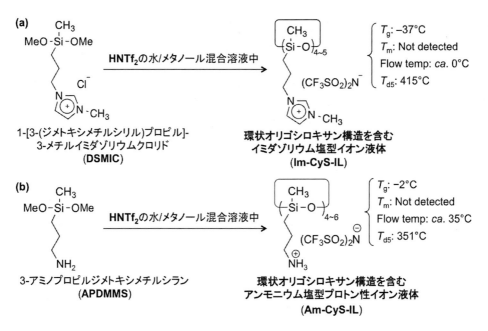

図7 環状オリゴシロキサン構造を含むイオン液体の合成
(a) Im-CyS-IL, (b) Am-CyS-IL

合反応を行ったところ,4および5量体の環状シロキサン構造を含むイオン液体(**Im-CyS-IL**,T_g:－37℃,T_m:なし,流動温度:0℃)が得られることがわかった(図7a)[23]。TG測定より求められたT_{d5}は415℃であり,この化合物の側鎖と同じ構造を持つイオン液体のT_{d5}(380℃)に比べ,高い熱分解温度を示した。

一方で,前述の**Am-CyTS**の合成で用いたようなアミノ基含有2官能性有機アルコキシシラン(3-アミノプロピルジメトキシメチルシラン:APDMMS)の加水分解/縮合反応の触媒をHOTfからHNTf$_2$に代えて同様の反応を行ったところ,活性プロトンを構成イオンに含むイオン液体(プロトン性イオン液体:PIL)の性質を示すアンモニウム基含有環状オリゴシロキサン(**Am-CyS-IL**:環状4〜6量体の混合物)が得られることを見出している(図7b)[24]。**Am-CyS-IL**のT_{d5}は351℃であり,この化合物の側鎖と同じ構造のイオン液体であるn-プロピルアミン-NTf$_2$塩のT_{d5}(281℃)よりもかなり高くなったことから,環状オリゴシロキサン構造の導入はPILの課題である熱分解(あるいは揮発)しやすい性質を改善できる可能性を示した。

6 おわりに

本章では,SQや環状シロキサンを合成するための加水分解/縮合反応において,反応中にイオンを形成する側鎖置換基含有の有機アルコキシシランを用いることで,構造制御された可溶性SQや単一構造の環状シロキサン,さらにイオン液体の性質を示すシロキサン化合物が得られる

第 3 章　構造制御されたイオン性シルセスキオキサンおよび環状シロキサンの創成

ことを述べた。有機と無機の境界領域が注目される中，これらの分野にまたがる有機シロキサン化合物の合成・構造制御・機能化に関する研究は，学術・産業の両分野で今後ますます重要になるであろう。

文　　献

1) 伊藤真樹監修，(a) シルセスキオキサン材料の化学と応用展開，シーエムシー出版 (2007)；(b) シルセスキオキサン材料の最新技術と応用，シーエムシー出版 (2013)
2) P. D. Lickiss *et al.*, *Chem. Rev.*, **110**, 2081 (2010)
3) (a) J. F. Brown Jr *et al.*, *J. Am. Chem. Soc.*, **82**, 6194 (1960)；(b) J. F. Brown Jr *et al.*, *J. Am. Chem. Soc.*, **86**, 1120 (1964)；(c) R. Zhang *et al.*, *Angew. Chem. Int. Ed.*, **45**, 3112 (2006)；(d) K-Y. Baek *et al.*, *J. Mater. Chem.*, **20**, 9852 (2010)；(e) S. Yan *et al.*, *Chem. Eur. J.*, **18**, 4115 (2012)
4) (a) M. Unno and H. Matsumoto *et al.*, *Bull. Chem. Soc. Jpn.*, **78**, 1105 (2005)；(b) T. Gunji *et al.*, *J. Organomet. Chem.*, **695**, 1363 (2010)；(c) S. S. Hwang *et al.*, *Eur. Polym. J.*, **48**, 1073 (2012)
5) Y. Kaneko *et al.*, (a) *Chem. Mater.*, **16**, 3417 (2004)；(b) *Z. Kristallogr.*, **222**, 656 (2007)；(c) 高分子論文集, **67**, 280 (2010)；(d) 表面, **48**, 92 (2010)；(e) *Int. J. Polym. Sci.*, Article ID 684278 (2012)；(f) "Ion Exchange Technologies", p.73, InTech (2012)；(g) シルセスキオキサン材料の最新技術と応用, p.32, シーエムシー出版 (2013)；(h) ゾル-ゲル法の最新応用と展望, p.7, シーエムシー出版 (2014)；高分子論文集, **71**, 443 (2014)；(i) ケイ素化学協会誌, **32**, 19 (2015)；(j) 水溶性高分子の最新動向, p.156, シーエムシー出版 (2015)；(k) 日本接着学会誌, **52**, 325 (2016)
6) Y. Kaneko *et al.*, *Polymer*, **46**, 1828 (2005)
7) Y. Kaneko *et al.*, *Polymer*, **53**, 6021 (2012)
8) Y. Kaneko *et al.*, *Chem. Eur. J.*, **20**, 9394 (2014)
9) Y. Kaneko *et al.*, *Polymer*, **121**, 228 (2017)
10) F. J. Feher *et al.*, *Chem. Commun.*, 323 (1998)
11) Y. Kaneko *et al.*, *J. Mater. Chem.*, **22**, 14475 (2012)
12) Y. Kaneko *et al.*, *J. Mater. Chem. C*, **2**, 2496 (2014)
13) Y. Kaneko *et al.*, *Inorg. Chem.*, **56**, 4133 (2017)
14) (a) K. Naka *et al.*, *Macromolecules*, **44**, 6039 (2011)；(b) *Polym. J.*, **44**, 340 (2012)
15) (a) M. Kakimoto *et al.*, *Macromolecules*, **40**, 5698 (2007)；(b) R. M. Laine *et al.*, *Macromolecules*, **44**, 7263 (2011)；(c) M. Kunitake *et al.*, *Chem. Lett.*, **41**, 622 (2012)；(d) S. Zheng *et al.*, *Polym. Chem.*, **4**, 1491 (2013)；(e) K. Naka *et al.*, *Chem. Lett.*, **43**, 1532 (2014)；(f) K. Naka *et al.*, *Polym. Chem.*, **6**, 7500 (2015)；(g) K. Naka *et al.*, *RSC Adv.*, **6**, 31751 (2016)

16) Y. Kaneko *et al.*, *Polym. Chem.*, **6**, 3039 (2015)
17) Y. Kaneko *et al.*, *J. Am. Chem. Soc.*, **137**, 5061 (2015)
18) (a) 金子芳郎, イオン液体研究最前線と社会実装, p.151, シーエムシー出版 (2016); (b) Y. Kaneko *et al.*, "Progress and Developments in Ionic Liquids", p. 579, InTech (2017)
19) Y. Chujo *et al.*, *J. Am. Chem. Soc.*, **132**, 17649 (2010)
20) Y. Kaneko *et al.*, *Bull. Chem. Soc. Jpn.*, **87**, 155 (2014)
21) Y. Kaneko *et al.*, *RSC Adv.*, **5**, 15226 (2015)
22) Y. Kaneko *et al.*, *Bull. Chem. Soc. Jpn.*, **89**, 1129 (2016)
23) Y. Kaneko *et al.*, *Chem. Lett.*, **44**, 1362 (2015)
24) Y. Kaneko *et al.*, *RSC Adv.*, **7**, 10575 (2017)

第4章 架橋型前駆体を用いたゾル-ゲル反応による有機-無機ハイブリッド材料の作製

菅原義之*

1 はじめに

　ゾル-ゲル法は高温を必要としないプロセスであることから，有機-無機ハイブリッドの作製に非常に適しており，様々な手法を用いて有機-無機ハイブリッドの作製が検討されている。無機-有機ハイブリッドは，有機成分と無機ネットワークとの間の結合の種類により，Class ⅠとClass Ⅱに分類され，Class Ⅰハイブリッドはイオン結合，水素結合等の弱い結合の界面を有する有機-無機ハイブリッド，Class Ⅱハイブリッドは共有結合のような強い結合の界面を有する有機-無機ハイブリッドである[1]。Class Ⅱハイブリッドでは，有機基の炭素とネットワークを形成する元素との間に共有結合を形成させる必要があるが，電気陰性度が低く陽性な元素では加水分解を受けやすい。従って，安定な共有結合形成のために使用できる元素はケイ素やリンなどに限定される。

　ケイ素アルコキシド（$Si(OR)_4$）からのシリカの合成は，代表的なゾル-ゲル反応として知られている。これに対して，オルガノアルコキシシラン（$R_xSi(OR)_{4-x}$, $x = 1-3$）は，シランカップリング剤等として用いられてきたが，ケイ素アルコキシドと同様にゾル-ゲル反応に用いることができる[2]。2官能性あるいは3官能性のオルガノアルコキシシランを単独で用いると，ゲル化させることは難しい場合も多く[3]，一般にケイ素アルコキシド（$Si(OR)_4$）との共加水分解を行う。いずれもケイ素の化合物であるが，加水分解や縮重合の速度は異なるため，有機基を均一に生成物中に分散させることは難しい[4]。

　こうした背景から，2つ（場合によっては3つ以上）のトリアルコキシシリル（$-Si(OR)_3$）基を有機基（スペーサー）で架橋した架橋型前駆体（$R[Si(OR)_3]_n$）を用いたゾル-ゲルプロセスが発展してきた（スキーム1）[5〜7]。このプロセスの特徴としては，ゲル化が容易であること，有機基の高い分散性が達成できることがあげられる。スペーサーとなる有機基Rはアルキル鎖などのフレキシブルなものでも芳香環などのリジッドなものでもよく，スペーサーとなる有機基Rに機能性を持たせることも可能である。従って，ケイ素系架橋型前駆体から得られる無機-有機ハイブリッドは，ケイ素アルコキシドとオルガノアルコキシシランの共加水分解で得られる無機-有機ハイブリッドとは異なる物性を示すことが期待され，この点はこれまでの多くの研究に

---

　* Yoshiyuki Sugahara　早稲田大学　理工学術院　先進理工学部　応用化学科；
　　　　　　　　　　　早稲田大学　各務記念材料技術研究所　教授

ゾル-ゲルテクノロジーの最新動向

スキーム1 ケイ素系架橋型前駆体のゾル-ゲル反応

より実証されてきている。

ケイ素系架橋型前駆体（$R[Si(OR)_3]_n$）は現在市販されているものがあるが，その数は限定されており，入手できない場合は合成する必要がある。特に研究初期には，ケイ素系架橋型前駆体の合成が不可欠であった。ケイ素-炭素結合はグリニャール反応等を用いることにより容易に形成できることから，これまで発展してきた有機ケイ素化学を用いることにより，ケイ素系架橋型前駆体の合成は一般に達成可能である。このような状況から，架橋型前駆体を用いたゾル-ゲル反応による有機-無機ハイブリッド材料の作製は，研究初期にはゾル-ゲル法のコミュニティの中でも，高度な有機合成技術を有するグループにより牽引されてきた。特に大きな貢献があったのはアメリカのカリフォルニア大学アーバイン校（Prof. Kenneth J. Shea）とサンディア国立研究所（Dr. Douglas A. Loy）の連携による研究グループとフランスモンペリエ第二大学（現在はモンペリエ大学）の研究グループ（Prof. Robert J. P. Corriu）である[5~7]。得られる生成物はBridged Silsesquioxane（BSQ）（あるいは Bridged Polysilsesquioxane, BPSQ・BPS）と呼ばれている。この2つの研究グループにより膨大な数の架橋型前駆体が合成されている。代表的な架橋型前駆体であるベンゼン環を有するものを本章で取り上げる架橋型前駆体とともに以下に示す（スキーム2）。

その後，豊田中央研究所の稲垣伸二博士率いる研究グループが架橋型前駆体を界面活性剤共存下でのゾル-ゲル反応によるメソポーラス材料の合成に適用した。得られた材料はPMO（Periodic Mesoporous Organosilica）と呼ばれており，これまでに様々な研究が展開されている。最も知られているのがメソポーラスベンゼンシリカとして知られるベンゼン環をスペーサーとするPMOである[8]。

本稿では，ケイ素系架橋型前駆体を用いたゾル-ゲル反応による有機-無機ハイブリッド材料について，BSQに関する国内外の最近の研究を概説する。また，筆者の研究グループが最近検討しているリン系架橋型前駆体の利用についても述べる。

2 ケイ素系架橋型前駆体からの有機-無機ハイブリッド形成

ケイ素系架橋型前駆体は，一般にケイ素アルコキシドに対して用いられる酸あるいは塩基触媒を用いたゾル-ゲル法により，有機-無機ハイブリッド材料へ変換されている。ケイ素アルコキシ

第4章 架橋型前駆体を用いたゾル-ゲル反応による有機-無機ハイブリッド材料の作製

スキーム2-1 ケイ素系架橋型前駆体（Rはアルキル基，Et：C_2H_5，Me：CH_3）

スキーム 2-2　ケイ素系架橋型前駆体（R はアルキル基, Et：C_2H_5, Me：CH_3）

ドやオルガノアルコキシシランの加水分解・重縮合の初期過程は, 最終生成物の構造を知る上で重要な知見を含んでおり, ^{29}Si NMR などの分光学的手法を用いて検討が行われている。そこで, 筆者の研究グループでは, ベンゼン環をスペーサーとするケイ素系架橋型前駆体（$C_6H_4[Si(OC_2H_5)_3]_2$；スキーム 2a, R = Et, n = 1）の酸触媒存在下での初期過程を検討し, 各シグナルを帰属するとともに, 加水分解プロセスを明らかにしている[9]。一方, 非水ゾル-ゲル法は, 遷移金属アルコキシドを用いた系で近年盛んに活用されているが[10], ケイ素架橋型前駆体へ適用した例は, 超臨界の二酸化炭素を用いた例[11]など極めて限定されている。

BSQ は, 多孔質材料としての検討が研究初期から行われており, スペーサーの構造やゾル-ゲル反応の条件を変更することにより, ある程度細孔径などの細孔構造が制御できることが明らかとなっている[5~7]。また, ゾル-ゲル法によるエアロゲル作製も盛んに検討されているが[12], ケイ素系架橋型前駆体を用いた研究も最近さらに展開している[13~16]。一方, PMO に関する検討も継続的に行われており, ナノ粒子の合成やバイオメディカル応用, ヤヌスナノ粒子の作製等数多くの展開がある[17~22]。ゾル-ゲル法による多孔質材料の作製については, 第 5 章を参照されたい。

ケイ素系架橋型前駆体が多孔構造を有する BSQ を形成する点に加えて, 比較的単純な構造を有する 1,4-bis[(trimethoxysilyl)ethynyl]benzene（スキーム 2c）の加水分解において, ゾル-ゲル反応中に集合体を形成することが比較的早い時期に見出されていた[23,24]。その後, 水素結合形成基をスペーサーに導入するなど, ケイ素系架橋型前駆体の分子設計を進展させた結果, X 線回折分析で規則性を示す積層構造の形成に至っている[25~27]（スキーム 2d~2f）。また, スペーサーに開裂可能な結合（例えば S-S 結合）を導入しておくことにより, ゾル-ゲル反応で Si-O-Si ネットワークを形成させた後, スペーサーの官能基を開裂させることにより連続した構造から層状構造へ変換することができる。特に S-S 結合を用いると, 開裂によりチオール（-SH）基が生成し, これを酸化することによりスルホ（-SO_3H）基へと変換できる[28,29]（スキーム

2g)。このように層状構造を形成できることは,新たなナノシートの作製等へ展開できる可能性があり,今後の展開が待たれる。

一方,BSQ キセロゲルは微粒子の凝集体として得られることが多く,酸性条件下で作製されたゲルに超音波を照射するとナノ粒子が得られることが報告されている[29]。また,シリカ粒子作製法として知られる Stöber 法と類似した条件で加水分解・重縮合行うことにより,均一粒径の BSQ ナノ粒子の作製に成功している[30]。一方,制限した空間を利用したナノ粒子作製も試みられており,water in oil 型の乳化重合法で均一な粒子系を有する BSQ ナノ粒子の作製が報告されている[31]。

これに対して,フィルム作製はゾル-ゲル法を有効に活用する展開であり,ケイ素系架橋型前駆体を用いてもフィルム作製は可能である。フィルムの形成には光重合が有効であることが知られている。有機高分子合成に用いられる光重合開始剤 Irgacure250 を用いると,光照射により超酸である HPF_6 が発生し,その触媒作用によりゾル-ゲル反応が素早く進行する[32]。この手法では特に水は添加しないが,空気中の水分により加水分解が進行する。

3 ケイ素系架橋型前駆体からの有機-無機ハイブリッド材料

BSQ のスペーサーに機能性官能基を導入することによる,機能材料への展開が数多く報告されている。ケイ素系架橋型前駆体からの多孔体合成では,界面活性剤を用いた PMO の検討例が多いが[18,33,34],界面活性剤を用いず BSQ を作製し,吸着剤や触媒に応用する検討が行われている。吸着剤への応用ではスペーサーへの官能基の導入とその配置がポイントであり,重金属イオン等をターゲットにした BSQ が作製されている[35]。触媒では,アリルハライドとフェノールとの Ullmann カップリングに活性を有する銅錯体をスペーサーとする BSQ[35](配位子前駆体:スキーム 2h)や過酸化水素分解を触媒するカタラーゼ類似のマンガン錯体をスペーサーとする BSQ[36](前駆体:スキーム 2i)が報告されている。

次に,光応答を利用した材料として,代表的光応答分子であるアゾベンゼンの誘導体を用いた事例を紹介する。アゾベンゼン誘導体はアゾベンゼン同様光異性化することが知られている。アゾベンゼン誘導体をスペーサーとするケイ素系架橋型前駆体からの層状構造の形成が報告されているが,アミド結合間の水素結合により光異性化は観測されなかった[25](前駆体;スキーム 2d)。これに対し,アミド結合等の水素結合を形成しやすい官能基を含まないアゾベンゼン誘導体をスペーサーとするケイ素系架橋型前駆体(スキーム 2j)をアゾベンゼン誘導体に 1 つだけトリエトキシシリル基が結合したオルガノアルコキシシランと共加水分解させて得られる層状構造を有するフィルムは,紫外光と可視光照射により層間距離が可逆的に変化するとともに,フィルムの変形が観測されている[37]。光反応による官能基脱離を利用した材料設計も行われており,光脱離する官能基をスペーサーとするケイ素系架橋型前駆体(スキーム 2k)への光照射により,スペーサーの水中での電荷がマイナスからプラスに反転し,ζ 電位も反転する。この光応

答を利用することにより，ナノ粒子の自己集合，2種類のナノ粒子集合体からの一方のナノ粒子の放出等，電荷反転を利用した展開が期待できる[38]。

一方，センシングデバイスへの応用も行われており，ベンゼン環を組み込んだスペーサーを有するBSQ（前駆体：スキーム2a，$n = 1, 2$，R = Et）と金ナノ粒子を複合化し，ベンゼン環とキシレンとの親和性を利用して高感度を達成している[39]。一方，ベンゼン環をスペーサーとするBSQ（前駆体：スキーム2a，$n = 1$，R = Et）とアミノ基を有するオルガノアルコキシシラン（H_2N-R-$Si(OC_2H_5)_3$）を共加水分解して作製したハイブリッドを用いて電気容量を測定し，二酸化炭素をセンシングした報告もなされている[40]。

BSQを中間体として用いて，さらに他の材料に変換する事例も報告されている。ベンゼン環をスペーサーとするBSQ（前駆体：スキーム2a，$n = 1$，R = Et）を不活性雰囲気下で焼成すると多孔性のSiCセラミックスが[41]，炭化水素基をスペーサーとするBSQ（前駆体：スキーム2l〜2n）を不活性雰囲気下で焼成した場合はSi-O-Cガラスが[42]得られる。また，ベンゼン環をスペーサーとするBSQ（前駆体：スキーム2a，$n = 1$，R = Et）をより低温で焼成してシリカを分相させた後，水酸化ナトリウム水溶液で処理することにより多孔性炭素モノリスが得られている[43]。

膜の応用としては，分離膜に関する検討が盛んに行われている。エチレンをスペーサーとする前駆体（$C_2H_4[Si(OC_2H_5)_3]_2$；BTESE，スキーム2l）からのBSQ膜が逆浸透膜として機能することが報告されており[44]，海水淡水化膜としての機能向上を目指して，BTESEと$HOCH_2Si(OC_2H_5)_3$との共重合膜や[45]，norbornane構造[46]やトリアゾール構造[47]をスペーサーとするBSQ膜（前駆体：スキーム2o, 2p）の作製と評価が行われている。本手法による膜は気体分離にも応用できることも報告されている[46, 48〜50]。

BSQの導電膜作製への応用として，代表的ポリ酸である12-タングストリン酸（PWA）とアルキル鎖をスペーサーとするケイ素系架橋型前駆体（$C_nH_{2n}[Si(OC_2H_5)_3]_2$，スキーム2q）から，160℃までプロトン伝導性を示す膜が作製されている[51]。また，guanidium基を2つ有するスペーサーをもつケイ素系架橋型前駆体（スキーム2r）から得られたBSQ膜をアルカリ電解質形燃料電池（AFC）の陰イオン交換膜に応用した例も報告されている[52]。

3. 1　ジホスホン酸から作製される有機-無機ハイブリッド材料の応用

これまで述べてきたケイ素系架橋型前駆体を用いた有機-無機ハイブリッド材料に加えて，筆者のグループではオルガノジホスホン酸を用いた有機-無機ハイブリッド材料の作製を試みている。ホスホン酸等のPOH基を有する化合物は様々な遷移金属化合物と反応し，安定なP-O-M結合を形成することが知られている[53, 54]。そこで架橋型前駆体としてオルガノジホスホン酸（$R[PO(OH)_2]_2$；スキーム3a）を用い，遷移金属塩化物と反応させることにより，ケイ素系架橋型前駆体を用いた有機-無機ハイブリッド材料と同様に，M-O-Pネットワーク中に有機基を均一に分散した有機-無機ハイブリッド材料を作製できる。ジホスホン酸の合成は，Michaelis-

第4章 架橋型前駆体を用いたゾル-ゲル反応による有機-無機ハイブリッド材料の作製

スキーム3 オルガノジホスホン酸

Arbuzov反応等確立されたルートがあることから[53]，ケイ素系架橋型前駆体同様に基本的有機合成技術があれば多くの場合達成可能である。

オルガノジホスホン酸を用いた先駆的合成として，アルミニウム化合物との反応による界面活性剤をテンプレートとした多孔体の作製が行われている[55]。テンプレートを用いない合成としては，筆者の研究グループが，オリゴメリックなポリエチレンオキシド鎖をスペーサーとするジホスホン酸（スキーム3b）を合成し，四塩化チタンとの非水ゾル-ゲルプロセスによるゲルの作製を報告している。得られたゲルにリチウムイオンをドープすることにより，室温で $10^{-5}\,\Omega\,\mathrm{cm}^{-1}$ オーダーのリチウムイオン伝導性を有する有機-無機ハイブリッドの作製に成功している[56]。

4 おわりに

以上，ケイ素系を中心に架橋型前駆体を用いたゾル-ゲル反応による有機-無機ハイブリッド材料について概説した。紙幅の都合で応用については主要な領域の代表的な事例をあげるにとどまっているが，機能性材料として取り上げられている事例もあると思われるので，各章を参照頂きたい。架橋型前駆体は現在市販されている化合物が少なく，スペーサーによる機能向上のためには有機合成が必要不可欠である。しかしながら，Si-C結合やP-C結合の形成反応により前駆体を合成することは難しくない場合が多く，架橋型前駆体の自由な設計と合成は今後さらに活性化すると考えられる。架橋型前駆体を用いたゾル-ゲル反応による機能性有機-無機ハイブリッド材料のさらなる研究展開に期待したい。

文　献

1) C. Sanchez *et al.*, *New J. Chem.*, **18**, 1007（1994）
2) C. J. Brinker *et al.*, *Sol-Gel Science. The Physics and Chemistry of Sol-Gel Processing.* Academic Press, Boston（1990）
3) D. A. Loy *et al.*, *Chem. Mater.*, **12**（12），3624（2000）
4) Y. Sugahara *et al.*, *J. Mater. Chem.*, **7**（1），53（1997）

5) G. Cerveau *et al.*, *Chem. Mater.*, **13** (10), 3373 (2001)
6) D. A. Loy *et al.*, *Chem. Rev.*, **95** (5), 1431 (1995)
7) K. J. Shea *et al.*, *Chem. Mater.*, **13** (10), 3306 (2001)
8) S. Inagaki *et al.*, *Nature*, **416** (6878), 304 (2002)
9) H. Saito *et al.*, *J. Sol-Gel Sci. Technol.*, **57** (1), 51 (2011)
10) P. H. Mutin *et al.*, *Chem. Mater.*, **21** (4), 582 (2009)
11) D. A. Loy *et al.*, *Chem. Mater.*, **9** (11), 2264 (1997)
12) K. Kanamori, in *Handbook of Sol-Gel Science and Technology*, ed. by L. Klein, M. Aparicio, A. Jitianu, Springer International Publishing, Cham, pp. 1 (2016)
13) Z. Wang *et al.*, *Adv. Mater.*, **25** (32), 4494 (2013)
14) S. Yun *et al.*, *J. Mater. Chem. A*, **3** (7), 3390 (2015)
15) F. Zou *et al.*, *J. Mater. Chem. A*, **4** (28), 10801 (2016)
16) Y. Aoki *et al.*, *J. Sol-Gel Sci. Technol.*, **81** (1), 42 (2017)
17) A. Walcarius *et al.*, *J. Mater. Chem.*, **20** (22), 4478 (2010)
18) S. S. Park *et al.*, *NPG Asia Mater.*, **6**, e96 (2014)
19) J. G. Croissant *et al.*, *Nanoscale*, **7** (48), 20318 (2015)
20) Y. Chen *et al.*, *Adv. Mater.*, **28** (17), 3235 (2016)
21) X. Du *et al.*, *Biomater.*, **91**, 90 (2016)
22) H. Ujiie *et al.*, *Chem. Commun.*, **51** (15), 3211 (2015)
23) B. Boury *et al.*, *Angew. Chem. Int. Ed.*, **38** (21), 3172 (1999)
24) B. Boury *et al.*, *Chem. Commun.*, (8), 795 (2002)
25) N. Liu *et al.*, *J. Am. Chem. Soc.*, **124** (49), 14540 (2002)
26) J. J. E. Moreau *et al.*, *Angew. Chem. Int. Ed.*, **43** (2), 203 (2004)
27) J. J. E. Moreau *et al.*, *Chem. Euro. J.*, **11** (5), 1527 (2005)
28) A. Mehdi *et al.*, *Chem. Soc. Rev.*, **40** (2), 563 (2011)
29) L.-C. Hu *et al.*, *Chem. Soc. Rev.*, **40** (2), 688 (2011)
30) L.-C. Hu *et al.*, *Chem. Mater.*, **22** (18), 5244 (2010)
31) M. Khiterer *et al.*, *Nano Lett.*, **7** (9), 2684 (2007)
32) A. Chemtob *et al.*, *New J. Chem.*, **34** (6), 1068 (2010)
33) N. Mizoshita *et al.*, *Chem. Soc. Rev.*, **40** (2), 789 (2011)
34) P. Van Der Voort *et al.*, *Chem. Soc. Rev.*, **42** (9), 3913 (2013)
35) S. Benyahya *et al.*, *Adv. Synth. Catal.*, **350** (14-15), 2205 (2008)
36) H. Saito *et al.*, *Chem. Lett.*, **41** (6), 591 (2012)
37) S. Guo *et al.*, *J. Am. Chem. Soc.*, **137** (49), 15434 (2015)
38) L.-C. Hu *et al.*, *J. Am. Chem. Soc.*, **134** (27), 11072 (2012)
39) L. Brigo *et al.*, *J. Mater. Chem. C*, **1** (27), 4252 (2013)
40) S. V. Patel *et al.*, *J. Sol-Gel Sci. Technol.*, **53** (3), 673 (2010)
41) G. Hasegawa *et al.*, *J. Mater. Chem.*, **19** (41), 7716 (2009)
42) K. Yamamoto *et al.*, *J. Non-Crystalline Solids*, **408**, 137 (2015)
43) G. Hasegawa *et al.*, *Chem. Commun.*, **46** (42), 8037 (2010)

44) R. Xu *et al.*, *AIChE J.*, **59**（4）, 1298（2013）
45) K. Yamamoto *et al.*, *Sep. Purif. Technol.*, **156**, 396（2015）
46) J. Ohshita *et al.*, *J. Sol-Gel Sci. Technol.*, **73**（2）, 365（2015）
47) K. Yamamoto *et al.*, *Polym J.*, **49**（4）, 401（2017）
48) H. Qi *et al.*, *J. Membr. Sci.*, **421-422**, 190（2012）
49) S. M. Ibrahim *et al.*, *RSC Adv.*, **4**（24）, 12404（2014）
50) K. Yamamoto *et al.*, *J. Sol-Gel Sci. Technol.*, **71**（1）, 24（2014）
51) I. Honma *et al.*, *Solid State Ionics*, **162-163**, 237（2003）
52) C. Qu *et al.*, *J. Mater. Chem.*, **22**（17）, 8203（2012）
53) C. Queffélec *et al.*, *Chem. Rev.*, **112**（7）, 3777（2012）
54) G. Guerrero *et al.*, *Dalton Trans.*, **42**（35）, 12569（2013）
55) T. Kimura, *J. Nanosci. Nanotechnol.*, **13**（4）, 2461（2013）
56) H. Saito *et al.*, *Chem. Lett.*, **42**（3）, 318（2013）

第5章 マルチスケール多孔質材料の構造制御

中西和樹*

1 はじめに

ゾル-ゲル法による無機系多孔材料の作製は，金属アルコキシドを前駆体とするプロセスに依ることが多く[1]，加水分解・重縮合による網目形成反応と網目内のナノ空間制御によって，様々な多孔構造が得られる。しかし，ケイ素以外の金属酸化物をゾル-ゲル法で作製する場合，アルコキシドの反応性が高すぎて反応の制御が困難となる場合がある。溶媒による希釈や，加水分解反応を抑制するキレート剤の添加による制御は，コーティングや微粒子の作製では効果的であるが，高気孔率をもつ自立材料を得るためには，比較的高濃度のゲル網目構成成分を含む溶液が必要であり，上記のアプローチは必ずしも有効ではない。他方，金属塩の加水分解は多くの場合微粒子状の沈殿を生じるが，溶液内のpH変化を均一かつ適度な速さに制御する手法を用いれば，バルク状ゲルを得ることができる。金属塩は一般に安価であり水系溶媒への溶解が容易である他，有機溶媒使用量を抑えることによりプロセスの環境負荷も低減できる。また，前駆体の種類に関わらず，重合反応によって誘起される相分離を利用して，マイクロメートル領域の連続多孔構造を形成させることができるので[2]，モノリス（バルク状）であっても物質輸送特性に優れた階層的多孔構造を制御することが可能である。本稿では，アルコキシドおよび金属塩を出発物質とし，自立塊状材料作製のために工夫されたゾル-ゲル法による，階層的多孔構造をもつ酸化物およびリン酸塩材料（主として多結晶組成）の作製を例に挙げて解説する。シロキサン系有機無機ハイブリッドにおける同様の材料合成については，第6章を参照されたい。

2 加水分解と縮合・析出反応の制御

金属アルコキシド前駆体のうちケイ素以外の金属を含む化合物は加水分解が非常に速いため，研究例の多い酸化チタン，酸化ジルコニウム，酸化アルミニウムなどでは，β-ジケトン構造を含むキレート剤の添加によって加水分解を抑制する反応制御が行われている。キレート剤は中心金属に強く配位して，加水分解・重縮合による酸化物網目の形成反応を遅くする働きがある。近年Hasegawaらにより，チタン n-プロポキシドからの酸化チタンのゾル-ゲル反応に，アセト酢酸エチルおよび少量の電解質を添加することにより，容易にゲル化時間の調整ができることが見いだされた[3]。これにより従来の高濃度の酸を使用する方法に比べて，より温和な条件での構

---

* Kazuki Nakanishi　京都大学　大学院理学研究科　化学専攻　准教授

第5章 マルチスケール多孔質材料の構造制御

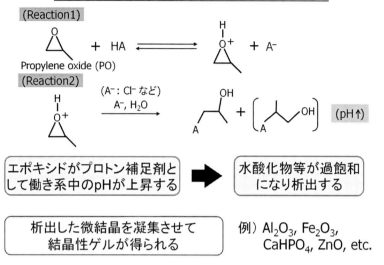

図1 エポキシド（プロピレンオキシド）の開環反応を利用する，金属塩を前駆体としたゾル−ゲル法によるゲル形成反応の概略

造制御が可能になった。

酸性金属塩の水溶液の水酸化物イオンの濃度を高くしていくと，多くの場合水酸化物の沈殿を生じる。例えば水和塩化アルミニウム水溶液は強酸性を示すが，中和と共に水酸化アルミニウムを生じ，不定形のゲル状固体が析出する。Gashらはこの水酸化物形成反応において，プロピレンオキシド（PO）等のエポキシ環を含む化合物（エポキシド）の開環反応を利用して反応系内の酸を不可逆に消費させ，溶液内で均一なpH上昇を実現することによって（図1），様々な金属の水酸化物がバルク状のゲルとして得られることを示した[4]。短時間の凝集過程によって密度の低いゲル網目が生じ，機械強度が低いためバルク状形態を保つためには超臨界乾燥を必要とする。Tokudomeらは，水酸化アルミニウムを生じるエポキシド添加ゾル−ゲル反応に，水溶性高分子であるポリエチレンオキシド（PEO）を加えることにより，重縮合反応に並行した相分離を誘起して，その過渡構造をゲル化によって固定すると，ゲル相と溶媒相の共連続構造を反映したマクロ多孔体が得られることを報告した[5]。Gashらは広範な金属の酸化物においてエポキシドによるゲル形成を確認しており，本手法の応用範囲は極めて広い。以下に例示するように，金属塩から得られる多様なバルク状酸化物の階層的多孔構造を制御する手法が確立しつつある。

3 酸化チタン系

チタンn−プロポキシドを出発物質として，高濃度の塩酸を用いる方法[6]，あるいはキレート剤と電解質添加物を用いる方法[7]によって，マイクロメートル領域の連続孔をもったゲルが作製さ

表1 MO$_2$系マクロ多孔性ゲル（アルコキシド前駆体）

主成分金属	添加成分	結晶相（非晶質でない場合）	作製法
Si	-		アルコール溶媒，PEO他水溶性高分子，P123他界面活性剤，酸アミド類
Ti	-	アナタース，ルチル	強酸，酸アミド類，PEO
Ti	-	アナタース，ルチル	β-ジケトン，電解質添加，PEO
Zr	-	単斜，斜方晶ジルコニア	強酸，酸アミド類，PEO
Ti	Mg, Ca, Sr, Ba	BaTiO$_3$（ペロブスカイト）	マクロ多孔性湿潤TiO$_2$ゲルと炭酸塩の反応
Ti	Li	花弁状Li$_4$Ti$_5$O$_{12}$	マクロ多孔性湿潤TiO$_2$ゲルと水酸化物の反応
Ti	-	Ti$_n$O$_{2n-1}$	マクロ多孔性TiO$_2$ゲルのZrゲッターによる還元
Ti	N	N-doped TiO$_{2-x}$	β-ジケトン，エチレンジアミン架橋，PEO

表1～3中の略号
PEO：ポリエチレンオキシド，P123：Pluronic P123，PVP：ポリビニルピロリドン，HPAA：ポリアクリル酸，PAAm：ポリアクリルアミド

れるが，いずれの系においても溶媒を除去したゲルはアナタースの微結晶から構成される。前者の手法ではゲル網目を構成するチタン化合物の結合が弱く，水熱処理をして結晶子を成長させるとメソ孔の拡大と骨格の強化が起こって，溶媒除去の際の細孔構造の変化を避けることができる。後者の方法では，水分を含む溶媒中でのキレート剤の脱炭酸を伴う分解とともに，チタン化合物の網目は10 nm程度のメソ孔をもつようになるため，水熱処理によるメソ孔拡大は不要となる。

マクロ孔とメソ孔を階層的に制御した酸化チタンモノリスは，リン酸基を含む化合物を特異的に吸着するため，リン酸を含む化合物のHPLC分離や固相抽出法による濃縮に利用される。また，アナタース微結晶からなるゲル骨格は，水酸化リチウムあるいはリン酸と反応して，それぞれLi-Ti-O系あるいはTi-P-O系の層状結晶に表面から転化し，適当な条件下では微細な花弁状組織として成長させることができる[8]。骨格全体の化学組成改変の例としては，高温での金属ジルコニウムを用いた格子酸素の引き抜きによって，マグネリ相を含む酸素欠陥チタン化合物が得られる[9]ほか，アルカリ土類金属イオンを含浸させて熱処理することにより，CaTiO$_3$，SrTiO$_3$，BaTiO$_3$のようなペロブスカイト系モノリスが得られる[10]。表1にMO$_2$系多孔質ゲルの代表的な組成と，付加的な処理によって得られる結晶相を示した。ほとんどの場合において，処理前後でマクロ多孔構造は変化せず，ホストの多孔構造を反映した多孔質モノリスが得られる。

4 酸化アルミニウム系

塩化アルミニウム六水和物を，分子量100万のPEO，エタノールとともに溶解して均一な水

第5章 マルチスケール多孔質材料の構造制御

溶液を得る。この溶液に撹拌下でPOを滴下し，均一になった溶液を密閉容器中恒温槽で一定温度に保ってゲル化させる。PEOを添加しない反応系からは無色透明なゲルが得られ，構成成分はX線的にはアルミニウムの水酸化物あるいは酸化水酸化物の微結晶の混合物と考えられる。PEOの濃度および溶媒成分や反応温度に敏感に依存して，ゲル化に並行した相分離による，連続マクロ多相構造をもつバルク状ゲルが得られる。この反応系では，共存させたPEOはゲル網目を形成する水酸化アルミニウムに富む相には分配されず，溶媒に富む相に主に分配されることがわかった[5]。これは次項以下の酸化物やリン酸塩において，ほとんどの場合に高分子成分がゲル網目を支える役割をすることと対照的である。出発組成のPEO濃度を増加させると，相分離傾向が増大して粗大化したマクロ孔・骨格をもつ構造に変化するとともに，マクロ孔の体積分率が増加して気孔率の高い構造へと変化し，最終的には粒子状単位の連結した骨格が生じる（図2）。

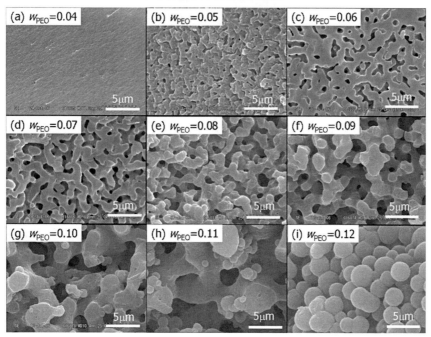

図2 酸化アルミニウム系多孔体のマクロ孔構造制御の一例
共存させるポリエチレンオキシドの濃度（w_{PEO}）によって，細孔径と気孔率が変化する。

溶媒を除去する際に蒸発乾燥を行うと，脆弱なゲル網目に引っ張り応力をかけながら溶媒が抜けてゆくため，バルク状試料は著しく収縮する。この収縮過程はメソ孔構造に少なからぬ影響を及ぼすが，マクロ孔構造は異方的な変形を受けずに自己相似的に縮む。乾燥後にはバルク状の水酸化アルミニウム多孔体となり，更なる加熱過程においては顕著な収縮や破壊は見られない。800℃程度の熱処理でγ-アルミナの析出が始まり，1100℃で数時間加熱するとα-アルミナ単相からなる多孔質セラミックスとなる。この過程においても等方的な収縮以外の変形は少なく，非常に鋭い細孔径分布が保たれる。

　上記の合成過程の出発組成において，複数の金属塩を均一に水溶液とすることは容易であり，純アルミナ以外の組成にも同手法を拡張することができる。水酸化アルミニウムを主成分とする出発系にイットリウム塩やマグネシウム塩を共存させることにより，イットリウムアルミニウムガーネット（YAG），マグネシウムアルミニウムスピネル，あるいは層状複水酸化物の微結晶からなる上記と同様な多孔体が得られることも明らかになった[11, 12]。また，従来のアルコキシド法シリカと金属塩由来アルミナ系の複合ゲルから，マクロ多孔性を保ったままムライトやコーディエライト組成のセラミックスモノリスを作製できる[13, 14]。このほか，完全にα-アルミナに転化した骨格をもつマクロ多孔体をホストとして，水酸化テトラプロピルアンモニウムをテンプレートとして強塩基条件でシリカと水熱反応させることにより，骨格をゼオライト結晶に転化することも可能である[15]。このプロセスにより，マイクロメートル領域の連続貫通孔と骨格内のメソ孔に，ゼオライト結晶が自身の構造中にもつマイクロ孔を加えて，三重（trimodal）の階層的多孔構造をもつバルク材料も作製することができる。

5　様々な価数をもつ金属酸化物系への拡張

　水酸化物の性質が類似する鉄（Ⅲ）についても，探索の結果アルミニウム系と似通ったマクロ孔構造の多孔体が得られることが見いだされたが[16]，後述するリン酸塩系も含めて，反応溶液中の成分間の相互作用については大きな違いが認められた。すなわち，高分子成分を添加せずとも三次元的ゲル網目を形成し易い酸化アルミニウム系では，相分離の際にPEOは溶媒に富む相へ分配される。これに対して酸化鉄系のマクロ多孔体形成にはポリアクリルアミド（PAAm）が，リン酸塩系の場合にはポリアクリル酸（HPAA）あるいはPAAmが，微結晶の凝集体からなる脆弱な骨格を補強する役割を果たす。ただし水溶液から析出する固体は，溶液中に共存する水分子やイオン種を含む嵩高い微結晶の凝集体であり，加熱と共に配位子の脱離や高分子の分解が起こるとゲル網目が崩壊するため，連続構造を保ったまま酸化物に転化することは一般に困難になる。塩化鉄由来の酸化鉄系の場合には，析出物とPAAmの相互作用によってゲル骨格の連続性が保たれるが，連続した相構造の断片化を抑制するために，巨視的粘度の高いグリセリンを溶媒に用いる必要がある。室温で形成したX線的には無定型の微小な酸化水酸化鉄の多結晶凝集体からなるマクロ多孔性モノリスは，空気中で300℃程度に加熱すると酸化鉄（Ⅲ）に転移する

第5章 マルチスケール多孔質材料の構造制御

が，機械強度は著しく低下する．しかしアルゴン雰囲気下で加熱すると徐々に還元されて，400℃で鉄（Ⅱ）も含むマグネタイト，700℃で金属鉄，さらには1000℃で炭化鉄にまで転化することが確認されている（図3）．酸化チタン系に加えて，比表面積の大きい多孔体の表面反応を利用した材料組成制御法として，今後の発展が期待される．

基本的に鉄系と同様の条件において，これまでにTi（オキシ硫酸）[17]，Cr（塩化物）[18]，Ni（塩化物）[19]，Cu（塩化物）[20]，Zn（塩化物）の他，14族のSn，複数の3族元素など，ほとんどの遷移金属，希土類の酸化水酸化物が，マクロ多孔性モノリスとして作製できることが明らかになってきた．表2に上述のAl，Fe系とともに組成と作製条件をまとめて示す．水素結合性の強いHPAAあるいはPAAmはいずれの場合にもゲル構成成分として酸化水酸化物に富む相に分配される．比較的強固なゲル網目を形成できるAl，Ti，Siを含む系では，相分離誘起のみを目的

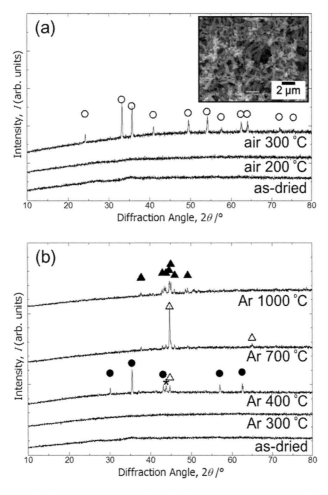

図3 酸化鉄系多孔体の（a）空気および（b）アルゴン雰囲気下での加熱に伴う，析出結晶相の変化
○：ヘマタイト，●：マグネタイト，△：金属鉄，＊：不明，▲：炭化鉄．

表2 MO$_x$系マクロ多孔性ゲル（金属塩前駆体）

主成分金属	添加成分	結晶相	作製法
Al	−	γ-アルミナ，コランダム	アルコール溶媒，PEO
Al	Y	ガーネット	同上，塩化物共加水分解
Al	Mg	スピネル，層状複酸化物	同上，塩化物共加水分解
Al	Si	ムライト	同上，ケイ素アルコキシドの共加水分解
Al	Si, Mg	コーディエライト	同上，ケイ素アルコキシドの共加水分解
Ti	−	アナタース，ルチル	オキシ硫酸塩，ホルムアミド，PVP
Cr	−	酸化クロム(III)，窒化クロム，炭化クロム	グリセリン溶媒，HPAA
Fe	−	酸化鉄(III)，四酸化三鉄，金属鉄，炭化鉄	グリセリン溶媒，PAAm
Fe	Zn	亜鉛フェライト	グリセリン溶媒，PAAm
Fe, Si	Li	ケイ酸鉄リチウム	炭酸リチウム，硝酸鉄，PVP
Ni	−	酸化ニッケル(II)，金属ニッケル	グリセリン溶媒，HPAA
Cu	−	酸化銅(II)，酸化銅(I)，金属銅	グリセリン溶媒，PAAm
Sn	−	トリジマイト型酸化スズ	グリセリン溶媒，PAAm
Zn	−	シモンコライト，酸化亜鉛	グリセリン溶媒，HPAA

としてPEOあるいはPVPといった高分子成分が添加されており，高粘度の溶媒も必要としない。形成したマクロ多孔性ゲルの還元条件下での熱処理により，骨格に有機高分子成分を含むゲルでは必ず炭素が生成する。この炭素はゲル網目内に微細なスケールで複合しているため，十分高温では還元作用や炭化物形成を引き起こす。還元反応に伴う骨格の結晶相の変化は，高酸化数イオンを含む酸化物から，低酸化数イオンを含む酸化物となり，ついで金属にまで還元された後，雰囲気や近接した物質との反応で炭化物・窒化物に至る。アルゴンあるいは窒素気流下での還元挙動は金属種によって少しずつ異なる。Niでは微粒子状の炭素と金属ニッケルが広い温度範囲で共存し，炭化物の顕著な生成が見られない。ところがCrでは窒素中800℃以下の低温では窒化物を，それより高温では炭化物を形成しやすく，中間的な温度域では出発組成中の尿素（窒素源）の濃度が高いほど窒化物が得られ易くなる。またCuは酸化銅(I)の形成を経て金属銅と炭素の複合構造を生じるが，酸化雰囲気中での金属相が比較的安定であるため炭素相を除去することにより，いわゆるポーラスメタルを最終生成物とすることも可能である。

6 リン酸塩系マクロ多孔体の構造制御

生体関連物質との優れた親和性をもつ材料として，また生体組織との強固な接着を誘導する材料として，リン酸カルシウム系セラミックス，特に水酸アパタイトは広く利用されている[21]。材料中の体液の流通や細胞の付着特性を最適化するために，多孔構造の制御は重要である。溶液法による微粒子や薄膜の合成は種々報告されているが，水溶液系でのリン酸系ゲルの形成は起こり

第5章 マルチスケール多孔質材料の構造制御

にくく，アルギン酸などのゲル化補助成分を用いた例以外には，バルク材料の作製例は少ない。上述の金属塩前駆体を用いるアルミナゲルに続く Tokudome, Miyasaka らの手法[22]は，溶解度積が極めて小さく，希薄な水溶液からでも容易に結晶形成が起こるリン酸カルシウム系の析出物を，結晶性の低い3次元網目に構成する方法を提案している。

　塩化カルシウム二水和物の水溶液と，別に調製した HPAA（分子量10万）の水・メタノール溶液とを混合し，最後にリン酸水溶液を混合してからごく短時間のうちに PO を添加して密閉容器中30℃でゲル化させる。リン酸カルシウム系は溶解度積が小さく（すなわち反応溶液の過飽和度が高く），カルシウムとリン酸の共存が始まって以降の温度管理や，反応時間の制御は極めて重要な作製条件である。カルシウムとリン酸の短時間の共存の後 PO を添加した場合には，無水第二リン酸カルシウム（monetite）が得られるが，混合後24時間で PO を添加すると生じた析出物は第二リン酸カルシウム二水和物（brushite）となった。HPAA 以外の水溶性高分子では結晶成長の抑制が不十分で，溶液全体を均質なゲルとすることが困難であった。HPAA の濃度を調節することによって様々な多孔構造が得られ，メタノールの代わりにより粘度の高いエチレングリコールやグリセリンを使うことにより，不均一な析出を抑制して構造制御が容易になることも明らかになった。なお，最初に析出した結晶相からなる多孔体は，熱処理によってヒドロキシアパタイト，TCP（リン酸三カルシウム），炭酸カルシウムを析出したが，ヒドロキシアパタイトの量論比よりもややカルシウムに富む Ca/P = 2/1 の出発組成において単相のヒドロキシアパタイトを直接得ることができた（図4）。

　表3にこれまでに作製されたリン酸塩系マクロ多孔性モノリスの作製条件等をまとめた。同

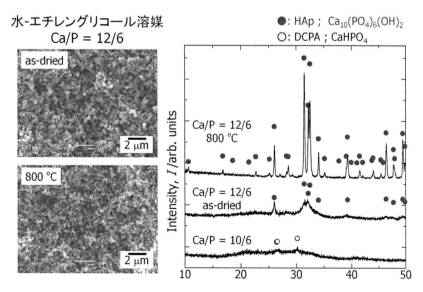

図4　出発組成の Ca/P 比および熱処理温度と得られる結晶相の関係
　　水酸アパタイトの化学量論比は Ca/P = 10/6 である。

表3 リン酸塩系マクロ多孔性ゲル

主成分金属	添加成分	結晶相	作製法
Ca	–	無水リン酸水素カルシウム，アパタイト，リン酸三カルシウム	アルコール溶媒，HPAA
Fe	Li	オリビン型リン酸鉄リチウム	水溶媒，PVP + PEO
Al	–	トリジマイト型リン酸アルミニウム	アルコール溶媒，PEO
Zr	–	層状構造，ZrP_2O_7 他	グリセリン溶媒，PEO + PAAm
Zr	1～4価金属	NASICON 型	グリセリン溶媒，PEO + PAAm
Ti	–	層状構造，TiP_2O_7 他	グリセリン溶媒，PEO + PAAm
Ti	–	花弁状 $Ti(HPO_4)_2·H_2O$	マクロ多孔性 TiO_2 ゲルとの反応

様なプロセスから，リン酸鉄リチウム組成においても，連続したマクロ孔をもつ多結晶性バルク材料が作製でき，物質輸送特性に優れたリチウムイオン電池の電極材料への応用が期待される[23]。さらに，層状構造をもち比較的大きいイオンを層間に吸着することが知られているリン酸ジルコニウム[24]やリン酸チタン[25]も，最近になって報告されている。ZrやTiを含むリン酸塩系は極めて結晶析出が起こり易いため，反応系全体の相溶性を制御して相分離を促すPEOと，結晶析出を抑制するPAAmの，二種類の高分子を同時に添加する必要がある。Zr系ではNASICON組成として知られる ZrO_6-PO_4 多面体の特異な構造に基づく化合物群も得られている[24]。いずれもアルコキシド前駆体からは作製困難な目標組成であり，単純な酸化物系以外のマクロ多孔性モノリス合成が可能になることにより，より広い応用分野の開拓を期待できる。触媒関連分野ではお馴染みであるが，シリカと等電子で同じ結晶系に属し，やや異なる細孔表面の特徴をもつリン酸アルミニウムについても，金属塩を前駆体とする同上の手法でマクロ多孔性モノリスの作製が可能となっている[26,27]。

7 おわりに

アルコキシド系からのセラミックス組成多孔体は，酸化チタン材料を中心とした比較的限られた組成において，多孔構造を維持したままの化学組成や局所構造改変に基づいた機能化が可能である。他方，バルク材料の前駆体として利用が困難だった金属塩前駆体によるゾル-ゲル過程は，ようやく幅広い組成で多孔構造制御の可能な手法として，成長しつつある。三次元的な繋がりをもち，さらに液体の浸透を容易にするマクロ孔ネットワーク構造を，様々な酸化物セラミックス系で高度に構造制御しつつ作製すれば，物質特有の表面機能を効率的に利用するデバイスを開発できる。アルミナ系やリン酸ジルコニウム系で例示したように，重要な複合酸化物やリン酸塩系への拡張もアルコキシド系に比べて容易であるという特徴もある。内部表面の化学的性質の利用のみならず，軽量化，吸音・断熱性能向上など，バルク形状多孔体の利用分野は極めて広

第5章 マルチスケール多孔質材料の構造制御

い。このプロセスの対象とし得る物質群をさらに見出し，構造制御原理を確立すると共に，様々な化学組成において機能発現を最適化する指針を確立することが重要である。

文　献

1) 「ゾル-ゲル法の応用-光，電子，化学，生体機能材料の低温合成」，作花済夫著，アグネ承風社（1997）
2) K. Nakanishi, *J. Porous Mater.*, **4**, 67-112（1997）
3) G. Hasegawa, K. Kanamori, K. Nakanishi, T. Hanada, *J. Am. Ceram. Soc.*, **93**, 3110-3115（2010）
4) A. E. Gash, T. M. Tillotson, J. H. Satcher Jr., J. F. Poco, L.W. Hrubesh, R. L. Simpson, *Chem. Mater.*, **13**, 999-1007（2001）
5) Y. Tokudome, K. Fujita, K. Nakanishi, K. Miura, K. Hirao, *Chem. Mater.*, **19**, 3393-3398（2007）
6) J. Konishi, K. Fujita, K. Nakanishi, K. Hirao, *Chem. Mater.*, **18**, 6069-6074（2006）
7) G. Hasegawa, K. Morisato, K. Kanamori, K. Nakanishi, *J. Sep. Sci.*, **34**, 3004-3010（2011）
8) G. Hasegawa, K. Kanamori, Y. Sugawara, Y. Ikuhara, K. Nakanishi, *J. Coll. Interf. Sci.*, **374**, 291-296（2012）
9) A. Kitada, G. Hasegawa, Y. Kobayashi, K. Kanamori, K. Nakanishi, H. Kageyama, *J. Am. Chem. Soc.*, **134**, 10894-10898（2012）
10) O. Ruzimuradov, G. Hasegawa, K. Kanamori, K. Nakanishi, *J. Am. Ceram. Soc.*, **94**, 3335-3339（2011）
11) Y. Tokudome, K. Fujita, K. Nakanishi, K. Kanamori, K. Miura, K. Hirao, T. Hanada, *J. Ceram. Soc. Jpn.*, **115**, 925-928（2007）
12) Y. Tokudome, N. Tarutani, K. Nakanishi, M. Takahashi, *J. Mater. Chem. A*, **1**, 7702-7708（2013）
13) X. Guo, K. Nakanishi, K. Kanamori, Y. Zhu, H. Yang, *J. Eur. Ceram. Soc.*, **34**, 817-823（2014）
14) X. Guo, W. Li, K. Nakanishi, K. Kanamori, Y. Zhu, H. Yang, *J. Eur. Ceram. Soc.*, **33**, 1967-1974（2013）
15) Y. Tokudome, K. Nakanishi, S. Kosaka, A. Kariya, H. Kaji, T. Hanada, *Micropor. Mesopor. Mater.*, **132**, 538-542（2010）
16) Y. Kido, K. Nakanishi, A. Miyasaka, K. Kanamori, *Chem. Mater.*, **24**, 2071-2077（2012）
17) W. Li, X. Guo, Y. Zhu, Y. Hui, K. Kanamori, K. Nakanishi, *J. Sol-Gel Sci. Technol.*, **67**, 639-645（2013）
18) Y. Kido, G. Hasegawa, K. Kanamori, K. Nakanishi, *J. Mater Chem. A*, **2**, 745-752（2014）

19) Y. Kido, K. Nakanishi, N. Okumura, K. Kanamori, *Micropor. Mesopor. Mater.*, **176**, 64-70 (2013)
20) S. Fukumoto, K. Nakanishi, K. Kanamori, *New J. Chem.*, **39**, 6771-6777 (2015)
21) P. Li, C. Ohtsuki, T. Kokubo, K. Nakanishi, N. Soga, T. Nakamura and T. Yamamuro, *J. Mater. Sci.: Mater. Med.*, **4**, 127-131 (1993)
22) Y. Tokudome, A. Miyasaka, K. Nakanishi, T. Hanada, *J. Sol-Gel Sci. Technol.*, **57**, 269-278 (2011)
23) G. Hasegawa, Y. Ishihara, K. Kanamori, K. Miyazaki, Y. Yamada, K. Nakanishi, T. Abe, *Chem. Mater.*, **23**, 5208-5216 (2011)
24) Y. Zhu, K. Kanamori, N. Moitra, K. Kadono, S. Ohi, N. Shimobayashi, K. Nakanishi, *Microporous Mesoporous Mater.*, **255**, 122-127 (2016)
25) Y. Zhu, K. Yoneda, K. Kanamori, K. Takeda, T. Kiyomura, H. Kurata, K. Nakanishi, *New J. Chem.*, **40**, 4153-4159 (2016)
26) 平山徹・高橋亮二・山田幾也, 日本ゾル-ゲル学会第9回討論会講演要旨集, p.49 (2011)
27) W. Li, Y. Zhu, X. Guo, K. Nakanishi, K. Kanamori, H. Yang, *Sci. Technol. Adv. Mater.*, **14**, 045007 (8 pages) (2013)

第6章　有機-無機ハイブリッドエアロゲルの合成と性質

金森主祥*

1　はじめに～エアロゲルとは

ゾル-ゲル法で作製した湿潤ゲルを乾燥させる際，収縮やひび割れに悩まれた方は多いと思う（図1a）。このようなゲルに限らず，溶媒を含んだ状態の固体から溶媒を蒸発除去する際には，液体の表面張力により必ず圧縮変形が加わり，乾燥固体の機械的強度や構造不均一性などが原因でひび割れが生じることが多い。Kistler は，湿潤固体中から収縮やひび割れを起こさずに液体を除去できるか，という問題に対して超臨界流体を用いた乾燥を行い，画期的な成果を得て1931年に Nature 誌上に発表した[1]。シリカゲルをはじめとする様々な固体物質から得られた超臨界乾燥試料は非常に軽く，彼はこれらの乾燥ゲルをエアロゲルと名付けた。

その後，さらに多様な化学組成によるエアロゲルが合成され，その細孔構造に基づく物性・機能性が報告された[2,3]。その中で特に重要な物性は熱伝導性であろう。エアロゲルは骨格成分が少なく，材料としての熱伝導性は気相における熱伝導が支配的である。しかしながら，エアロゲ

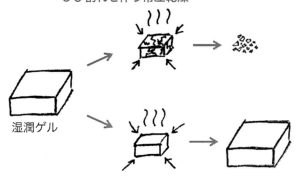

(a)強度・柔軟性の低いゲルにおける収縮・ひび割れを伴う常圧乾燥

湿潤ゲル

(b)強度・柔軟性の高いゲルにおける一時的収縮・スプリングバックを伴う常圧乾燥

図1　湿潤ゲルの乾燥プロセスの模式図。(a) ゲルの強度が低い場合は収縮・ひび割れが生じやすいのに対し，(b) ゲルの強度が十分に高く変形回復性を示す場合は，一時的収縮・スプリングバックを伴う乾燥により低密度キセロゲルが得られる可能性がある。

---

*　Kazuyoshi Kanamori　京都大学　大学院理学研究科　化学専攻　助教

ルに含まれる細孔サイズは典型的には 50 nm 程度であり一般的な気体分子の平均自由行程よりも短く，運動量交換による熱伝導が極めて起こりにくい。このため，エアロゲルは 12〜20 mW m^{-1} K^{-1} 程度[4]の極めて低い熱伝導率（グラスウールや発泡ポリマーなど典型的な断熱材の半分以下）を示し，これは全ての固体物質中で最低レベルである。近年の世界的な省エネルギー化の流れの中，エアロゲルを用いた高性能断熱材開発が積極的に進められている。

2　代表的なシリカエアロゲルとその問題点

エアロゲル材料の中でも，シリカエアロゲルは Kistler による研究に端を発し，1970 年代におけるアルコキシシランを用いたゾル-ゲル法の開発によって大きく発展し，低密度・低熱伝導性かつ高い可視光透過性をもつものが知られている。可視光透過性は，可視光波長よりも十分に短い数十ナノメートルスケールで均一な細孔構造に由来する。可視光透過性を用いた応用として，チェレンコフ放射体[5]や透明断熱窓[6]などに関する研究もなされてきた。しかしながら，このような構造的特徴は一方で機械的な脆弱性という問題を引き起こしている。

シリカエアロゲルの圧縮強度は密度に依存するが，典型的には 10^{-2} MPa のオーダーである[7]。このように，非常に小さい変形圧力の印加で破壊が起こるため取扱が難しく，上述のような高圧の超臨界流体を用いた乾燥が必要である。ゲルの圧縮強度を改善し，さらに弾性的な変形回復挙動が可能となれば，取扱が容易になるだけでなく，高圧の超臨界流体を用いずに乾燥することが可能となる。すなわち，溶媒蒸発時の圧縮変形に耐え，溶媒除去後には元の状態にまで変形回復すれば，超臨界乾燥を行って得られるエアロゲルと同等のキセロゲルが得られる可能性がある（図 1b）。

これまでに，湿潤ゲルのエージング条件を最適化する[8]，有機修飾アルコキシシランを前駆体として用いる[9]，あるいは有機高分子との複合化を行う[10]ことでゲルの機械的物性を改善する試みがなされてきたが，いずれの場合も細孔構造の粗大化，高密度化や不透明化が起こり，シリカエアロゲルの特性を保持したまま機械的物性を大幅に向上させた例は存在しなかった。

本稿では，筆者らの有機修飾アルコキシシランを用いたアプローチによりシリカエアロゲルの特性を保持したポリ有機シロキサン（シリコーン）系有機-無機ハイブリッドエアロゲルを作製した例，さらに常温・常圧での溶媒蒸発（常圧乾燥）によりエアロゲル状のキセロゲルを得たいくつかの成果について述べる（図 2）。ネットワークの分子レベルの構造と得られるエアロゲルの機械的物性との相関について，これまでに明らかになっていることを紹介し，高強度・高柔軟性エアロゲルの設計指針についても示す。

第6章 有機-無機ハイブリッドエアロゲルの合成と性質

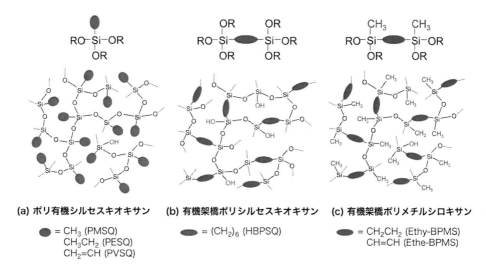

図2 本稿で紹介するゲルのネットワークと前駆体構造の模式図。(a) ポリ有機シルセスキオキサン，(b) 有機架橋ポリシルセスキオキサン，(c) 有機架橋ポリメチルシロキサン。

3 有機-無機ハイブリッドによる高強度・柔軟化

3.1 ハイブリッド系における設計指針

ゾル-ゲル法の利点のひとつとして，低温合成プロセスであるため有機物との複合化が容易であることが挙げられる。歴史的にもMackenzieら[11]および中條ら[12]が，シリカ-PDMS（ポリジメチルシロキサン）ハイブリッドやシリカ-ポリオキサゾリンハイブリッドなど，無機相と有機相が共有結合あるいは非共有結合性の引力相互作用を介し複合化したものが柔軟性を示すことを明らかにした。Mackenzieらはまた，シリカ-PDMS系において不透明低密度多孔体を作製し，圧縮変形に対して高い強度と変形回復性を示すことを見出した[13]。また，Raoらは有機修飾アルコキシシランのひとつであるメチルトリメトキシシラン（MTMS）を前駆体として用いることで不透明な低密度多孔体を作製し，圧縮や曲げに対する高い柔軟性を示した[14]。これらの例は，ポリシロキサンネットワーク内に適切な有機部位を導入することによりエアロゲルの機械的物性を改善できるが，同時にネットワークの疎水性が増大するため細孔構造の粗大化が起こり，可視光透過性が失われることを示している。また，細孔サイズはマイクロメートル領域に達するため熱伝導率は大幅に増大すると考えられる。

上述のように，十分に微細で均一な細孔構造により可視光透過性と高断熱性の両方が発現することを考えると，これらの柔軟性ネットワークにおいても細孔構造の粗大化を抑制することで透明エアロゲルが得られれば，熱伝導率の低いエアロゲルが得られると予想される。細孔構造の粗大化の原因は，水溶液中における疎水性ネットワークの相分離である[15]。有機修飾アルコキシシランの反応メカニズムを正しく理解し，コロイド状重合体を含む系の相溶性を増大させる添加物

を用いることで相分離を抑制し，透明・低密度かつ極めて低い熱伝導率を示す柔軟性ハイブリッドエアロゲルの作製は可能である。以下に，筆者らによるいくつかの例を示す[16]。

3.2 ポリメチルシルセスキオキサン系

　上述のRaoらによる合成手法は，テトラメトキシシラン（TMOS）やテトラエトキシシラン（TEOS）からシリカエアロゲルを作製するための標準的なプロセスをMTMSに適用したものである。すなわち，溶媒としてメタノールを，加水分解および重縮合触媒としてそれぞれ酸（シュウ酸）と塩基（アンモニア）を用いたいわゆる2段階酸-塩基ゾル-ゲル法である。この報告がなされたのと同時期に筆者らは，酢酸と尿素から生じるアンモニアを用いた2段階酸-塩基プロセス中に界面活性剤を共存させることで，相分離傾向を大幅に低下させることができることを見出した[17]。界面活性剤としてカチオン性の臭化（または塩化）n-ヘキサデシルトリメチルアンモニウム（CTABまたはCTAC），あるいは非イオン性のブロックコポリマー（たとえばPluronic F127, $EO_{106}PO_{70}EO_{106}$, EOおよびPOはそれぞれエチレンオキシドおよびプロピレンオキシド部位を示す）を用いることで透明な低密度エアロゲルを得ることができた。典型的なバルク密度ρ_bは$0.10 \sim 0.20$ g cm^{-3}，波長550 nmにおける光透過率$T_{550\,nm}$は90% / 10 mm（試料厚10 mmあたりの透過率の意）程度であり，シリカエアロゲルと同等である。MTMSから得られるこれらのエアロゲルは主にランダムネットワークからなり，ポリメチルシルセスキオキサン（PMSQ，図2a）と呼ばれる。

　PMSQエアロゲルは，圧縮応力に対し高い強度と変形回復性を示す。最適化したエアロゲルでは，80%の一軸圧縮に対し破壊することなく収縮し，その後変形を取り除くと完全に元のサイズ・形状に回復することが分かった（図3a）。常圧乾燥時における等方的な圧縮変形に対しても同様の機械的応答を示すことが示唆され，実際にn-ヘキサンなどの低表面張力溶媒を含むPMSQの湿潤ゲルに対し常圧乾燥を行うことで，エアロゲル状のキセロゲルを得ることができた[17, 18]。常圧乾燥時は50%程度の線形収縮とその後の変形回復（スプリングバック）を伴い，大型試料を得るにはノウハウを必要とするが，これまでの研究により図3bに示す$250 \times 250 \times 10$ mm^{3}角を超える板状キセロゲル試料も再現性よく得られるようになった[19]。これらの試料の熱伝導率は約13 mW m^{-1} K^{-1}であり，典型的なシリカエアロゲルと同等の高い断熱性を示す。

　無機シリカ系では，常圧乾燥により得られるエアロゲル状のキセロゲル粒子が報告され米国Cabot社より上市されている[20]が，モノリス状試料の作製報告は存在しない。筆者らの開発したPMSQ系は，透明・低密度のモノリス状キセロゲルを世界で初めて報告した例である。現在は，PMSQ系においてモノリス状および粒状キセロゲルを得るための製造プロセス開発研究を行っており，これらを用いた透明断熱窓を含む高性能断熱システムの構築に向けた研究を進めている。

第6章　有機-無機ハイブリッドエアロゲルの合成と性質

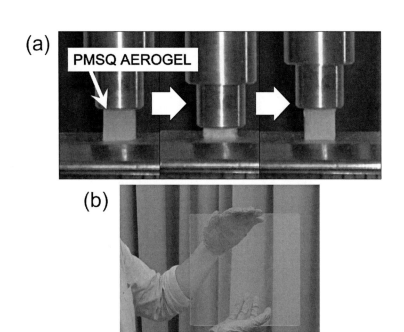

図3　(a) 最適化したPMSQエアロゲルにおける80%の一軸圧縮と変形回復挙動。(b) 常圧乾燥により作製した大型PMSQキセロゲル試料（250 × 250 × 10 mm^3）。

3.3　ポリエチルシルセスキオキサンおよびポリビニルシルセスキオキサン系

　PMSQ系において非架橋メチル基を含む3官能性シロキサンネットワークがエアロゲルの機械的物性向上に有効であることが分かったため，有機置換基をエチル基やビニル基に拡張する研究を行った。エチルトリメトキシシラン（ETMS）あるいはビニルトリメトキシシラン（VTMS）のみから均一なネットワーク構造を作製することはさらに困難であったが，筆者らは，強酸・強塩基をそれぞれ加水分解・重縮合触媒とし，溶媒として低分子量の非イオン性界面活性剤ポリオキシエチレン2-エチルヘキシルエーテルを用いる2段階酸-塩基ゾル-ゲル系を新たに開発した。これにより，ポリエチルシルセスキオキサン（PESQ, 図2a）およびポリビニルシルセスキオキサン（PVSQ, 図2a）系の双方において透明・低密度エアロゲルの作製に成功した[21]。

　PMSQ系と比べてPESQ系およびPVSQ系は圧縮応力および変形回復性が低いことが分かった。これは，より大きな有機置換基のため間隙が多く架橋密度の低いネットワーク構造となっているためと推測され，実際に陽電子消滅寿命測定（PALS）によるサブナノスケールの構造解析により裏付けられている。PVSQの場合は，湿潤ゲルに対してラジカル開始剤を用いた処理（「加硫」処理）を行うことで炭化水素鎖が伸長し（図4a），有機および無機の二重架橋体となることが分かった。PALS測定の結果からも，サブナノメートル領域により隙間の少ない構造に変化していることが分かり，より架橋密度が増大していることが示唆される。図4bには，ラジカ

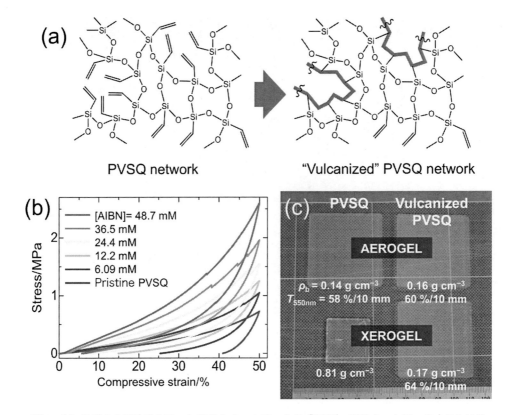

図4 (a) ラジカル開始剤を用いたPVSQネットワークの「加硫」。固体ネットワーク内におけるビニル基の重合により炭化水素架橋が生じる。(b) 異なるラジカル開始剤濃度［AIBN］で加硫したPVSQエアロゲルの一軸圧縮試験における応力-ひずみ曲線。［AIBN］が大きいほど応力が増大し変形回復性が高くなることが分かる。(c) 未加硫PVSQおよび加硫PVSQ湿潤ゲルから作製したエアロゲルとキセロゲルの比較。加硫を行うことで常圧乾燥により低密度のキセロゲルが得られるようになる。

ル開始剤であるアゾビスイソブチロニトリル（AIBN）濃度の増加に伴い，一軸圧縮試験において圧縮応力と変形回復性が増大する様子が示されている。このように加硫したポリビニルポリシルセスキオキサン（PVPSQ）湿潤ゲルを常圧乾燥することで，エアロゲル状のキセロゲルが得られることも明らかとなった（図4c）。これは，常圧乾燥によりモノリス体として透明・低密度キセロゲルが得られた2番目の例である。また，キセロゲルの熱伝導率も15.3 mW m^{-1} K^{-1}と低く，高性能断熱材としても十分に期待できる材料である。

PVSQゲル中のビニル基の反応性を利用し，異なる有機分子を導入することも可能である[22]。PVSQゲルに対し，溶液中でチオール-エン反応（図5a）またはヒドロシリル化反応を行うことでチオール分子やヒドロシラン化合物を担持することができた（図5b）。チオール-エン反応によりチオグリコール酸をPVSQ表面に修飾した試料は親水性を示した（図5c）。このように，ゲルネットワーク中の反応性官能基を利用することでエアロゲル・キセロゲル表面の物理化学的

第 6 章　有機-無機ハイブリッドエアロゲルの合成と性質

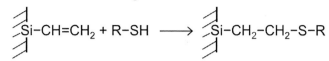

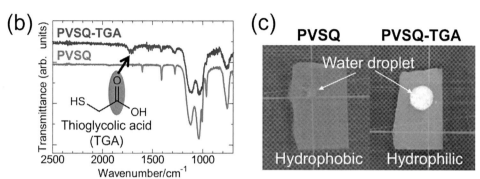

図 5　(a) PVSQ ゲル表面におけるチオール-エン反応の模式図。(b) 未処理 PVSQ エアロゲルと PVSQ-TGA の FTIR スペクトル。(c) 未処理の PVSQ エアロゲル表面は疎水性であるが，チオグリコール酸で修飾したエアロゲル (PVSQ-TGA) は親水性となり，水を滴下すると細孔構造を破壊しながら吸収される。

性質（たとえば親水性・疎水性）や機能性を変化させることが可能であり，新たな材料設計の機会を与える手法である。

3.4　有機架橋ポリシルセスキオキサン系

前項で示した PVSQ 系において，シロキサン架橋生成によるゲル合成後に炭化水素架橋を生じさせ，機械的強度や変形回復性を向上できることが明らかとなった。シロキサン架橋と炭化水素架橋の両方をもつネットワークの作製方法として，有機架橋アルコキシシランを前駆体とする方法が知られている。ここでは，ヘキシレン架橋ポリシルセスキオキサン (HBPSQ，図 2b) を与える 1,6-ビス(トリメトキシシリル)ヘキサン (BTMH) を用いたエアロゲル合成について検討した結果を示す[23]。

Loy らによって既に報告されている[24]ように，メタノール溶媒中，水酸化ナトリウムによる塩基性条件下での BTMH の加水分解・重縮合反応によって不透明なエアロゲルが得られている。筆者らは，BTMH を出発物質とするゾル-ゲル系を検討し，N,N-ジメチルホルムアミド (DMF) を溶媒，有機強塩基である水酸化テトラメチルアンモニウムを塩基触媒とする 1 段階塩基プロセスにおいて透明なエアロゲルが得られることを見出した。得られたエアロゲルは圧縮変形に対して破壊せずに収縮するものの，変形回復性は低いことが分かった。これは，ネットワーク中にシラノール基が多く残存するため，圧縮変形時に新たなシロキサン結合を生成する，あるいは水素結合による強い引力相互作用が生じることによりスプリングバック挙動が阻害されたためと考

えられる。

　ヘキサメチルジシラザン（HMDS）で疎水化したHBPSQゲルを超臨界乾燥させてエアロゲルとすると，ゲル表面は撥水性を示し，一軸圧縮試験においても良好な変形回復性を示すようになった。加えて，三点曲げ変形による破壊強度や破壊時のひずみについても大幅に向上し（図6a, b），高い曲げ柔軟性が付与されたことが分かる。HMDSによる疎水化は理想的には単分子層を形成するため，このような大幅な機械的物性の変化の要因になったとは考えにくいが，副生するアンモニアの影響などによりネットワーク構造の再構成など大きな構造変化が起こったことが示唆される。

　疎水化の有無による常圧乾燥挙動の変化を調べたところ，疎水化を施していないHBPSQゲルは乾燥時の圧縮変形により収縮したままスプリングバックを示さなかったため高密度化したキセロゲルとなったのに対し，疎水化を施したゲルはスプリングバック現象により低密度かつ透明なキセロゲルとなった（図6c）。本系の結果から，ポリシロキサンゲル中の有機鎖により柔軟性が向上すること，加えてシラノール基密度を十分低く保つことで常圧乾燥によりエアロゲル状のキセロゲルを得ることができることが分かった。

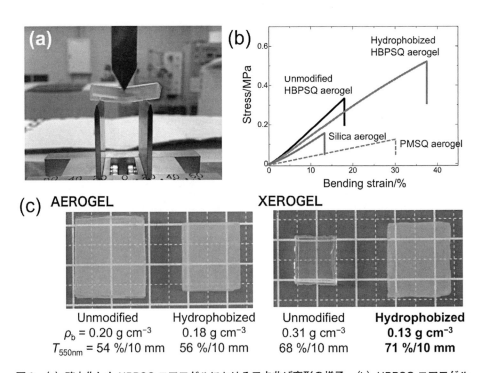

図6　(a) 疎水化したHBPSQエアロゲルにおける三点曲げ変形の様子。(b) HBPSQエアロゲル（0.22 g cm^{-3}），疎水化HBPSQエアロゲル（0.20 g cm^{-3}），シリカエアロゲル（0.20 g cm^{-3}）およびPMSQエアロゲル（0.14 g cm^{-3}）における三点曲げ試験による応力-ひずみ曲線。(c) HBPSQゲルに疎水化を施すことで乾燥中の不可逆収縮が抑制され，常圧乾燥により低密度のキセロゲルが得られるようになる。

3.5 有機架橋ポリメチルシロキサン系

前項で紹介した有機架橋ポリシルセスキオキサン系では，得られる重合体はシラノール基が多く親水性であり，良好な変形回復性を得るためにはゲル化後の疎水化処理を行う必要があった。一方で，疎水性の高いネットワークを一段階で与える前駆体として，有機架橋アルコキシシランのうち，ケイ素上にトリアルコキシ基ではなくメチルジアルコキシ基が存在する前駆体が考えられる。以下に，比較的短い有機架橋部をもつ 1,2-ビス（メチルジエトキシシリル）エタン（BMDE-ethy）および 1,2-ビス（メチルジエトキシシリル）エテン（BMDE-ethe）を用いて行った研究を紹介する[25, 26]。

PVSQ 系と同様，界面活性剤であるポリオキシエチレン 2-エチルヘキシルエーテルを溶媒とする 2 段階強酸-強塩基ゾル-ゲル系においてこれらの前駆体を加水分解・重縮合すると透明で均一なゲルが得られ，超臨界乾燥を行うことで透明・低密度のエアロゲルが得られることが分かった。BMDE-ethy および BMDE-ethe から生じるネットワークをそれぞれ，エチレン架橋ポリメチルシロキサン（Ethy-BPMS, 図 2c）およびエテニレン架橋ポリメチルシロキサン（Ethe-BPMS, 図 2c）と称する。これらのネットワークは，PMSQ 系と比較して，各ケイ素原子上の 3 本のシロキサン結合のうち 1 本がエチレン／エテニレン架橋に置き換わった構造となっている。そこで，分子レベルの構造が機械的物性に与える影響を調べるため，Ethy-BPMS，Ethe-BPMS，PMSQ 系において同等の密度と可視光透過性をもつエアロゲルを作製し，その機械的挙動を比較した。

三点曲げ試験の結果（図 7a）から，Ethy-BPMS と Ethe-BPMS は PMSQ に比べ高い曲げ応力と破壊強度を示すものの，破壊時におけるひずみは低いことが明らかとなった。また，一軸圧縮試験の結果（図 7b）からは，Ethe-BPMS が最も高い圧縮応力と変形回復性を示し，試験終了直後の Ethy-BPMS の変形回復率は低いことが分かった。さらに，一軸圧縮試験において応力緩和を調べると，Ethe-BPMS と PMSQ は比較的小さい緩和挙動を示したのに対し，Ethy-BPMS はより大きな応力緩和を示した。これらの結果から，酸素架橋と比べてエチレン／エテニレン架橋は材料の「固さ」，すなわち弾性率を増大させ，さらに強度を向上させるものの，曲げ変形性は低下させるといえる。また，エチレン架橋とエテニレン架橋を比べると，エテニレン架橋のほうが剛直性を反映して弾性的な振る舞いを与えるのに対し，エチレン架橋は応力緩和が大きく，粘弾性的性質を与えるといえる。上述のように，一軸圧縮試験における変形回復率は見かけ上小さくなっているが，実際には時間をかけてゆっくりと変形回復する様子が観察できる。

PALS 測定結果を比較すると，Ethy-BPMS エアロゲルよりも Ethe-BPMS エアロゲルのネットワークの方が間隙の大きいよりパッキング効率の低い構造となっていることが明らかになったが，これはエテニレン架橋の剛直性を反映していると思われる[27]。分子構造の違いが機械的物性に与える影響を推測する場合には，このようなネットワーク自身の構造，特に架橋密度も変化しうることも考慮すべきである。

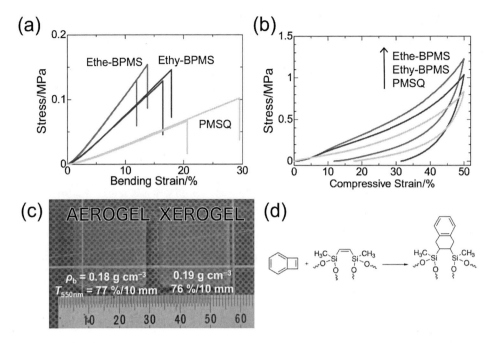

図7 Ethy-BPMS, Ethe-BPMS および PMSQ エアロゲルの (a) 三点曲げ ($n = 2$), (b) 一軸圧縮試験における応力-ひずみ曲線。(c) Ethy-BPMS により作製したエアロゲルとキセロゲルの比較。PMSQ 系と同様に, 疎水化を施すことなく低密度のキセロゲルを得ることができる。(d) Ethe-BPMS ゲル中におけるエテニレン架橋部位の, Diels-Alder 反応による修飾例。

Ethy-BPMS 系においても, エアロゲルと同等のキセロゲルが常圧乾燥により簡便に作製できることが確認された(図7c)。Ethe-BPMS 系では, スプリングバックにより低密度キセロゲルとなるものの, 常圧乾燥中にクラックが多数生じ, モノリス体として得ることが未だ困難である。今後, ゲルの作製条件を最適化することにより, 破壊を伴わない一時的収縮とスプリングバック挙動が達成される可能性がある。さらに, PVSQ 系と同様に Ethe-BPMS 系でもエテニレン架橋部位を利用した修飾が可能である。実際に, ベンゾシクロブテンを用いた Diels-Alder 反応(図7d)によりエテニレン架橋の一部が修飾できることが確認された。

4 まとめと今後の展望

本稿では, 様々なポリシロキサン系有機-無機ハイブリッドにおいて高い強度と柔軟性を示すエアロゲル・キセロゲルが得られた例を紹介した。ゾル-ゲル法によるポリ有機シロキサン(シリコーン)ネットワークの作製報告は古くから存在するものの, ほとんどが相分離による多相構造の形成と粗大化を伴うものであった。本稿で紹介した筆者らの例においては, 出発物質である有機修飾アルコキシシランの反応メカニズムや水溶液系における疎水性重合体コロイド系の安定

第6章 有機-無機ハイブリッドエアロゲルの合成と性質

性を適切に制御することで，数十ナノメートルスケールの微細で均一な細孔構造を得るために必要な合成戦略を確立できることを示した。これらの新しい知見は，シリコーン系において他の材料形態，たとえば微粒子や薄膜を作製する際にも有用であると考えている。

また，これまでの研究により，メソスケールにおける細孔構造が与える影響は十分に検討できていないものの，エアロゲルの分子構造がマクロスコピックな機械的物性に与える影響は少しずつ明らかとなってきている。すなわち，ポリシロキサンネットワークに非架橋有機部位を導入することで柔軟性と疎水性が向上し，架橋有機部位を導入することで粘弾性的な挙動を付与することができる。さらに分子レベルのパッキングの違いによる架橋密度の変化などが与える影響も存在することが示唆される。そして，ビニル基やエテニレン架橋部位を利用した新たな有機架橋形成および修飾反応の例を示したように，ゲル合成後にもネットワーク構造を改質することも可能である。無機・有機のそれぞれの架橋構造を最適化することで，さらに高強度かつ大変形可能なエアロゲルの開発が可能であると考えている。

エアロゲルの材料開発面でいえば，極めて高い断熱性能を利用する応用研究が特に盛んになってきている。エアロゲル材料の社会実装を目指すにあたり，機械的物性と生産性の向上，生産コストの低減は欠かせない要素である。本稿で紹介した有機-無機ハイブリッド系において，これまでにない新たな高強度エアロゲルが見出され始めており，今後も地道な基礎研究を通じてエアロゲルの産業的利用に貢献できるよう，努力を続けたい。

謝辞

本研究は，様々な学生・研究者との共同研究成果である。特に，會澤守博士（ティエムファクトリ㈱）および中西和樹准教授（京都大学大学院理学研究科）には特別な感謝を申し上げる。また，本研究を遂行するにあたり，先端的低炭素化技術開発（ALCA, JST）および科学研究費助成事業（文科省およびJSPS）から資金援助を受けた。

文　　献

1) S. S. Kistler, *Nature*, **127**, 741（1931）
2) N. Hüsing, U. Schubert, *Angew. Chem. Int. Ed.*, **37**, 22（1998）
3) A. C. Pierre, G. M. Pajonk, *Chem. Rev.*, **102**, 4243（2002）
4) M. Koebel, A. Rigacci, P. Achard, *J. Sol-Gel Sci. Technol.*, **63**, 315（2012）
5) A. Abasian et al., *Nucl. Instruments Methods Phys. Res.*, **479**, 117（2002）
6) J. M. Schultz, K. I. Jensen, *Vacuum*, **82**, 723（2008）
7) T. Woignier, J. Phalippou, F. Despetis, P. Etienne, A. Alaoui, L. Duffours, in "Handbook of Sol-Gel Science and Technology-Processing Characterization and Applications,

Volume II: Characterization of Sol-Gel Materials and Products", p. 275, Kluwer Academic Publishers (2004)
8) A. Rigacci, M.-A. Einarsrud, E. Nilsen, R. Pirard, F. Ehrburger-Dolle, B. Chevalier, *J. Non-Cryst. Solids*, **350**, 196 (2004)
9) F. Schwertfeger, N. Hüsing, U. Schubert, *J. Sol-Gel Sci. Technol.*, **2**, 103 (1994)
10) N. Leventis, C. Sotiriou-Leventis, G. Zhang, A.-M. M. Rawashdeh, *Nano Lett.*, **2**, 957 (2002)
11) J. D. Mackenzie, E. P. Bescher, *Acc. Chem. Res.*, **40**, 810 (2007)
12) T. Ogoshi, Y. Chujo, *Compos. Interfaces*, **11**, 539 (2005)
13) S. J. Kramer, F. Rubio-Alonso, J. D. Mackenzie, *Mater. Res. Soc. Symp. Proc.*, **435**, 295 (1996)
14) A. Venkateswara Rao, S. D. Bhagat, H. Hirashima, G. M. Pajonk, *J. Colloid Interface Sci.*, **300**, 279 (2006)
15) K. Kanamori, K. Nakanishi, *Chem. Soc. Rev.*, **40**, 754 (2011)
16) T. Shimizu, K. Kanamori, K. Nakanishi, *Chem. Eur. J.*, **23**, 5176 (2017)
17) K. Kanamori, M. Aizawa, K. Nakanishi, T. Hanada, *Adv. Mater.*, **19**, 1589 (2007)
18) G. Hayase, K. Kanamori, A. Maeno, H. Kaji, K. Nakanishi, *J. Non-Cryst. Solids*, **434**, 115 (2016)
19) K. Kanamori, *J. Mater. Res.*, **29**, 2773 (2014)
20) D. M. Smith, A. Maskara, U. Boes, *J. Non-Cryst. Solids*, **225**, 254 (1998)
21) T. Shimizu, K. Kanamori, A. Maeno, H. Kaji, C. M. Doherty, P. Falcaro, K. Nakanishi, *Chem. Mater.*, **28**, 6860 (2016)
22) T. Shimizu, K. Kanamori, K. Nakanishi, *J. Sol-Gel Sci. Technol.*, **82**, 2 (2017)
23) Y. Aoki, T. Shimizu, K. Kanamori, A. Maeno, H. Kaji, K. Nakanishi, *J. Sol-Gel Sci. Technol.*, **81**, 42 (2017)
24) D. J. Boday, R. J. Stover, B. Muriithi, D. A. Loy, *J. Sol-Gel Sci. Technol.*, **61**, 144 (2012)
25) T. Shimizu, K. Kanamori, A. Maeno, H. Kaji, K. Nakanishi, *Langmuir*, **32**, 13427 (2016)
26) T. Shimizu, K. Kanamori, A. Maeno, H. Kaji, C. M. Doherty, *Langmuir*, **33**, 4543 (2017)
27) R. Xu, S. M. Ibrahim, M. Kanezashi, T. Yoshioka, K. Ito, J. Ohshita, T. Tsuru, *ACS Appl. Mater. Interfaces*, **6**, 9357 (2014)

第7章 自己組織化プロセスによるシロキサン系ナノ構造体の創製

下嶋 敦[*1], 黒田一幸[*2]

1 はじめに

ゾル-ゲル法による材料合成において,分子の自己組織化（self-assembly）現象を利用することにより,ナノレベルの構造制御が可能となる。代表的な例として,両親媒性分子やブロックコポリマーの分子集合体を鋳型としたメソポーラス材料の合成が挙げられるが,その他にも様々な自己組織化プロセスがこれまでに提案され,ユニークな構造や形態に基づく新しい機能発現も報告されている。メソポーラス材料の合成については,多くの総説[1~3]があるのでそちらを参照されたい。本章では,鋳型を用いない新しい自己組織化プロセスとして,有機シラン系分子やオリゴシロキサン分子の分子間相互作用に基づくナノ構造体の形成について,筆者らの最近の研究を中心に紹介する。

2 有機シラン／シロキサン化合物の自己組織化によるメソ構造体形成

オルガノアルコキシシランの加水分解・重縮合反応は,有機シロキサン系材料の一般的な合成手法として広く用いられている。多くの場合アモルファスのゲルが得られるが,有機基の種類や反応条件によっては反応過程で分子の自己組織化が起こり,長周期の規則構造が形成される[4~7]。たとえば,長鎖アルキルトリアルコキシシランは,加水分解によってシラノール（Si-OH）基を親水部とする両親媒性分子となり,自己組織化とその後の重縮合反応によってラメラ構造のアルキルシロキサンを形成する[4]。この系では,加水分解速度を高めてシラントリオール（$RSi(OH)_3$）の生成を促進すると同時に,アルキル鎖の疎水性相互作用を強めるために,弱酸性下で大過剰の水を添加して反応を行うことが重要である。この他にも,様々な分子間相互作用を用いてラメラ構造の有機シロキサンが合成されている[7]。特に,有機架橋型アルコキシシラン（$(R'O)_3Si-R-Si(OR')_3$, R = 有機基, R'= Et, Me）については多くの研究がなされており,有機基と Si の間に尿素結合を導入することによって水素結合による強い分子間相互作用が働き,多様な有機基を導入した高規則性のラメラ構造体の形成が報告されている。

分子形状を変化させることにより,ラメラ構造以外にも様々なメソ構造を形成することができ

[*1] Atsushi Shimojima　早稲田大学　理工学術院　教授
[*2] Kazuyuki Kuroda　早稲田大学　理工学術院　教授

る。一般に，両親媒性分子の集合形態は，その分子形状に基づく充填パラメータに依存することが知られており，アルキル鎖などの疎水部に対する親水部（ヘッドグループ）の占有面積が増大するにつれて表面の曲率が増大し，ラメラ相から，ロッド状集合体からなる二次元（2D）ヘキサゴナル相，さらに球状集合体からなる三次元（3D）ヘキサゴナルやキュービック相へと変化する[8]。筆者らは，疎水部として長鎖アルキル基，親水部としてオリゴシロキサンからなる分子の自己組織化について系統的な調査を行い，多様なメソ構造体の形成を示してきた。たとえば，アルキルシランから3つの -Si(OMe)$_3$ 基がシロキサン（Si-O-Si）結合を介して分岐した分子（図1（a））は，酸性条件下で加水分解された後，溶媒の揮発に伴って自己組織化し，アルキル鎖炭素数 n に応じてラメラ相（n = 14-18）のほかに，2Dヘキサゴナル相（n = 6-10）や，2Dモノクリニック相（n = 12, 13）を形成する[9]。これらの試料を焼成してアルキル鎖を除去すると，シリンダー状細孔を有する高比表面積のシリカ多孔体が得られ，これは界面活性剤などの鋳型を用いない新しいメソ多孔体の合成ルートである。ヘッドグループのサイズをさらに大きくすると，より曲率の高いメソ構造体の形成が予想される。実際，分岐シロキサン鎖を伸張して3つの -Si(OMe)$_2$OSi(OMe)$_3$ 基を結合させると，球状集合体が配列した三次元キュービック／テトラゴナル構造が得られる（図1（b））[10]。

　分岐状オリゴシロキサンだけでなく，かご型オリゴシロキサンもヘッドグループとして利用す

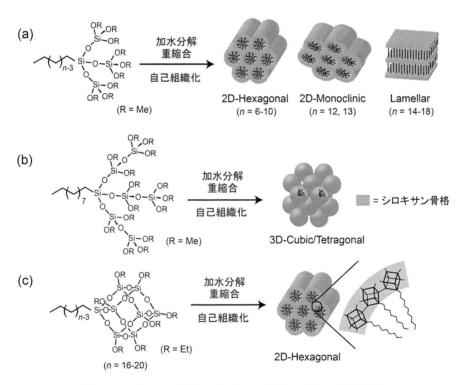

図1　アルキルシロキサンオリゴマーの設計によるメソ構造制御

ることができる。二重四員環構造のかご型シロキサンの1頂点に長鎖アルキル基を導入し、残りの7頂点にSiOEt基を有する分子からは、2Dヘキサゴナル型構造のメソ構造体が形成される（図1(c)）[11]。2頂点にアルキル鎖を導入した場合は、疎水部の占有体積が増加するため、ラメラ構造へと変化する。同様に、一本のアルキル鎖を有する二重五員環構造のかご型シロキサンからも2Dヘキサゴナル構造が形成されることが確認されている[12]。

3 オリゴシロキサンの自己組織化と分散によるナノ粒子合成

　前述の充填パラメータの概念に基づくと、親水性のシロキサン部に対して疎水部の占有体積を相対的に大きくすれば、親水部を内側、疎水部を外側にした逆ミセル型の集合体が形成されると考えられる。著者らは、鎖状トリシロキサンにトリヘキシルシリル基が結合した分子を用い、逆ミセル型の集合体を得ることに成功している（図2）[13]。この分子を酸性条件下で加水分解した後、ガラス基板上にキャスト・乾燥することによって透明な厚膜が得られる。X線回折（XRD）測定により2.7 nmの周期構造を有することが示され、また、膜表面の走査型電子顕微鏡観察により、直径約3.3 nmの粒子がヘキサゴナルパッキングしている様子が確認された。また、このメソ構造体はヘキサン中に溶解（分散）し、希薄な分散液を乾燥して電子顕微鏡で観察すると、単一粒子が観測された。これらの結果より、分子がシロキサン鎖を内側、アルキル鎖を外側にして逆ミセル状の粒子を形成し、それらが最密充填している構造が推定されている。この粒子は分散、乾燥、再分散を繰り返すことが可能であり、この安定性の高さはシリカ粒子がアルキル鎖で高密度に覆われているためと考えられる。

　これは自己組織化と分散に基づく新しい有機修飾シリカナノ粒子の合成法といえる。シリカナノ粒子は、ポリマーナノコンポジットのフィラーや、色素ドープによるバイオイメージングなど幅広い応用がある。テトラエトキシシランの塩基性条件下での加水分解・重縮合反応によって、単分散球状シリカナノ粒子が容易に得られる[14,15]が、5 nm以下のサイズ制御は一般に困難であ

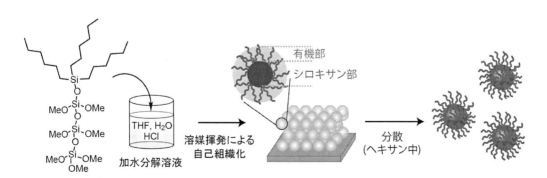

図2　トリアルキルシリル基を有する鎖状オリゴシロキサンの自己組織化と分散による有機修飾シリカナノ粒子合成のスキーム

る。また，粒子の分散性向上や生体適合性の付与，各種マトリックスとの結合などの観点から粒子の表面修飾が重要であるが，その過程で粒子の不可逆的な凝集が起こることも多い。本手法はこれらの課題を克服するための新しいアプローチを提供するものである。

このようなオリゴシロキサンの自己組織化によるナノ粒子合成では，厳密なサイズ制御や，分子レベルでの粒子設計が可能である。アルキル基末端に C = C 二重結合を有するオリゴシロキサンからも同様の粒子の形成が確認されており，これをベースとして付加反応や重合反応などにより粒子表面の性質を目的に応じて変化させることができる可能性がある。また，粒子内部へのゲスト種の導入も可能である。自己組織化過程で親水性の色素（ヒドロキシクマリン）を共存させてナノ粒子を合成すると，その分散液（ヘキサン）は色素による吸収，発光ピークを示した。この色素単独では非極性のヘキサンには全く溶解しないことから，色素はアルキル鎖に囲まれた粒子内部（シロキサン部位）に取り込まれていると考えられている。このような自己組織化によるゲスト種の取り込みにより，各種機能性ナノ粒子の創製が期待される。

4　水素結合を利用したかご型シロキサンの配列制御

上記の両親媒性オリゴシロキサンの自己組織化で得られるメソ構造体においては，シロキサンユニットの配列に明確な規則性は確認されていない。オリゴシロキサンの集積によってゼオライトのような結晶性シリカ材料を構築することは無機合成化学の大きな挑戦といえる。かご型シロキサンをビルディングブロックとして用いた多孔体の合成については多くの報告[16〜21]があるが，ほとんどの材料はアモルファスである。かご型シロキサン同士の無秩序な連結を防ぐために，炭素-炭素結合形成反応によって頂点 Si 間を剛直な有機基で架橋するアプローチなどが提案されている[22〜25]が，このような不可逆な共有結合形成により連結する方法では，結晶性の高い構造体を構築することは原理的に困難である。

筆者らは，かご型シロキサンを自己組織化によって規則配列させるための駆動力としてシラノール基の水素結合に着目した（図3）。ジメチルシリル（$SiMe_2H$）基で修飾されたかご型オクタシロキサンを Pd/C 触媒存在下で水と反応させることで，Si-H 基を Si-OH 基に変換した。こ

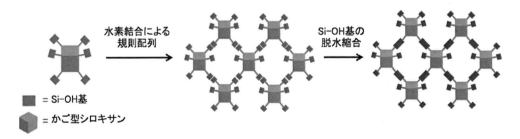

図3　シラノール基の水素結合を利用したかご型シロキサンの配列制御のイメージ

第 7 章　自己組織化プロセスによるシロキサン系ナノ構造体の創製

のようにして得られるかご型シロキサンは，溶媒の揮発などによって板状結晶を形成し，XRD パターンにおいて分子の規則配列による複数の回折ピークを示す。この結晶を加熱すると，かご型シロキサン骨格を保持したまま Si-OH 基の分子間縮合が進行することが明らかとなった[26]。このとき結晶形態には変化がなく，また，分子結晶の規則性が部分的に保持されていることが確認されている。熱処理後の生成物については細孔の存在が確認されていないが，このような Si-OH 基の水素結合によるかご型シロキサンの配列制御は，ゼオライトのような結晶性シリカ多孔体構築の新しい手法として今後の展開が期待される。

5　光応答性材料への展開

　オルガノシランの自己組織化プロセスでは，有機基の規則配列とシロキサン骨格形成による固定化が同時に達成される。このような特徴を活かしたひとつの展開として，光応答性材料の設計について紹介する。アゾベンゼンは代表的な光応答性分子であり，紫外光／可視光照射により可逆的なトランス-シス異性化を起こす。このような分子レベルの構造変化をトリガーとして材料のマクロな形態変化や運動を達成する試みは特にポリマー分野で盛んに行われており，アゾベンゼンの配列制御が重要であることが示されている。筆者らは，アゾベンゼン基を有するアルコキシシランの自己組織化により，ラメラ構造のアゾベンゼン-シロキサンナノ構造体を合成し，その光応答性について検討してきた[27~30]。

　アリロキシ基を有するアゾベンゼン誘導体とチオール基を有するオルガノアルコキシシランとのチオール・エン反応によって，アゾベンゼンの片側あるいは両側に $-Si(OEt)_3$ 基を有するオルガノアルコキシシランを合成した（図 4 上）[29]。これらの分子はいずれも自己組織化能を有し，ラメラ構造の有機シロキサンを形成する。薄膜サンプルを作製して紫外光を照射すると，層間のアゾベンゼンの一部がトランス体からシス体へ異性化し，続いて可視光照射するとシス体からトランス体へ可逆的に異性化することが確認された。アゾベンゼンの片側がシロキサン層に固定化されている場合は，光異性化に伴って層間隔の変化も見られた。これらの分子を一定の割合で混合して加水分解溶液をキャストすることで厚さ数マイクロメートルのフィルムを作成したところ，紫外光照射によって光源と反対側に屈曲し，可視光を照射すると元の形状に戻るという現象が観察された。フィルムに紫外光照射を行うと，主に表面近傍のアゾベンゼンが光を吸収し，トランス体からシス体へと部分的に異性化する。シス体の割合が増えることによって隣り合うアゾベンゼン間に立体的な反発が生じて膜表面が横方向に膨張し，膜表面と裏面の膨張率の差によりフィルムが湾曲すると考えられる。このような光屈曲材料は，側鎖としてアゾベンゼンを有する液晶性ポリマーなどでも報告されているが，シロキサン骨格とナノレベルで複合化することによって弾性率が大幅に増加し，また高温での安定性や光応答性など，優れた特性が発現する。

　さらに，アルキルシロキサン系メソ構造体と同様，かさ高いかご型シロキサンを導入することにより，ラメラ構造よりも曲率の高いアゾベンゼン-シロキサンメソ構造体の形成が可能となる

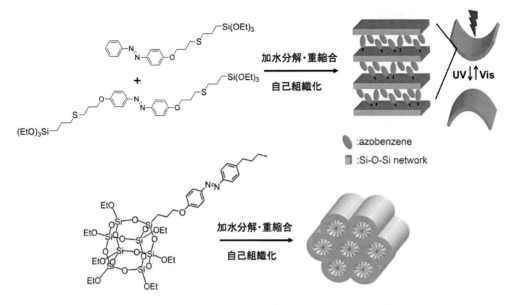

図4 (上) アゾベンゼン修飾アルコキシシランの自己組織化によるラメラ構造体の形成と光屈曲のイメージ図，(下) アゾベンゼン修飾かご型シロキサンの自己組織化によるロッド状集合体の形成

(図4下)[30]。Si-H基を有するかご型シロキサン（$H_8Si_8O_{12}$）とアリル基修飾型のアゾベンゼンのヒドロシリル化反応により，1頂点にアゾベンゼンが結合したかご型シルセスキオキサンを合成した後，残り七頂点のSi-H基をエトキシ化した。得られた分子をTHF溶媒中，酸性条件下で一定時間攪拌しSi-OEt基の加水分解を進めた後，溶液をガラス基板上にスピンコートすることによって，黄色透明薄膜が得られる。XRDおよび薄膜断面の電子顕微鏡観察によって，アゾベンゼンを内側に向けたシリンダー状集合体からなる，歪んだ二次元ヘキサゴナル構造の形成が確認された。得られた薄膜に紫外光／可視光照射を行うと，可逆的な光異性化が起こるが，上記のラメラ構造のアゾベンゼン-シロキサンメソ構造体と比較して，異性化率が大幅に向上することがわかった。これは，かご型シロキサンを用いたことにより隣接するアゾベンゼン間に異性化のための十分な空間が確保されたためと考えられる。メソポーラスシリカの細孔表面にアゾベンゼンを修飾することによりゲスト種の吸脱着制御や物質透過制御が報告されているが，従来の合成手法では，細孔内部におけるアゾベンゼンの分布の精密な制御が難しかった。上記の単一分子の自己組織化によって得られるハイブリッドにおいては，シリンダー内でアゾベンゼンが高密度かつ均一に分布しているため，より高度な機能の発現が期待できる。

第 7 章　自己組織化プロセスによるシロキサン系ナノ構造体の創製

6　おわりに

　本章では，オルガノアルコキシシランやオリゴシロキサンの自己組織プロセスによる各種シロキサン系ナノ構造体の合成研究の最近の進展について紹介した。分子設計によって多様な構造，機能を有する材料の合成が相次いで報告されている。自在な分子設計を可能にするためのシロキサンの合成化学と，より高度な配列制御を達成するための自己組織化プロセスのさらなる発展により，今後，優れた機能を有する材料が数多く創出されると期待される。

文　献

1) G. J. d. A. A. Soler-Illia, C. Sanchez, B. Lebeau, J. Patarin, *Chem. Rev.*, **102**, 4093 (2002)
2) F. Hoffmann, M. Cornelius, J. Morell, M. Fröba, *Angew. Chem. Int. Ed.*, **45**, 3216 (2006)
3) Y. Wan, D. Zhao, *Chem. Rev.*, **107**, 2821 (2007)
4) A. Shimojima, Y. Sugahara, K. Kuroda, *Bull. Chem. Soc. Jpn.*, **70**, 2847 (1997)
5) A. Shimojima and K. Kuroda, *Chem. Rec.*, **6**, 53 (2006)
6) K. Kuroda, A. Shimojima, K. Kawahara, R. Wakabayashi, Y. Tamura, Y. Asakura and M. Kitahara, *Chem. Mater.*, **26**, 211 (2014)
7) A. Chemtob, J. Ni, C. Croutxé-Barghorn and B. Boury, *Chem. Eur. J.*, **20**, 1790 (2014)
8) J. N. Israelachvili, D. J. Mitchell, B. W. Ninham, *J. Chem. Soc., Faraday Trans. I*, **72**, 1525 (1976)
9) A. Shimojima, Z. Liu, T. Ohsuna, O. Terasaki, K. Kuroda, *J. Am. Chem. Soc.*, **127**, 14108 (2005)
10) S. Sakamoto, A. Shimojima, K. Miyasaka, J. Ruan, O. Terasaki, K. Kuroda, *J. Am. Chem. Soc.*, **131**, 9634 (2009)
11) A. Shimojima, R. Goto, N. Atsumi, K. Kuroda, *Chem. Eur. J.*, **14**, 8500 (2008)
12) A. Shimojima, H. Kuge, K. Kuroda, *J. Sol-Gel Sci., Technol.*, **57**, 263 (2011)
13) S. Sakamoto, Y. Tamura, H. Hata, Y. Sakamoto, A. Shimojima, K. Kuroda, *Angew. Chem. Int. Ed.*, **53**, 9173 (2014)
14) W. Stober, A. Fink, *J. Colloid Interface Sci.*, **26**, 62 (1968)
15) T. Yokoi, J. Wakabayashi, Y. Otsuka, W. Fan, M. Iwama, R. Watanabe, K. Aramaki, A. Shimojima, T. Tatsumi, T. Okubo, *Chem. Mater.*, **21**, 3719 (2009)
16) P. G. Harrison, *J. Organomet. Chem.*, **542**, 141 (1997)
17) R. M. Laine, *J. Mater. Chem.*, **15**, 3725 (2005)
18) R. E. Morris, *J. Mater. Chem.*, **15**, 931 (2005)
19) W. G. Klemperer, V. V. Mainz, D. M. Millar, *Mater. Res. Soc. Symp. Proc.*, **73**, 3 (1986)

20) P. C. Cagle, W. G. Klemperer, C. A. Simmons, *Mater. Res. Soc. Symp. Proc.*, **180**, 29 (1990)
21) Y. Hagiwara, A. Shimojima, K. Kuroda, *Chem. Mater.*, **20**, 1147 (2008)
22) Y. Peng, T. Ben, J. Xu, M. Xue, X. Jing, F. Deng, G. Zhu, *Dalton Trans.*, **40**, 2720 (2011)
23) M. F. Roll, J. W. Kampf, Y. Kim, E. Yi, R. M. Laine, *J. Am. Chem. Soc.*, **132**, 10172 (2010)
24) Kim, K. Koh, M. F. Roll, R. M. Laine, A. J. Matzger, *Macromolecules*, **43**, 6995 (2010)
25) W. Chaikittisilp, A. Sugawara, A. Shimojima, T. Okubo, *Chem. Mater.*, **22**, 4841 (2010)
26) N. Sato, Y. Kuroda, H. Wada, A. Shimojima, K. Kuroda, *Chem. Commun.*, **51**, 11034 (2015)
27) S. Guo, A. Sugawara-Narutaki, T. Okubo, A. Shimojima, *J. Mater. Chem. C*, **1**, 6989 (2013)
28) S. Guo, W. Chaikittisilp, T. Okubo, A. Shimojima, *RSC Adv.*, **4**, 25319 (2014)
29) S. Guo, K. Matsukawa, T. Miyata, T. Okubo, K. Kuroda, A. Shimojima, *J. Am. Chem. Soc.*, **137**, 15434 (2015)
30) S. Guo, J. Sasaki, S. Tsujiuchi, S. Hara, H. Wada, K. Kuroda, A. Shimojima, *Chem. Lett.*, doi: 10.1246/cl.170468

第8章 ゾル-ゲルディップコーティング膜における自発的な表面パターン形成

内山弘章*

1 はじめに

　ゾル-ゲル法によるセラミック薄膜やガラス薄膜の作製においては，コーティング手法を問わず，基材上に塗布したコーティング液が乾燥・固化する過程で，膜表面に肉眼でも確認できるほどのマイクロオーダーの凹凸が形成することがある。この自発的な凹凸の形成は，溶媒が蒸発する際に基材上の液膜中に生じる対流が原因であることが明らかにされている。膜表面の微細な凹凸は光の反射・散乱を引き起こし透明性の低下につながるため，光学的な用途でセラミックおよびガラス薄膜を作製する上では排除するべき要素である。また，高い精度の表面平滑性が求められる場合にも，このような自発的な凹凸形成は好ましくない。そのため，ゾル-ゲル法で作製される薄膜の凹凸形成に関する研究は，主にその発生を抑制する目的で進められてきた。

　一方，近年，温度・湿度などの環境に応じた物質の自発的な集合・配列を利用し，ナノ・マイクロスケールの構造体を組み上げる「自己組織化プロセス」が世界的に注目を集めるようになっている。ボトムアップ技術である自己組織化プロセスは，大面積にわたり複雑かつ精密な微細構造を材料に付加することができるため，リソグラフィ，ナノインプリントに代表されるトップダウン技術に代わる新たなパターニング技術として期待されている。前述のゾル-ゲル法における自発的な凹凸形成も，膜表面に発現する凹凸のサイズ・形状をコントロールすることができれば，セラミック膜に規則的なナノ・マイクロパターンを付加する自己組織化技術として活用できる可能性がある。

　本稿では，ゾル-ゲルディップコーティングによって作製される薄膜を対象として，溶媒蒸発によって引き起こされる自発的な表面パターンの形成について検証した結果を紹介する。

2 Bénard-Marangoni対流によるセル状パターンの形成

2.1 Bénard-Marangoni対流

　揮発性溶媒を含む溶液においては，溶媒が蒸発する際に表面近傍に温度または濃度の不均一性が生じることで局所的に表面張力の勾配が発生する（図1）。その表面張力勾配が駆動力となり，溶液表面近傍でしばしば「Bénard-Marangoni対流」とよばれるミクロンオーダーの対流が発

＊ Hiroaki Uchiyama 関西大学 化学生命工学部 化学・物質工学科 准教授

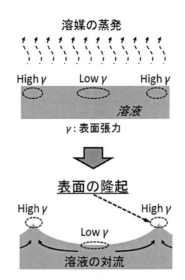

図1 溶媒の蒸発によって生じる Bénard-Marangoni 対流の概略図

現する[1~6]。この対流は自発的に秩序化し，「Bénard セル」と呼ばれる高さ数 μm，幅数 100 μm のセル状パターンが形成する。Bénard-Marangoni 対流は下記の Marangoni 数（Ma）が臨界値を超えると発生することが知られている[1,7]。

$$Ma = \{-(\partial\gamma/\partial T)H^2\Delta T\}/\mu\alpha \quad \text{または} \quad Ma = \{-(\partial\gamma/\partial C)H^2\Delta C\}/\mu\alpha \tag{1}$$

（γ：表面張力，T：温度，C：濃度，H：膜厚，μ：粘性係数，α：熱拡散係数）

「Bénard-Marangoni 対流」は，ゾル-ゲルコーティング膜の表面平滑性を低下させる要因の一つであることが明らかにされている。Birnie らは，ゾル-ゲルスピンコーティングにおいて，コーティング中の溶媒蒸発によって生じる Bénard-Marangoni 対流が，膜表面に形成するストライエーションと呼ばれる筋状の凹凸の原因であることを見出した[8~11]。また，幸塚らは，スピンコーティング膜において，"コーティング液の粘度の増大" および "スピンコーティング時の回転速度の低下" による "膜厚の増大" が，ストライエーションのサイズの増大につながることを明らかにした[12~15]。これらの知見は，ゾル-ゲル薄膜において，膜の形成過程で生じる表面の凹凸を排除し，より平滑な薄膜を得ようとする研究の中で得られたものである。その一方で，これらの結果は，Bénard-Marangoni 対流による自発的な凹凸の形成が "コーティング液の組成" や "コーティング条件" によって制御でき得るものであり，セラミック膜に規則的な表面パターンを付加する「自己組織化技術」として活用できる可能性があることを十分に示唆しているといえる。

2.2 Bénard-Marangoni 対流を利用した表面パターニング

Bénard-Marangoni 対流をセラミック薄膜に表面パターンを付加する「自己組織化技術」と

第8章　ゾル-ゲルディップコーティング膜における自発的な表面パターン形成

して利用するためには，膜表面に形成する凹凸の形状を規則的・周期的に制御することが求められる。前述のように，Birnieらは，ゾル-ゲルスピンコーティング膜の表面に，Bénard-Marangoni対流が原因となり，放射状のストライエーション（筋状の凹凸）が形成することを報告している[8~11]。また，Danielsらはスピンコーティングにより作製したフォトレジスト膜の観察結果から，スピンコーティング時の溶液の流動方向に沿ってセル状のBénard-Marangoni対流が連結することでストライエーションが形成すると報告している[16]。さらに，Kozukaらは，静止基板上に滴下したゾルのその場観察において，滴下位置近傍ではセル状パターンが，また，滴下位置から離れた位置ではゾルの流動方向に沿ったストライエーションが形成することを確認している[14, 15]。これらの知見は，「Bénard-Marangoni対流」によって形成する凹凸の形状が溶液の流動方向に依存していることを示している。そこで筆者らは，チタニア膜を対象とし，ディップコーティングによってBénard-Marangoni対流由来の表面パターンの形状の制御を試みた[17]。ディップコーティングでは，コーティング時に基材上の溶液が重力によって下方向へ直線的に流れ落ちるため，この溶液の流れに沿ってBénard-Marangoni対流由来の表面パターンが直線的に配列すると予想される。

モル比 $Ti(OC_3H_7^i)_4$：i-C_3H_7OH：H_2O：HNO_3：poly(vinylpyrrolidone)（PVP, K90, 粘度平均分子量630,000）= 1：60：2：0.2：0-0.7 なる前駆溶液を室温で調製しコーティング液とした。このコーティング液を用いて石英ガラス上へのディップコーティング（引き上げ速度：1-140 cm min^{-1}）によってゲル膜を得て，そのゲル膜を600℃で10 min焼成することでチタニア膜を得た。まず，前駆溶液のモル比を $Ti(OC_3H_7^i)_4$：i-C_3H_7OH：H_2O：HNO_3：PVP = 1：60：2：0.2：0に固定し，引き上げ速度を変化させてチタニア膜を作製した。引き上げ速度の増大に伴い，チタニア膜の厚さは増大した。引き上げ速度1-30 cm min^{-1}で作製したチタニア膜の表面は平滑であったが，引き上げ速度70-140 cm min^{-1}で作製した膜には基板の引き上げ方向に平行な直線的なストライエーションの形成が確認できた（図2a）。引き上げ速度の増大に伴い，ストライエーションの高さおよび幅の増大が見られた。次に，引き上げ速度を70 cm min^{-1}に固定し，PVP添加量を変化させてチタニア膜を作製した。PVP添加によるコーティング液粘度の増大に伴い，膜厚が増大した。PVP/$Ti(OC_3H_7^i)_4$ = 0-0.1では直線的なストライエーション，PVP/$Ti(OC_3H_7^i)_4$ = 0.3-0.7では直線的に配列したセル状パターンの形成が確認できた（図2b）。PVP添加量の増加に伴い，表面パターンの高さおよび幅の増大が見られた。

以上のように，Bénard-Marangoni対流に起因する凹凸形成において，ディップコーティング中の溶液の流動を利用することで，ゾル-ゲル薄膜に直線的に配列した表面パターンを付加することに成功した。また，表面パターンの形状は，コーティング液へ有機高分子であるPVPを添加することで筋状からセル状へと変化した。前述のように，Bénard-Marangoni対流由来のストライエーション（筋状の凹凸）は，溶液の流動方向に沿ってセル状の対流が連結することで形成することが知られている。PVPを添加することでコーティング液の粘度が増大し，対流の連結が抑えられることで，膜表面にセル状のパターンが形成したと考えられる。

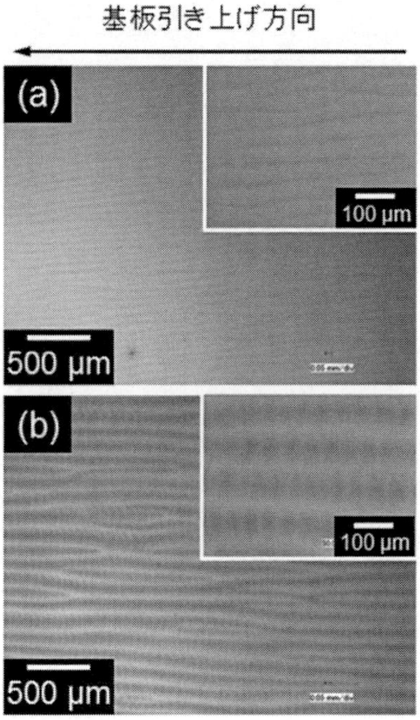

図2 膜表面に形成した直線的なストライエーション（a）およびセル状パターン（b）

2.3 Bénard-Marangoni 対流によって生じるセル状パターンのサイズ制御

2.1で述べたように，Bénard-Marangoni 対流は溶媒の蒸発によって液膜表面に生じる表面張力の不均一性が駆動力となって発現する。この表面張力の不均一性を増大させることができれば，ゾル-ゲル薄膜上により高低差の大きい表面パターンを付加することが可能となる。

まず，シリカディップコーティング膜を対象とし，コーティング時の温度が Bénard-Marangoni 対流由来の表面パターンのサイズに与える影響を調査した[18]。モル比 $Si(OCH_3)_4$：H_2O：HNO_3：$CH_3OCH_2CH_2OH$：PVP ＝ 1：2：0.01：5.77：0.7 なる溶液を室温で調製した。これをコーティング液とし，Si（100）基板上へのディップコーティング（50 cm min^{-1}）によってシリカゲル膜を作製した。ディップコーティングは温度25-100℃の恒温槽内で行った。コーティング時の温度の上昇に伴い，膜厚の増大が確認できた。25℃で作製したゲル膜は平滑な膜であったが，40-100℃では基板の引き上げ方向に平行なセル状パターンの形成が確認できた。また，コーティング時の温度が上昇することでセル状パターンの高さは増大し（図3a），幅は減少した（図3b）。コーティング時の温度が上昇すると溶媒の揮発が促進されるため，パターン形成の原因である対流の数が増え，対流の速度および流量が増加すると考えられる。その結果，ゾル層の溶液流量の増加によりパターン高さが増大し，単位面積当たりの対流の数が増えることでパターンの幅が減少したのだと考えられる。

次に，チタニア膜を対象とし，高沸点・高表面張力溶媒の添加によるパターンサイズの制御を

第 8 章　ゾル-ゲルディップコーティング膜における自発的な表面パターン形成

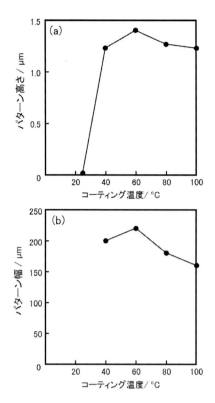

図 3　コーティング時の温度が Bénard-Marangoni 対流由来のセル状パターンの高さ (a) および幅 (b) に与える影響

試みた[19]。主溶媒である低沸点・低表面張力の成分が揮発する際に高表面張力成分が液膜中に残留することで，液膜に生じる表面張力の不均一性が強調され，Bénard-Marangoni 対流がより活性化すると考えられる。モル比 $Ti(OC_3H_7^i)_4 : H_2O : HNO_3 : i\text{-}C_3H_7OH$（主溶媒）: $CH_3CHOHCH_2OH$（添加溶媒）= 1 : 2 : 0.2 : 40 : x（x = 0-1.0）なるコーティング液を室温で調製し，それを 60℃の恒温槽内で Si (100) 基板上へディップコーティング（引き上げ速度：50 cm min^{-1}）することによりゲル膜を作製した。このゲル膜を空気中で 200℃で 10 min 熱処理することによってチタニア膜を得た。xの増加とともに，膜厚は増大した。xによらず全てのチタニア膜において基板の引き上げ方向に平行に配列したセル状パターンの形成が確認できた（図 4）。xの増加に伴いパターン高さは約 40 nm から約 210 nm まで増大した（図 5a）。またパターン幅は約 30 μm から約 50 μm まで増大した（図 5b）。$CH_3CHOHCH_2OH$ は $i\text{-}C_3H_7OH$ に比べて沸点が高く，かつ表面張力が大きい。そのため，液膜から $i\text{-}C_3H_7OH$ が蒸発し，$CH_3CHOHCH_2OH$ の濃度が局所的に高くなって膜表面に生じる表面張力の不均一性が増大することにより，Bénard-Marangoni 対流によるゾルの流動が促進されると考えられる。以上のような $CH_3CHOHCH_2OH$ の添加によるゾルの流動の促進の結果として，セル状パターンの高さが増大したと考えられる。一方で，パターン幅は x の増加に伴い増大する傾向が見られた。これ

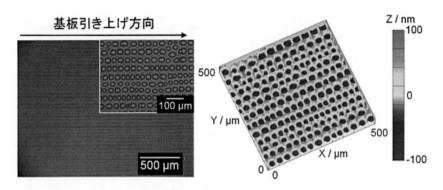

図4 高沸点・高表面張力溶媒を添加して作製したチタニア膜に形成したセル状パターン

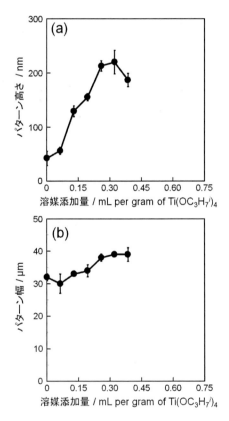

図5 高沸点・高表面張力溶媒の添加が Bénard-Marangoni 対流由来のセル状パターンの高さ(a)および幅(b)に与える影響

は,沸点の高い $CH_3CHOHCH_2OH$ の量の増加により溶媒の蒸発が抑制され,単位面積当たりに生じる対流の数が減少したためと考えられる。

第8章 ゾル-ゲルディップコーティング膜における自発的な表面パターン形成

3 低速ディップコーティングにおけるストライプパターンの形成

3.1 低速ディップコーティング

　近年，ディップコーターの基板引き上げ速度の精度向上によって，$1~\mathrm{nm~s^{-1}} - 1~\mu\mathrm{m~s^{-1}}$ という超低速条件でのコーティングが可能となった。超低速ディップコーティングの最大の特徴は，長時間かけてゆっくりと基板が引き上げられるため，主にコーティング中において基板表面に付着したコーティング液から溶媒が蒸発する点である。この場合，コーティング液の液面付近で形成されるメニスカスの先端部分における溶媒の蒸発速度が大きくなるため，溶液の濃縮により表面張力が上昇し，その結果としてメニスカス先端に溶液が引き上げられる「capillary rise」と呼ばれる現象が生じるようになる（図6）[20,21]。

　ゾル-ゲル法において超低速ディップコーティングが検討されるようになったのはごく最近のことであり，2010年にGrossoらによって，$0.1~\mathrm{mm~s^{-1}}$ 以下の超低速条件における引き上げ速度と膜厚の関係について検討した結果が報告された[22]。通常の $0.1 - 1~\mathrm{mm~s^{-1}}$ の速度で行われるゾル-ゲルディップコーティングにおいては，引き上げ速度が大きいほど基板表面に引きずられるコーティング液の量が増え，膜厚が大きくなる。一方，$0.1~\mathrm{mm~s^{-1}}$ 以下の超低速条件では，引き上げ速度が小さいほど膜厚が増大することが見出された。超低速条件における膜厚 h，溶媒蒸発速度 E，基材引き上げ速度 u の間には次式の関係が成り立つことが報告されている[22,23]。

$$h \propto E u^{-1} \tag{2}$$

　超低速ディップコーティングでは，数時間〜数日かけてゆっくりと基板が引き上げられ，基板上のメニスカス先端において溶液のゲル化が進行する。さらに，メニスカス先端に向かって「capillary rise」によって溶液が供給されることにより，ゲル化部分が成長し，膜の厚さが時間とともに増大していく。基板引き上げ速度が小さくなると，メニスカス先端のゲル化部分が液面付近に長くとどまるようになるため，膜厚は増大していくことになる。

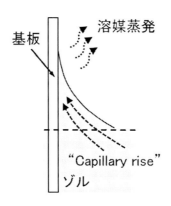

図6　メニスカスにおける"capillary rise"による溶液の上昇

3.2 スティック-スリップモーションによるパターン形成

ゾル-ゲル法により作製されるセラミック薄膜やガラス薄膜の表面粗さ R_a は，通常，1-2 nm 程度と非常に小さい。しかしながら，超低速ディップコーティングにより作製されるゲル膜には，基板引き上げ方向に垂直な方向に伸びたストライプパターン（筋状の凹凸）が観察されることがある（図7）。このような場合の表面粗さの値は非常に大きく，条件によっては 10 μm 以上に達することもある。この凹凸の形成は，固体表面上に滴下される高分子溶液やコロイド懸濁液の液滴から溶媒が蒸発する際に液滴先端で見られる「スティック-スリップモーション」と同様の現象であると筆者らは考えている[24,25]。「スティック-スリップモーション」とは，不揮発性の溶質を含んだ液滴から溶媒が蒸発する際に，液滴先端において①溶液の濃縮，②溶質の沈着，③液滴収縮による先端の後退が繰り返されることによって，液滴の外周に沿って周期的なパターンが形成される現象である[26〜36]。

前述のように，超低速ディップコーティングにおいては，(i) 基板上のメニスカス先端における溶媒蒸発による溶液のゲル化，(ii)「capillary rise」によるゲル化部分への溶液の上昇，(iii) ゲル化部分の成長が生じることによってゲル膜の厚さが増大する。この過程において，引き上げ速度が極端に低くなるとゲル化部分が液面付近に長くとどまり成長を続けるため，メニスカス先端に凸部が形成される。基板が引き上げられている間も「capillary rise」による溶液の上昇によって凸部分の成長は続くが，ある程度の高さに到達すると溶液は凸部についていけなくなり，凸部分がメニスカスから切り離される。その後，メニスカス先端は下方向に後退し，そこで新たな凸部分が形成される（図8）。このように，メニスカス先端において凸部分の形成と脱離が繰り返されることにより，筋状の凹凸が形成されると考えられる[24,25]。

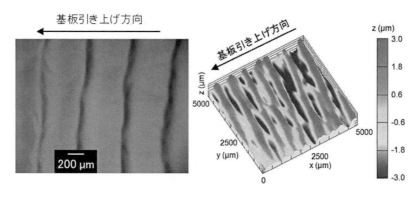

図7　超低速ディップコーティングにより作製したシリカ膜の表面に生じたストライプパターン

第8章　ゾル-ゲルディップコーティング膜における自発的な表面パターン形成

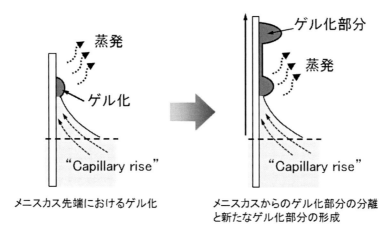

図8　メニスカス先端におけるスティック-スリップモーションによる凹凸形成

3.3　スティック-スリップモーションによって生じるストライプパターンのサイズ制御

3.2で述べたように，超低速ディップコーティングで作製されるゾル-ゲルコーティング膜の表面には，「スティック-スリップモーション」によって基板引き上げ方向に垂直な方向に伸びたストライプパターンが形成することがある。この表面パターンのサイズを制御することができれば，新規な「自己組織化技術」としての利用が期待できる。筆者らは，シリカ薄膜を対象とし，ストライプパターンのサイズを制御する因子を調査した。

まず，ディップコーティング時の基材の引き上げ速度が表面パターンのサイズに与える影響を調査した[24]。モル比 $Si(OCH_3)_4 : H_2O : HNO_3 : C_2H_5OH : PVP = 1 : 2 : 0.01 : 20 : 0.5$ なる溶液を室温で調製した。これをコーティング液とし，Si（100）基板上へのディップコーティング（0.02-1.0 cm min^{-1}）によってシリカゲル膜を作製した。引き上げ速度を1.0 cm min^{-1}から0.02 cm min^{-1}まで減少させることで膜厚が増大した。引き上げ速度1.0 cm min^{-1}で作製したゲル膜は平滑な膜であったが，引き上げ速度0.3 cm min^{-1}以下の条件ではゲル膜表面に基板の引き上げ方向に垂直なストライプパターンパターンの形成が確認できた。引き上げ速度の減少に伴い，ストライプパターンパターンの高さ（図9a）および間隔（図9b）が増大した。

次に，コーティング時の温度の影響を調査した[25]。モル比 $Si(OCH_3)_4 : H_2O : HNO_3 : CH_3OCH_2CH_2OH : PVP = 1 : 2 : 0.01 : 14.8 : 0.5$ なる前駆溶液を室温で調製してコーティング液とし，Si（100）基板上へのディップコーティング（引き上げ速度：0.05 cm min^{-1}）によってゲル膜を作製した。ディップコーティングは25-70℃の恒温槽内で行った。温度の上昇に伴い膜厚が増大した。25℃で作製したゲル膜の表面は平滑であったが，40-70℃で作製した膜にはストライプパターンの形成が確認できた。また，コーティング時の温度の上昇に伴ってストライプパターンの高さ（図10a）および間隔（図10b）が増大した。

前述のように，超低速条件においては，メニスカス先端での溶媒蒸発によるゲル化およびcapillary riseによるゲル化部分の成長が進むことでストライプパターンが形成する。引き上げ

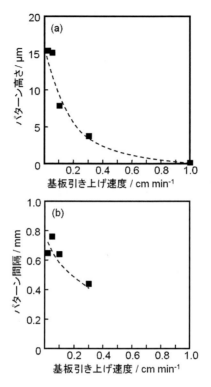

図9 基板引き上げ速度がスティック-スリップモーションによって形成するストライプパターンの高さ（a）および間隔（b）に与える影響

速度を下げた場合，ゲル化部分の成長がより長い時間続くため，結果としてストライプパターンのサイズが増大したと考えられる。また，コーティング時の温度を上げると，メニスカス先端での溶媒の蒸発速度が高くなりパターン形成を活性化させたのだと推察される。

4 おわりに

本稿では，ゾル-ゲルディップコーティングにおいて，溶媒蒸発によって引き起こされる自己組織化現象の表面パターニング技術としての可能性を検証した。ここで紹介した「Bénard-Marangoni対流」および「スティック-スリップモーション」による表面パターン形成は，いずれも特別な装置や設備を必要とせず，一般的なディップコーティング装置で再現可能な技術である。本技術を「自己組織化技術」として確立することができれば，「無機材料の高い屈折率，高い導電性，高強度などの幅広い物性」と「精密に制御されたパターン」に基づく「新機能創出」が期待できる。今後，応用を見据えながら技術開発を進めることによって，ゾル-ゲルコーティングの利用範囲が確実に広がるものと期待される。

第8章　ゾル-ゲルディップコーティング膜における自発的な表面パターン形成

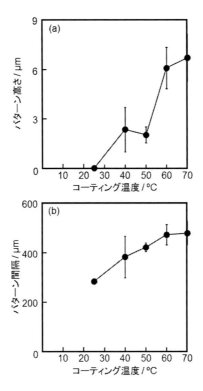

図10　コーティング時の温度がスティック-スリップモーションによって形成するストライプパターンの高さ (a) および間隔 (b) に与える影響

文　　献

1) N. L. Zhang and D. F. Chao, *Int. Commun. Heat and Mass Transfer*, **26**, 1069 (1999)
2) H. Benard, *Annales De Chimie Et De Physique*, **23**, 62 (1901)
3) M. J. Block, *Nature*, **178**, 650 (1956)
4) H. Jeffreys, *Philosophical Magazine*, **2**, 833 (1926)
5) E. L. Koschmieder and M. I. Biggerstaff, *J. Fluid Mech.*, **167**, 49 (1986)
6) L. Rayleigh, *Philosophical Magazine*, **32**, 529 (1916)
7) J. R. A. Pearson, *J. Fluid Mech.*, **4**, 489 (1958)
8) D. P. Birnie, *J. Mater. Res.*, **16**, 1145 (2001)
9) D. P. Birnie, III, *Langmuir*, **29**, 9072 (2013)
10) D. P. Birnie, D. M. Kaz and D. J. Taylor, *J. Sol-Gel Sci. Technol.*, **49**, 233 (2009)
11) D. E. Haas and D. P. Birnie, *J. Mater. Sci.*, **37**, 2109 (2002)
12) H. Kozuka, *J. Ceram. Soc. Jpn.*, **111**, 624 (2003)
13) H. Kozuka and M. Hirano, *J. Sol-Gel Sci. Technol.*, **19**, 501 (2000)

14) H. Kozuka, S. Takenaka, S. Kimura, T. Haruki and Y. Ishikawa, *Glass Technol.*, **43C**, 265 (2002)
15) H. Kozuka, Y. Ishikawa and N. Ashibe, *J. Sol-Gel Sci. Technol.*, **31**, 245 (2004)
16) B. K. Daniels, C. R. Szmanda, M. K. Templeton and P. Trefonas, III, *Proc. SPIE;Int. Soc. Opt. Eng.*, **631**, 192 (1986)
17) H. Uchiyama, W. Namba and H. Kozuka, *Langmuir*, **26**, 11479 (2010)
18) H. Uchiyama, Y. Mantani and H. Kozuka, *Langmuir*, **28**, 10177 (2012)
19) H. Uchiyama, T. Matsui and H. Kozuka, *Langmuir*, **31**, 12497 (2015)
20) R. D. Deegan, O. Bakajin, T. F. Dupont, G. Huber, S. R. Nagel and T. A. Witten, *Nature*, **389**, 827 (1997)
21) R. D. Deegan, O. Bakajin, T. F. Dupont, G. Huber, S. R. Nagel and T. A. Witten, *Phys. Rev. E*, **62**, 756 (2000)
22) M. Faustini, B. Louis, P. A. Albouy, M. Kuemmel and D. Grosso, *J. Phys. Chem. C*, **114**, 7637 (2010)
23) D. Grosso, *J. Mater. Chem.*, **21**, 17033 (2011)
24) H. Uchiyama, M. Hayashi and H. Kozuka, *RSC Advances*, **2**, 467 (2012)
25) H. Uchiyama, D. Shimaoka and H. Kozuka, *Soft Matter*, **8**, 11318 (2012)
26) W. Han and Z. Q. Lin, *Angew. Chem. Int. Ed.*, **51**, 1534 (2012)
27) J. Xu, J. F. Xia and Z. Q. Lin, *Angew. Chem. Int. Ed.*, **46**, 1860 (2007)
28) U. Olgun and V. Sevinc, *Powder Technol.*, **183**, 207 (2008)
29) S. Watanabe, K. Inukai, S. Mizuta and M. Miyahara, *Langmuir*, **25**, 7287 (2009)
30) J. X. Huang, R. Fan, S. Connor and P. D. Yang, *Angew. Chem. Int. Ed.*, **46**, 2414 (2007)
31) N. L. Liu, Y. Zhou, L. Wang, J. B. Peng, J. A. Wang, J. A. Pei and Y. Cao, *Langmuir*, **25**, 665 (2009)
32) C. Y. Zhang, X. J. Zhang, X. H. Zhang, X. Fan, J. S. Jie, J. C. Chang, C. S. Lee, W. J. Zhang and S. T. Lee, *Adv. Mater*, **20**, 1716 (2008)
33) H. Bodiguel, F. Doumenc and B. Guerrier, *Langmuir*, **26**, 10758 (2010)
34) M. Ghosh, F. Q. Fan and K. J. Stebe, *Langmuir*, **23**, 2180 (2007)
35) J. Jang, S. Nam, K. Im, J. Hur, S. N. Cha, J. Kim, H. B. Son, H. Suh, M. A. Loth, J. E. Anthony, J. J. Park, C. E. Park, J. M. Kim and K, Kim, *Adv. Funct. Mater.*, **22**, 1005 (2012)
36) G. Pu and S. J. Severtson, *Langmuir*, **24**, 4685 (2008)

第9章　金属水酸化物の表面におけるミクロ多孔性金属有機構造体の成長

髙橋雅英[*]

1　はじめに

ゾル-ゲル法に代表される溶液プロセッシングでは，最終的に得られる生成物に対して分子化学的にアプローチできることから，古典的な材料分野にとらわれることなく，意のままに材料設計を行うことができる。そのため，合成対象の物質系は，三大材料とされる，セラミックス，高分子，金属を包含するだけでなく，それらの境界領域あるいは複合体の合成も可能である。ここでは，金属塩（あるいは金属）を用いた溶液プロセスによる金属水酸化物ナノ結晶を足場として用い，配位化合物の集合体であるナノ多孔性の金属有機構造体（Metal-organic frameworks（MOF）あるいは Porous Coordination Polymer（PCP）と呼ばれる。本稿では MOF と略記する）を効率よくあるいは配向制御して基板上に成長する手法について解説する。

2　金属有機構造体（MOF）

MOF は金属イオンと配位子で構成される結晶性の化合物である[1,2]。金属イオンあるいは金属オキソクラスターをノードとして，多官能性の有機配位子が架橋している。図1に示すように，いわゆる「ジャングルジム」のような構造をしており，有機配位子と金属イオンノードに囲まれた空間はナノ孔としてアクセス可能である。配位子の官能基の数や大きさ，長さでナノ孔の形状や大きさを制御できることや，化学修飾による孔内の化学設計が可能であり多くの応用が期待されている。比表面積は最大で 5000 m^2 を超えることから，CO_2 等の固定・分離剤としての応用が期待され，環境保護への関心の高まりとともに注目を集めている材料である。最近では，ナノ孔の大きさと向きがそろっているという MOF の結晶性に注目し，機能性のイオン，分子，粒子等をナノ孔に含浸することで，優れた電子あるいは光機能性の実現を目指した研究が広く行われている[3]。

MOF の結晶性により機能性を最大限に増幅することを目指した場合，実用に即した空間スケールで単結晶あるいは薄膜試料を準備することが求められる。特に，デバイスやセンサーへ実装する場合は，高品質の MOF 薄膜の作製が必須である。多くの MOF は水熱条件などで合成されるために，核形成および成長を制御することは容易ではなく，高品質な薄膜あるいはナノ孔が

---

[*]　Masahide Takahashi　大阪府立大学　大学院工学研究科　物質化学系専攻　教授

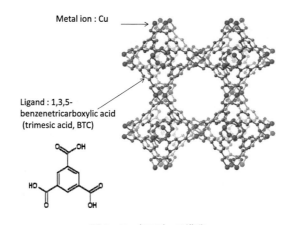

図1　$Cu_3(BTC)_2$ の構造
カルボン酸が Cu イオンに Paddle wheel 形で配位し MOF 骨格を形成
（通称 HKUST-1 や Cu-BTC と呼ばれることが多い）

整列している配向性薄膜の合成研究が活発に行われている。自己組織化単分子膜（Self-assembled monolayer（SAM））を足場として表面に配向性 MOF 薄膜を成長させた Cu-テレフタル酸系や Cu-トリメシン酸系の MOF 薄膜が，これまでに広く報告されている[4,5]。SAM を足場として用いた場合，表面平坦性により面外方位の配向性が実現されており，基板表面からのイオン移動経路が確保できることから，二次電池やキャパシタ電池の電極等での応用が期待されている。面内および面外の全結晶方位で配向した配向 MOF 薄膜の実現は，長く望まれていたが，ごく最近の著者らの研究以外では報告されていない。

3　金属水酸化物を前駆体とした MOF 薄膜の作製

MOF のミクロ孔に機能性分子を含浸することにより，MOF を電子あるいは光機能性素子の中核部分に利用する試みが広くなされている[6]。ミクロ孔の化学的あるいは物理的設計の自由度の高さから大きな注目を集めている研究分野である。それに伴い，デバイス品質の MOF 薄膜の合成方法が強く求められている。例えば，前駆体酸化物薄膜を CVD 法により MOF 薄膜に変換する方法や既存のリソグラフィー技術と融合することなどが報告されている[7]。電気化学的に銅電極を酸化することで $Cu_3(BTC)_2$（BTC：1,3,5-トリカルボン酸ベンゼン，図1）に変換できる[8]。銅薄膜のパターニングはすでに確立されていることから，所望のパターンに MOF 薄膜を作製できる。また，PDMS（ポリジメチルシロキサン）スタンプを用いたソフトリソグラフィーによる複雑形状の MOF 薄膜の合成なども報告されており，活発な研究分野の一つである[9]。実用デバイスへの応用を考慮に入れると，よりマイルドかつシンプルな MOF 薄膜パターンの形成が求められている。金属水酸化物を中間体として，金属薄膜を MOF に変換する手法は，常温常圧かつ危険な溶媒を利用する必要も無く，温和な条件での MOF パターン形成手法として大きな

第9章　金属水酸化物の表面におけるミクロ多孔性金属有機構造体の成長

注目を集めている。

図2に金属銅を，水酸化銅を中間生成物として$Cu_3(BTC)_2$に変換するプロセスを示す[10]。金属銅は，水溶液中の温和な条件で酸化することで，水酸化銅ナノチューブに変換できる[11]。

$$Cu + 2H_2O \rightarrow Cu(OH)_2 + H_2 \tag{1}$$

酸化剤としては$(NH_4)_2S_2O_8$等を用いることができる。このような変換過程により，金属銅表面に水酸化銅のナノチューブを成長することができる。得られた水酸化銅ナノチューブ薄膜は，有機リンカーを含むアルコール–水混合溶液中で$Cu_3(BTC)_2$へと変換する[12]。

$$3Cu(OH)_2 + 2H_3BTC \rightarrow Cu_2BTC_3 + 6H_2O \tag{2}$$

水酸化銅ナノチューブはリンカーであるBTCと速やかに反応し，HKUST-1と言われるMOFの一種の$Cu_3(BTC)_2$薄膜へと変換する。それぞれ（1），（2）の反応プロセスの時間を調整することで，金属銅の残膜とMOF薄膜の比率やMOF結晶粒径などを制御できる。

すでによく知られているように，金属銅薄膜パターンの形成することは極めて容易である。レジストをプレコートした銅基板は安価で購入でき，レジストパターンを行うマスクと光源があれば誰でも作製できる。市販のテストパターンを用いて作製した金属銅薄膜パターンを，MOF薄膜に変換することで，金属パターンをそのまま転写したMOF薄膜パターンを作製できる。図3に各ステップにおけるパターンの写真とパターンMOF膜の拡大電子顕微鏡写真を示す。数μmの微細な構造までMOFに変換することが可能である。基板表面には金属膜が残存しており，そのまま電気回路中にMOFを付加することが可能であり，センサー等のデバイスへの応用が極めて容易となる。

金属銅表面があればMOFを成長できるため，例えば3次元表面でもMOF膜を成長すること

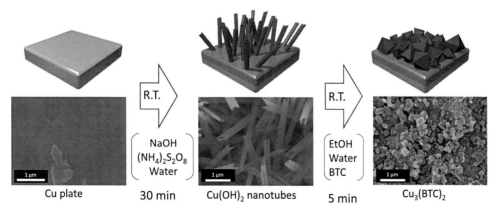

図2　金属Cuを$Cu(OH)_2$を経て$Cu_3(BTC)_2$への変換
常温・室温環境でMOF薄膜を任意の部位に形成できる。

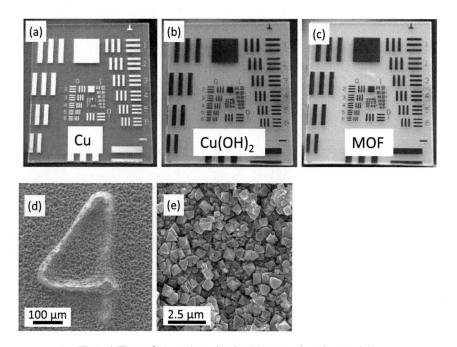

図3 金属 Cu パターンを Cu(OH)$_2$ を経て Cu$_3$(BTC)$_2$ への変換
(a) 金属銅パターンを市販のレジストプレコート基板上に形成, (b) 形状を維持したまま Cu(OH)$_2$ へ変換, (c) 最終的に得られた MOF パターン, (d)「4」形状部分の拡大図, (e) MOF 部分の拡大図(数 μm の MOF 結晶の集合体となっている)

ができる。MOF 中の Cu イオンは Friedländer 反応によるキノリン生成を触媒することが知られている[13]。

$$\text{(benzoyl + diketone)} \xrightarrow[\text{- 2H}_2\text{O}]{\text{[Cu catalyst], 80°C}} \text{quinoline} \tag{3}$$

Cu$_3$(BTC)$_2$ により表面をコートした金属メッシュを反応溶液に浸漬するだけで, 反応(3)が速やかに進行し, キノリンを生成している様子を図4に示す。MOF コート触媒メッシュがない場合は, 全く反応は進行しない。このような微小な三次元表面に対する MOF コート技術は, 微小流路, フローリアクターなどでの利用が期待される。

金属直上にミクロ孔性の MOF 薄膜を形成できることから, MOF の細孔を利用したサイズ選択的な電気化学センシングやグルコースの電気化学的触媒酸化への利用も可能である[14]。図5に種々のサイズの電解質中で CV 測定した結果を示している。MOF の細孔系よりも小さな電解質(フェロセン)を用いた場合は, MOF 薄膜がない場合とほぼ同様な電気化学的応答性を示す。それに対して, フタロシアニンなど MOF の細孔より大きな電解質を用いた場合は, 電解質が電極に終端せず電流値を得ることはできない。サイズ排除的に電解質を選択認識できるため, サイズ選択型の電気化学センサーへの利用が見込まれている。また, Cu$_3$(BTC)$_2$ はグルコースの電

第 9 章　金属水酸化物の表面におけるミクロ多孔性金属有機構造体の成長

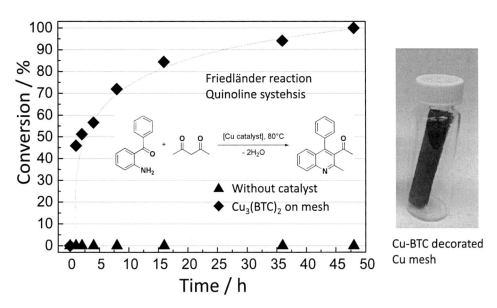

図 4　金属 Cu メッシュ状に HKUST-1 を形成し，Friedländer 反応によるキノリン形成の触媒として利用

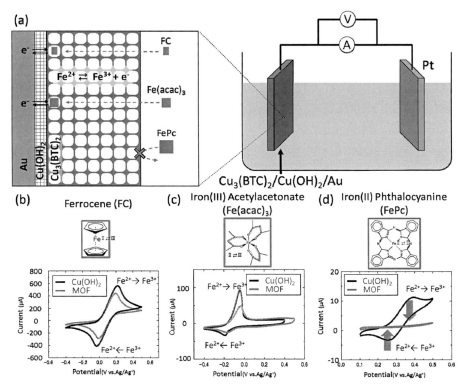

図 5　$Cu_3(BTC)_2$ をサイズ選択マスクとして電極上に形成し，CV 測定によりサイズ選択電極として利用

気化学的触媒酸化のための電極として利用できることがわかっている[15]。MOFのミクロ孔を利用することで，多糖類と単糖類を区別して選択酸化するなどMOF薄膜独自の応用の開拓が期待される。

4 ヘテロエピタキシャル成長による配向性MOF薄膜

電子機能や光機能性デバイスへMOFを応用する場合には，結晶方位を制御した配向成長を実現することで大きな機能性の向上が期待される。配向性MOF薄膜では，ミクロ孔の方位がそろっていることから，含浸した機能性分子の分極軸をそろえることが可能であるため，方向性を持つ電子移動や分極した光波との相互作用の増幅が期待される。このように様々な先端的な応用が期待されるために，配向性MOF薄膜に関する研究が広く行われている。これまでに，いくつかの成長法が報告されている。自己組織化単分子膜（Self-assembled monolayer：SAM）を成長基板として用いる方法は最も広く利用されている手法である[16]。種々の基板上にカルボン酸基を末端に持つ2官能性有機分子によるSAMを形成し，カルボン酸基が規則正しく配列した表面を準備する。このカルボン酸基を起点としてMOF薄膜を成長することで，SAM表面のカルボン酸基距離に対応した結晶面のMOFが成長する。カルボン酸基同士の距離は，架橋飽和炭化水素鎖の長さにより調整され，種々の炭化水素鎖からなるSAM分子を用いたMOF成長が実現されている。このような手法の場合は，カルボン酸基間の距離が成長面の決定因子となるため，MOF薄膜面内での結晶方位の制御は困難である。多くのSAM分子は面内アモルファス配列，あるいは結晶化していてもドメイン化するため，基板自体の方位を規定することは困難である。一方，別に作成したMOF薄膜（多くはMOF単分子層）を基板上に転写していく手法も報告されている。ナフタレンを含む架橋分子により二次元MOFを気液界面に形成し，基板に一層ずつ転写する。この場合，積層方向のMOF層の数を厳密に制御できる（すなわち，膜厚を原子レベルで制御可能）[17]。これらいずれの場合においても，基板面外方向の配向性のみが制御可能であり，面内および面外方位で配向したMOF薄膜は未だ実現されていない。

上記の項目2で報告した，金属水酸化物を前駆体として用いることで，配向性MOF薄膜を形成できることが最近報告された。金属銅を出発原料とし，金属水酸化物を経てMOFを得る上記手法では，MOFの核形成および成長は，数秒のオーダーで進行し結晶形成時に成長方位を制御することは困難である。また，$Cu_3(BTC)_2$と水酸化銅の格子は形状が全く整合しない。これらの理由により，結晶子の方位はランダムに成長してしまう。一方，MOFと前駆体の水酸化物の格子が整合している場合（図6），金属水酸化物表面でMOFがヘテロエピタキシャル成長することが最近見いだされた[18]。SAMを用いた面外配向性MOF薄膜形成に広く用いられる$Cu_2(BDC)_2$（1,4-benzenedicarboxylic acid, H_2BDC）のab面の格子と水酸化銅のac面の格子との格子不整合は，最も大きなa軸方位で0.9%である。実際，水酸化銅ナノベルト（幅：数十nm，長さ数百nm）を，BDCの水-エタノール混合溶液に浸漬し攪拌するだけで，

第9章 金属水酸化物の表面におけるミクロ多孔性金属有機構造体の成長

$Cu_2(BDC)_2$ が表面に成長する。図7は $Cu_2(BDC)_2$ の成長初期の $Cu(OH)_2$-$Cu_2(BDC)_2$ 複合体の TEM イメージである。ここには示していないが、三角形の MOF 粒子の成長方位は、すべての水酸化銅ナノベルトで同様である。図7には、当該 TEM イメージ中の、$Cu(OH)_2$ 位置（左）、$Cu_2(BDC)_2$ 位置（中）、$Cu(OH)_2/Cu_2(BDC)_2$ 界面の制限視野電子線回折像を示している。$Cu(OH)_2/Cu_2(BDC)_2$ 界面においては、$Cu(OH)_2$ の (100) および (200) 回折スポットが $Cu_2(BDC)_2$ の (021) および (042) 回折スポットと完全に重なっており、これらの結晶方位が界面では完全に整合していることが見て取れる。すなわち、$Cu(OH)_2$ 表面において、$Cu_2(BDC)_2$ がヘテロエピタキシャル成長していることがわかる。

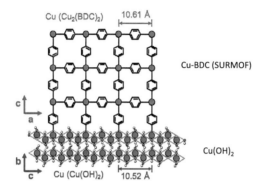

図6　$Cu(OH)_2$ と $Cu_2(BDC)_2$ の格子整合

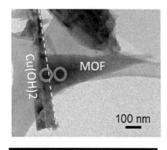

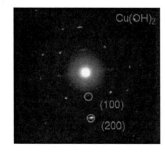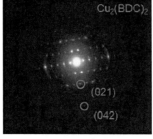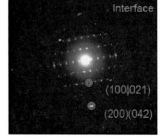

図7　$Cu(OH)_2$ と $Cu_2(BDC)_2$ の TEM イメージ（上）と各部位における制限視野電子線回折像 $Cu(OH)_2/Cu_2(BDC)_2$ 界面では、それぞれの回折スポットが一致しており格子整合を示唆している

水酸化銅はアスペクト比が大きなナノベルト形状をしていることから，基板上に水酸化銅ナノベルトを配向成膜した「擬単結晶基板」を用いて，表面にMOF（$Cu_2(BDC)_2$）をヘテロエピタキシャル成長することで，基板サイズ表面全面に配向したMOF薄膜を得ることが可能である。水酸化銅ナノベルトを基板として用いた，MOF薄膜のヘテロエピタキシャル成長プロセスを図8に示す。水酸化銅ナノベルト配向膜のSEM写真に示すように，アスペクト比の大きなナノ材料を配向成膜することは比較的容易である。この場合，水酸化銅ナノベルトを水表面に展開し，わずかに面内に圧力を負荷することでナノベルト配向膜を形成し，基板上に転写している。このような擬単結晶基板を，リンカーであるBDC溶液に浸漬することで，30分程度でMOFが成長する。成長した配向性MOF薄膜はMOF結晶子の集合体で，図8に示すようにトウモロコシのような外観をしている。それぞれのMOF粒子の方位は下地となる水酸化銅の方位により決定されるために，任意の方位に配向したMOF薄膜を得ることができる。

水酸化銅ナノベルトの配向膜をMOF成長基板として用いる手法は，既存の単結晶基板を用いたエピタキシャル成長技術と比べて，配向性に若干劣るが，実用上の優位性も多い。気液表面に展開して配向膜を作成するために，水酸化銅と吸着性を示せばあらゆる基板を利用することが可能である。金属水酸化物は，その名の示すとおり表面が水酸基で覆われているために，親水性を示す多くの基板表面に吸着する。また，トラフのサイズが許す範囲でスケールアップが可能である。図9にはSiC基板表面に1.5 cmの配向性MOF薄膜を形成した例を示す。基板転写時にマスクを用いることで，部分的成膜も可能であり，実用上の利点が多い。また，図9にはセロファンテープの表面（接着剤の付着していない側）に配向MOF薄膜を形成した例を示している。このような高分子表面にも強固に密着した配向MOF薄膜を形成できる。また，それぞれの水酸化銅のサイズはサブμm以下であるため，写真に示すように変形に対する耐性も高く，フレキシ

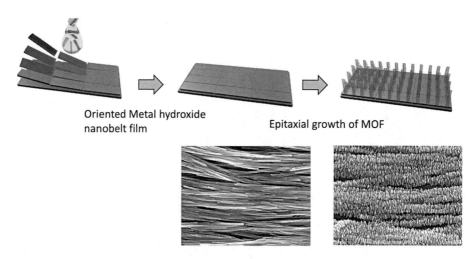

図8　$Cu(OH)_2$ナノベルトの配向膜を擬単結晶基板として用いた配向性MOF薄膜の形成プロセス
（下のSEM画像は$Cu(OH)_2$配向膜と配向MOF）

第9章　金属水酸化物の表面におけるミクロ多孔性金属有機構造体の成長

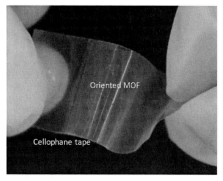

図9　各種基板上に形成した配向性 Cu$_2$(BDC)$_2$ 薄膜
（左）配向性 Cu(OH)$_2$ を擬単結晶基板として用いるため基板サイズに制約が無く大面積成膜も可能．（右）ナノ結晶配向膜のため柔軟な基板上に形成し変形することも可能（写真では市販のセロファンテープ上に配向 MOF 薄膜を形成）

ブル基板上に機能性の MOF 薄膜を形成することで，ソフトエレクトロニクス等への対応も可能であり，将来の実用に向けた応用開発が大いに期待される．

ここまで，Cu$_2$(BDC)$_2$ を例として配向 MOF 薄膜の形成の基礎について解説した．金属水酸化物を足場とした配向 MOF 薄膜の形成は汎用性が高いことも紹介する．図10には種々の有機リンカーを用いた配向 MOF 薄膜のヘテロエピタキシャル成長結果である．ここから，格子不整合が大きなリンカー（この場合は5.7%）ではヘテロエピタキシャル成長しないことがわかる．通常の半導体における過去の研究では2～5%程度が格子不整合の限界とされており[19]，MOF のヘテロエピタキシャル成長の場合もほぼ一致していると考えられる．そのため，銅以外の金属を用いた場合でも格子整合性が保証されれば配向 MOF 薄膜のヘテロエピタキシャル成長が可能である．

最後に，応用例を一つ示す．図11に紹介している有機色素（4-[4-(dimethylamino)-styryl] pyridine, DMASP）は，分子形状の異方性が大きく，図中に示す方位で遷移双極子を持つ．このような有機色素を配向性 MOF 薄膜中に含浸することで，分子の方位をそろえた状態で空間的に分離したミクロ孔に一分子ずつ配置することが可能となる．すなわち，会合体を形成せず，MOF に溶媒和した状態で光学的な特性を利用可能となる．図11では，DMASP の遷移双極子の方位と励起光の偏波の関係を示している．ランダム（結晶方位が配向していない）MOF の場合は，入射光の偏波と蛍光強度の相関は見られないが，配向 MOF 薄膜に含浸した場合は遷移双極子と偏波が平行な場合にのみ蛍光が観察され，分子が方位をそろえて MOF 薄膜中に存在しており，すべての分子が同一の偏波応答性を示していることがわかる．

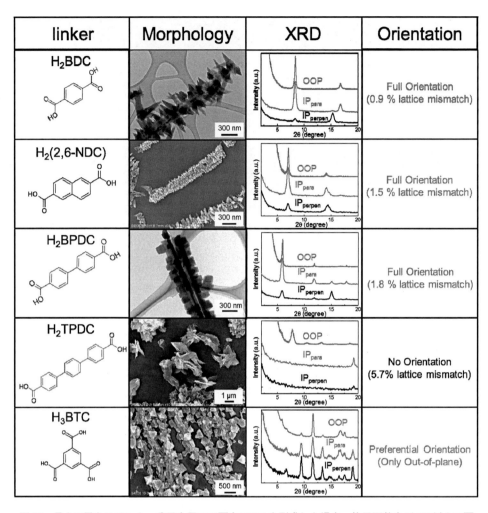

図10 長さの異なるリンカー分子を用いて配向 MOF を形成した場合，格子不整合が 5% 以上で配向性が失われる。また，格子の対称性が異なる場合も配向成長しない。
(XRD 中，OOP：out-of-plane 測定，IP：in-plane 測定（para：$Cu(OH)_2$ の長軸と X 線入射軸が平行，parpen：垂直））

5 まとめ

　金属水酸化物が MOF 形成の優れた前駆体となることを示した。金属銅から出発して水酸化物を経由して MOF を形成することで，MOF パターン形成，3 次元表面への MOF 固定化，サイズ選択性電気化学センサーに利用可能である。また，下地の金属水酸化物と MOF の格子整合性を取れば，ヘテロエピタキシャル成長が可能である。金属水酸化物が配向した「擬単結晶」基板を用いることで，cm 以上の実用スケールで完全に配向した MOF 薄膜を形成でき，今後の電子機能性や光機能性の開拓が期待される。

第9章　金属水酸化物の表面におけるミクロ多孔性金属有機構造体の成長

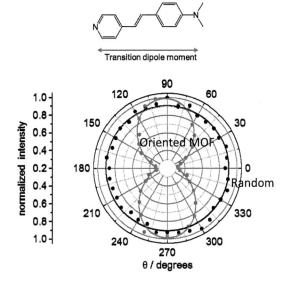

図11　配向MOF薄膜中に線形の色素（4-[4-(dimethylamino)-styryl]pyridine, DMASP）を含浸し蛍光強度の変更依存性を測定
色素がMOF空孔中で完全に配向しており偏光と結晶方位で蛍光のon/offが可能である。

文　　献

1) H. Furukawa *et al.*, *Science*, **341**, 1230444（2013）
2) S. Kitagawa *et al.*, *Angew. Chem. Int. Ed.*, **43**, 2334（2004）
3) H.C. Jiang *et al.*, *J. Am. Chem. Soc.*, **134**, 14690（2012）
4) E.K. Richman *et al.*, *Nature Mater.*, **7**, 712（2008）
5) D. Zacher *et al.*, *Chem. Soc. Rev.*, **38**, 1418（2009）
6) B.M. Venkatesan and R. Bashir, *Nature nanotech.*, **6**, 615（2011）
7) I. Stassen *et al.*, *Nature Mater.*, **15**, 304（2016）
8) R. Ameloot *et al.*, *Chem. Mater.*, **21**, 2580（2009）
9) P. Falcaro *et al.*, *Adv. Mater.*, **24**, 3153（2012）
10) K. Okada *et al.*, *Adv. Funct. Mater.*, **24**, 1969（2014）
11) W. Zhang *et. al.*, *Adv. Mater.*, **15**, 822（2003）
12) G. Majano, J. Pérez-Ramírez, *Adv. Mater.*, **25**, 1052（2013）
13) E. Pérez-Mayoral *et al.*, *Dalton Trans.*, **41**, 4036（2012）
14) K. Okada *et al.*, *Cryst. Eng. Comm.*, DOI: 10.1039/c7ce00416h（2017）
15) Y. Liu *et al.*, *Nanoscale*, **6**, 10989（2014）
16) O. Shekhah *et al.*, *Nature Mater.*, **8**, 481〜484（2009）
17) R. Makiura *et al.*, *Nature Mater.*, **9**, 565（2010）
18) P. Falcaro *et al.*, *Nature Mater.*, **16**, 342（2017）
19) L. Sun *et al.*, *J. Am. Chem. Soc.*, **137**, 6164〜6167（2015）

第 10 章　ナノ粒子活用のための複合化開発

横井敦史[*1]，武藤浩行[*2]

1　はじめに

　ゾル-ゲル法は，溶液を出発原料として，ガラス，セラミックスをはじめ，多孔体，複合体など多岐にわたる材料を合成できる優れたプロセス技術として知られている。これに加えて，形態のバリエーションも極めて豊富であり，バルク体はもちろんのこと，ファイバー，コーティング膜，微粒子など，ニーズに応じた展開が可能である。特に，微粒子合成技術としては，Stöber法が知られており[1]，極めて単分散性の高い微粒子を作製することができる。広い意味で溶液を出発原料とした微粒子合成法は，粉砕法と比較して粒径の制御が可能であることに加え，微細化に伴う凝集も回避できることから，近年，益々活発に研究が行われている。粒子径もシングルナノサイズに迫りつつあり，市販でも入手できるようになった。これと同時に，粒子径のナノ化による量子効果，高表面・界面効果，粒子内の均質性などを期待した新規機能性材料（主に，ナノ粒子を添加物としたナノ複合材料）の開発も盛んに行われており，今後益々，「ナノ粒子」のニーズが高まると思われる。

　しかしながら，まだまだ高価であることに加え，ナノサイズ特有の凝集が問題となり，必ずしも，有効にナノ粒子が活用されているとは言いがたい。少量のナノ粒子を用いて，如何にして有効に「ナノ」の利点を引き出せるかが当面の材料開発者の重要な解決課題となる。

　そこで本研究室では，取り扱いが比較的容易なサイズの基材（マトリックス）にナノ粒子を吸着させて固定化する複合化手法を提案している[2〜5]。基材としては，基板平面（図 1 (a)）のみならず，球状，ファイバー状，3 次元構造（図 1 (b)〜(d)）のように，種々の形状に適用可能である。例えば，図 1 (b) に示されるような「複合粒子」を作製すれば，後に述べるように，ナノ粒子をマトリックス内に「均一に」分散させることができるばかりでなく，得られるナノ複合材料の微構造の制御，これに伴う新規特性の発現も可能となる。本稿では，内閣府，SIP 革新的設計生産技術（H.26〜H.30）において推進している，複合粒子を用いた新規な材料開発の概念，集積技術による微構造制御および多機能複合膜に関する最近のトピックスを簡単に紹介する。

[*1]　Atsushi Yokoi　豊橋技術科学大学　総合教育院　研究員
[*2]　Hiroyuki Muto　豊橋技術科学大学　総合教育院　教授

第10章 ナノ粒子活用のための複合化開発

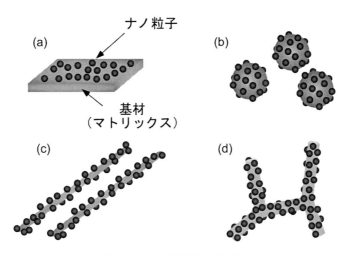

図1 ナノ物質集積例の模式図
(a) 平面基板，(b) 粒子，(c) ファイバー，(d) 多孔質構造体

2 微構造制御のための粉末デザイン

本稿では，ナノ粒子の有効活用を目指した，集積複合技術（静電吸着複合法）に関して紹介する。基本的な考えとして，複合材料のマトリックスとなる基材粒子と添加物となるナノ粒子の表面電荷をそれぞれ，相反するように（正と負）制御し，両者間の生じる静電相互作用により静電吸着させ，図1に図示したような集積体（複合粒子）を作製する。これまでに作製した一例を図2に示す。球状のマトリックス粒子表面に，(a) 球状のナノ粒子（球状シリカ），(b) 板状のナノ粒子（h-BN），(c) ナノファイバー（カーボンナノチューブ）等の種々の形状のナノ物質が吸着した複合粒子を示しているが，提案する手法を用いれば，形状のみならず材料の種類（高分子，金属，セラミックス），原料粉末サイズ（ミリ，マイクロ，ナノ）を選ばず，いかなる組合せにも適用できる。溶液中で，常温，常圧で複合化できることから汎用性の高い手法であり，医療品，化粧品，塗料，食品産業を含めた，粉末を出発原料に用いる分野で有用であると考えられる。

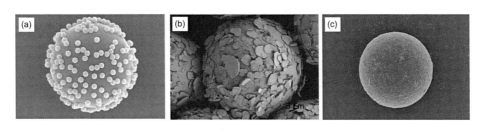

図2 静電吸着複合法を用いた複合粒子
(a) SiO_2-SiO_2，(b) h-BN-PMMA，(c) CNT-PMMA

ゾル-ゲルテクノロジーの最新動向

　このような複合粒子を用いて，バルク（ナノコンポジット）を作製することで，ナノ物質複合粒子の形態を反映した所望の微構造を有するナノ複合材料を創製することができる。図3に，ナノ粒子がマトリックスに均一分散したナノ複合材料の作製コンセプトを示す。従来，複合材料の作製には，所定量のナノ添加物とマトリックス粒子を機械的に混合して混合粉末を準備することになる。しかしながら，前述したようにナノ粉末は凝集状態になりやすく，これに加えて，サイズが大きく異なるマトリックス粒子と均一に混合することは困難である。結果として，不均一な混合粉末を成形（焼成）することになるために，当然ながらナノ物質は，凝集したままマトリックス内に存在することになる。一方，図3（b）のように，複合粒子を介して複合材料を作製することで，ナノ添加粒子を極めて均一にマトリックス内に分散することができる。また，表面へのナノ添加粒子の被覆率を多くすることで，マトリックス内に連続的に導入することも可能であり，機械的な混合法では達成できない材料組織の制御が可能になる。単体として取り扱いが困難なナノ物質をマトリックス粒子に均一に吸着させてしまえば，ナノサイズで問題になっていた凝集問題を回避することができるばかりか，従来の粉末冶金的な手法でナノサイズを意識することなく用いることができる。このように，必要最少量で効果的な「高分散状態」を実現することが可能であることから，高価なナノ添加物の添加量を極限まで少なくすることができるばかりか，マトリックスの機械的，また，透明なマトリックス材料を用いれば，光学的特性を損なうことなく，期待する特性を付与することができる。

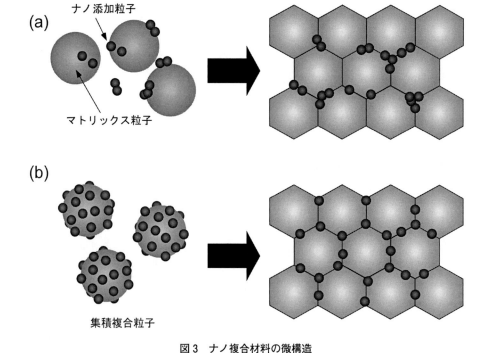

図3　ナノ複合材料の微構造
（a）機械的混合による凝集構造，（b）複合粒子を用いた高分散ナノ構造

第 10 章　ナノ粒子活用のための複合化開発

3　静電吸着複合法

　上述したように，静電相互作用を用いることでナノ物質を集積化することができる（図2）。ここでは，提案する静電吸着複合法に関して簡単に紹介する。基板上に二次元的なナノ薄膜製造方法として知られる交互積層法（Layer-by-Layer：LbL）[6~10]を拡張し，三次元（粒子）表面にナノ物質を静電吸着させることができる。粒子表面の電荷調整の概要を図4に示す。マトリックス粒子，ナノ添加粒子の表面を高分子電解質（ポリカチオン，または，ポリアニオン）に浸漬させることで表面電荷を任意に変更することができる。例えば，負のゼータ電位を有している粒子の場合，正に帯電する高分子電解質（ポリカチオン）に浸漬させることで，ポリカチオンが粒子表面に吸着し，その結果，電荷密度の高い正の表面電荷の粒子を得ることができる。必要であれば，引き続きポリアニオンを積層させることで，再び負の電荷に調整できる。このプロセスにより，本来原料粒子が有していた表面電荷よりも電荷密度が強く，均一な表面電荷を有する粒子を得ることができる。吸着種としてのナノ添加粒子も同様の処理を行うことで（この場合，マトリックス粒子とは逆の電荷にする），両者間で静電引力が働き，マトリックス粒子表面にナノ添加粒子が静電吸着し，図2のような複合粒子を得ることができる。電荷調整には，市販の高分子電解質を用いることができ，例えば，ポリカチオンとして，Poly(diallyldimetylammonium chloride)：PDDA)，ポリアニオンとして，Poly(sodium 4-styrene sulfonate)：PSS）などが用いられる。

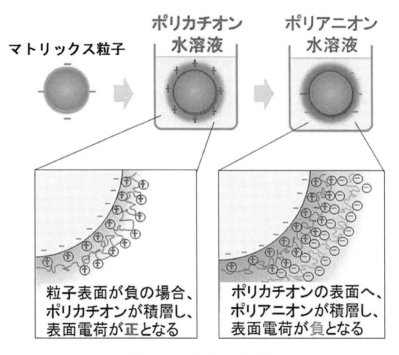

図4　静電相互作用を用いた複合粒子作製のための表面電荷調整

4 集積複合粒子を原料とした機能性複合材料の作製

静電吸着複合法によりナノ物質を集積化することができることを示した。これらの複合粒子を原料として，バルク化させることで，図3（b）で例示したような「複合粒子の形状を反映させた微構造」をナノ複合材料に導入することができる。一例として，高分子の中でも汎用性が高く，光透過性が高いことで知られているポリメタクリル酸メチル（PMMA）樹脂をマトリックスとして，ナノサイズの金属酸化物の酸化インジウムスズ（ITO）が高分散した，透光な近赤外線吸収材料の開発を行った。マトリックス原料として，球状の粒子径 12 μm の PMMA 粒子を用い，図4に示すような高分子電解質による表面処理を行い，粒子表面の電荷を正に帯電させた。ナノ添加粒子として，粒子径 50 nm の酸化インジウムスズ（ITO）を用い，PMMA 粒子に静電吸着させるために，ITO 粒子表面は負に帯電させた。表面電荷を調整した両者を混合することにより，ITO-PMMA 複合粒子を作製した。図5（a）に PMMA 粒子表面に ITO ナノ添加粒子を静電吸着させた複合粒子の SEM 画像を示す。PMMA 粒子表面にナノサイズの ITO ナノ粒子が均一に吸着した複合粒子が得られていることがわかる。これを原料としてホットプレス成形した結果，PMMA マトリックス中に ITO ナノ粒子が高分散した図5（b）のような，透明なナノ複合材料を得た。複合材料の光吸収特性を UV-Vis-NIR 分光光度計を用いて測定したところ，図6に示すように，PMMA 単体では 2000 nm までの波長を 80～90% 透過してしまっているのに対し，作製した複合材料では，近赤外線領域（800～2500 nm）に ITO に起因する吸光が確認できる。一方，可視光領域（370～780 nm）では，80% 程度の透過率を有していることから，透明かつ熱線を吸収する新規なナノ複合材料を作製することができた。この結果は，図3（b）に示すような，ナノ物質（ナノ添加粒子）が凝集せずに，マトリックス内に均一に存在していることを意味しており，提案する手法がナノ構造を制御するために有用であることを意味している。

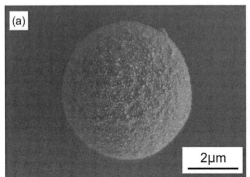 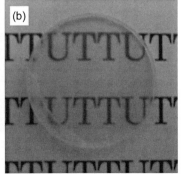

図5 （a）：ITO-PMMA 複合粒子と，（b）：複合粒子を原料として作製した複合バルク体の外観図

第10章　ナノ粒子活用のための複合化開発

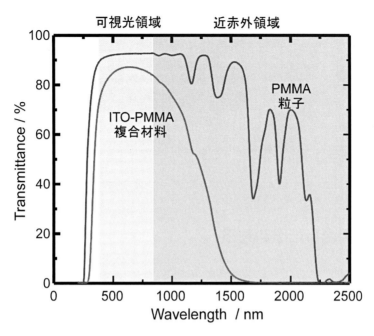

図6　ITO-PMMA 複合材料の光学特性

5　静電吸着複合法の応用展開：エアロゾルデポジション法

　これまでに，ITO-PMMA 複合粒子におけるバルク複合材料の光学特性について説明した。ここでは，更なる機能性材料の応用展開として，エアロゾルデポジション法による複合膜への例を示す。エアロゾルデポジション（Aerosol Deposition：AD）法[11, 12]を用いることにより，緻密なセラミックス厚膜が得られることが可能である。図7に示すように，焼結し難いセラミック粒子でも基板に吹き付けるだけで緻密，かつ透明なセラミックス膜を得られることから，今後更なる展開が期待されている。現時点での報告の多くは，単相（モノシリック）膜が主流であり，「複合膜」に関する検討は少ない。複合膜を生成する場合，マトリックス粒子とナノ添加粒子を同時に吹き付ければよいが，それぞれの粒子の密度，粒子径の違いにより，基板とに衝突する際のエネルギーの差が生じ，マトリックスとして用いるサブミクロンサイズの粒子と，添加物として用いるナノ粒子が均一に堆積しにくい状況であることから，均一な膜を得ることが困難であった（図8（a））。そこで，原料として複合粒子を用いた複合膜の作製法を検討した。マトリックス表面にナノサイズの機能性物質を吸着された複合粒子を AD 成膜の原料として用いることで，ナノサイズの機能性物質を緻密なマトリックス内に均一に取り込むことができる（図8（b））。

　機能性複合膜作製の実例として，上述した近赤外吸収特性を有する ITO（平均粒径：50 nm）および，紫外光吸収特性を有する CeO_2（平均粒径：8 nm）をナノ添加物とした複合膜の作製を行った。マトリックスとしては，緻密体で可視光透過膜を作製できる Al_2O_3（平均粒子径：

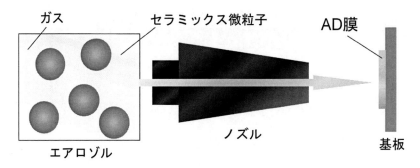

図7　エアロゾルデポジション法の外観図

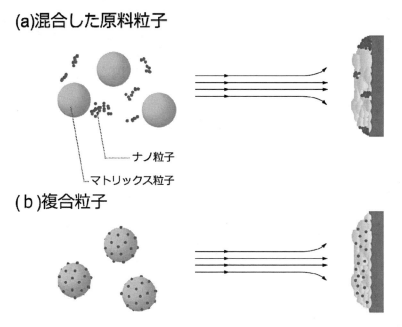

図8　(a)：混合した原料粒子，および，(b)：集積複合粒子を用いた原料粒子のAD膜概要図

270 nm）を用いた。各ナノ添加粒子はサスペンションのpHを調整することにより強い電荷を付与し，Al_2O_3粒子には，ポリアニオンであるPSS，ポリカチオンであるPDDAを交互に積層し，その表面電荷がナノ添加粒子と相反するように調整した。これらのサスペンションをそれぞれ混合することで，ナノ添加粒子がAl_2O_3粒子表面において均一に吸着されたITO-Al_2O_3，CeO_2-Al_2O_3複合粒子を作製した。得られたITO-Al_2O_3およびCeO_2-Al_2O_3複合粒子のSEM像を図9に示す。マトリックス粒子であるAl_2O_3粒子の表面において，ナノ添加粒子であるITOおよびCeO_2が均一に吸着されている。Al_2O_3単体，ITO-Al_2O_3，CeO_2-Al_2O_3複合粒子を出発原料としてAD成膜をした結果の膜外観を図10（a）〜（c）にそれぞれ示す。ITO-Al_2O_3，CeO_2-Al_2O_3複合膜については，多少の色味が付くが高い透過性を示している。さらに，ITO-Al_2O_3，

第 10 章　ナノ粒子活用のための複合化開発

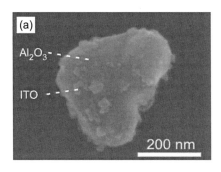
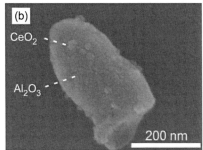

図 9　複合粒子の SEM 画像
(a) ITO-Al$_2$O$_3$, (b) CeO$_2$-Al$_2$O$_3$

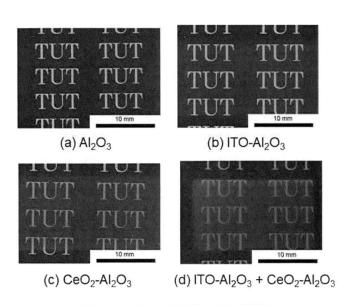

図 10　AD 法により作製した膜の外観図
(a) Al$_2$O$_3$ 膜, (b) ITO-Al$_2$O$_3$ 複合膜, (c) CeO$_2$-Al$_2$O$_3$ 複合膜,
(d) ITO-Al$_2$O$_3$ + CeO$_2$-Al$_2$O$_3$ 複合膜

CeO$_2$-Al$_2$O$_3$ 複合粒子を混合して，同時に吹き付けた場合（多元系）に得られた AD 膜を図 10 (d) に示す。これに関しても，透過性を維持している。図 10 に示される外観写真より，「ナノサイズ」で添加粒子がマトリックス内に分散していることが推察される。また，図 11 に，図 10 (d) の断面 SEM 像を示す。基板上に均一な厚膜が形成されており，ITO および CeO$_2$ ナノ添加粒子の偏析のない緻密な膜が得られたことがわかる。

　作製した 4 種の AD 膜の光学特性を UV-Vis-NIR 分光光度計で測定した結果を図 12 に示す。(a) Al$_2$O$_3$ 単体では，全領域において高い透過性を示しているが，(b) ITO-Al$_2$O$_3$ 膜では，近赤外領域の吸収が，また，(c) CeO$_2$-Al$_2$O$_3$ 膜では，赤外領域の吸収が観察された。それぞれ，可

視光域では 80％程度の透過率を示すことから，透明，かつ緻密なセラミックス機能性膜を作製することができることが示された。さらに，(d) ITO-Al_2O_3，CeO_2-Al_2O_3 複合粒子を同時に吹き付けた多元系複合膜は，多少の可視光透過性が失われているものの，両者の特性を反映した多機能複合膜を得ることができている。

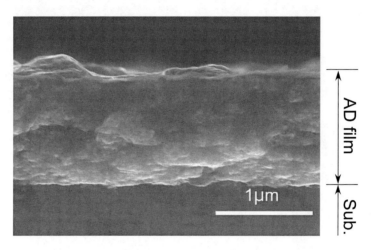

図 11　ITO-Al_2O_3 ＋ CeO_2-Al_2O_3 複合膜の断面 SEM 画像

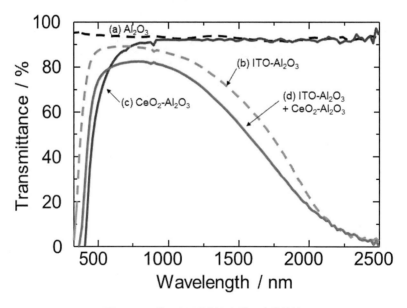

図 12　AD 法により作製した膜の光学特性
(a) Al_2O_3 膜，(b) ITO-Al_2O_3 複合膜，(c) CeO_2-Al_2O_3 複合膜，
(d) ITO-Al_2O_3 ＋ CeO_2-Al_2O_3 複合膜

第 10 章　ナノ粒子活用のための複合化開発

6　おわりに

　ゾル-ゲル法をはじめとした溶液からのナノ粒子の合成法は，今後，益々活発に研究されると思われる。これに伴い，粒径の微細化，単分散度の向上，形態制御，材料種の多彩さが更に充実して，より容易に「ナノ粒子」が入手できるようになると期待される。しかしながら，ナノ粒子を従来の材料作製プロセスにそのまま適用できることは限らず，少なからず，プロセス技術を変更する必要が生じることは明白である。一例として，材料製造の分野で多用される粉末冶金技術は，多くの工夫と改良がなされ成熟した製造プロセスではあるが，「ナノ物質」を取り扱うには，大きな壁が存在しているのも事実である。ナノ制御が必要とされるような次世代プロセッシング技術の確立に先駆けて，本稿にて紹介したナノアセンブリ技術が少しでも役に立てれば幸いである。

謝辞
　本稿で紹介した研究成果は，豊橋技術科学大学　電気・電子情報工学系，松田厚範教授，同，河村剛助教，小田進也研究員の助言・協力を受けながら，本研究室の多くの学生とともに行ったものである。本研究の一部は，内閣府 SIP 戦略的イノベーション創造プログラム，革新的設計生産技術（ナノ物質の集積複合化技術の確立と戦略的産業利用）の支援により行われたものである。

文　　献

1) W. Stöber, A. Fink and E. Bohn, *J. Colloid Interface Sci.*, **26**, 62（1968）
2) 武藤浩行，羽切教雄，機能材料，**32**, 56（2012）
3) 武藤浩行，*Fragrance Journal*, **35**, 52（2010）
4) 武藤浩行，羽切教雄，セラミックス，**747**, 608（2012）
5) 小田進也，横井敦史，武藤浩行，粉体及び粉末冶金，**3**, 311（2016）
6) K. Ariga, J. P. Hill and Q. Ji, *Phys. Chem. Chem. Phys.*, **9**, 2319（2007）
7) A. Quinn, G. K. Such, J. F. Quinn and F. Caruso, *Adv. Funct. Mater.*, **18**, 17（2008）
8) J. J. Richardson, M Björnmalm and F. Caruso, *Science*, **348**, 411（2015）
9) T. Tang, J. Qu, K. Müllen and S. E. Webber, *Langmuir*, **22**, 7610（2006）
10) G. Decher, J. D. Hong and J. Schmitt, *Thin Solid Films*, **210/211**, 831（1992）
11) J. Akedo, *J. Am. Ceram. Soc.*, **89**, 1834（2006）
12) 明渡純，セラミックス，**43**, 686（2008）

第11章 ナノシートの合成と集積化による高機能材料の創成

長田　実*

1　はじめに

「ナノシート」とは，厚み方向がナノメートルオーダーの2次元ナノ物質に対して与えられた名称であり，層状化合物を単層剥離して合成される「究極の薄さのシート状ナノ物質」である。ナノシートは，層状化合物を構成する最小基本単位である層1枚に相当し，厚みは0.5〜3 nmと極めて薄いのに対して，横サイズは通常 μm オーダーの広がりを持った異方性の高い2次元単結晶である。このような構造的特徴から，究極の2次元状態を実現する新しい舞台，さらにはナノ粒子，ナノチューブなどと並ぶナノ物質の新しいカテゴリーとして注目されている[1]。

層状化合物の剥離ナノシート化は，粘土鉱物では古くから知られていたが，材料や機能が限定されていたこともあり，ナノテク分野ではマイナーな技術であった。しかし，最近の剥離技術やソフト化学反応技術の発達により，剥離ナノシート化が新規なナノ物質を創製する有効なアプローチと位置付けられ，近年研究が盛んに行われている。この研究活発化の大きな原動力となったのが，炭素の単原子層シートであるグラフェンにおいて剥離ナノシート化が達成されたことにある[2,3]。その後，有機，無機，金属に至る広範な材料系において，ナノシートの創成，機能開発が報告され，2次元物質については今や材料科学分野の一大分野へと発展している。

筆者らはこれまで，層状金属酸化物の単層剥離により得られる酸化物ナノシートをベースとした材料研究を推進しており，様々な組成，構造を有する層状遷移金属酸化物の剥離ナノシート化を達成し，金属，半導体，絶縁体（誘電体），磁性体など多彩な機能材料として得られることを明らかにしてきた[4]。さらに，酸化物ナノシートを1枚1枚積み重ね，膜構造と電子状態を精密に制御した多層膜や超格子の作製に成功し，各種機能材料や電子デバイスへの応用を進めている。本章では，酸化物ナノシートをベースとした室温水溶液プロセスにより，様々なナノ構造体を実現する新しいアプローチについて紹介する。

2　ナノシートの合成

ナノシートの合成法に関しては，機械的剥離手法，化学的剥離手法の2種類に大別される。

---

*　Minoru Osada　（国研）物質・材料研究機構　国際ナノアーキテクトニクス研究拠点　主任研究者

第11章 ナノシートの合成と集積化による高機能材料の創成

機械的剥離手法は，スコッチテープ等の粘着テープで層剥離を繰り返す非常に簡便な手法であり，グラフェンの単層剥離の報告以降，様々な層状化合物の剥離ナノシート化に利用されている。特に，黒鉛のように層間がファンデル・ワールス的に弱く結合し，劈開性を有する層状結晶の剥離には好適であり，雲母，六方晶系 BN，遷移金属カルコゲナイト（MoS_2，WS_2 など），黒リン，MoO_3，$Bi_2Sr_2CaCu_2O_8$ などの剥離に適用されている[5]。しかしながら，この手法で得られるナノシートは小さく，また大量合成や実用化に不適であるため，有機溶媒の分散溶液に超音波処理を施し，剥離する方法等が提案されている[6]。

他方，化学的剥離手法は，高品位の単層ナノシートを液媒体中に分散したコロイドとして大量合成できるため，多くのセラミックス系ナノシートの合成に適用されている。例えば，構造材料として知られる遷移金属カーバイド（MXene 系）などでは，フッ酸などの強酸処理により Al 含有層の選択的除去が可能であり，この特性を利用した剥離ナノシート化が報告されている。また酸化物，水酸化物などのイオン交換性化合物では，嵩高いゲストのインターカレーション反応を利用した剥離ナノシート化が可能である。これまでに酸化チタン，酸化マンガン，ペロブスカイト，水酸化物 $M(OH)_2$（M：遷移金属）などの剥離ナノシート化が報告され，多彩な機能性ナノシートが得られている[4,7]。

本章では，層状ペロブスカイトを例に剥離ナノシートの手法について紹介する（図1）[7]。出発物質としては，Dion-Jacobson 型層状ペロブスカイトとして知られる $KCa_2Nb_3O_{10}$ などを利用できる。これら層状ペロブスカイトは，負に帯電したペロブスカイト層の間にカリウムイオンがカウンターイオンとして挿入された構造を持っている。この構造的特徴を反映して，層間のカリウムイオンは活性なイオン交換性を示し，酸水溶液で処理することで，層状構造を維持したまま

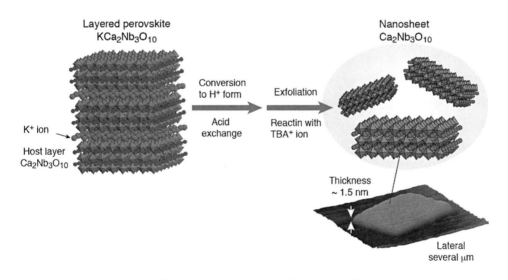

図1 層状ペロブスカイト $KCa_2Nb_3O_{10}$ の剥離ナノシート化のスキーム図
右下図は $Ca_2Nb_3O_{10}$ ナノシートの原子間力顕微鏡像。

ゾル-ゲルテクノロジーの最新動向

アルカリ金属を全て水素イオンに交換できる。また，得られた水素型物質は固体酸性を有し，塩基性物質を取り込む性質を示す。この特性を利用し，サイズの大きな塩基性ゲスト物質（例えば，テトラブチルイオン（TBA$^+$））を層間に導入することで高い膨潤状態を誘起し，ホスト層間に働く強い静電的相互作用を低下させて，剥離に導くことができる。上記の手順により出発物質の層状ペロブスカイトの化学組成に応じて，様々な組成，構造を有するペロブスカイトナノシートを合成することができる。得られたナノシートは原子間力顕微鏡により，約 1.5 nm と出発物質のホスト層に基づく固有の厚さが観測される。一方，横サイズは出発物質として用いた結晶子の大きさを反映して数百 nm～数十 μm の大きさを有する。また，透過型電子顕微鏡，電子回折，X 線回折など様々な手法により構造の評価が行われており，ナノシート 1 枚は出発物質のホスト層の組成・原子配列を維持した 2 次元単結晶であることが確認されている。

同様のプロセスにより，多様な組成，構造，機能の酸化物ナノシートが得られている（図 2，表 1）。得られた酸化物ナノシートは，組成，構造に依存して固有の特性を示す[7]。例えば，Ti, Nb, Ta を内包する酸化物ナノシートは，d^0 電子系と呼ばれるワイドギャップ半導体であり，酸化チタン，酸化ニオブナノシートは活性な光触媒性，光化学反応性を示す。また，$Ti_{0.87}O_2$, $(Ca,Sr)_2Nb_3O_{10}$, $TiNbO_5$, Ti_2NbO_7 などは高い絶縁性を有し，優れた高誘電体としても機能する[8,9]。一方，RuO_2, MoO_2, MnO_2 ナノシートはその電子構造に起因した伝導性を示し，RuO_2, MnO_2 ナノシートは活性なレドックス特性を有する[10,11]。またドーピングによる機能開

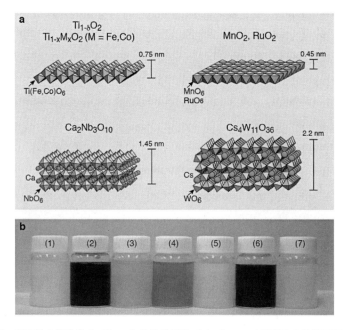

図2 代表的な酸化物ナノシートの結晶構造（a）とコロイド溶液の光学写真（b）
(1) $Ti_{0.91}O_2$, (2) MnO_2, (3) $Ti_{0.6}Fe_{0.4}O_2$, (4) $Ti_{0.8}Co_{0.2}O_2$, (5) $Ca_2Nb_3O_{10}$, (6) RuO_2, (7) $Cs_4W_{11}O_{36}$

第11章 ナノシートの合成と集積化による高機能材料の創成

表1 これまでに合成された無機ナノシート

	物質系	特性
酸化チタン	$Ti_{0.91}O_2$, $Ti_{0.87}O_2$, Ti_3O_7, Ti_4O_9, Ti_5O_{11}, Ti_2O_3	半導体性，誘電性，光触媒性
	$Ti_{0.8}Co_{0.2}O_2$, $Ti_{0.6}Fe_{0.4}O_2$, $Ti_{0.8}Ni_{0.2}O_2$, $Ti_{(5.2-2x)/6}Mn_{x/2}O_2$ ($0 \leq x \leq 0.4$), $Ti_{0.8-x/4}Fe_{x/2}Co_{0.2-x/4}O_2$ ($0 \leq x \leq 0.8$)	強磁性，ハーフメタル
酸化マンガン	MnO_2, Mn_3O_7, $Mn_{1-x}M_xO_2$ (M = Co, Ni), $Mn_{1-x}Ru_xO_2$	レドックス活性
酸化コバルト	CoO_2	レドックス活性
酸化亜鉛	ZnO	半導体性，強磁性
酸化ニオブ 酸化タンタル	Nb_3O_8, Nb_6O_{17}, $TiNbO_5$, Ti_2NbO_7, Ti_5NbO_{14}, TaO_3	光触媒性，誘電性，固体電解質
酸化銅系	$Bi_2Sr_2CaCu_2O_8$, CuO	絶縁性
ペロブスカイト	$LaNb_2O_7$, $(Ca,Sr)_2Nb_3O_{10}$, $(Ca,Sr)_2Ta_3O_{10}$, $Ca_2Na_{n-1}Nb_nO_{3n+1}$ ($n \geq 3$), $SrTa_2O_7$, $Bi_2SrTa_2O_9$, $Bi_4Ti_3O_{12}$	光触媒性，誘電性
	$La_{2/3-x}Eu_xNb_2O_7$, $La_{0.7}Tb_{0.3}Ta_2O_7$, $Eu_{0.56}Ta_2O_7$, $Gd_{1.4}Eu_{0.6}Ti_3O_{10}$, $Bi_2SrTa_2O_9$	フォトルミネッセンス，誘電性
酸化モリブデン	MoO_2, MoO_3	伝導性
酸化ルテニウム	$RuO_{2.1}$, RuO_2	伝導性，レドックス活性
酸化タングステン	W_2O_7, $Cs_4W_{11}O_{36}$, $Rb_{3-d}W_{11}O_{35}$	レドックス活性，フォトクロミック

発も進められており，例えば，$Ti_{1-d}O_2$ の Ti サイトの一部を Co, Fe, Mn などの磁性元素で置換したナノシートは室温強磁性，ハーフメタル，希土類を内包したペロブスカイトナノシートは蛍光特性を示すことが報告されている[12, 13]。これらの特性に加えて，固体電解質，フォトクロミック特性などの興味深い物性を示すナノシートが多数報告されており，組成，構造と共に機能のラインナップが充実している。

3 ナノシートの集積による高次ナノ構造体の構築

酸化物ナノシートは負に帯電した2次元結晶として水中に単分散したコロイド溶液として得られる。そのため様々な溶液合成プロセスを適用することにより，ナノシートをビルディングブロックとして，ナノ～メソ領域で様々に配列，集合，あるいは異種物質と複合化することができ，多様なナノ構造あるいは空間構造を人工的に構築できる（図3）[7, 14]。例えば，ナノシートコロイド溶液に凍結乾燥あるいは噴霧乾燥を適用することにより厚みが数十 nm で制御された薄片状ならびに中空状酸化物粒子を合成できる。またナノシートを様々な基材表面にレイヤーバイレイヤー累積することにより，ナノ薄膜やコア・シェル粒子，さらには中空シェルを構築することも可能である。一方ナノシートコロイド溶液を適切な溶液と混合するという簡便な操作で，加えた溶液中に含まれたイオン，分子，金属錯体などをナノシート間に挟み込んで再積層させたナノ

ゾル-ゲルテクノロジーの最新動向

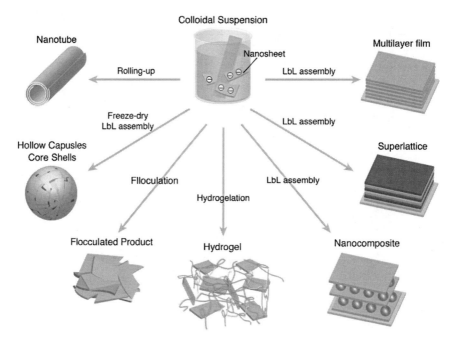

図3 ナノシートの自己組織化反応によるナノ構造体，ナノ薄膜の作製

複合体を誘導することもできる。さらには，ナノシートコロイド溶液に強磁場を印加することでナノシートを数十 nm 間隔で平行に配列できることが最近見いだされ，これにビニル系モノマーを加えて系全体を重合することにより，異方的な機能，運動性を示すヒドロゲルも開発されている[15]。これらの材料においてはナノシートの持つ素機能とナノシートの配列，集積化によるナノ空間制御が相まって，幅広い機能発現，制御が可能となり，エレクトロニクスからエネルギー材料，生物医学向けのソフトマテリアルに至る極めて広範な材料開発を行うことができる。

これらの中でも応用の観点から重要なのが，Layer-by-Layer 累積技術を利用したナノ薄膜の構築技術である。筆者らは静電的交互吸着法やラングミュア・ブロジェット法の高度化により，ナノシートがタイルのように基板表面に隙間なく被覆した単層膜を形成し，これを反復することで高い秩序性を持った多層膜を作製するプロセスを開発した（図4）[16〜18]。静電的交互吸着法とは，反対電荷を有する2種類の物質間の静電的相互作用を利用してレイヤーバイレイヤーで薄膜を積層する方法であり，高分子やタンパク質など広範な材料合成に適用されている[19]。ナノシートの場合も同様に，反対電荷を有するカチオン性物質と組み合わせて基板上に累積することで，厚さ1 nm 単位で膜厚を制御して積層ナノ薄膜を合成できる[16]。この薄膜合成は図4（a）のようなシンプルなディップ・プロセスで実現できる。まずガラス，シリコンなどの基板をカチオン性ポリマー溶液（ポリ塩化ジアリルジメチルアンモニウム（PDDA），ポリエチレンイミン（PEI）など）に浸す。この時，基板表面がポリマーのモノレイヤーで被覆されると溶液中に過剰に存在するポリマーは静電反発によりそれ以上吸着せずに反応が自己停止する。この基板を超

第 11 章 ナノシートの合成と集積化による高機能材料の創成

純水で洗浄後,ナノシートコロイド溶液に浸すと,基板表面のポリマーの正電荷でナノシートが吸着する。ここでもポリマー同様,ナノシートはモノレイヤー吸着で反応が停止する。この手順で分子層1層に相当するナノシート1層の積層が可能であり,この操作を繰り返すことで,約1 nm単位で膜厚,組成を精密制御したナノコーティングが可能である。図5は一例として,PDDAをバインダーに用いて石英ガラス基板上に酸化チタンナノシート($Ti_{0.91}O_2$)の積層膜を作製した場合の光学写真と10層積層膜における紫外・可視吸収スペクトルを示している。光学

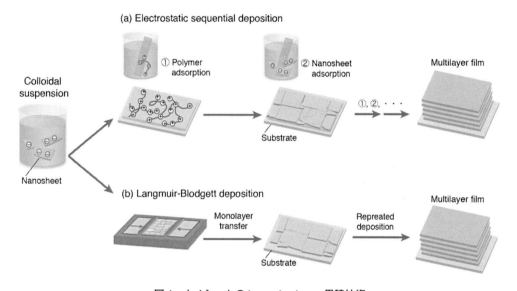

図4 ナノシートのLayer-by-Layer累積技術
(a) 静電的交互吸着法,(b) ラングミュア・ブロジェット法

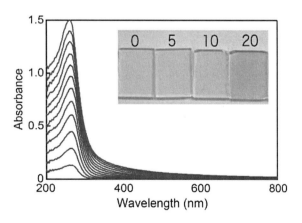

図5 交互吸着法により作製した酸化チタンナノシート($Ti_{0.91}O_2$)10層積層膜における紫外・可視吸収スペクトル
図中には,ブランクおよび5,10,20層積層膜の光学写真を示した。

写真からは，酸化チタンナノシートが均一コートされたナノ薄膜が実現しており，多層累積と対応して色調が変化していることがわかる．また，一層積層の吸光度変化量は，コロイド溶液のモル吸光係数から算出した理論吸光度と概ね一致しており，多層累積と対応して吸光ピークが増加している．これより，約1nm単位で膜厚，組成を精密制御した多層膜が形成しているものといえる．

さらに高度なナノコーティングは，ラングミュア・ブロジェット（LB）法により実現できる[18]．LB法は有機分子膜を作製する代表的な手法として知られているが，最近では酸化物ナノクリスタルの単分子膜作製法としても注目されている．図4（b）はLB法によるナノシート膜作製のスキームである．トラフにナノシートゾルを展開後，気–水界面に拡がったナノシートをバリヤーで圧縮後，固体基板に転写することでナノシートが密にパッキングした単分子膜を得ることができる．この手順で分子層1層に相当するナノシート1層の積層が可能であり，この操作を繰り返すことで高い秩序性を持った多層膜や超格子を作製することができる．さらに，積層後に紫外線照射で剥離に用いた有機成分を光分解する行程を導入することで，室温プロセスのみで良好な界面状態を有する積層ナノ薄膜や人工超格子の作製に成功している．図6はペロブスカイトナノシート（$Ca_2Nb_3O_{10}$）をベースに多層膜，人工超格子を作製した場合の断面透過型電子顕微鏡像を示している[8]．基板上にナノシートが原子レベルで平行に累積した積層構造が確認されており，単層ナノシートの緻密性，平滑性を維持してレイヤーバイレイヤーで積層した高品位多層膜，人工超格子が実現しているものといえる．さらに注目すべきが，基板とナノシートの界面に，既往の薄膜プロセスにおいてしばしば問題となる熱アニールによる界面劣化や組成ズレに付随する界面反応層（デッドレイヤー）が形成していない点である．これは，ナノシートの製膜プロセスが界面劣化の影響のない室温での溶液プロセスを利用していることによる画期的な効果といえる．通常，原子層1層ずつの人工超格子作製といえば，分子線ビームエピタキシーが思い出されるが，ナノシートでは分子線ビームエピタキシーでマニュピュレートする原子層に匹敵するナノブロックを溶液中に取り出し，様々な水溶液プロセスを用いた精密集積により超格子

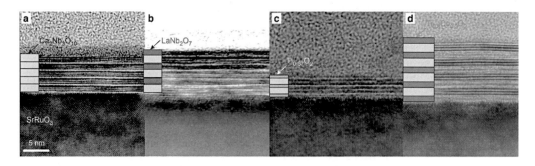

図6 LB法により作製したペロブスカイトナノシート人工超格子の断面TEM像
(a) $Ca_2Nb_3O_{10}$ 多層膜，(b) $LaNb_2O_8/Ca_2Nb_3O_{10}$ 超格子，
(c) $Ti_{0.87}O_2/Ca_2Nb_3O_{10}$ 超格子，(d) $Ti_{0.8}Co_{0.2}O_2/Ca_2Nb_3O_{10}$ 超格子

第 11 章　ナノシートの合成と集積化による高機能材料の創成

的なナノ構造を形成できる。こうした超格子的アプローチにより，誘電キャパシタ[20]，電界効果トランジスタ[21,22]，人工強誘電体[23]，マルチフェロイック材料[24]，磁気光学素子[12]，リチウム電池[25]などの多彩な機能デザインや応用が示されている。

　ここではナノシートのみで構成される多層膜，人工超格子の作製例を示したが，ナノシートはカチオン性ポリマー，無機クラスタイオン，金属錯体などの様々な機能性物質と複合化が可能であり，ナノレベルで組成・構造を精密に制御したナノコンポジットやナノ複合膜の作製が可能である。また，今回用いたプロセスは，従来の薄膜プロセスの主流である大型の真空装置や高価な成膜装置を必要としない低コスト，低環境負荷プロセスを実現しており，熱処理を必要とせず室温で機能性酸化物薄膜を作製することができる。このため，従来の薄膜プロセスでは困難とされていたガラス基板上への酸化物薄膜の製膜やプラスチック基板上へのフレキシブルデバイスの作製も可能である。

4　おわりに

　本章では，酸化物ナノシートの合成，その集積化によるナノ構造の構築について紹介した。最近，様々な組成，構造を有する層状酸化物の剥離ナノシート化が達成され，酸化物ナノシートのラインナップが充実してきている。また，機能面でも新たな展開がみられており，伝導性，半導体性，高誘電性，室温強磁性，レドックス活性，蛍光特性など新しい機能性ブロックの開発と精密集積により酸化物ナノシートの応用の可能性は広がりつつある。さらに，溶液合成プロセスを適用することにより，ナノシートをビルディングブロックとして，ナノ～メソ領域で様々に配列，集合，あるいは異種物質と複合化することができ，多様なナノ構造あるいは空間構造を人工的に構築できる。このようなナノ構造の精密制御，さらに簡便性，低コスト，省エネルギーという利点と相まって，本手法が「ビーカー・ナノテクノロジー」といった新しい材料創製技術に発展していくことが期待される。

文　　献

1) 黒田一幸，佐々木高義 監修：「無機ナノシートの科学と応用」，シーエムシー出版（2005）
2) K. S. Novoselov *et al.*, *Science*, **306**, 666-669（2004）
3) A. K. Geim, K. S. Novoselov, *Nat. Mater.*, **6**, 183-191（2007）
4) 長田 実，佐々木高義：「2次元ナノシートの現状と将来展望」，二次元物質の科学，化学同人，pp. 38-45（2017）
5) K. S. Novoselov *et al.*, *Proc. Natl. Acad. Sci. USA*, **102**, 10451-10453（2005）

6) J. N. Coleman *et al.*, *Science*, **331**, 568-571 (2011)
7) R. Ma, T. Sasaki, *Adv. Mater.*, **22**, 5082-5104 (2010)
8) M. Osada, T. Sasaki, *Adv. Mater.*, **24**, 210-228 (2012)
9) 長田実, 佐々木高義, 酸化物ナノシートでつくる新しい誘電体, 固体物理, **47**, 25-34 (2012)
10) W. Sugimoto, H. Iwata, Y. Yasunaga, Y. Murakami, Y. Takasu, *Angew. Chem. Int. Ed.*, **42**, 4092-4096 (2003)
11) Y. Omomo, T. Sasaki, L. Z. Wang, M. Watanabe, *J. Am. Chem. Soc.*, **125**, 3568-3575 (2003)
12) M. Osada, Y. Ebina, K. Takada, T. Sasaki, *Adv. Mater.*, **18**, 295-299 (2006)
13) M. Osada *et al.*, *Nanoscale*, **6**, 14227-14236 (2014)
14) M. Osada, T. Sasaki, *Polym J.*, **47**, 89-98 (2015)
15) Y. S. Kim *et al.*, *Nat. Mater.*, **14**, 1002-1007 (2015)
16) T. Sasaki *et al.*, *Chem. Mater.*, **13**, 4661-4667 (2001)
17) T. Tanaka, K. Fukuda, Y. Ebina, K. Takada, T. Sasaki, *Adv. Mater.*, **16**, 872-875 (2004)
18) K. Akatsuka *et al.*, *ACS Nano*, **3**, 1097-1106 (2009)
19) G. Decher, *Science*, **277**, 1232-1237 (1997)
20) C. Wang *et al.*, *ACS Nano*, **8**, 2658-2666 (2014)
21) M. Osada, T. Sasaki, *J. Mater. Chem.*, **19**, 2503-2511 (2009)
22) S. Sekizaki, M. Osada, K. Nagashio, *Nanoscale*, **9**, 6471-6477 (2017)
23) B.-W. Li *et al.*, *ACS Nano*, **4**, 6673-6680 (2010)
24) B.-W. Li, M. Osada, Y. Ebina, S. Ueda, T. Sasaki, *J. Am. Chem. Soc.*, **138**, 7621-7625 (2016)
25) X. Xu *et al.*, *Energy Environ. Sci.*, **4**, 3509-3512 (2011)

第12章　無機ナノフレークやナノシートの
ボトムアップ合成

伴　隆幸*

1　はじめに

　本章では無機ナノシートの中でも，一般的に層状金属酸塩を層剥離して調製される，負に帯電した金属酸ナノシートについて，そのボトムアップ合成法を紹介する。金属酸ナノシートは二次元材料であるため，その高い構造異方性に起因した興味深い特性が期待される材料である。前章に示されるように，薄膜化をとおして様々な面白い特性が，最近では多く報告されている。その一般的な合成法は[1,2]，最初に層状金属酸塩を合成し，つぎに，水溶液中での二段階のイオン交換によって，層間陽イオンをテトラブチルアンモニウムイオン（$N(C_4H_9)_4^+$，TBA^+ と略す）のような嵩高い有機陽イオンにイオン交換すると，層間に水が入り込み膨潤して層剥離することでナノシートが得られるというトップダウン型のものである。我々は，ゾルゲル法によるチタニアコーティングのためのコーティング溶液を探索していた過程で偶然，チタンイソプロポキシド（$Ti[OCH(CH_3)_2]_4$，TIP と略す）と水酸化テトラメチルアンモニウム（$N(CH_3)_4OH$，TMAOH と略す）水溶液を混合して水で希釈するだけで，無色透明なチタン酸ナノシートゾルが合成できるというボトムアップ型の金属酸ナノシート合成法を見出した[3]。本章では，この合成反応，ナノシートの形態制御，ナノシートをビルディングユニットとしたナノ材料作製などについて紹介する。

2　金属酸ナノシートのボトムアップ合成反応

　まず，どのような種類のナノシートが合成できるかについてである。上に示した，金属アルコキシドと TMAOH を混合する方法で，チタン酸ナノシート，ニオブ酸ナノシート[4]，タンタル酸ナノシート[5]が合成できる（図 1a-c）。また，タングステン酸 H_2WO_4 を TMAOH と反応させると，非常に狭い条件範囲ではあるものの，タングステン酸ナノシートも合成できる（図 1d）[6]。さらに，反応ゾルの水熱処理を必要とする場合もあるが，金属種，リン酸，TMAOH の混合物からアルミノリン酸やチタノリン酸などのメタロリン酸ナノシートも得られる。

　次に，どのような化学反応により合成されるかであるが，例えば，チタン酸ナノシートの場合，アルコキシドである TIP の加水分解により生成した水酸化チタン $Ti(OH)_4$（チタン酸）と

---

*　Takayuki Ban　岐阜大学　工学部　化学・生命工学科　教授

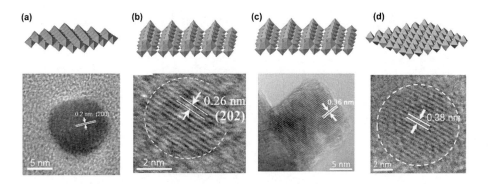

図1 ボトムアップ合成した金属酸ナノシートの構造と TEM 像
(a) チタン酸ナノシート，(b) ニオブ酸ナノシート，(c) タンタル酸ナノシート，(d) タングステン酸ナノシート

TMAOH との，下に示すような，酸塩基反応によりチタン酸ナノシートが合成される。

$$1.825\,Ti(OH)_4 + 0.7\,TMAOH \rightarrow [Ti_{1.825}O_4]^{0.7-}(ナノシート) + 0.7\,TMA^+ + 4\,H_2O$$

この反応では，レピドクロサイト型層状チタン酸塩のチタン酸層と同構造のナノシートが生成する[7]。この反応式から，TMAOH/Ti(OH)$_4$ 比が約 0.4 （≈0.7÷1.825）で反応することが分かるが，実際に TMAOH を TIP に対して 0.4 倍モル以上添加しないと，この方法ではチタン酸ナノシートゾルは得られない。ニオブ酸ナノシートやタンタル酸ナノシートの場合も，酸塩基反応に必要な量以上の TMAOH を添加してはじめてナノシートが生成する[4,5]。これらのことからも，このボトムアップ合成においてこのような酸塩基反応が重要な役割を担っていることが分かる。

なぜ酸塩基反応によりナノシートが生成するかであるが，酸塩基反応によって生成する塩は TMA$^+$ や TBA$^+$ のような嵩高い陽イオンを構造中に取り込まなければならず，シロキサン結合のように結合角に柔軟性があるケイ酸塩はゼオライトのような多孔構造をとりうるが，それ以外では層間に嵩高いイオンを収容できる層状構造か，嵩高い陽イオンとポリ酸アニオンの塩くらいである。なぜ，合成条件が似ているにもかかわらず，ポリ酸にならないのかについては明らかではないが，層状構造となる場合，層間に嵩高い陽イオンをもつので剥離してナノシートを与えることになる。ちなみに，合成できる条件が狭いタングステン酸ナノシートでは，ゾルの濃縮と希釈による濃度変化でナノシートとポリ酸が可逆的に構造変化する現象が観察される[6]。

また，ナノシートの結晶構造についてであるが，チタン酸ナノシートの場合は，TMAOH/TIP の添加比に関わらず，レピドクロサイト型構造しか得られない（図1a）[7]。ニオブ酸ナノシートやタンタル酸ナノシートの場合，層状ヘキサニオブ酸塩や層状ヘキサタンタル酸塩の金属酸層と同構造である（図1b, c）。層状チタン酸塩としてはいくつかの結晶構造が知られているにもかかわらず，なぜ特定の構造しか得られないのかについて考えてみる。層状化合物の層剥離によるナノシート生成としては，古くからスメクタイトなどの粘土鉱物の膨潤による層剥離が知られて

第 12 章　無機ナノフレークやナノシートのボトムアップ合成

いる。層状金属酸塩の場合は，金属酸層の負電荷密度が大きいため，通常は膨潤しないが，嵩高い陽イオンを層間に入れることによって膨潤・層剥離することが見出された[1,2]。このようなことから，ナノシートの負電荷密度がその生成に影響しうると推測される。実際に，ボトムアップ合成で得られるナノシートは負電荷密度が小さいものである傾向がある。つまり，層状チタン酸塩としていくつかの構造が知られているが，チタン酸層の負電荷密度が最も小さいレピドクロサイト型のものがボトムアップ合成では生成する。このように，負電荷密度がナノシートの結晶構造に大きく影響している可能性が考えられる。

3　金属酸ナノシートの形態制御

3.1　金属錯体を原料とした合成

　ボトムアップ合成したナノシートの面内サイズは非常に小さい。例えば，チタン酸ナノシートでは，厚さが約 1 nm であるが，面内サイズは 10〜25 nm ほどしかない（図 1a）。一般的な層剥離による調製法では，もととなる層状金属酸塩の大きさによって面内サイズが決まるため，ミクロンサイズのものが簡単に調製できる。ボトムアップ合成では，2 種類の試薬を水溶液中において室温で撹拌するだけでも合成できるという合成の簡便さは魅力的ではあるものの，裏を返せば，反応は室温でも起こるくらい速く，結晶核生成が速いために，得られるナノシートは小さくなってしまう。ときとして，ナノシートと呼ぶよりナノフレークと呼んだ方が良いくらい小さいものになることもある。よって，面内サイズの小ささを積極的に活かした応用を考えることが重要となってくる。しかしここではまず，ボトムアップ法によってどれくらい大きなナノシートが合成できるのかを調べた結果を紹介する。

　面内サイズは反応が速いために小さくなるので，反応性が低い原料を用いてナノシートの生成反応を遅くすれば結果として大きなものが合成できるだろう。しかし，大きなナノシートが合成できても反応時間が長くなり，合成の簡便さという魅力を消してしまうことになる。そこで，合成過程において結晶成長より結晶核生成を優先的に遅くすることで，合成時間がそれほど長くなることなく大きなナノシートが合成できないかと考えた。その方法として，金属源として金属錯体を用いた合成を行った[8]。金属酸と有機配位子を反応させると，金属錯体が生成して反応物である金属酸の濃度が大きく減少する。結果としてナノシートの結晶核生成速度が優先的に遅くなる。少量しかない金属酸がナノシート生成反応で消費されても，下に示した平衡反応が左に傾くことによって，金属酸は低濃度を維持したまま供給されつづける。よって，結晶核生成が抑制されたままナノシートは結晶成長するために大きなナノシートとなる。

　　　金属酸　+　有機配位子　⇌　金属錯体

　水溶性のチタン酸コロイドやチタン錯体を与える有機配位子[9]であるトリエタノールアミン（$N(C_2H_4OH)_3$）や乳酸（$CH_3CH(OH)COOH$）を添加してチタン酸ナノシートを合成した（図

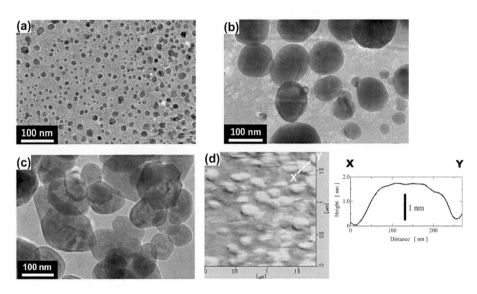

図2 (a) チタンアルコキシドおよび (b-d) チタン錯体を用いて合成したチタン酸ナノシートの TEM と AFM 像

チタン錯体生成のための有機配位子として (b, d) トリエタノールアミンや (c) 乳酸を添加した。

2)。室温では反応が進まないため，耐圧容器中で加熱して合成した結果，面内サイズが約100 nm まで増加した。金属錯体として，有機配位子を用いたものだけにこだわらずフルオロ錯体など様々なものを検討すれば，さらに大きなナノシートが合成できる可能性はあるだろう。

3.2 多結晶ナノシートの合成

小さな金属酸ナノシートを面内方向に優先的に，できるだけ結晶方位をそろえながら配向付着などにより凝集させることで，大きな多結晶ナノシートを調製することも検討した[8]。金属酸ナノシートの表面にはダングリングボンドは存在せず，末端の部分のみにある。ナノシートはTMAOH や TBAOH などを添加した強塩基条件で合成され，このようなゾル中ではナノシートの末端のダングリングボンドは強く負に帯電している。そこで，ナノシートゾルを透析してOH$^-$濃度を低下させることにより末端部分の負電荷を弱めると，面内方向に凝集されるであろう。また，OH$^-$とともに TBA$^+$などの陽イオンも除去されるが，この陽イオンはナノシートが積層して層状化合物となるときの層間陽イオンであるので，その濃度を低下させることで積層が起こりにくくなり，ナノシートとして取り扱いやすくなることも期待される。

ここでは，チタン錯体を用いて合成したチタン酸ナノシートゾルを透析した。面白い現象として，透析の初期段階で，錯体形成のために添加した有機配位子の除去に伴う溶解再析出によりナノシートの形態が自形形態の菱形に変化した（図3a）。さらに透析を続けると，ナノシートは面内方向に凝集しはじめた。ゾルが中性になるまで透析すると部分的に非晶質化したため，少量のTBAOH を結晶化のために添加したが，3つの異なる方向に向いたナノシート結晶が密に凝集し

第12章　無機ナノフレークやナノシートのボトムアップ合成

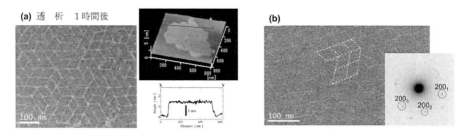

図3　(a) 図2b, dのチタン酸ナノシートゾルを1日間透析した試料のTEMとAFM像，
(b) 最終的に得られた多結晶ナノシートのTEM像

た数十ミクロンの面内サイズの多結晶ナノシートが得られた（図3b）。このように，多結晶ではあるものの，ボトムアップ手法によっても，ある程度大きなナノシートは調製できる。

3.3　イオン液体中での金属酸ナノフレークのボトムアップ合成

　ボトムアップ合成した金属酸ナノシートの形態制御において，これまで述べてきたように，結晶化挙動を理解して制御することが重要である。ナノシートの結晶成長について考えると，層剥離したナノシートの状態で結晶成長しているのであろうか，それとも層状金属酸塩として結晶成長したものが層剥離してナノシートとなっているのであろうか。それを調べるために，イオン液体中でのチタン酸ナノシートのボトムアップ合成を検討した[10]。ナノシートが積層して層状金属酸塩になるときの層間陽イオンとなりうる TBA^+ イオンの塩のなかには融点が比較的低くイオン液体となるものがある。このようなTBA塩のイオン液体中ではナノシートは層剥離せずに層状金属酸塩として存在している。もし，層状金属酸塩として結晶成長して層剥離しているのであれば，水溶液中よりもイオン液体中の方が結晶成長は起こりやすくなるはずである。TIPやチタン錯体を用いてTBAClイオン液体中でチタン酸ナノシートを合成した結果，イオン液体中の方が結晶成長が起こりやすいという結果は得られず，水溶液中では層剥離したナノシートとして結晶成長していることが示唆された。

　TBAClイオン液体中でTIPを用いてボトムアップ合成されたものは，面内サイズが約4 nmと非常に小さいチタン酸ナノフレークであり，水溶液中で合成したものよりも小さかった（図4）。反応物である TBA^+ が多量に存在するため，結晶核生成が非常に速くなり小さいナノフレークが生成したと考えられる。また，1,2,3-トリメチルイミダゾリウムイオンの塩であるイオン液体中でも非常に小さいチタン酸ナノフレークが合成された。イオン液体の種類によらず，その陽イオン成分が結晶核生成に寄与するため，小さいナノフレークの合成にイオン液体溶媒は適していると考えられた。

　イオン液体を様々なナノ材料の合成反応の溶媒として用いた場合，その高い極性などに起因した面白い形態が得られることがある。しかし，チタン酸ナノシート合成のようにTBAOHなどを用いる強塩基条件下での反応では，TBA^+ と OH^- のあいだでのホフマン分解反応で OH^- が消

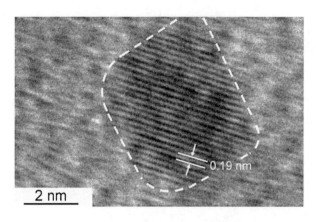

図4　イオン液体（N(C$_4$H$_9$)$_4$Cl）中で合成したチタン酸ナノシートのTEM像

失したり，その他のイオン液体であるアルキルイミダゾリウム塩やアルキルフォスフォニウム塩も耐塩基性が強いものがあまりなかったりするため，小さなナノフレークを生成すること以外にはあまり興味深い現象は見られなかった。酸性から中性条件で合成されるメタロリン酸ナノシートの合成などに用いれば，ナノシートのボトムアップ合成においてもイオン液体特有の現象がみられるかもしれない。

4　ナノシートをビルディングユニットとしたナノ材料作製

4.1　ゾルゲル薄膜の作製

金属酸ナノシートゾルをコーティングゾルとしてゾルゲル法により金属酸化物薄膜を作製すると，ナノシートの配向塗布とトポタクティックな構造変化により金属酸化物の配向薄膜が作製される。チタン酸ナノシートからのアナターゼ薄膜作製[9]やニオブ酸ナノシートからのT-Nb$_2$O$_5$薄膜作製[4]でそのような配向膜が得られている。タングステン酸ナノシートからは，H$_2$WO$_4$からWO$_3$へのトポタキシーとは異なった構造変化が起こることも分かっている[11]。また，チタン酸ナノシートゾルを塗布したゲル膜に紫外線照射すると屈折率が約2まで増加し，熱処理しないにもかかわらず高屈折率をもつ薄膜が得られる[12]。

4.2　アナターゼ型酸化チタンのナノ材料作製

チタン酸ナノシートゾルを水熱処理すると，六方向に腕の伸びた星形のアナターゼナノ結晶集合体ができる（図5）[7,13]。アナターゼの結晶系は正方晶系であり，六回対称をもたないため，六方向に腕が伸びた構造となることは不思議な現象である。この生成過程や生成物を詳細に調べると，チタン酸ナノシートが積層して針状構造になること，この針状構造がアナターゼへトポタクティックな構造変化をすること，針状アナターゼ結晶同士の配向付着，アナターゼ結晶の双晶形

第12章　無機ナノフレークやナノシートのボトムアップ合成

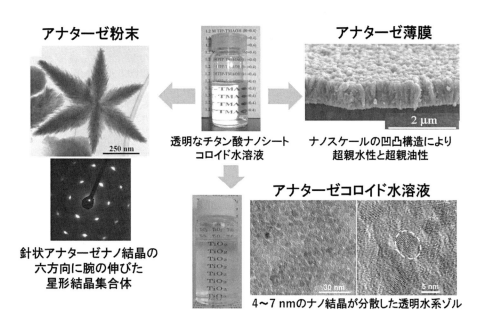

図5　チタン酸ナノシートゾルの水熱処理により生成した種々のアナターゼ結晶ナノ材料

成，星型構造になることにより生じるひずみを多数のナノ結晶からできていることにより緩和していることにより，他の方法では得られないような形態が形成されている。つまり，チタン酸ナノシートゾルだから得られる形態である。

チタン酸ナノシートゾルにチタン箔を浸漬させて水熱処理すると，上で述べた星形構造の腕の部分がチタン箔表面に垂直に立ったアナターゼ薄膜が形成される（図5）[14]。この薄膜は，表面がナノスケールの凸凹構造をもつため，水滴，椿油のような油滴，高誘電率液体であるアセトアミドの液滴のいずれの液滴に対しても高い濡れ性を示す面白い薄膜となった。

チタン酸ナノシートが水に対して高い分散性を示すことを利用して，アナターゼナノ結晶の水系ゾルも調製した（図5）[15]。ナノシートゾルにクエン酸を添加して，ナノシート同士の凝集を抑制して水熱処理すると，ナノシートの小さなコロイド粒子径と水に対する高い分散性を維持したままアナターゼナノ粒子に構造変化する。その結果，アナターゼ結晶は高屈折率をもつにもかかわらず，高い透明性をもつアナターゼゾルが得られる。ゾルゲル法によるコーティング溶液として用いれば，比較的低い温度でアナターゼ薄膜が作製できる[16]。

5　おわりに

ボトムアップ合成した金属酸ナノシートからチタニアなどの金属酸化物のナノ材料の合成を最後に紹介したが，ナノシートそのものからなるナノ構造の構築とそれを使った応用を今後は検討する予定である。ボトムアップ合成には，小さなナノシートやナノフレークが合成できること

や，菱形のチタン酸ナノシートのような自形形態の大きさのそろったナノシートが得られるといった特長がある。これらを積極的に活かすことで，この方法で作製したナノシート特有の応用を探っていきたい。例えば，小さいナノシートは，表面に対する縁の部分の長さの比が大きいので，縁の部分のダングリングボンドを利用して有機化合物と結合させることによるハイブリット化なども，ナノシートからなる新しいナノ構造を構築するためのひとつの手段となりうるであろう。このようなハイブリッド化やナノ構造を利用した，ボトムアップ合成したナノシート独自の応用が今後見出すことが出来ればと思う。

文　　献

1) T. Sasaki, M. Watanabe, H. Hashizume, H. Yamada, H. Nakagawa, *J. Am. Chem. Soc.*, **118**, 8329 (1996)
2) T. Sasaki, M. Watanabe, H. Hashizume, H. Yamada, H. Nakagawa, *Chem. Commun.*, 229 (1996)
3) T. Ohya, A. Nakayama, T. Ban, Y. Ohya, Y. Takahashi, *Chem. Mater.*, **14**, 3082 (2002)
4) T. Ban, S. Yoshikawa, Y. Ohya, *J. Colloid. Interf. Sci.*, **364**, 85 (2011)
5) T. Ban, S. Yoshikawa, Y. Ohya, *CrystEngComm*, **14**, 7709 (2012)
6) T. Ban, T. Ito, Y. Ohya, *Inorg. Chem.*, **52**, 10520 (2013)
7) T. Ban, T. Nakatani, Y. Uehara, Y. Ohya, *Cryst. Growth. Des.*, **8**, 935 (2008)
8) T. Ban, T. Nakagawa, Y. Ohya, *Cryst. Growth. Des.*, **15**, 1801 (2015)
9) T. Ohya, A. Nakayama, Y. Shibata, T. Ban, Y. Ohya, Y. Takahashi, *J. Sol-Gel Sci. Technol.*, **26**, 799 (2003)
10) T. Ban, Y. Kondo, Y. Ohya, *CrystEngComm*, **18**, 8731 (2016)
11) T. Ban, T. Ito, Y. Ohya, *J. Sol-Gel Sci. Technol.*, **68**, 88 (2013)
12) T. Ohya, A. Nakayama, T. Ban, Y. Ohya, Y. Takahashi, *Bull. Chem. Soc. Jpn.*, **76**, 429 (2003)
13) T. Ban, T. Nakatani, Y. Ohya, *J. Ceram. Soc. Jpn.*, **117**, 268 (2009)
14) T. Ban, N. Nakashima, T. Nakatani, Y. Ohya, *J. Am. Ceram. Soc.*, **92**, 1230 (2009)
15) T. Ban, Y. Tanaka, Y. Ohya, *J. Nanopart. Res.*, **13**, 273 (2011)
16) T. Ban, Y. Tanaka, Y. Ohya, *Thin Solid Films*, **519**, 3468-3474 (2011)

第13章　層状水酸化物材料の合成と構造制御

徳留靖明[*]

1　はじめに

　金属水酸化物は天然鉱物として産出するのみならず，水溶媒中・室温付近の温和な条件下での簡便なプロセスで合成できる。これら人工的に合成される金属水酸化物には特異な化学組成や構造を付与することが可能であり，また，機能性有機分子との複合化も可能であることから，基礎から応用にわたる様々な観点から広く研究が進められてきた。特に，2次元的な層状結晶構造をとる層状複水酸化物（Layered Double Hydroxide：LDH）はその特異な化学組成，層空間，結晶構造の2次元性に基づいた付加的な機能が発現することが知られている。本章では，LDH材料を中心とした水酸化物材料の代表的な合成手法を概観するとともに，これら材料の構造制御に向けたアプローチを紹介する。

2　層状複水酸化物（LDH）とは

　層状複水酸化物（LDH）は，$[M_{1-x}^{2+}M_x^{3+}(OH)_2]^{x+}[(A^{n-})_{x/n}\cdot yH_2O]$（$M^{2+}$：2価カチオン，$M^{3+}$：3価カチオン，$A^{n-}$：層間アニオン。$M^{2+}M^{3+}$-A と略記される）という一般式を持つ（図1）。Brucite（$Mg(OH)_2$）型の水酸化物層の2価金属の一部が3価金属に置き換わることで，水酸化物シートは正に帯電し，水酸化物シートの間にアニオンが挿入されることで結晶は電気的な中性を保っている。類似の結晶構造を有する層状ケイ酸塩（粘土鉱物）がカチオン交換能

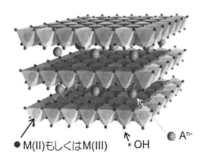

図1　層状複水酸化物（LDH）の結晶構造の模式図
2価と3価のカチオンが形成する水酸化物シートの層間にアニオンが挿入される。

＊　Yasuaki Tokudome　大阪府立大学　大学院工学研究科　准教授

を有するのに対しLDHはアニオン交換能を示すため"anionic clay"とも呼ばれる。水酸化物シートは高い電荷密度を持つため，LDHは200-400 mEq/100 gに及ぶ高いアニオン交換容量を示す。

これまでに，LDHの結晶表面特性およびその層内空間を利用した様々な応用が行われてきた。例えば，スポンジ形状の金属に析出させたLDHをpseudocapacitorとして利用した場合には高いエネルギー密度が報告されており[1]，グラフェンを始めとしたカーボン系材料との複合化による特性向上が試みられている。また，LDHは親水性のホスト材料として利用することもできる。例えば，層空間に蛍光性有機分子を担持することで耐久性の高い湿度センサーとして利用できることや[2]，変性を伴うことなく酵素やタンパク質分子を担持可能[3]であることが報告されている。近年では，環境分野やグリーンプロセスでのLDH材料の応用が検討されており，例えば，寺村と田中らはLDH触媒を用いるとCO_2がCOへと高効率に光還元されることを報告[4]している。この反応は水中においても進行し競合する反応である水の還元反応よりも優先的に進行する（選択率：〜80％）。CO_2還元に対する高い選択率は，固体塩基であるLDHがCO_2の吸着に有利に働くため[5]であると説明されている。この他，Aldol反応やKnoevenagel縮合反応[6]，エポキシドの選択的酸化反応[7]におけるLDH触媒の利用も近年報告されている。このように，LDHの表面親水性，物質吸着能，生体親和性，再生機能，触媒能等を利用した応用が工学・化学のみならず，農学・薬学・医学等の幅広い分野で進められている。LDHの各種応用に対しては，所望の化学組成・ナノ／マクロ形状・形態（粉体，膜，バルク）を有する材料を合成することが求められ，実際に，これらの構造特性を変化させることでの材料開発が進められてきた。

3　水酸化物材料の一般的な合成法

水酸化物材料は，水を溶媒とした常圧・常温条件のグリーンプロセスで合成可能である。金属塩化物や金属硝酸塩を金属源として利用するため，アルコキシドを利用するプロセスと比較して合成の組成汎用性が高い。また，水溶媒中においてマイルドなpH条件下で析出させることができるため，金属酸化物材料（ゼオライト等を含む）と比較してもその合成条件に制約がかからない。一般的に，金属水酸化物の合成は，金属塩水溶液に対してNaOH，Na_2CO_3，尿素，ヘキサメチレンテトラミン等の塩基を添加することで行われる。LDH合成に際しては，2種類以上のカチオン（2価および3価）を共存させた溶液を出発原料とすることで結晶が得られる（図2）。複水酸化物は単一カチオンから成る水酸化物よりも結晶の熱力学的安定性が高いため[8]，2種類以上のカチオン共存下では一般的にLDH形成が優勢となる。塩基として尿素を利用する場合，尿素の熱分解で生じるCO_3^{2-}が水酸化物の層間に取り込まれ，安定なM(II)M(III)-CO_3 LDH結晶を形成する。井伊らは，酸性条件での脱炭酸処理[9]によってCO_3^{2-}が他のアニオンに交換可能であることを報告した。この手法は，所望のアニオンを層間にインターカレーションする上で極めて有効であり，LDH材料の機能化に広く利用されている。近年，OestreicherとJobbagy

第13章　層状水酸化物材料の合成と構造制御

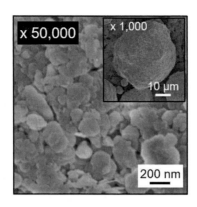

図2　MgAl-CO$_3$ LDH 板状結晶凝集体（Mg$_{0.75}$Al$_{0.25}$(OH)$_2$(CO$_3$)$_{0.125}$・4H$_2$O）の電子顕微鏡写真

はエポキシドを塩基として用いることで，陰イオンを容易に交換可能な MgAl-Cl LDH の直接合成を報告している[10]。

M(II)/M(III) の組み合わせに加え，LiAl-LDH のように M(I)/M(III) のカチオンの組み合わせにおいても LDH 合成が報告されている。O'Hare らの研究グループはギブサイトをはじめとする結晶性 Al(OH)$_3$ を LiX（X = Cl, Br, NO$_3$）水溶液で処理すると，Li$^+$ と X$^-$ がホストである Al(OH)$_3$ 結晶内に同時にインターカレーションされることを報告している[11]。特筆すべきことに，この反応はトポタクティックに進行するため，得られる LDH は Al(OH)$_3$ ホスト結晶のナノ形態を保持する[12]。次項で述べるように，このようにして実現される LDH 結晶の形態制御は機能応用に際して極めて重要である。

4　水酸化物材料のナノ / マクロ構造制御

4.1　界面・表面への水酸化物結晶の析出

前の節で述べた均一核生成による水酸化物合成と一線を画す手法として，忠永らはアモルファス前駆体膜を温水処理することでの LDH 薄膜の合成を報告している。前駆体膜の化学組成を変更することで ZnAl-[13]，MgAl-[14]，NiAl-，CoAl[15] LDH 膜の合成が報告されている。前駆体膜には高い比表面積と溶液中での高い溶解性を有するゾル-ゲル膜が利用され，常圧条件下，100℃での温水処理で LDH 膜が得られる[16]。ゾル-ゲルアモルファス物質は酸化物の前駆体としても利用される。その高い溶解性により局所的に誘起される高過飽和度反応場はナノ結晶化を促進し，結果として結晶性ナノ構造体が得られる[17]。

不均一核生成を利用した基材表面への結晶析出や電気泳動による基材への粒子堆積を利用することで水酸化物のコーティング層を得ることもできる。例えば，セルロース，グラフェンオキシド，カーボン，ニッケルフォーム，各種金属・合金，酸化物が基材として利用可能である（図

ゾル-ゲルテクノロジーの最新動向

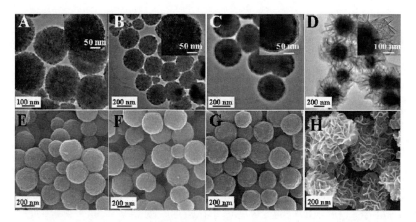

図3 (A, E) Fe_3O_4粒子, (B, F) Fe_3O_4@SiO_2, (C, G) Fe_3O_4@SiO_2@AlOOH, (D, H) Fe_3O_4@SiO_2@NiAl-LDH マイクロ粒子

American Chemical Society より許諾を得て転載 (M. Shao et al., J. Am. Chem. Soc., **134**, 1071-1077 (2012))

3)[18, 19]。このプロセスにおいて幅広い基材が選択可能であることは、水酸化物の合成が一般的に温和な条件で進行し基材を損傷しないことに依るところが大きい。上記の基材の中で、ニッケルフォームは結晶形成のための金属源かつ導電性基板として作用するため、水酸化物材料の電気化学応用に広く用いられている[20]。

4.2 水酸化物ナノ材料の合成

セラミックス粒子のナノ微細化は材料機能の向上に向けて広く検討されてきた。層状結晶である粘土鉱物の場合、結晶を成すシートが剥離可能であることが古くから知られており[21]、これを利用した比表面積の増大や他材料との複合化が進められてきた。層間剥離は金属カルコゲナイドや[22, 23]、層状水酸化物[24, 25]に広く適用され、これら層状結晶のナノ微細化に向けた強力な手法となっている。LDHを構成する水酸化物層は高い電荷密度を持ち、さらには層間に水素結合ネットワークが存在するため、その剥離はcationic clayと比較して困難であるとされている。Foranoら[26]は水酸化物層の水和状態を適切に調節することでLDHの剥離が可能であることをはじめて見出した。また、日比野らは[27]、アミノ酸で修飾された層間をホルムアミドで膨潤させることでLDHの剥離が可能であることを報告した。日比野らの手法による層剥離は温和な条件で迅速に進行するため、剥離LDHを得るための代表的な手法として広く利用されている。剥離LDHは再積層により3次元的なLDH結晶を"再生"してしまうため、その分散・安定化には、特定の溶媒に希薄に懸濁させる必要がある。剥離LDHを高濃度に含有する水系懸濁液や剥離LDH乾燥体を得ることは困難であったが、WangとO'Hare[28]らは、高比表面積を有する剥離LDH乾燥粉末がAqueous Miscible Organic Solvent Treatment (AMOST) と呼ばれる手法により得られることを近年報告している。

第13章　層状水酸化物材料の合成と構造制御

　剥離 LDH は極めて高いアスペクト比を有し，シートは原子層の厚みと数 μm の面内サイズを有する。このような形状はシートの配向成膜や積層によるコンポジット化に有利に働く。一方で，層内へのアクセシビリティーの向上やシートエッジ部の選択的な露出を目的として，厚み方向のみならず面内方向サイズが nm スケールである LDH ナノ材料の開発も進められてきた。これまでに，①ナノ制限空間での結晶化[29]，②結晶化プロセスにおける原料供給の制御[30]，③核生成と成長プロセスの分離[31]をはじめとして様々な LDH 微細化プロセスが提案されてきた。しかしながら，これらの手法で得られる LDH の粒子サイズは数十 nm 程度であり，加えて，凝集沈殿物となる場合がほとんどである。近年，黒田らは三座配位子を添加剤として利用することで極めて微細な MgAl LDH （＜ 10 nm）の合成に成功した（図4）[32]。Tris(hydroxymethyl)aminomethane（THAM）をはじめとした三座配位子はポリオキソメタレートと局所構造が似通っているため水酸化物層と安定な結合を形成し結晶成長を阻害する。得られた微細ナノ結晶性 LDH は，そのナノ構造特性に由来した高速なアニオン交換能を示すことが実証されている[33]。この手法を用いることで，種々の $M(OH)_2$ （M = Mg, Mn, Fe, Co, Ni, Cu）型ナノ水酸化物粒子の合成が可能であることに加えて，利用する三座配位子を選択することで多彩な有機配位子を結晶表面や層間空間に取り込むことができる[34]。一方で，徳留らは，高過飽和度条件下において形成するナノ結晶性ゲルが自発的に解膠する現象を利用して，ナノ LDH 結晶の水系コロイドが合成できることを報告している[35]。100 g/L に及ぶ極めて高濃度な条件にもかかわらず，得

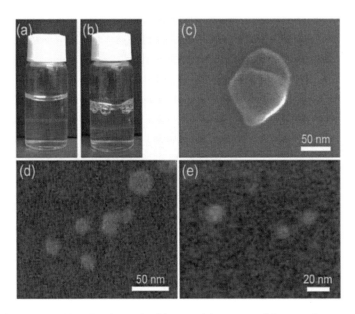

図4　(a, b) LDH ナノ粒子懸濁液の写真（粒子径：(a) 10 nm，(b) 26 nm），LDH ナノ粒子の電子顕微鏡写真：(c) 107 nm，(d) 26 nm，(e) 10 nm
American Chemical Society より許諾を得て転載（Y. Kuroda *et al.*, *Chem. Mater.*, **25**, 2291-2296（2013）（参考文献 32））

られるナノ LDH 粒子（< 10 nm）は水溶液中に安定に分散しナノ触媒特性を示す。高過飽和度条件下でのナノ結晶化と共存カルボン酸による粒子安定化を組み合わせることで，種々の水酸化物ナノクラスター（M = Mn, Fe（II および III），Co, Cu, Al, Cr, Zr, Sn）の合成も報告している。得られる水酸化物ナノクラスターのサイズは 2〜3 nm であり，次項で述べるようにナノビルディングブロックとしてナノ／マクロ水酸化物構造体の形成に利用することができる[36]。

4．3　多孔性水酸化物材料の合成

　水酸化物材料の多孔化とそれに伴う比表面積の増大は材料機能の向上に向けた主要なアプローチである。一般的に，結晶性材料の自在な構造制御はアモルファス材料と比較して困難である。結果として，結晶性水酸化物材料はほとんどの場合において，ランダムな粒子間隙としての細孔形成が行われる。一方で，数百 nm 以上のマクロ構造形成に関しては極めて制御性の高い手法が提案されている[18]。Prevot らはコロイド結晶をテンプレートとした結晶性水酸化物のマクロ多孔化を報告している（図 5a）[37, 38]。300〜600 nm の大きさのポリスチレン粒子から成るコロイド結晶の間隙で水酸化物の共沈現象を誘起することで種々の組成を有する多孔性 LDH の合成が報告されている。このような規則配列マクロ多孔性 LDH は，細孔を介した高い物質輸送性を示し材料の内部表面に迅速に物質を吸着する[39]。他方で，相分離を伴うゾル-ゲル法[40]をナノ水酸化物形成と組み合わせることで，徳留らは各種のマクロ多孔性水酸化物モノリスの合成が可能であることを報告している[41]。この手法は，LDH の多孔化にも適用でき，$M(II)_{1-x}^{2+}Al_x(OH)_2Cl_x$ ($M(II)^{2+}$：Mg^{2+}，Mn^{2+}，Fe^{2+}，Co^{2+}，Ni^{2+}，Cu^{2+}，Zn^{2+}）の LDH 組成系に拡張されている[42]。

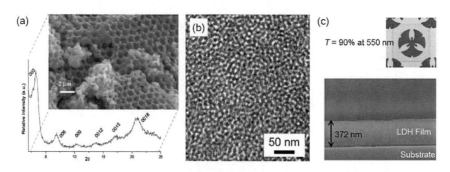

図5　(a) ポリスチレンをテンプレートとして合成したマクロ多孔性 $MgAl-CO_3$ LDH，(b) メソ多孔性 α-$Ni(OH)_2$ の透過電子顕微鏡写真，(c) NiAl-Cl LDH ナノクラスターより製膜した透明緻密薄膜

American Chemical Society より許諾を得て転載（(a) E. Géraud et al., Chem. Mater., **18**, 238-240（2006）（参考文献 37）；(b) N. Tarutani et al., Chem. Mater., **28**, 5606-5610（2016）（参考文献 36）；(c) Y. Tokudome et al., ACS Nano, **10**, 5550-5559（2016）（参考文献 35））

第 13 章　層状水酸化物材料の合成と構造制御

　マクロ多孔性水酸化物に関しては上記のような構造制御例がある一方で，2～50 nm というメソ領域における水酸化物材料の多孔構造制御はほとんど報告されていない。これは，メソ多孔化には微細で凝集の無いナノビルディングブロックが必要となるためである。近年，筆者らは，極めて微細な（＜10 nm）水酸化物ナノクラスターを合成し，これを界面活性剤によりソフトテンプレートすることで，規則配列メソ細孔を有する水酸化物材料の合成を報告した（図5b）[35, 36]。水酸化物ナノビルディングブロックを利用した場合，均一で透明な緻密膜を得ることもできる（図5c）。これら多彩なナノ／マクロ構造を有する水酸化物材料は，機能応用において単純に特性を向上させるのみならず，反応選択性の発現をはじめとして，特異機能の発現に繋がる場合もある[18]。

5　まとめと今後の展望

　本章で述べた水酸化物材料は粉末のみならず薄膜や懸濁液として得られる。また，過飽和度が高い条件で合成した場合には，形成するナノ結晶性水酸化物がゲル体となり，水酸化物モノリス材料[43]が得られる。水酸化物の種々の機能性は，ナノ・マクロ形状だけでなく，これらのバルク形状を変化させることによっても相乗的に引き出すことができる。また，水酸化物材料に対して熱処理や酸塩基処理を行うことで，酸化物，硫化物，金属，カーボンコンポジット，金属有機構造体等への変換も可能である。これらの変換前後でナノ構造やマクロ構造が保持される例も報告されている[36, 44]。したがって，水酸化物材料のナノ／マクロ構造制御は上述の様々な材料群材料の構造制御・機能応用にも繋がると言える。グリーンプロセスに注目が集まる中で，水系反応場を利用した水酸化物経由の材料合成が今後さらに発展するものと期待する。

文　　献

1) H. Chen, *et al.*, *Adv. Funct. Mater.*, **24**, 934-942（2014）
2) R. Sasai and M. Morita, *Sens. Actuators, B*, **238**, 702-705（2017）
3) N. Touisni, *et al.*, *Colloids Surf., B*, **112**, 452-459（2013）
4) K. Teramura, *et al.*, *Angew. Chem. Int. Edit.*, **51**, 8008-8011（2012）
5) S. Iguchi, *et al.*, *PCCP*, **18**, 13811-13819（2016）
6) K. Ebitani, *et al.*, *J. Org. Chem.*, **71**, 5440-5447（2006）
7) C. I. Fernandes, *et al.*, in *Layered Double Hydroxides（LDHs）: Synthesis, Characterization and Applications*, pp. 1-32（2015）
8) D. G. Costa, *et al.*, *J. Phys. Chem. C*, **114**, 14133-14140（2010）
9) N. Iyi, *et al.*, *Chem. Mater.*, **16**, 2926-2932（2004）

10) V. Oestreicher and M. Jobbagy, *Langmuir*, **29**, 12104-12109 (2013)
11) A. V. Besserguenev, *et al.*, *Chem. Mater.*, **9**, 241-247 (1997)
12) C. J. Wang and D. O'Hare, *J. Mater. Chem.*, **22**, 23064-23070 (2012)
13) N. Yamaguchi, *et al.*, *Chem. Lett.*, **35**, 174-175 (2006)
14) N. Yamaguchi, *et al.*, *J. Am. Ceram. Soc.*, **90**, 1940-1942 (2007)
15) K. Tadanaga, *et al.*, *J. Sol-Gel Sci. Technol.*, **62**, 111-116 (2012)
16) K. Tadanaga, *et al.*, *J. Sol-Gel Sci. Technol.*, **79**, 303-307 (2016)
17) Y. Tokudome, *et al.*, *J. Mater. Chem. A*, **2**, 58-61 (2014)
18) V. Prevot and Y. Tokudome, *J. Mater. Sci.*, (2017) in press (DOI: 10.1007/s10853-017-1067-9)
19) J. W. Zhao, *et al.*, *Adv. Funct. Mater.*, **24**, 2938-2946 (2014)
20) Y. Wang, *et al.*, *Electrochim. Acta*, **56**, 8285-8290 (2011)
21) G. F. Walker, *Nature*, **187**, 312-313 (1960)
22) M. R. Gao, *et al.*, *Chem. Soc. Rev.*, **42**, 2986-3017 (2013)
23) R. Z. Ma and T. Sasaki, *Adv. Mater.*, **22**, 5082-5104 (2010)
24) R. Z. Ma, *et al.*, *J. Mater. Chem.*, **16**, 3809-3813 (2006)
25) Q. Wang and D. O'Hare, *Chem. Rev.*, **112**, 4124-4155 (2012)
26) M. Adachi-Pagano, *et al.*, *Chem. Commun.*, 91-92 (2000)
27) T. Hibino and W. Jones, *J. Mater. Chem.*, **11**, 1321-1323 (2001)
28) Q. Wang and D. O'Hare, *Chem. Commun.*, **49**, 6301-6303 (2013)
29) G. Layrac, *et al.*, *Langmuir*, **30**, 9663-9671 (2014)
30) Q. Wang, *et al.*, *Nanoscale*, **5**, 114-117 (2013)
31) Y. Zhao, *et al.*, *Chem. Mater.*, **14**, 4286-4291 (2002)
32) Y. Kuroda, *et al.*, *Chem. Mater.*, **25**, 2291-2296 (2013)
33) Y. Kuroda, *et al.*, *Bull. Chem. Soc. Jpn.*, **88**, 1765-1772 (2015)
34) Y. Kuroda, *et al.*, *Chem. -Eur. J.*, **23**, 5023-5032 (2017)
35) Y. Tokudome, *et al.*, *ACS Nano*, **10**, 5550-5559 (2016)
36) N. Tarutani, *et al.*, *Chem. Mater.*, **28**, 5606-5610 (2016)
37) E. Géraud, *et al.*, *Chem. Mater.*, **18**, 238-240 (2006)
38) E. Geraud, *et al.*, *Chem. Mater.*, **20**, 1116-1125 (2008)
39) E. Geraud, *et al.*, *J. Phys. Chem. Solids*, **68**, 818-823 (2007)
40) K. Nakanishi, *J. Porous Mater.*, **4**, 67-112 (1997)
41) Y. Tokudome, *et al.*, *Chem. Mater.*, **19**, 3393-3398 (2007)
42) Y. Tokudome, *et al.*, *J. Mater.Chem. A*, **1**, 7702-7708 (2013)
43) A. E. Gash, *et al.*, *Chem. Mater.*, **13**, 999-1007 (2001)
44) J. Reboul, *et al.*, *Nat Mater*, **11**, 717-723 (2012)

第14章 ゾル-ゲルコーティングの成膜条件と膜品質 「成膜欠陥防止のためのヒント」

赤松佳則*

1 はじめに

　ゾル-ゲル法は，出発原料が溶液であるため，バルク，薄膜，ファイバーなど多様なガラスやセラミックスを得ることができる。特に，ゾル-ゲルコーティングは，他の成膜プロセスに比べて安価かつ容易に生産可能であろうという期待から活発に研究されている。これまでにも機能性薄膜の応用に関する多数の報告がなされている。中でも非常に参考になる書籍[1~5]が出版されているので是非とも参考にして欲しい。一方，実際にゾル-ゲル膜を実用化するためには，膜組成の開発だけでなく，良好な外観を安定して得るための成膜技術の開発が非常に重要である。しかし，こうした視点からの報告は必ずしも多くないのが現状である。本報では，ゾル-ゲル法の有用性を示すための実用化例を紹介するとともに，良質なゾル-ゲル膜を安定して作製するための成膜プロセス上の留意点を考える。特に，ゾル-ゲル法の利点とされている「容易に実験室で成膜できる（いわゆる，室温成膜）が故に生じる問題点を考察し，高い品質のコーティング膜を安定して得るためのヒントを紹介したい。

2 実用化例（ゾル-ゲル法の有用性）

　ゾル-ゲル膜は透明性と機能性を両立できることから，ガラスの高機能化の場面で多く実用されてきた。特に，自動車用や建築用のガラスに機能を示すゾル-ゲル膜を形成し，新しい付加価値をもつ製品が開発されている。ここでは，当社が開発した機能性コーティング膜を紹介し，ゾル-ゲル法が工業的にも有用な製造技術であることを示したい。

2.1 表面形状制御されたシリカ系薄膜[6~8]

　図1に，ガラス基盤上に形成されたサブミクロンオーダーの微細な凹凸形状をもつシリカ系薄膜（例えば96SiO_2・4TiO_2（mol%））の表面AFM像を示す。この凹凸膜の表面粗さ（Ra）は6.2 nmであり，透明でありながらフロートガラスの約50倍の表面粗さを有している。表面形状および表面粗さは塗布液の組成と成膜時の温度，湿度で制御している。この凹凸膜は，実際に自動車用撥水ウィンドウの下地膜として応用された。多くの撥水成分を強固に担持でき，か

　＊　Yoshinori Akamatsu　セントラル硝子㈱

図1 凹凸形状を有する SiO_2-TiO_2 膜の表面 AFM 像

つ，撥水成分を劣化させる原因であるガラス基盤からのアルカリイオンを防ぐ効果により，耐久性が優れる撥水ウィンドウを実現している。

2.2 低温硬化シリカ厚膜[9〜12]

ゾル-ゲル膜が多様な機能性材料を固定化できるマトリックスになるためには，厚膜でもクラックが生じず，かつ，低温の熱処理で高い膜強度を得ることが必要である。こうした観点から開発したものが低温硬化シリカ厚膜である。図2に，4官能のテトラエトキシシラン（TEOS）と3官能の3-グリシドキシプロピルトリメトキシシラン（GPTMS）からなるコーティング液を塗布し，熱処理温度160℃の低温で得られたシリカ厚膜の断面SEM像を示す。クラックを発生させることなく膜厚 1.2 μm，鉛筆硬度9Hを有するシリカ厚膜を得ることができた。

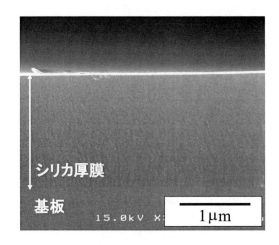

図2 低温硬化シリカ厚膜の断面 SEM 像

2.3 赤外線カットガラス[12, 13]

低温硬化シリカ厚膜に機能性微粒子を複合化したハイブリッド膜の例を示す。機能性微粒子には赤外線遮蔽性のあるITO微粒子を用い，TEOSとGPTMSから調製したシリカゾルとITO微粒子を混合した塗布液を作製し，ガラス基盤に成膜後，熱処理して赤外線カット膜を作製した。図3に，得られた赤外線カット膜の断面SEM像と赤外線カットガラスの透過分光スペクトルを示す。膜中で無数に存在する小さな粒子がITO微粒子であり，膜全体に均質に分布していることが分かる。また，クラックがなく基板と密着していることも確認できた。透過スペクトルに示すように，波長1.2 μm以上の近赤外域の透過率が大幅に低減されており，優れた赤外線（熱線）遮蔽性能が実現できた。

2.4 高滑水性ガラス[14, 15]

低温硬化シリカ厚膜に高い雨滴飛散性（高滑水性）を複合化したハイブリッド膜の例を示す。ポリジメチルシリコーン（PDMS）は優れた雨滴飛散性を示すが，ガラス基板との反応性がないためガラス表面に強固には固定化できない。そこで，雨滴飛散性と耐久性を両立させるため，シリカマトリックス中に変性ポリジメチルシリコーンを複合化した高滑水性ハイブリッド膜を開発した。これにより，多くのPDMS成分をより強固にガラス表面に固定化でき，高い滑水性と耐久性が両立できた。なお，PDMSは両末端基を3個のアルコキシ基に変性させることにより，シリカマトリックスへの固定を強化し，ハイブリッド膜の耐久性が大幅に改善した。図4に示すように，左側の高滑水膜では，従来の撥水膜と比較してウィンドウに残る雨滴が大幅に低減しており，視認性が大きく改善していることが分かる。

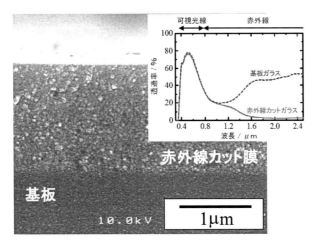

図3　赤外線カット膜の断面SEM像と透過分光スペクトル

図4 自動車ウィンドウに適用された高滑水膜(左側)と撥水膜(右側)

3 成膜現場における問題点(成膜欠陥について)

ゾル-ゲル膜を作製する成膜現場では,様々な外観上の成膜欠陥が発生しており,外観品質に優れる機能性膜を安定して得るための改善は非常に重要である。図5に代表的な成膜欠陥を示す。主な欠陥には,①コーティング膜に亀裂が生じる「クラック」,②不均一な部分がスポット

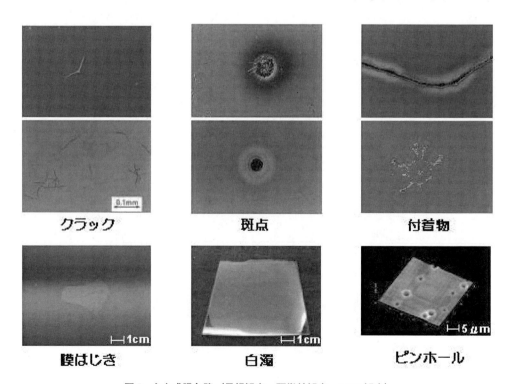

図5 主な成膜欠陥(目視観察,顕微鏡観察,AFM観察)

第14章 ゾル-ゲルコーティングの成膜条件と膜品質「成膜欠陥防止のためのヒント」

状に形成される「斑点」，③ダストや糸くずなどが塗膜に混入した「付着物（異物）」，④部分的に膜が形成されない「膜はじき」，⑤透明性が低下する「白濁」，⑥部分的に穴があく「ピンホール」などがある。

これらの成膜欠陥をなくすためには，それぞれの欠陥の発生原因を調査して一つ一つ対策を講じる必要がある。欠陥の発生原因としては，「成膜環境やコーティング液中のダストなどの異物」，「基板の汚れ」，あるいは「コーティング液の組成起因のトラブル」が中心である。しかし，他にも「季節（夏場と冬場）や天候によってコーティング膜の品質が変化する」という厄介な問題も発生する。これには，成膜環境の温度や湿度が深く関係しており，生産現場で年間を通して安定的に良質なゾル-ゲル膜を得るためにはひと工夫が必要である。例えば，基板を研磨洗浄して基板表面の清浄度を管理すること，成膜環境のクリーン度や温度，湿度を厳密にコントロールできる空調設備を設けることが望ましい。このように，ゾル-ゲル成膜は，スパッタ成膜のような大掛かりな真空設備を必要とせず，通常の室内環境で簡便に成膜できる（いわゆる「室温成膜」）との利点があるように思えるが，室温成膜が故に生じる問題点を解決するための対策や工夫に対するコストが必要である。

しかし，高品質なゾル-ゲル膜を安定して製造するには，クリーン度や成膜環境の温度と湿度を整えるだけでは解決できないこともしばしばである。例えば，「コーティング液の溶媒」，「基板のサイズ」や「基板の厚さ」なども膜品質に重大な影響を及ぼすことがある。これらの要因を詳細に調査，分析したところ，いわゆる膜品質のバラツキや欠陥の多くは，基板温度の影響を強く受けることが分かってきた。一般には「基板温度は成膜時の環境温度に等しい」と理解されているが，実はこれは実験室の話しである。生産現場では，各工程は数10秒～分単位の連続したプロセスであることが多く，基板温度は常に環境温度と等しいとは限らない（異なる場合が多い）。さらに，もう一つ重要な点は，ゾル-ゲル法では溶媒を多量に使用することである。これが基板温度を大きく変化させるもう一つの重要な要因である。次に，ゾル-ゲル法の落とし穴とも言うべき「基板温度」について，膜品質（特に，白濁欠陥）に及ぼす影響を述べたい。

4 基板温度が表面形状に及ぼす影響

ここでは，図1に示す様な凹凸形状を有するシリカ薄膜をスピンコート法によって作製し，成膜時の基板温度が表面粗さや透明性などの膜品質にどのような影響を及ぼすかを述べる。

図6にコーティング液の調製フローを示す。テトラエトキシシラン〔$Si(OC_2H_5)_4$：TEOS〕とイソプロパノール（i-PrOH）の混合溶液に，H_2O/TEOS = 4（モル比）となるように0.01 N塩酸水溶液を加え，60℃で3 h還流してゾルAを得た。また，メチルトリエトキシシラン〔$CH_3Si(OC_2H_5)_3$：MTES〕とi-PrOHの混合溶液に，H_2O/MTES = 3（モル比）となるように酢酸水溶液（pH 3）を加え，60℃で3 h還流してゾルBを得た。次に，ゾルAとゾルBとi-PrOHを混合し，50℃で3 h撹拌してコーティング液を得た。コーティング液中の溶質濃度は

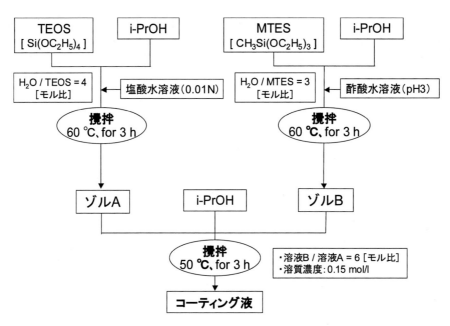

図6 コーティング液の調製フロー

0.15 mol/l, ゾルAとゾルBの混合比は, TEOS：MTESモル比で1：6とした。次に, 25℃と58％RHの環境下でスピンコート法（150 rpm×30 s）にて清浄なフロートガラス基板に成膜した。このとき, 成膜に用いるガラス基板を予め15～31℃に調温しておき, これを成膜時の基板温度（T_{sub}）とした。成膜後のドライゲルを630℃で10 min熱処理し, 膜厚が約100 nmのシリカ膜を得た。

図7に, それぞれの基板温度で得られたシリカ膜の表面AFM像とヘーズ値（濁度）を示す。基板温度が成膜環境の温度（25℃）以上の場合（T_{sub} = 25℃, 31℃）には良質な透明膜が得られたが, 環境温度以下では（T_{sub} = 23℃, 19℃）, ゾル-ゲル膜が白濁化して透明性が低下した。透明性の指標であるヘーズ値はそれぞれ0.4％, 1.0％に増大しているが, これは, 表面凹凸の粗大化（凹凸による光散乱）によるものである。すなわち, 同じガラス基板とコーティング液を用い, 同じように成膜しても基板温度が低い条件で得られたものは, 実用製品においては白濁欠陥の不良になることを示している。

膜表面の凹凸形状の粗大化は, 環境温度と基板温度の差が生む膜表面における結露現象が深く関係している。この点を図8で説明したい。基板温度が環境温度よりも低い場合, 膜表層では周囲よりも温度が低下して相対湿度が増加する。これにより多量の水分が膜表面に供給され, ゾルの加水分解・重縮合反応が急激に進行して表面形状が粗大化すると考えられる。一方, 基板温度が環境温度より高い場合, 膜表層の温度は比較的高く保持されるため, 相対湿度は増加しない（むしろ低下する）。結果, 大気中からの大量な水分補給がなく, ゾルの加水分解・重縮合反応の急激な進行がなく, 比較的平滑な膜表面が形成されるものと考えられる。

第 14 章　ゾル-ゲルコーティングの成膜条件と膜品質「成膜欠陥防止のためのヒント」

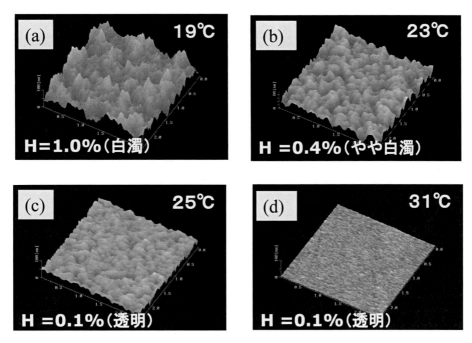

図7　異なる基盤温度で得られたシリカ薄膜の表面 AFM 像
(a) T_{sub} = 19℃，(b) T_{sub} = 23℃，(c) T_{sub} = 25℃，(d) T_{sub} = 31℃

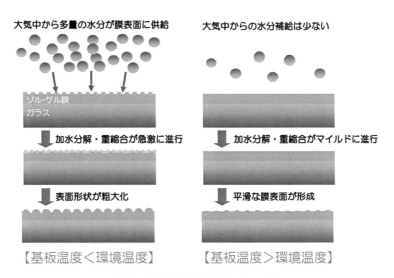

図8　表面凹凸の粗大化メカニズム

　また，ゾル-ゲル成膜では，基板に塗布されたコーティング液が速やかに蒸発するため，その気化熱によって基板温度が低下する。この温度低下が大きい場合には，白濁という膜欠陥として現れることになる。表1に，ガラス基板の厚さ（板厚）が異なる2つの基板（基板温度は環境

温度と等しく,約25℃)に成膜したシリカ膜の表面粗さとヘーズ値,外観品質を示す。板厚が5 mmの場合,表面粗さ(Ra)が4.0 nmと平滑な膜が得られ,ヘーズ値が0.1%と透明性の高い膜が得られたのに対し,板厚が1 mmの場合には,Raが20 nm超の透明性が低い白濁膜であった。

これら板厚の異なる2つの基板について,式(1)を用い,塗布液が蒸発するときの気化熱で冷却される基板温度の低下量(ΔT)を計算した。表1に示すように,5 mm厚の場合ではΔT = 1.6℃,1 mm厚の場合はΔT = 8.0℃と基板温度は大きく低下した。ここで留意したい点は,基板を成膜環境中に長く放置し,成膜直前の基板温度が環境温度と一致していても(基板温度をコントロールしたつもりでいても),コーティング液を塗布し,溶媒が蒸発する段階で基板温度が低下することである。

$$\Delta T\ (℃) = \frac{溶媒の気化熱\ (J \cdot g^{-1}) \times 基板上に塗布されるコーティング液量\ (g)}{ガラスの重量\ (g) \times ガラスの比熱\ (J \cdot g^{-1} \cdot K^{-1})} \quad (1)$$

図9に,自動車用合せガラス(2 mmガラス + 0.8 mmPVBフィルム + 2 mmガラス:全体で4.8 mm厚)と単板ガラス(2 mm厚)に同じコーティング液で成膜した時の基板温度の変化(実測)を示した。いずれの基板もコーティング液を塗布すると基板温度が低下したが,厚みが小さい単板ガラス(すなわち,熱容量が小さい基板)では温度低下が大きく,コーティング液を給液して70秒後には基板温度が最大で3.5℃低下した。一方,熱容量が比較的大きい合せガラ

表1 板厚が異なる基板に成膜したコーティング膜の特性

	板厚:1 mm	板厚:5 mm
表面粗さ:Ra (nm)	> 20	4.0
ヘーズ値 (%)	3.2	0.1
外観品質	白濁	透明
溶媒蒸発により低下する基板温度(計算値)ΔT (℃)	8.0	1.6

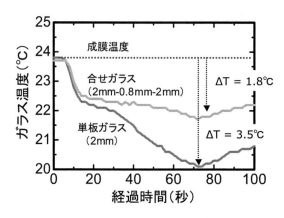

図9 成膜中の基板温度の変化(実測)

第14章 ゾル-ゲルコーティングの成膜条件と膜品質「成膜欠陥防止のためのヒント」

スでは基板温度の低下量は1.8℃と小さかった。このように，コーティング液，成膜環境の温度と湿度が同一であっても，成膜中の基板温度は基板に塗布される液量，基板の大きさ，厚み，主溶剤の種類などの違いにより大きく影響を受けることが分かる。これが，成膜プロセスにおけるバラツキや思わぬ成膜欠陥の発生に深く関係している。

　ここで，基板温度の低下による膜品質の悪化について考察したい。図10に，一般的な飽和水蒸気曲線を示す。例えば，成膜環境として温度25℃，湿度50%RHで成膜することを考える。前述のように，ゾル-ゲルコーティングでは，成膜中の乾燥段階で溶媒の気化熱（蒸発潜熱）によって基板温度が低下する。こうして冷却された時の基板温度を T_1（℃）とすると，基板の表層面（ゾル膜表面）における雰囲気の飽和水蒸気量は低下すると考えて良い。これが顕著な場合には基板表面への結露発生として現われる。すなわち，ゾル膜表面における仮想的な湿度は，成膜環境中に存在している水蒸気量（Y）を冷却された基板によるゾル表面近傍における仮想的な飽和水蒸気量（X）で除した $H_{fic} = Y/X$ で示され，見かけ上，ゾル膜の表面における湿度は増大することになる。この湿度を「仮想湿度（H_{fic}）」と呼ぶことにする。すなわち，基板温度が低下することによる膜品質の悪化は，基板上のゾルが乾燥する間に膜表面が非常に高い湿度に曝されているためであると考えれば，上手く説明することができる。

　次に，基板温度の低下による成膜不具合のリスクを見積もってみたい。これまでの多くの経験から，ゾル-ゲル技術者は，成膜を行う場合，環境湿度が65～70%を越えると膜品質が悪化しやすいことを知っている。一般的に，安定した成膜状態を得るためには，経験上，成膜環境の湿度を55%RH以下の低湿側で制御している場合が多い。ここでは，成膜上の不具合が発生しはじめる湿度を68%RHとしておく（環境温度25℃）。次に，40～70%RHの環境湿度において，ゾル表面の仮想湿度が68%RHになる時の基板温度の低下量（ΔT_c）を飽和水蒸気曲線から計算して求めた。結果を図11に示す。この図は，設定した環境湿度において，基板温度がどの程度

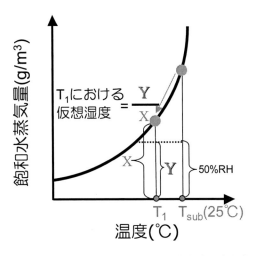

図10　温度と飽和水蒸気の関係と仮想湿度の考え方

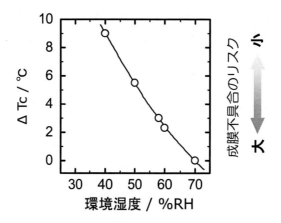

図11 成膜環境の温度とΔTの関係

まで低下しても成膜欠陥が発生しないかを示している。つまり、設定した環境湿度において成膜する場合、成膜条件を適切に調整し、溶媒蒸発などによる基板温度の低下をΔT_c以内に抑えることができれば（ゾル表面の仮想湿度を68%RH以下に抑えられることに相当する），成膜欠陥のリスクを軽減できることを示している。さらに、環境湿度を低く抑えるほど、成膜欠陥が発生しにくいとの経験則は、図11に示されているように、「環境湿度の低下とともにΔT_cが大きくなる（基板温度の変化の許容幅が大きくなる）」ことで説明できる。このように、ゾル-ゲル膜の形成においては、成膜時の環境温度や湿度だけでなく、ゾルが乾燥する段階の基板温度の変化への理解が非常に重要である。

5 成膜をより安定化させるためには

表2に、ゾル-ゲル成膜をより安定化させるためのポイントをまとめた。まず、成膜技術面では、成膜室をクリーン化するとともに温度と湿度を制御して、安定かつクリーンな環境を整備することが大切である。また、前述したように、基板温度の低下を見込んだ工夫が重要であり、例

表2 膜品質をより安定化させる方策

	方策
成膜技術面	・クリーン化 ・成膜室の温度および湿度の管理 ・基板の温度低下を見込んだ工夫 　（成膜時の温度・湿度の最適化、基板の予備加熱など）
薬液面	・粘度や固形分濃度の調整、濾過条件 ・溶媒の最適化（蒸発潜熱・気化熱への理解） ・レベリング剤の添加 ・かぶり防止としての鼻ぐすり（n-BuOH添加など）

第14章　ゾル-ゲルコーティングの成膜条件と膜品質「成膜欠陥防止のためのヒント」

えば，基板を予備加熱するなどの方法も有効である。また，薬液面では，溶媒，粘度，固形分濃度，濾過条件などを最適化して，不具合が発生しにくいコーティング液を得ることは言うまでもないが，この場合でも，溶媒の蒸発潜熱を十分に考慮すべきである。また，膜ムラや表面凹凸などにはレベリング剤の添加も有効であろう。さらに，前述したような「仮想湿度」に関連する成膜欠陥への対策には，コーティング液にかぶり防止剤として1～5 wt％程度のn-BuOHを添加することが有効である。n-BuOHは水の溶解度が低く，高沸点であることから，ゾルの乾燥段階における飽和水蒸気のアタックからゾル膜表層を保護するとの作用を上手く利用した適例である。

6　おわりに（ゾル-ゲル技術への期待）

ゾル-ゲル法による機能性膜の実用化例の紹介を通じ，ゾル-ゲル技術は既に実用レベルであることを述べた。今後とも，新たな機能性の創製と成膜技術の発展が進むであろう。一方，ゾル-ゲル技術の弱点への理解も重要である。「ゾル-ゲル法は設備が簡素で低コストである」と良く言われてきたが，これが大きな誤算を招くこともある。成膜欠陥のない優れた品質を得るためには，クリーンルーム，成膜環境（温度，湿度）および基板温度のコントロールが重要であり，それなりのコストを必要とする。それでも，ゾル-ゲル法が持つ多くの長所（特徴）を見逃してはならない。低温合成プロセスを利用した「有機-無機ハイブリッド材料の創製など」である。また，一般的に短所と言われる「構造中に水分や細孔が残りやすい」との点も新しい機能発現へのヒントになろう。ゾル-ゲル技術に携わった一人として，技術バリエーションの広がりを通じ，今後とも多くの分野でゾル-ゲル商品が創出されてくることを大いに期待している。

文　　献

1) 作花済夫，"ゾル-ゲル法の科学"，アグネ承風社（1988）
2) 作花済夫，"ゾル-ゲル法の応用"，アグネ承風社（1997）
3) 作花済夫，"ゾル-ゲル法応用の展開"，シーエムシー出版（2008）
4) 野上正行，"ゾル-ゲル法の最新応用と展開"，シーエムシー出版（2014）
5) C.J. Brinker, G.W. Scherer: "SOL-GEL SCIENCE", ACADEMIC PRESS, INC.（1990）
6) K.Makita, Y.Akamatsu, S.Yamazaki, Y.Kai and Y.Abe: *J.Ceram.Soc.of Japan*, **105**(11), 1012-1017（1997）
7) Y.Akamatsu, K.Makita, H.Inaba and T.Minami: *J.Ceram.Soc.of Japan*, **108**(4), 365-369（2000）
8) Y.Akamatsu, K.Makita, H.Inaba and T.Minami: *J.Ceram.Soc.of Japan*, **111**(9), 636-

639 (2003)
9) 斎藤真規, 赤松佳則, "低温硬化シリカ厚膜の作製とその応用", 日本ゾルゲル学会第 5 回討論会予稿 (2007)
10) M. Saito, S. Kumon and Y. Akamatsu, "Preparation of hard and thick silica films heat-treated at low temperature and their application", Reviews of ICCPS-10, Inuyama (2008)
11) M. Saito, "Preparation of hard and thick silica films heat-treated at low temperature and their application", Reviews of mini-ICCG, Tokyo (2009)
12) 赤松佳則, 公文創一, 斎藤真規, "ガラスの表面処理 —ゾル-ゲル法による高機能化透明コーティング—", 塗装工学, **45** (**3**) (2010)
13) 公文創一, "自動車用 IR カットガラスの開発", 日本化学会第 89 春季年会予稿 (2008)
14) Y. Akamatsu and S. Kumon: Proceedings of the 20th International Congress on Glass, Kyoto, Japan, P-11-025 (2004)
15) Y. Akamatsu and S. Kumon: Proceedings of the 5th International Conference on Coatings on Glass, Saarbruecken, Germany, p.823-829 (2004)

第15章　樹脂を基板とする酸化物結晶薄膜の作製

幸塚広光*

1　はじめに

　樹脂の表面に酸化物結晶薄膜を作製する技術の開発の歴史は1970年代にまで遡る。それは，気相法によって透明導電性酸化物薄膜を樹脂表面に作製しようとするものであった[1]。最近では，フレキシブルデバイスでの電極として利用することを目指し，銀ナノワイヤ[2]，カーボンナノチューブ[3]，グラフェン[4]の堆積物を薄膜化する研究が盛んに行われている。しかし，導電性だけに注目するのではなく，酸化物結晶の多様な電気・磁気・光学機能に鑑みたとき，酸化物結晶を樹脂上で薄膜化する汎用的な技術は新しいフレキシブルデバイスを創成する要となるものと思われる。

　酸化物薄膜の機能は多くの場合，結晶性が高く，微細構造が緻密であるときに高度化する。結晶性の向上と気孔率の減少のいずれもが焼成によって達成される。しかし，耐熱性に劣る樹脂上で薄膜を焼成することはできない。この点に，樹脂表面に酸化物結晶薄膜を作製するうえでのジレンマがある。常圧プロセスであるという利点をもつウェットプロセスの分野でも，このジレンマと闘いながらこれまでに多くの汗が流されてきた。文献5に詳述したその歴史の一部を本章でも紹介する。一方，筆者らは工程に焼成過程を含む新しい方法を提案し，本シリーズの書籍でも紹介した[6]。本章ではその技術について説明するとともに，その後新たに得た知見について紹介する。

2　ウェットプロセスに基づく既存技術

　樹脂基板上に酸化物結晶薄膜を作製するために提案されたウェットプロセスを表1に示す。結晶ナノ粒子の懸濁液をコーティング液とする方法が提案されており，ITO薄膜，TiO_2薄膜，ZnO薄膜が各種樹脂基板上に作製された。また，過飽和溶液に樹脂基材を浸漬し，基材表面に酸化物結晶を析出させる方法（液相析出法，LPD法）も提案されており，例えば，今井らのグループは木綿糸上にTiO_2薄膜を作製した[7]。結晶ナノ粒子の懸濁液をコーティング液とする方法では，あらかじめ結晶化させておいた粒子を基板表面に堆積させ，LPD法では，成膜と結晶化を同時に進行させており，いずれの方法も樹脂基板上で膜を結晶化させることを巧みに避けている。しかし，前者では気孔率を減少させるためには焼結が必要であり，後者は過飽和溶液から

---

*　Hiromitsu Kozuka　関西大学　化学生命工学部　化学・物質工学科　教授

ゾル-ゲルテクノロジーの最新動向

表1　プラスチック基板に酸化物結晶薄膜を作製するために考案された各種液相プロセス

薄膜	樹脂基板	研究者と発表年（文献番号のないものについては文献5を参照のこと）
結晶ナノ粒子の堆積		
ITO	PMMA, PC, PI, PE	Al-Dahoudi (2001), Aegerter (2003)
ITO	PET, PEN, PI, PEEK	Königer (2008)
ITO	PET foils, PEN フォイル	Puetz (2008)
ITO	PET foils, PEN フォイル	Heusing (2009)
TiO_2	PC	Langlet (2003)
TiO_2	PMMA, SiO_2 コート PMMA, SiO_2 コートシリコーンゴム	Hu (2006)
TiO_2	ABS	Yang (2006)
TiO_2	PMMA	Su (2010)
TiO_2	PC	Lam (2009)
ZnO	ITO コート PET, Ag コート PEN	Krebs (2009)
LPD 法		
TiO_2	PMMA, ABS, PC, 木綿, 紙, 羊毛	Shimizu (1999)[7]
TiO_2	PTFE, PE, PET	Ou (2010)
TiO_2	セルロースファイバー	Goutailler (2003)
ゾル-ゲル法（水蒸気処理）		
TiO_2	PC, PMMA	Langlet (2002)
ゾル-ゲル法（温水処理, 水熱処理）		
TiO_2	PET, PMMA, PC	Matsuda (2003)[9]
Pseudoboehmite	PET, PC, PMMA	Tadanaga (2003), Yamaguchi (2006)
TiO_2	PI フィルム	Hashizume (2012)[10]
ゾル-ゲル法（UV 照射）		
ITO	PET, PI, PC, PEEK	Asakuma (2003)[8]
a-In_2O_3, a-IGZO, a-IZO	PAR フィルム	Kim (2012)
ゾル-ゲル法（IR 照射）		
ITO	PET	Königer (2010)
ITO	PC	Salar Amoli (2011)
ゾル-ゲル法（自己燃焼）		
In_2O_3, ITO, ZTO, IZO	（単結晶シリコン）	Kim (2011)
a-IYO	（単結晶シリコン）	Hennek (2012)
In_2O_3	（単結晶シリコン）	Kim (2012)
ゾル-ゲル転写法		
TiO_2, ITO, ZnO	PMMA, PC	Kozuka (2012)[11,13], (2013)[5,15], (2015)[14], (2016)[12,17], (2017)[18]
ZnO ドット	PEN	Cronin (2014)[16]

ABS = acrylonitrile-butadiene-styrene polymer, AcAc = acetylacetone, IZO = indium zinc oxide, PAR = polyarylate, PC = polycarbonate, PE = polyethylene, PEEK = polyether ether ketone, PEN = polyethylene naphthalate, PET = polyethylene terephthalate, PI = polyimide, PMMA = poly (methyl methacrylate), PTFE = polytetrafluoroethylene, and ZTO = zinc tin oxide.

第15章　樹脂を基板とする酸化物結晶薄膜の作製

の結晶析出に基づく方法であるため，気孔率の低い薄膜を作製するのが難しい。

一方，ゾル-ゲル法によって樹脂基板上にゲル膜を作製し，焼成せずに結晶化させる工夫がいくつも提案されてきた（表1）。土岐らと今井らのグループは，樹脂基板上に作製されるITO前駆体薄膜が紫外線レーザによって結晶化することを見出した[8]。松田らのグループは，SiO$_2$-TiO$_2$系ゲル膜を樹脂基板上に作製し，これを温水中に浸漬してアナタースナノ結晶を析出させた[9]。また，橋詰らはポリイミド膜上に作製したチタニアゲル膜を水熱処理して結晶化させた[10]。これら以外に，水蒸気処理や赤外線処理により結晶化が可能であるとの報告がある（表1「ゾル-ゲル法（水蒸気処理）」「ゾル-ゲル法（IR照射）」）。しかし，結晶化は原子の拡散を必要とし，常温付近での拡散には限界があるため，焼成を経由しない上記の方法で高い結晶性を期待するのは難しい。

アセチルアセトンをキレート剤とし，金属硝酸塩を金属源とすることによって，硝酸塩が酸化剤として，キレート剤が燃料として働き，200℃付近の温度で急激な発熱が起こり，自己燃焼的に膜が結晶化するとの報告がある（表1「ゾル-ゲル法（自己燃焼）」）。ただし，この方法を樹脂基板上薄膜に適用した例は報告されていない。

3　筆者らのゾル-ゲル転写技術

筆者らは，ゾル-ゲル法により耐熱性基板上に作製されるセラミック薄膜を樹脂基板上に転写する技術を提案した[5, 11〜15]。この方法では，焼成によってゲル膜を結晶化させる。焼成によって薄膜の結晶性を保証する点でこの方法はユニークである。ここからしばらくは，文献6で紹介した事柄を含めながら要点を説明する。図1に本技術の基本工程を示す。まず，単結晶シリコ

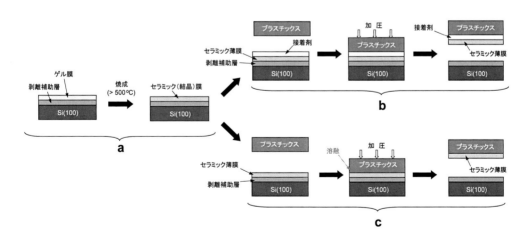

図1　ゾル-ゲル法と転写によって樹脂基板表面にセラミック薄膜を作製する技術の工程
(a) 剥離補助層上に作製したゲル膜のセラミック膜への変換，(b) 接着剤を使用したセラミック薄膜の樹脂基板への転写，(c) 樹脂基板表面の溶融によるセラミック薄膜の樹脂基板への転写

ン基板の表面にスピンコーティングによって厚さ 1〜2 μm のポリイミド（PI）膜または PI-ポリビニルピロリドン（PVP）混合膜を作製する。筆者らはこれを剥離補助層とよんでいる。この上にスピンコーティングによってゲル薄膜を作製し，500〜600℃ で焼成して酸化物結晶薄膜に変換する（図1a）。剥離補助層は 600℃ 以下の温度であれば分解しながらかろうじて残留する。このようにして作製した酸化物結晶薄膜を樹脂基板側に剥がし取る（転写する）。

初期の研究で筆者らは転写のために接着剤を使用した（図1b）[5, 11, 12]。この場合，転写された酸化物薄膜と樹脂基板の間には接着剤が介在する。この方法により，(002) 配向透明 ZnO 薄膜（85 nm 厚）をアクリル（PMMA）基板上に，また，高い反射率をもつ透明アナタース薄膜（60 nm 厚）や透明導電性 ITO 薄膜（660 nm 厚）をポリカーボネート（PC）基板や PMMA 基板の表面に作製することができた[5, 11, 12]。

樹脂基板の表面を溶融し，接着剤として働かせることによって薄膜を転写することもできる（図1c）[5, 13, 14]。この場合，転写された薄膜と樹脂基板表面は直接結合する。剥離補助層上に作製した酸化物薄膜を樹脂基板表面と密着させ，厚さ方向で加圧しながら近赤外線を照射すると，シリコン基板が発熱し，酸化物薄膜と接触する樹脂表面だけが溶融する（図2a）。また，シリコン基板上酸化物薄膜をホットプレートで加熱しておき，その上に樹脂基板を押しつけてもよい（図2b）。

前者の方法（近赤外集光加熱炉中 75℃/min で 170℃ まで昇温）によって PMMA 基板上に 60 nm 厚のアナタース薄膜を作製した。転写されたアナタース薄膜は高い透光性と高い表面平滑性をもっていた。PI-PVP 混合膜上で ITO 焼成膜を作製し，これをホットプレート上で 200℃ または 220℃ に加熱して PC 基板を押しつけて，厚さ 660 nm の ITO 薄膜を PC 基板上に作製した。PC 基板上の ITO 薄膜は透明導電性をもち，FIB 加工によって作った断面の SEM 像には基板と薄膜の平滑な界面が見られた[13]。

ローラーを使用すれば（図2c），湾曲した樹脂曲面上に酸化物結晶薄膜を転写することができる。また，シリコン基板に周期的な溝を施しておくことによって，樹脂基板上でセラミック薄膜をパターニングすることができる[15]。同様の方法を使い，ウェストバージニア大学のグループは，規則的に配列した ZnO ドットをポリエチレンナフタレート（PET）基板上に作製した[16]。

4　より高温で焼成した薄膜の転写

以下では，ゾル-ゲル転写技術に関してその後得られた知見について紹介する。

シリコン基板上 PI-PVP 混合膜の上に TiO_2 ゲル膜を作製し，500，600 または 700℃ まで焼成したのちに測定した赤外吸収スペクトルを図3に示す。スペクトルに見られるように，剥離補助層である PI-PVP 混合膜は，600℃ 以上の温度で完全に分解・燃焼する。本技術を開発した当初，転写のためには，剥離補助層が酸化物薄膜の下地としてシリコン基板上に残留することが必要と考えていた。しかしその後，600℃ 以上の高温で焼成して剥離補助層が消失しても薄膜は

第15章　樹脂を基板とする酸化物結晶薄膜の作製

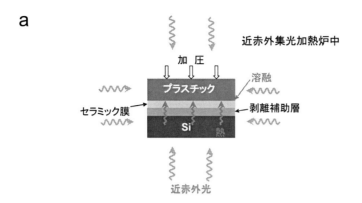

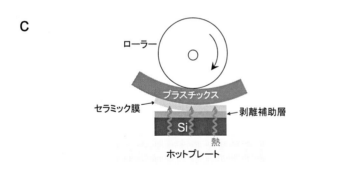

図2　樹脂基板表面の溶融によるセラミック膜の樹脂基板への転写
(a) 近赤外集光加熱炉による溶融，(b) ホットプレート上で加熱したセラミック膜に樹脂基板を押しつけることによる溶融，(c) ホットプレートとローラーを使用する転写

シリコン基板上に残り，樹脂基板への転写が可能であることがわかった[17]。「消失した剥離補助層の役割」については現在調査中であるが，高温で焼成すれば薄膜の結晶性が高くなるため，この発見は喜ばしい。

スピンコートと600℃での焼成を5回繰り返した後に600〜1000℃の種々の温度で焼成し，PC基板に転写したTiO_2薄膜（約300 nm厚）の転写面積率を表2に示す。ただし，転写には180〜190℃に加熱したホットプレートを用いた。また，転写面積率は，面積の上でシリコン基

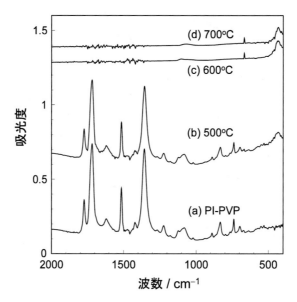

図3 (a) Si(100)基板上剥離補助層（PI-PVP 混合膜），ならびに Si(100)基板上剥離補助層の上に作製して (b) 500, (c) 600, (d) 700℃まで昇温した TiO_2 薄膜の赤外吸収スペクトル

表2 スピンコートと600℃での焼成を繰り返した後600-1000℃の種々の温度で焼成し，PC基板に転写した TiO_2 薄膜の焼成過程での亀裂発生の有無，転写面積率，転写過程での亀裂発生の有無

最終焼成温度/℃	転写温度/℃	焼成過程での亀裂発生	転写面積率（%）	転写過程での亀裂発生
600	190	無し	69	無し
700	180	無し	58	無し
800	190	無し	56	無し
900	180	無し	74	無し
1000	180	無し	77	無し

PC 基板の厚さは 1 mm であり，ホットプレート上 180 または 190℃でローラーを使用して転写した。

板上の TiO_2 薄膜の何%が PC 基板に転写されたかを画像解析によって求めたものである。表2を見て分かるように，転写面積率は100%に達しないものの，6～7割の面積の転写が実現している。1000℃で焼成して PC 基板に転写した TiO_2 薄膜の写真と光学顕微鏡像を図4に示す。転写された薄膜は透明で亀裂がなく，自身の高い屈折率により緑色の干渉色を呈していた。高温での焼成により，ルチル薄膜を PC 基板表面に作製することができ（図5），100 nm 近い結晶子サイズ（表3）と約 2.5 の屈折率（図6）を実現することができた。（図5のX線回折パターンのベースラインが水平でないのは，PC 基板のハローが現れているためである。）

第 15 章　樹脂を基板とする酸化物結晶薄膜の作製

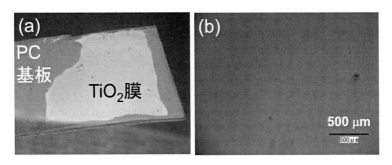

図4　1000℃で焼成して PC 基板上に転写した TiO₂ 薄膜の (a) 写真と (b) 光学顕微鏡像
スピンコートと 600℃での焼成を 5 回繰り返し，1000℃で焼成したのちに 180℃のホットプレート上でローラーを使用して転写した。

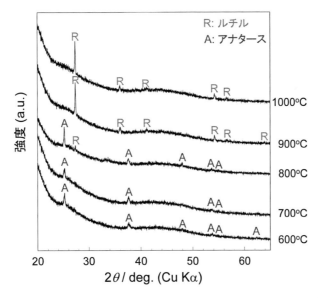

図5　スピンコートと 600℃での焼成を 5 回繰り返し，600-1000℃の種々の温度で焼成し，PC 基板に転写した TiO₂ 薄膜の X 線回折パターン

表3　スピンコートと 600℃での焼成を 5 回繰り返した後 600-1000℃の種々の温度で焼成した TiO₂ 薄膜の結晶子サイズ

最終焼成温度/℃	結晶子サイズ/nm	
	アナタース	ルチル
600	34	(ピーク無し)
700	30	(ピーク無し)
800	54	131
900	(ピーク無し)	96
1000	(ピーク無し)	95

結晶子サイズはアナタース (101) 面，ルチル (110) 面の回折ピークの半価幅から求めた。

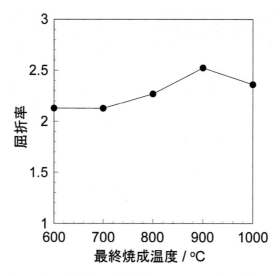

図6 スピンコートと600℃での焼成を5回繰り返し，600-1000℃の種々の温度で焼成して作製したTiO$_2$薄膜の屈折率

5 薄膜と樹脂基板の密着性

シリコン基板上PI-PVP混合膜上に作製して600℃まで昇温したTiO$_2$薄膜（60 nm厚）を表4に示す種々の樹脂基板に転写し，転写面積率と密着性を調べた[18]。ただし近赤外集光加熱炉を用いて転写を行った。PC基板とポリプロピレン（PP）基板に転写したときの様子と光学顕微鏡写真を図7に示す。図7（b）及び（d）に見られるように，PC基板に転写したTiO$_2$薄膜に亀裂はなかったが，PP基板に転写した薄膜には亀裂が見られた。また，図7（a）及び（c）に見られるように，転写面積率はPC基板上で高く，PP基板上で低かった。

他の樹脂基板での転写の結果を含めてまとめたものを表5に示す。表5に見られるように，PC基板，PET基板，PMMA基板に作製したTiO$_2$薄膜には亀裂がなかったが，ポリエーテルエーテルケトン（PEEK）基板，ポリエチレン（PE）基板，ポリ塩化ビニリデン（PVDC）基板に転写した薄膜には亀裂が見られた。使用した樹脂基板の熱膨張を測定してみたところ[18]，転写温度に至るまでの体積変化量がPEEK，PE，PVDC基板では大きく，これが原因で薄膜に大きい応力が発生して亀裂発生につながったものと推察した。

TiO$_2$薄膜と樹脂基板の密着性はテープ剥離試験により評価した。すなわち，樹脂基板上薄膜に1 mm × 1 mmの100個のマス目状切り込みを入れ，市販のセロハン粘着テープを貼り付け，引きはがしたときに部分的にでも剥離が見られなかったマス目の個数の割合を密着率（％）と定義した。表5に見られるように，密着率はカルボニル基をもつ樹脂基板上で高く，その他の樹脂基板で低かった。同様の傾向が転写面積率にも見られた（表5）（ただし，PVDC基板で転写面積率が高かったのはPVDCに含まれる可塑剤のためではないかと推測している）。この結果

第 15 章　樹脂を基板とする酸化物結晶薄膜の作製

表 4　TiO$_2$ 薄膜との密着性を調べるために使用した樹脂基板

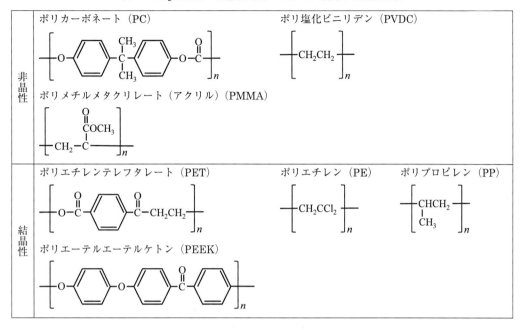

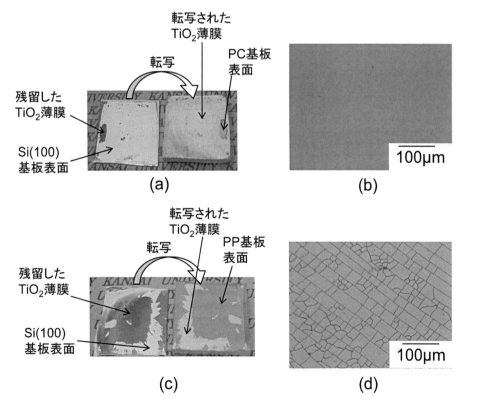

図 7　TiO$_2$ 薄膜を転写したあとで撮影した（a）PC 基板と Si(100) 基板，（c）PP 基板と Si(100) 基板の写真と，（b）PC 基板上と（d）PP 基板上の TiO$_2$ 薄膜の光学顕微鏡写真

は，基板のカルボニル基と薄膜の水酸基の間の水素結合によって薄膜と樹脂基板が密着すること
を示唆している。そこで，カルボニル基をもたない PE，PE，PVDC 基板にあらかじめ UV/オ
ゾン処理を施して表面を酸化し，その後に TiO_2 薄膜を転写してみた。その結果，この前処理に
よって密着性は著しく向上した（表6）。ただし，転写時の亀裂発生は防ぐことはできなかった。
樹脂基板の熱膨張量が亀裂発生の原因である限り，亀裂発生を防ぐのは困難であるかもしれな

表5 アナタース薄膜の樹脂基板への転写性と密着性

樹脂基板				転写条件		転写過程での亀裂発生	転写面積率（%）*	密着率（%）**
材料	極性基	結晶性・非晶性	R_a/nm	昇温速度/℃ min^{-1}	到達温度/℃			
PC	C = O C - O	非晶性	10	75	170	無し	95	97
PET	C = O C - O	結晶性	10	100	120	無し	95	98
PMMA	C = O C - O	非晶性	12 ± 4	50	170	無し	97	100
PEEK	C = O C - O	結晶性	880 ± 24	100	350	有り	90	85
PE	無し	結晶性	408 ± 152	100	160	有り	60	33
PE	無し	結晶性	48 ± 25	100	160	有り	10	0
PP	無し	結晶性	34 ± 9	100	180	有り	25	0
PVDC	C - Cl	非晶性	10	100	170	有り（一部）	93	0

*：画像解析により求めた（本文参照）
**：テープ剥離試験により求めた（本文参照）
ゲル膜を 5℃/min で 600℃ まで昇温して作製したアナタース薄膜を近赤外集光加熱炉中で種々の樹脂基板に
転写した。

表6 アナタース薄膜の PE，PP，PVDC 基板への転写性と密着性に及ぼす UV/オゾン処理の効果

樹脂基板	UV/オゾン処理時間/min	転写過程での亀裂発生	転写面積率（%）*	密着率（%）**
PE	0	有り	60	33
	10	有り	85	88
	20	有り	89	91
PP	0	有り	25	0
	10	有り	98	84
	20	有り	95	94
PVDC	0	有り	93	0
	10	有り	91	39
	20	有り	92	54

*：画像解析により求めた（本文参照）
**：テープ剥離試験により求めた（本文参照）
ゲル膜を 5℃/min で 600℃ まで昇温して作製したアナタース薄膜を近赤外集光加熱炉中で樹脂基板に
転写した。樹脂基板には事前に種々の時間 UV/オゾン処理を施しておいた。

い。その場合には，接着剤を使用する転写に頼らざるを得ないものと現時点では考えている。

6 おわりに

剥離補助層の熱分解生成物であるガスは酸化物薄膜のナノオーダーの連続孔を通して系外に出て行くと筆者らは推測している。そのようなナノオーダーの連続孔を熱処理によってつぶせるかどうか，また，樹脂基板に転写しうる薄膜の気孔率の範囲について，今後明らかにする必要がある。剥離補助層が完全に消失しても転写が可能である理由についても調べる必要がある。

謝辞

本研究は，科研費，JST A-STEP FS ステージ，JST 知財活用促進ハイウェイ，ハイテク・リサーチ・センター整備事業，関西大学研究拠点形成支援経費，日本板硝子材料工学助成会，大倉和親記念財団，村田学術振興財団の助成を受けた。シリコンウェハのダイシング加工は関西大学の青柳誠司教授と鈴木昌人准教授にお願いした。本技術を開発するにあたり，学生諸氏の粘り強い努力と内山弘章准教授の協力があった。ここに謝意を表する。

文　献

1) S. Sobajima, H. Okaniwa, N. Takagi, I. Sugiyama, K. Chiba, *Jpn. J. Appl. Phys.*, **2**, Suppl. 2-1, 475-478（1974）
2) L. Hu, H.S. Kim, J-Y. Lee, P. Peumans, Y. Cui, *ACS Nano*, **4**, 2955-2963（2010）
3) M. Kaempgen, C.K. Chan, J. Ma, Y. Cui, G. Gruner, *Nano Lett.*, **9**, 1872-4876（2009）
4) I.K. Moon, J. Lee, R.S. Ruoff, H. Lee, *Nature Commun.*, **1**, 73（2010）
5) H. Kozuka, *J. Mater. Res.*, **28**, 673-88（2013）
6) 幸塚広光，"コーティング技術"，ゾル-ゲル法の最新応用と展望，野上正行監修，シーエムシー，2014，第 3 章形態制御，3 節，pp.121-130
7) K. Shimizu, H. Imai, H. Hirashima, K. Tsukuma, *Thin Solid Films*, **351**, 220-224（1999）
8) N. Asakuma, T. Fukui, M. Aizawa, T. Toki, H. Imai, H. Hirashima, *J. Sol-Gel Sci. Techn.*, **19**, 333-336（2000）
9) A. Matsuda, T. Matoda, T. Kogure, K. Tadanaga, T. Minami, M. Tatsumisago, *J. Sol-Gel Sci. Techn.*, **27**, 61-69（2003）
10) M. Hashizume, M. Hirashima, *J. Sol-Gel Sci. Techn.*, **62**, 234-239（2012）
11) H. Kozuka, A. Yamano, T. Fukui, H. Uchiyama, M. Takahashi, M. Yoki, T. Akase, *J. Appl. Phys.*, **111**, 016106（2012）
12) 幸塚広光，内山弘章，山野晃裕，福井隆文，特許第 5717181 号
13) H. Kozuka, T. Fukui, M. Takahashi, H. Uchiyama, S. Tsuboi, *ACS Appl. Mater.*

Interfaces, **4**, 6415 (2012)
14) 幸塚広光, 内山弘章, 福井隆文, 高橋充, 特許第 5924615 号
15) H. Kozuka, T. Fukui, H. Uchiyama, *J. Sol-Gel Sci. Techn.*, **67**, 414-419 (2013)
16) S.D. Cronin, K. Sabolsky, E.M. Sabolsky, K.A. Sierros, *Thin Solid Films*, **552**, 50-55 (2014)
17) H. Kozuka, M. Takahashi, K. Niinuma, H. Uchiyama, *J. Asian Ceram. Soc.*, **4**, 329-336 (2016)
18) N. Amano, M. Takahashi, H. Uchiyama, H. Kozuka, *Langmuir*, **33**, 947-953 (2017)

【機能編：光，電気，化学，生体関連】

第16章　メソポーラスシリカで結晶粒子を包含したナノ触媒・光触媒の合成と機能

犬丸　啓*

1　はじめに

メソポーラスシリカの発見[1,2]以来，そのナノ構造を利用したナノ複合材料の研究が活発に行われてきた。その中で，本章では，我々が行ってきた結晶粒子をメソポーラスシリカで包含した複合材料の合成と触媒や光触媒としての機能について述べる。ここでは，メソポーラスシリカは常温常圧の条件下でオルトケイ酸エチル（TEOS）をシリカ原料として常温常圧の水溶液中で析出させる方法で合成している。粒子をメソポーラスシリカで包含するには，粒子表面との親和性が重要になってくる。この点が複合体の機能にも大きく影響してくる。

本章では，まず，このようなゾル-ゲルプロセスである本複合構造の生成過程を議論する。次に，この複合構造の中でナノ粒子の粒成長が抑制され安定化される効果を利用して，特異な結晶面が露出したナノ結晶粒子による光触媒機能を調べた結果について紹介する。

2　酸化チタン粒子をメソポーラスシリカで包含した複合構造と光触媒機能

メソポーラスシリカはシリカの薄い壁が，直径 3 nm 程度の規則的に配列した細孔をつくっている MCM-41 タイプのものを用いた。いわばハチの巣状の形状をしていると考えるとわかりやすい（ただし細孔の形は六角柱ではなく円筒と考えられている）。界面活性剤の作る棒状ミセルが鋳型となり円筒状の細孔が生成する。棒状ミセルの集合体のミセル間のすき間でシリカの壁が形成される過程は典型的なゾル-ゲルプロセスである。

粒子とメソポーラスシリカを複合化する手法の概念を図1に示した。通常は，細孔直径より小さい粒子を細孔内に生成させ保持することが一般的に行われている（図1a）。この場合は，多孔体をまず合成した後，粒子を生成させるための原料の溶液，たとえば金属酸化物粒子であれば金属硝酸塩や金属塩化物の水溶液などを多孔体に含浸し，乾燥，焼成過程をへて粒子を細孔内に担持させる方法が一般的である。つまり，粒子より先に多孔体を合成しておく。しかし，この方法では，細孔径より大きな粒子を多孔体と複合化した構造を構築することはできない。そのためには，粒子と多孔体を同時に生成させるか（図1b），あるいはすでに合成されている粒子の周りで多孔体を生成させることが必要である（図1c）。粒子と多孔体を同時に生成させる方法を取ろ

＊　Kei Inumaru　広島大学　大学院工学研究科　応用化学専攻　教授

ゾル-ゲルテクノロジーの最新動向

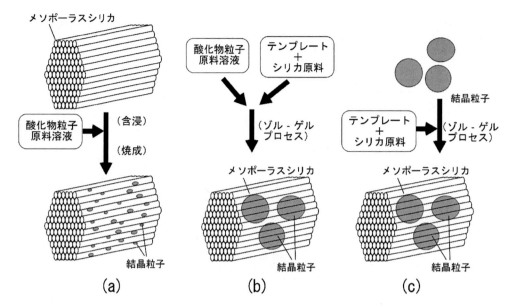

図1　粒子とメソポーラスシリカを複合化する合成手法の概念

うとすると，その合成条件は粒子と多孔体の両方の生成に適したものでなければならない。したがって，粒子と多孔体の両方について合成条件を目的の構造に対して最適化することは難しい。そこで，有効な手法と考えられるのが，あらかじめ合成された粒子をメソポーラスシリカに複合化することである。図1cのように，あらかじめ作った粒子の存在下で多孔体を生成させ，細孔径より大きな粒子を多孔体で包含した構造を構築することができる。

このような方法で我々は，酸化チタン結晶粒子をメソポーラスシリカで包含した複合体を合成した[3~5]。光触媒粒子をメソポーラスシリカに「埋め込む」という表現も可能である。そして，この複合体は，分子選択的な光触媒作用を示すことを報告した[3~6]。ここで用いるメソポーラスシリカの細孔径は約3 nmであり，一方，用いた酸化チタンは高活性で知られる市販品（P-25）でありその粒子径は20～30 nmである。後で述べるように，この複合構造の結果，粉体状の光触媒では，分解対象の分子の種類を選ぶ分子選択性を発現する3例目となった[3]。水中のアルキルフェノール類の混合溶液からノニルフェノールやヘプチルフェノールのような疎水基の大きな分子を選択的に分解する光触媒となった。

我々が合成した複合体の構造を模式的に表した図が図2である[4]。酸化チタン粒子のまわりに，ハチの巣状のメソポーラスシリカがまとわりついている様子を表している。メソポーラスシリカの細孔は，酸化チタン表面に通じているものも多くあるが，図のように，粒子表面に沿って湾曲する形で存在しているものもある。図3は，複合体のTEM像である。結晶粒子のまわりを多孔体が取り囲んでいる様子が見られる。このような複合体を合成する手順を図4に示す。複合構造を作るためのメソポーラスシリカの合成法としてはいくつかの可能性がある。メソポーラ

第 16 章　メソポーラスシリカで結晶粒子を包含したナノ触媒・光触媒の合成と機能

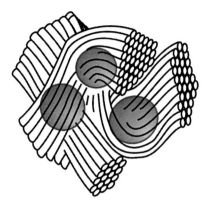

図2　TiO_2 粒子-メソポーラスシリカ複合体の構造の模式図

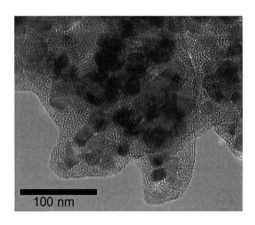

図3　TiO_2 粒子-メソポーラスシリカ複合体の TEM 像

スシリカの合成法で最もオーソドックスであるのは水熱合成法である。細孔の配列の規則性の高いものを作るには水熱合成法がよい。一方，常温（あるいはやや加温）常圧条件下でメソポーラスシリカを合成する方法もある。本研究では，シリカ源の TEOS を添加するだけですぐにメソポーラスシリカのナノ構造の構築が可能である合成条件を見つけ出し適用した。この場合，細孔径の均質性は高いが，円筒細孔の直線性や細孔の配列の規則性は低くなる傾向がある。このことは，例えば透過電子顕微鏡（TEM）による観察で細孔が曲がりくねった形状が観察されたり，細孔の規則配列に基づく低角の X 線回折強度が極端に弱くなることからもわかる。本研究で行った合成手順では，図4に示す通り，まず，メソポーラスシリカの鋳型となる界面活性剤の水溶液をアンモニアで pH 調整し酸化チタンを分散させる。その後，常温もしくは60℃程度に加熱し激しく撹拌しながらシリカ源である TEOS を一気に加える。この手順のあと数分以内に液中ではメソポーラスシリカの構造が生成し，すでに酸化チタン粒子はメソポーラスシリカに包まれている。これを焼成すると，鋳型となっている界面活性剤のミセルが燃焼しメソ細孔ができる。

ゾル-ゲルテクノロジーの最新動向

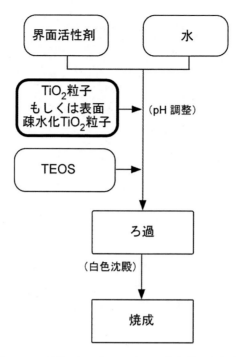

図4 TiO$_2$粒子-メソポーラスシリカ複合体の合成手順

　この複合構造がうまく生成するポイントは，ミセルと粒子表面の親和性であると考えられる。図4の合成手順において，界面活性剤の濃度はCMCより高く，TEOSを加える以前にミセルが液中で生成している。このとき，粒子がミセルと親和性が高いと，ミセル集合体の中に取り込まれやすいため，TEOSを添加したときにそのままメソポーラスシリカに包含された形となる。このことは，TiO$_2$の表面をアルキルシラン化剤で修飾した場合とそうでない場合を比較すると明確になる。

　図5には，疎水化したTiO$_2$粒子がメソポーラスシリカに取り込まれる過程をモデル的に描いてある[4]。オクタデシルトリエトキシシランでTiO$_2$粒子（P-25）を修飾した場合，表面は疎水性となる。しかしながら，図4の手順で水溶液に表面を疎水化したTiO$_2$粒子を加えると速やかに液中に分散する。このことは，図5bのように，液中の界面活性剤が疎水基を内側，親水基を外側にしてTiO$_2$粒子を取り囲み水溶液中に分散したことを示している。この場合，TiO$_2$粒子表面は界面活性剤の親水基が露出しており，ミセルとの親和性は高い。したがって，ミセル集合体の中に図5cのように比較的容易にTiO$_2$粒子が取り込まれる。TiO$_2$粒子の周りに沿う形でミセルが湾曲する部分もある。このミセル間のすき間にTEOSが侵入し加水分解・脱水縮合を経てシリカの壁ができる。焼成により界面活性剤およびTiO$_2$表面を修飾している有機基をすべて取り除けば図5dのように複合構造が完成する。このように考えると，図5cの段階でのTiO$_2$粒子とミセルの親和性の大小が，TiO$_2$粒子がうまく取り込まれた構造の生成の成否を決めると考え

第16章　メソポーラスシリカで結晶粒子を包含したナノ触媒・光触媒の合成と機能

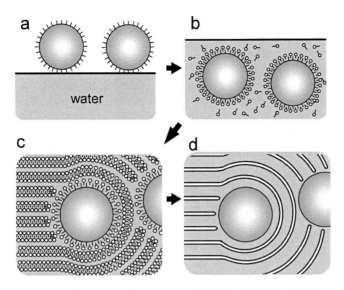

図5　TiO$_2$粒子-メソポーラスシリカ複合体の生成機構の模式図

られる。

　無修飾のTiO$_2$粒子を用いた場合の複合体のTEM観察，SEM観察では，メソポーラスシリカの外部にかなりの量のTiO$_2$粒子が凝集したものが観測された。ここで用いたTiO$_2$は粒径が20-30 nmであり，メソポーラスシリカとは明確に区別して観測できる。一方，疎水化したTiO$_2$粒子を用いて合成した複合体をTEM，SEMで観察すると，メソポーラスシリカの外部に出ているTiO$_2$は全く観測されなかった。さらに，このことは，光触媒反応における分子選択性にも大きく反映されることがわかった。図6に，アルキルフェノール類の混合水溶液を光触媒的に分解した場合の反応速度の比較を示した。TiO$_2$の含有量は60 wt%に統一してある。ノニルフェノール（NP），ヘプチルフェノール（HP），プロピルフェノール（PP），フェノール（PH）のそれぞれの分解速度を示している。MPS + TiO$_2$は，メソポーラスシリカとTiO$_2$粒子を機械混合した試料の結果である。4種の分子の分解速度はほとんど差がなく，機械混合では分子選択性は現れない。一方，無修飾のTiO$_2$粒子を用いて合成した複合体（NC；Nano Composite），表面をオクタデシル基で疎水化したTiO$_2$粒子を用いて合成した複合体（C18-NC）は，分子選択的光触媒作用を発現した。すなわち，NP，HPの分解速度がPP，PHのそれに比べて大きい。これは，NPとHPがメソポーラスシリカによく吸着し細孔内に濃縮されるため，分解速度が加速していると考えられる。実際，機械混合（MPS + TiO$_2$）に比べて，NCやC18-NCでのNP，HPの分解速度の絶対値が大きくなっている。すなわち，メソポーラスシリカへの分子選択的吸着を反映して，複合体では分子選択的な光触媒作用が実現している。ここで，NCとC18-NCを比較すると明らかにC18-NCの方が分子選択性が高い。これは，C18-NCではほとんどのTiO$_2$粒子がメソポーラスシリカに包含され，分子選択的な光触媒反応に寄与するのに対

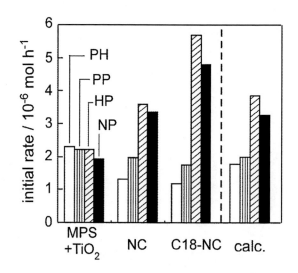

図6 アルキルフェノール混合水溶液の光触媒的分解における反応速度の比較
NP：ノニルフェノール，HP：ヘプチルフェノール，PP：プロピルフェノール，PH：フェノール

し，NCではメソポーラスシリカの外部に存在するTiO$_2$粒子が非選択的な分解活性を示し，メソポーラスシリカに包含されているTiO$_2$粒子のみが分子選択性を担っている。

このように考えると，NCの反応選択性は，機械混合（非選択性）のTiO$_2$と，完全にメソポーラスシリカに包含されているC18-NCの分子選択的光触媒作用の中間となっていると言える。そこで，（機械混合光触媒の反応速度）×（1 - x）+（C18-NCの反応速度）×（x）を種々のxの値に対して計算してNCの反応速度に最も近くなった結果が図6のcalc.である。このとき，x = 0.46であった。つまり，メソポーラスシリカに包含されているTiO$_2$が分子選択性単純に考えれば，無修飾のTiO$_2$粒子を使って合成したNCでは，TiO$_2$粒子のうち，5割強がメソポーラスシリカの外部に存在していることになる。以上の結果より，合成水溶液中での粒子の表面とミセルの親和性が複合構造に大きく影響を与えることがわかる[4]。

上で述べたように，この複合光触媒は，分子選択性という特異な機能を示している。ところが，そもそもTiO$_2$光触媒は，分解する分子に対する選択性はないとされてきた。すなわち，どのような有機分子でも同等に分解する。これは，どのような対象有機分子においても同じ酸化チタンが使用できるという点で大きな利点である。一方，特定の希薄な分子を高濃度の夾雑分子存在下で完全に分解するには，目的分子に対する分子選択性が重要となる[4]。分子選択性をもつ光触媒の初期の提案は，基板表面に分子認識能をもつ有機官能基を修飾した部分と酸化チタンを薄膜として担持させた部分を縞状に配置させた系が最初に報告された[7]。われわれのこの光触媒は，粉体状の光触媒としては，分子選択性を発現する3例目となった[4]。1例目，2例目はそれぞれ，我々が報告したオクチルシラン修飾TiO$_2$[8]とオクチルシラン修飾TiO$_2$/MCM-41[9]である。上で述べた基板上のTiO$_2$光触媒，我々の1列目，2列目のいずれも有機基を含んでいる。した

第16章 メソポーラスシリカで結晶粒子を包含したナノ触媒・光触媒の合成と機能

がって，酸化チタンの光触媒作用により有機基が分解することが問題となる。ここで議論した複合構造はすべて無機物から成っており，有機物を含まないオール無機物の光触媒で分子選択性が発現した初めての例である。分子選択的光触媒については，比較的最近，総説にまとめられている[10]。

3 粒子の形の整ったナノ粒子をメソポーラスシリカで包含した複合体：SrTiO₃ナノキューブ-メソポーラスシリカ複合体によるCO_2還元反応

酸化物ナノ粒子は，オレイン酸などの有機分子で覆われた形で得られる場合がある。われわれは既に，チタン酸ストロンチウム（$SrTiO_3$；STO）の一辺が約 10 nm の立方体形状のナノ粒子（ナノキューブ）[11]をメソポーラスシリカで包含した複合体を合成することに成功した。さらに，この複合体は 800℃ という高温焼成後も STO ナノキューブを安定に保持し，紫外光照射下での有機物分解に高い活性を示すことを報告した[12]。このナノキューブは，オレイン酸で表面を被覆された状態で得られる。従って，得られた状態ですでに表面が疎水基で覆われている状態である。このような粒子は，前項での議論から，メソポーラスシリカで包含する複合体の生成に適していると考えられる。

このような，ナノ粒子を触媒や光触媒として利用するには，本章で議論しているメソポーラスシリカ複合体が極めて有利である。ナノ粒子は特有の粒子の形を有して，特異な結晶面を選択的に露出している場合がある。このような結晶面には特異な触媒・光触媒機能が期待できる。しかし，このようなナノ粒子は不安定な場合も多く，激しい反応条件や前処理条件に耐えられず，凝集・焼結・粒子成長してしまうことが多い。メソポーラスシリカで被覆したことによりナノ粒子が安定化し，しかも細孔を介して外界からの分子のアクセス経路が確保される本複合体はきわめて合理的な構造を有していると考えられる。

そこで，STO ナノキューブ-メソポーラスシリカ複合体を用いた CO_2 の光触媒的還元反応の特性を調べた。水を還元剤に CO_2 を光触媒的に還元できれば，人工光合成タイプの反応が実現したといえるが，この反応は実験的にかなり慎重に行わなくてはならない。それは，残留有機物があるとそれが還元剤としてはたらき，水を還元剤とした反応が進まないからである。数百度の高温で焼成し有機物をできる限り除去し，さらに酸素存在下で光を照射しわずかな有機物も CO_2 まで酸化して除去したのち，光触媒反応を行う必要がある。このような配慮を行わず，酸素が定量的に生成していると言えない状況下で，ナノ構造触媒により CO_2 が光触媒的に還元されたとする報文が多いが，残留有機物から還元生成物が生成することが多く，そのような研究結果の多くは信頼度が高くないと指摘されている[13]。通常，ナノ構造をもつ光触媒は，この激しい条件に耐えられず構造が変わってしまう場合が多い。我々の STO ナノキューブ-メソポーラスシリカ複合体は 800℃ 焼成後でもナノキューブが（100）結晶面を露出した特異な粒子形状を保持しており，その光触媒特性に興味が持たれる。

図7に固相反応による$SrTiO_3$(マイクロメートル程度の粒子)をメソポーラスシリカで包含した複合体の反応結果,図8にSTOナノキューブをメソポーラスシリカで包含した複合体の反応結果を示す[14]。助触媒としてCuを担持している。水の完全分解によるH_2生成が主たる反応になっているが,STOナノキューブ-メソポーラスシリカ複合体は,固相反応で合成した$SrTiO_3$とメソポーラスシリカ複合体に比べて4倍のCO_2還元活性,および2.5倍のCO_2還元選択性を示した。助触媒はCuである。どちらも定常状態に達すると,酸素の生成量は還元生成物の生成量とバランスしており,水が還元剤として働いていることを示唆した。同位体を用いた$^{13}CO_2$の還元反応で^{13}COの生成を確認している。固相反応により合成した$SrTiO_3$にCuを担持した光触媒の反応結果は$SrTiO_3$(固相反応)-メソポーラスシリカ複合体(図6)と同等であった。つまり,STOナノキューブ-メソポーラスシリカ複合体の高活性,高選択性の理由は,メソポーラスシリカのナノ空間反応場の効果ではなく,$SrTiO_3$ナノキューブそのものの特性であると考えられる。ナノキューブは(100)面を選択的に露出している。$SrTiO_3$(100)面の特性が

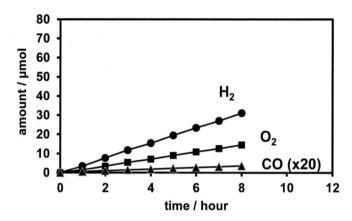

図7 $SrTiO_3$(固相反応)-メソポーラスシリカ複合体による光触媒的CO_2還元反応

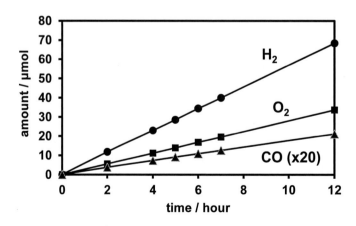

図8 $SrTiO_3$ナノキューブ-メソポーラスシリカ複合体による光触媒的CO_2還元反応

第16章　メソポーラスシリカで結晶粒子を包含したナノ触媒・光触媒の合成と機能

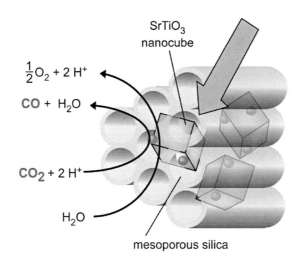

図9　SrTiO$_3$ナノキューブ-メソポーラスシリカ複合体による光触媒的CO$_2$還元反応の模式図

表れている可能性がある．あるいはSrTiO$_3$のバンド構造[15]にその理由がある可能性もある．実際，バンド分散図をみると，実空間で［100］方向への電子輸送に関わると思われるバンドの中にΓ点の近傍で十分大きな分散を持っているバンドがあることが見て取れる．以上のように，STOナノキューブをメソポーラスシリカで包含した複合構造によりCO$_2$の光触媒的還元が実現した．このことを模式的に図9に示した．

4　おわりに

本章で議論した複合構造の特徴は以下のように整理できるであろう．①あらかじめ合成された粒子をその粒径と細孔径の大小関係に関わらずメソポーラスシリカで包含した複合構造を構築できる．②特に疎水性基をまとった形で合成されるナノ粒子は，ミセル集合体に取り込まれやすく複合構造の構築に適している．③この複合構造では，凝集や粒子成長を抑制しナノ結晶粒子を安定化したうえで細孔を介した外界からの分子のアクセスを保証できる．この特性を利用して，特定の結晶面を露出した結晶粒子など，ナノ結晶粒子に特異的な触媒・光触媒機能の発現が期待できる．たとえば，光触媒でいえば，上でも述べたように，特定の結晶面が露出したナノ粒子がこの複合構造により安定に利用できるようになれば，結晶面の原子配列や結晶のバンド構造と光触媒機能の関係の議論がさらに進むものと思われる．さらに，④細孔内ナノ空間の反応場としての特徴の発現も期待できる．本章の前半で議論した分子選択的光触媒の実現も④の特徴の帰結である．今後，ナノ細孔空間のケミカルな特性を化学修飾などによりさらに制御することにより，細孔内ナノ空間反応場の特徴をさらに生かした機能開発へと研究が進むものと考えている．

ゾル-ゲルテクノロジーの最新動向

謝辞

SrTiO$_3$ナノキューブを用いた研究は，広島大学 片桐清文 准教授との共同研究である。

文　　献

1) （a) T. Yanagisawa, T. Shimizu, K. Kuroda, C. Kato, *Bull. Chem. Soc. Jpn.*, **63**, 988 (1990)；(b) S. Inagaki, Y. Fukushima, K. Kuroda, *J. Chem. Soc. Chem. Commun.*, 680-682 (1993)
2) T. Kresge, M. E. Leonowicz, W. J. Roth, J. T. Vartuli, J. S. Beck, *Nature*, **359**, 710 (1992)
3) K. Inumaru, T. Kasahara, M. Yasui, S. Yamanaka, *Chem. Commun.*, 2131-2133 (2005)
4) 笠原，犬丸，山中，第42回セラミックス基礎科学討論会 1F-04 (2004)；特許第5194249号
5) K. Inumaru, M. Yasui, T. Kasahara, K. Yamaguchi, A. Yasuda, S. Yamanaka, *J. Mater. Chem.*, **21**, 12117-12125 (2011)
6) M. Yasui, K. Katagiri, S. Yamanaka, K. Inumaru, *RSC Adv.*, **2**, 11132-11137 (2012)
7) S. Ghosh-Mukerji, H. Haick, M. Schvartzman, Y. Paz, *J. Am. Chem. Soc.*, **123**, 10776-10777 (2001)
8) K. Inumaru, M. Murashima, T. Kasahara, S. Yamanaka, *Appl. Catal. B Environmental*, **52**, 275-280 (2004)
9) T. Kasahara, K. Inumaru, S. Yamanaka, *Micropor. Mesopor. Mater.*, **76**, 123-130 (2004)
10) M. A. Lazar, W. A. Daoud, *RSC Adv.*, **3**, 4130-4140 (2013)
11) K. Fujinami, K. Katagiri, J. Kamiya, T. Hamanaka, K. Koumoto, *Nanoscale*, **2**, 2080 (2010)
12) K. Katagiri, Y. Miyoshi, K. Inumaru, *J. Colloid Interface Sci.*, **407**, 282 (2013)
13) C. C. Yang, Y. H. Yu, B. van der Linden, J. C. S. Wu, G. Mul, *J. Am. Chem. Soc.*, **132**, 8398-8406 (2010)
14) T. Ohashi, Y. Miyoshi, K. Katagiri, K. Inumaru, *J. Asian Ceram. Soc.* in press (DOI: 10.1016/j.jascer.2017.04.008)
15) K. Shirai, K. Yamanaka, *J. Appl. Phys.*, **113**, 053705 (2013)

第17章　シリカ系分子ふるい膜の細孔構造制御と透過特性

金指正言[*1], 都留稔了[*2]

1　はじめに

　水素，二酸化炭素，炭化水素などの気体分離，エタノール水溶液からの脱水あるいは脱アルコールなどの液体混合物の分離，濾過分離など，膜分離プロセスが注目されている[1]。多孔質シリカ膜は，アモルファスシリカ構造が結晶構造よりもルースであるため，水素やヘリウムなどの小さな気体分子がアモルファスネットワークを透過することができ，1990年代に気相蒸着（CVD）法，ゾル-ゲル法でアモルファスシリカ水素分離膜の作製が可能になったことを契機とし研究が活性化している[2,3]。表1にこれまでに報告されているシリカ系膜の細孔構造制御法と代表的な分離対象[1~10]，図1にこれら制御法の概略図を示す。一般的にシリカ前駆体として用いられる tetraethoxysilane（TEOS）でネットワークを形成させた場合，アモルファス構造は Si, O, H から形成され 0.1~0.5 nm のネットワーク間隙を有し，平均細孔径が 0.3~0.35 nm 程度と報告されている[4~6]。そのため，He（動的分子径：0.26 nm）や H_2（0.289 nm）よりも分子サイズが大きな分離系，例えば，二酸化炭素分離（CO_2/N_2, CO_2/CH_4），炭化水素系分離（C_2H_4/C_2H_6, C_3H_6/C_3H_8）などの分離系には細孔径が小さすぎる。細孔径をルースに制御するた

表1　シリカ系膜の細孔径制御法と分離対象のまとめ[1~10]

手法	Si前駆体	特徴	分離対象
スペーサー法	オルガノシリカ（橋架け型）	Si間の有機基による細孔径・親和性制御	水素，二酸化炭素，炭化水素，アルコール脱水，ナノ濾過
テンプレート法	オルガノシリカ（側鎖型）	有機基熱分解による細孔径制御	二酸化炭素
環状シロキサン法	環状シリカ，POSS	種々の員環数による細孔径制御（均一細孔形成）	水素，二酸化炭素
カチオンドープ（Ni, Co, Nb, Ag など）	シリカ，オルガノシリカ	水熱雰囲気における構造安定化，親和性制御	水素，二酸化炭素，炭化水素
アニオンドープ	シリカ，オルガノシリカ	細孔径，親疎水制御	水素，二酸化炭素，炭化水素
ヒドロシリル化	オルガノシリカ	オルガノシリカ構造の細孔径制御，耐熱性向上	水素，アルコール脱水

[*1] Masakoto Kanezashi　広島大学　大学院工学研究科　化学工学専攻　准教授
[*2] Toshinori Tsuru　広島大学　大学院工学研究科　化学工学専攻　教授

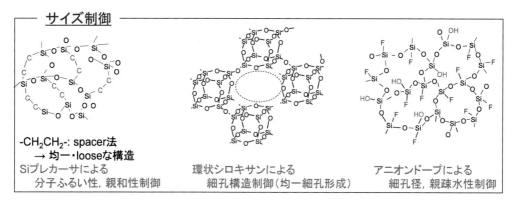
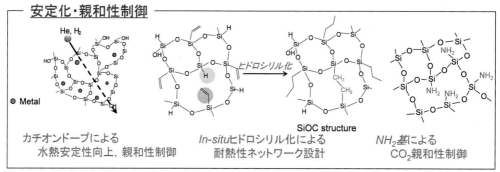

図1 ゾル-ゲル法によるシリカネットワーク構造制御（サイズ，安定化，親和性）概略図

めに，スペーサー法，テンプレート法，環状シロキサン法などが提案されている[1,10]。アモルファス構造にNiやCoなどのカチオンをドープすることで，水熱雰囲気においてネットワーク構造が安定化し，従来のシリカ系水素分離膜と比較して，耐水蒸気性が大幅に向上することが明らかになっている[2,3]。また，シリカ系膜は，吸着性分子（CO_2，不飽和炭化水素）との親和性がゼオライトやカーボン膜ほど強くないため，AgやNbなどのカチオンドープ，ネットワーク内に有機官能基を修飾する表面改質に関する検討がなされている[7~10]。本稿では，多孔質シリカ膜の製膜法，側鎖にヒドロシリル基（Si-H）基を有するtriethoxysilane（TRIES）を用いSi-H基の反応性を利用した細孔径制御，親和性制御，また，ビニル基（Si-CH = CH_2）とのヒドロシリル化によるネットワーク構造の安定化について紹介する。さらにアニオンであるフッ素をシリカネットワークにドープすることでSi員環構造の制御が可能であった最新の研究成果を中心に紹介する。

2 多孔膜における透過機構[11]

気体の透過機構は，細孔径の大きな順に，気体分子同士の衝突が支配的な粘性流，細孔径との衝突が支配的になるKnudsen拡散，表面との選択的な吸着・拡散による表面拡散，膜細孔より

第17章　シリカ系分子ふるい膜の細孔構造制御と透過特性

も大きな分子が膜を透過できず，小さな分子のみが透過する分子篩いに分類される。粘性流は分離性を示さず，Knudsen拡散から分離性を示すようになる。Knudsen拡散での気体混合物の分離性は，分子量比の平方根にすぎない。実用的な分離性を有するためには，表面拡散あるいは分子篩性に基づく分離選択性が必要になり，気体分子径は0.3〜0.5 nm程度のため，膜細孔径は0.5 nm程度以下に精密制御する必要がある。Knudsen拡散では，細孔1個の透過流量は細孔径の3乗に比例するので，多孔質膜に10 nmのピンホールが1個あったとすると，1 nmの細孔の1,000個，0.5 nmでは約10,000個の透過流量に相当する。分子篩性を発現する0.5 nm以下の細孔の透過性は，Knudsen拡散よりもずっと小さいため，10 nmの細孔は0.01%以下に制御する必要があり，気体成分に対して高い分離性を示す多孔質膜には，高度なナノテクノロジーが必要とされる。

3　ゾル-ゲル法による多孔質シリカ膜

ゾル-ゲル法は低温製膜が可能であり，複合物の作製が可能である。図2にゾル-ゲル法による多孔質シリカ膜の製膜法を示す[1,11]。シリカ膜は，膜支持層，中間層，シリカ分離層から形成され非対称構造である。膜支持体には，平均細孔径が0.1〜1 μm程度のアルミナ管がもっとも多く使用されている。支持体上にオングストローム細孔を有するシリカ分離層を製膜することは難しく，厚膜になるため通常中間層の形成が行なわれる。中間層には，ベーマイトゾルをコーティング，焼成することで形成される，4 nm程度の平均細孔径を有するγ-アルミナや，耐水性

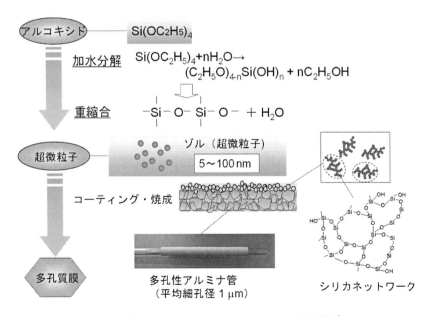

図2　ゾル-ゲル法による多孔質シリカ膜の製膜法[1,11]

に優れるジルコニアとシリカの複合酸化物であるシリカ-ジルコニア層も用いられている。

　分離選択性が発現するのがシリカ分離層であり，ゾル-ゲル法により調製したシリカゾルを中間層上にコーティングし，焼成することで製膜する。これまでの報告文献からアモルファスシリカ層の膜厚は 100 nm 程度であることが明らかで，ゾル-ゲル法により超薄膜形成が可能である。

4　アモルファスシリカネットワーク構造制御

　アモルファスシリカ膜の細孔径制御法として，シリカ前駆体に着目した研究が近年活発に行われている[12〜22]。シリコン系アルコキシドは，Si 原子に有機官能基が直接結合している methyltriethoxysilane（MTES）や phenyltriethoxysilane（PhTES）などの"側鎖型"と，Si 原子を複数個含む bis(triethoxysilyl)methane(BTESM)，bis(triethoxysilyl)ethane(BTESE) などの"橋架け型"に分類できる。図1に示すように橋架け型アルコキシドを用いた細孔径制御法は，スペーサー法と呼ばれ，Si 原子間の架橋基をシリカネットワークのスペーサーとして用いる手法であり，スペーサーの種類やサイズによってシリカネットワークサイズを制御するものである[14, 15, 17〜20, 22]。近年の継続研究により，オルガノシリカゾル調製条件（H_2O モル比，pH など）によりネットワーク構造制御が可能であることも明らかになっている[20〜22]。ここでは，側鎖にヒドロシリル基（Si-H）基を有する triethoxysilane（TRIES）を用い Si-H 基の反応性による新規な分子篩膜の開発，さらにアニオンであるフッ素をシリカネットワークにドープすることで Si 員環構造の制御が可能であった最新の研究成果を中心に紹介する。

4.1　Si-H 基の反応性を用いた細孔構造制御
4.1.1　ヒドロシリル化による耐熱性向上

　Si 原子間にエチレン基を有する BTESE（Si-C_2H_4-Si unit）などの橋架けアルコキシドを用いた分離膜は，炭素鎖の分解のため高温（約 400℃）とりわけ酸化雰囲気での操作には適さない[15]。近年，Si-H 基とビニル基（Si-CH = CH_2）を同分子内に有する silsesquioxane（SQ）をヒドロシリル化させた材料が超耐熱性を有すると報告されている[23]。広島大学の研究グループでは，図3に示すようにゾル-ゲル法により Si-O-Si ネットワークをコアとする SQ ポリマーゾルを調製し，in-situ ヒドロシリル化反応により SiOC 構造を有するアモルファス分離膜を作製し，気体透過特性，耐熱性を評価している[24, 25]。

　SQ ゾルは，vinyltrimethoxysilane（VTMS），TRIES，tetramethoxysilane（TMDSO）の共加水分解，縮重合により調製し，500℃，N_2 雰囲気でヒドロシリル化させた。Si 前駆体に VTMS，TRIES，TMDSO の3成分を用いたものを VTT 型，VTMS，TRIES の2成分を用いた SQ を VT 型とした。図4に VTT 型，VT 型 SiOC 膜の 400℃における透過率の分子径依存性を示す[24]。VTT 型は，H_2 透過率 5.0×10^{-7} mol m^{-2} s^{-1} Pa^{-1}，H_2/N_2 透過率比は 15 程度で，分子サイズが大きい CF_4 に対して高い選択性を示した。一方 VT 型は，各透過率が VTT 型よりも

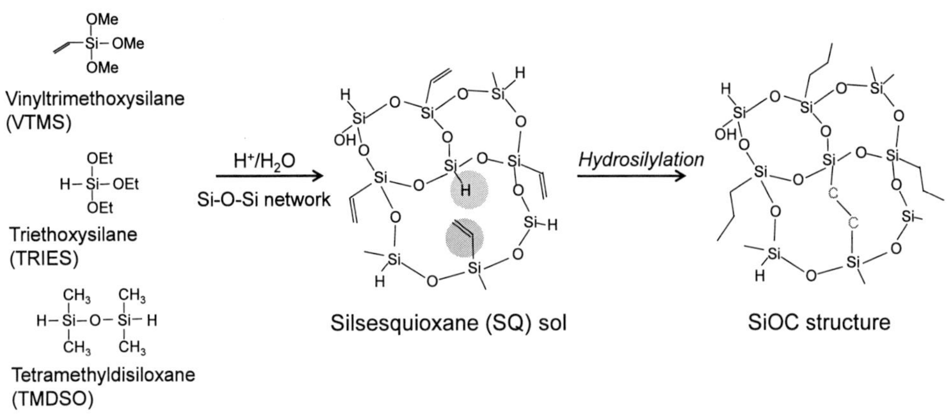

第 17 章 シリカ系分子ふるい膜の細孔構造制御と透過特性

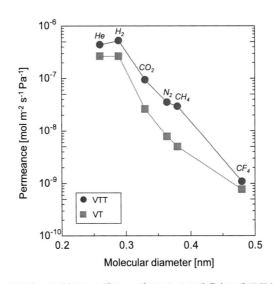

図3 In-situ ヒドロシリル化による SiOC ネットワーク構造の形成模式図[24]

図4 VTT 型，VT 型 SiOC 膜の 400℃における透過率の分子径依存性[24]

小さくなり，ネットワークの緻密性に起因する H_2/N_2，H_2/CH_4 選択性が VTT 型よりも大きくなった。H_2 選択性から予想される膜の平均細孔径は，VTT 型が VT 型よりも大きくなっていると考えられる。これは，VTT 型では，Si 前駆体として VTMS，TRIES，TMDSO を用いており，VT 型では用いていない TMDSO の CH_3 基の存在によりネットワークがルースになったと考えられ，SQ 構造を形成する Si 源によりネットワークサイズの制御が可能であった。

500℃，N_2 雰囲気でヒドロシリル化させた VT 型 SiOC 膜の耐熱性を 550℃，空気雰囲気における各気体透過率の経時変化を測定することで評価した。図5に 550℃，空気雰囲気における VT 型 SiOC 膜の透過率の経時変化を示す[24]。製膜温度よりも高温で酸化雰囲気にも関わらず，各気体透過率がほとんど変化していないことが確認でき，ヒドロシリル化による SiOC 膜は，

23時間後も分子篩性を保持できることが明らかになった。

図6にVT型SiOCゲルの空気処理前後における^{29}Si-NMR測定結果を示す[24]。500℃，N_2雰囲気で熱架橋することで，ヒドロシリル化によるSi-C_2H_4-Si結合（-65 ppm）の形成が確認できる。このサンプルを500℃，空気雰囲気で所定時間焼成すると，SiO_4由来のQ^4ユニットの割合が大きくなり，Si-H基由来のT^3ユニットが大きく減少した。未反応Si-H基の酸化反応によりQ^4ユニットを形成したと考えられる。一方でヒドロシリル化由来のT^3ユニットの割合は，

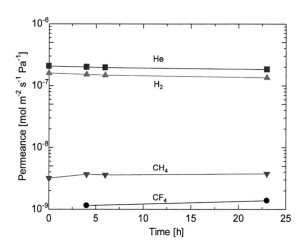

図5　550℃，空気雰囲気におけるVT型SiOC膜の透過率の経時変化[24]

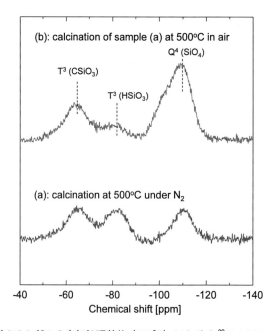

図6　VT型SiOCゲルの空気処理前後（500℃）における^{29}Si-NMRスペクトル[24]

第 17 章　シリカ系分子ふるい膜の細孔構造制御と透過特性

空気処理前後でほとんど変化していないことから,ヒドロシリル化による SiOC 構造は 500℃,空気雰囲気で耐酸化性を有することが明らかになった。

4. 1. 2　NH₃ 処理による親和性,細孔径制御

図 7 に Si-H 基を有するシリカ系膜のネットワーク構造制御概略図を示す[26]。Si-H 基を有する TRIES を用いて 3 官能架橋によりルースなネットワークを形成後,高温 NH₃ ガスに暴露し,Si-H 基と NH₃ を反応させ,ネットワーク構造に吸着性分子である CO_2 と親和性の向上の可能性が報告されている NH_2 基を導入することで,細孔径制御と親和性付与性について検討された。

図 8 に TRIES ゾルコーティングフィルムを N₂ 雰囲気で焼成後 (400,550,600℃) と,各温度で NH₃ 処理 (NH₃ 濃度:100 mol%,1 h) を行った後の FTIR スペクトルを示す[26]。N₂ 焼成時にはいずれの焼成温度においても 2250 cm⁻¹ の Si-H のピークが検出され,NH₃ 処理後では 550℃ 以上で消失し,Si-H + NH_3 → Si-NH_2 + H_2 の反応[27,28]により,生成した NH_2 基に由来するピークが 1550 cm⁻¹ と 3430 cm⁻¹ に確認された。

図 9 に 550℃,NH₃ 反応後の TRIES 膜の表面および断面 SEM 写真を示す[26]。分離層

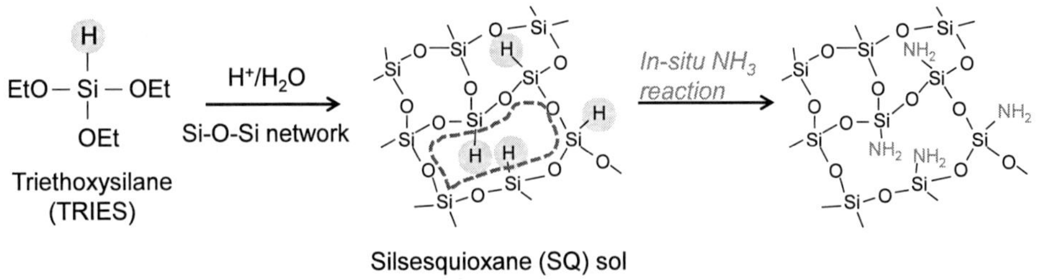

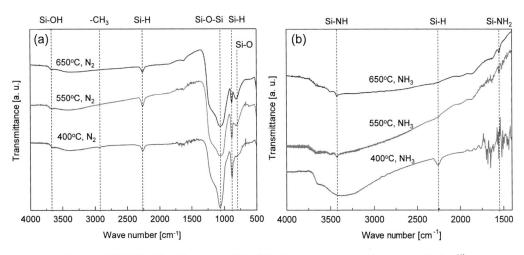

図 7　Si-H 基を有するシリカ系膜のネットワーク構造制御概略図[26]

図 8　N₂ 雰囲気焼成後 (a),NH₃ 処理後 (b) の TRIES フィルムの FTIR スペクトル[26]

(TRIES) と中間層を区別することは難しいが，NH₃ との反応後もクラックなどは確認されず，100 nm 以下の薄膜で分離層が形成されていることが明らかになった。

図10に NH₃ 処理（550℃，1 h）前後の TRIES 膜の 400℃における透過率分子径依存性を示す[26]。TRIES 膜では H_2/CF_4 = 93 であり，分子サイズの小さい H_2 の方が選択的に透過した。TRIES を Si 前駆体に用い分子ふるい性を有する膜の作製が可能であった。この膜に NH₃ 処理を行うと，CF_4 より分子サイズの小さい気体の透過率は減少し，特に CO_2 の透過率が大きく減少した。透過率が減少したのは Si-H 基と NH₃ との反応により官能基が変化し，透過分子にとって立体障害になったためと考えられる。550℃反応時の NH₃ の透過率は，NH₃ 処理後の透過率分子径依存性と一致し，NH₃ が優先的に透過する細孔が反応したと考えられる。今後は NH₃ 処

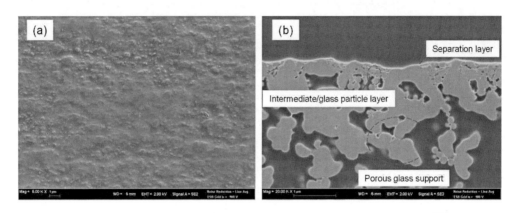

図9　550℃，NH₃ 反応後の TRIES 膜の表面（a）および断面（b）SEM 写真[26]

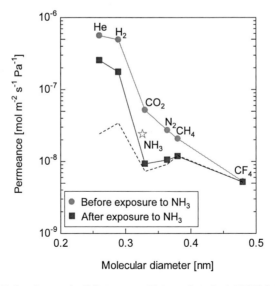

図10　NH₃ 処理（550℃，1 h）前後の TRIES 膜の 400℃における透過率分子径依存性[26]

第17章 シリカ系分子ふるい膜の細孔構造制御と透過特性

理前のネットワーク構造，ゾル調製条件，焼成条件を最適化し Si-H 基密度の制御が重要になると思われる。

4.2 アニオンドープ

シリカ系膜は，Si-O-Si- からなるシロキサン結合，および Si-OH の集合体から形成されているため，焼成過程において Si-OH 基の縮合による緻密化が生じ，ネットワークサイズを分子レベルで精密制御するのは非常に難しい[29, 30]。そのため，ネットワークサイズを精密制御するためには，縮合反応に寄与する Si-OH 基密度を制御することが重要であると思われる。これまでに，シリカガラスの Si-OH 基が光透過性に大きく影響するため HF や NH_4F などを用いて，Si-OH 密度を制御する方法や Si 源に triethoxyfluorosilane（TEFS）を用いる手法が提案されている[31~33]。我々の研究グループは，アニオンとしてフッ素（F）をシリカネットワークにドープすることで，ルースなネットワーク構造を有した新規シリカ系分離膜の開発に成功している[34]。

図11に350℃焼成 $F\text{-}SiO_2$ 膜の300℃における透過率の分子径依存性を示す[34]。$F\text{-}SiO_2$ 膜は，Si 源に TEOS，F 源に NH_4F を用い製膜した。$F\text{-}SiO_2$（F/Si = 2/8）膜は，H_2 透過率 2.3×10^{-6} mol m^{-2} s^{-1} Pa^{-1}，H_2/N_2 透過率比10，H_2/SF_6 透過率比1260を示し，H_2/N_2 透過率比100以上の SiO_2（F = 0）膜よりも高い H_2 透過率を示した。また，F/Si 比の増加に伴い各透過率が増加し，H_2/N_2 選択性は低下し，分子径の大きいガス（CF_4，SF_6）に対して高選択性を示した。H_2 選択性から予想されるネットワークサイズは，F/Si 比とともに大きくなることが明らかになった。

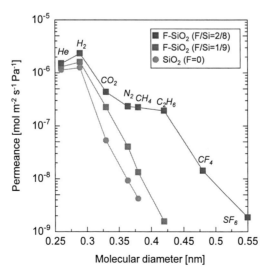

図11 350℃焼成 SiO_2（F = 0），$F\text{-}SiO_2$（F/Si = 1/9，2/8）膜の300℃における透過率分子径依存性[34]

図 12 に 350℃焼成 F-SiO$_2$ ゲルの FTIR スペクトルを示す[34]。すべてのサンプルにおいて,1037〜1080 cm^{-1} 付近に Si-O-Si の O 原子の非対称伸縮に伴うピークが検出された。SiO$_2$ ゲルでは 1037 cm^{-1} だったピーク位置が,F-SiO$_2$ (F/Si = 2/8) では,1083 cm^{-1} に検出され,F ドープとともに,ピーク位置が高波数側にシフトする blue-shift が観測された。Kim ら[35]が用いた振動特性の力定数モデルより,アモルファス SiO$_2$ における Si-O-Si 結合角を算出すると,F ドープとともに,Si-O-Si 結合角が大きくなる傾向が確認でき,20 mol% ドープしたサンプルではおおよそ 10°程度増加した。

XPS,FTIR 分析からアニオンである F は,Si-F 基としてシリカネットワーク構造に取り込まれやすく,図 13 に F-SiO$_2$ ゲルの二体分布関数を示すように,0.37 nm に検出される Si 4 員環に起因するピークが SiO$_2$ と比較して明らかに小さくなった[34]。Si 4 員環は,He,H$_2$ などの微小分子も透過できないため,F をドープすることで,アモルファス構造における Si 4 員環の形成が抑制され,Si 5 員環以上の割合が相対的に高くなり,ネットワークサイズの精密制御が可能であったと考えられる。

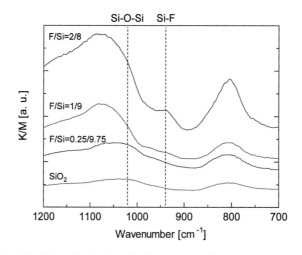

図 12　350℃焼成 SiO$_2$ (F = 0),F-SiO$_2$ (F/Si = 1/9,2/8) ゲルの FTIR スペクトル (700-1200 cm^{-1})[34]

第17章 シリカ系分子ふるい膜の細孔構造制御と透過特性

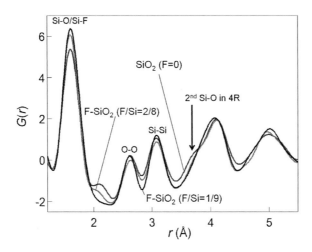

図13 350℃焼成 SiO_2 (F = 0), $F-SiO_2$ (F/Si = 1/9, 2/8) ゲルの二体分布関数[34]

5 おわりに

多孔質シリカ膜の製膜法,アモルファスシリカ構造制御法として側鎖にヒドロシリル基 (Si-H) 基を有する triethoxysilane (TRIES) を用い Si-H 基の反応性による新規な分子篩膜の開発,さらにアニオンであるフッ素をシリカネットワークにドープすることで Si 員環構造の制御が可能であった最新の研究成果を中心に紹介した。上記の手法により分離対象に応じてネットワークサイズを 0.3～0.5 nm で精密制御できる可能性を明らかにした。これは,多孔質セラミック膜のサブナノメートルレベルでの細孔径チューニング技術を創成するもので,様々な分離系に適したシリカネットワークを tailor-made できるサブナノチューニング技術に展開できる。今後は,分離層のネットワークチューニングのみならず,膜安定性,超薄膜シリカ膜製膜のための製膜プロセスからのアプローチが重要になると思われる。

文　献

1) 喜多英俊,エネルギー・化学プロセスにおける膜分離技術,p.55,S & T 出版 (2014)
2) T. Tsuru, *J. Sol-Gel Sci. Technol.*, **46**, 349 (2008)
3) N. W. Ockwig and T. M. Nenoff, *Chem. Rev.*, **107**, 4078 (2007)
4) P. Hacarlioglu *et al.*, *J. Membr. Sci.*, **313**, 277 (2008)
5) M. C. Duke *et al.*, *Adv. Funct. Mater.*, **18**, 3818 (2008)
6) M. Kanezashi *et al.*, *J. Phys. Chem. C*, **118**, 20323 (2014)

7) G. Xomeritakis *et al.*, *J. Membr. Sci.*, **215**, 225 (2003)
8) V. Boffa *et al.*, *ChemSusChem*, **1**, 437 (2008)
9) H. Qi *et al.*, *J. Membr. Sci.*, **421-422**, 190 (2012)
10) M. Kanezashi *et al.*, *J. Jpn Petrol. Inst.*, **59**, 140 (2016)
11) 野上正行, ゾル-ゲル法の最新応用と展望, p.286, シーエムシー出版 (2014)
12) N. K. Raman and C. J. Brinker, *J. Membr. Sci.*, **105**, 273 (1995)
13) G. Cao *et al.*, *Adv. Mater.*, **8**, 588 (1996)
14) M. Kanezashi *et al.*, *J. Am. Chem. Soc.*, **131**, 414 (2009)
15) M. Kanezashi *et al.*, *J. Membr. Sci.*, **348**, 310 (2010)
16) H. L. Castricum *et al.*, *Adv. Funct. Mater.*, **21**, 2319 (2011)
17) M. Kanezashi *et al.*, *Ind. Eng. Chem. Res.*, **51**, 944 (2012)
18) X. Ren *et al.*, *Ind. Eng. Chem. Res.*, **53**, 6113 (2014)
19) R. Xu *et al.*, *ACS Appl. Mater. Interfaces*, **6**, 9357 (2014)
20) T. Niimi *et al.*, *J. Membr. Sci.*, **455**, 375 (2014)
21) H. L. Castricum *et al.*, *Microporous Mesoporous Mater.*, **185**, 224 (2014)
22) X. Yu *et al.*, *J. Membr. Sci.*, **511**, 219 (2016)
23) N. Auner *et al.*, *Chem. Mater.*, **12**, 3402 (2000)
24) M. Kanezashi *et al.*, *J. Mater. Chem. A*, **2**, 672 (2014)
25) M. Kanezashi *et al.*, *J. Membr. Sci.*, **493**, 664 (2015)
26) M. Kanezashi *et al.*, *Chem. Commun.*, **51**, 2551 (2015)
27) Y. Inaki *et al.*, *Chem.Commun.*, 2358 (2001)
28) E. Kroke *et al.*, *Mater. Sci. Eng.*, **26**, 97 (2000)
29) P. K. Iler, The Chemistry of Silica, John Wiley & Sons (1979)
30) M. Kanezashi *et al.*, *J. Am. Ceram. Soc.*, **96**, 2950 (2013)
31) E. M. Rabinovich *et al.*, *J. Non-Cryst. Solids*, **82**, 42 (1986)
32) R. Maehana *et al.*, *J. Ceram. Soc. Jpn*, **119**, 393 (2011)
33) N. Chiodini *et al.*, *Chem. Mater.*, **24**, 677 (2012)
34) M. Kanezashi *et al.*, *ChemNanoMat*, **2**, 264 (2016)
35) Y.-H. Kim *et al.*, *J. Applied Phys.*, **90**, 3367 (2001)

第18章 撥水ウィンドウガラス

平社英之[*1], 増田万江美[*2], 米田貴重[*3]

1 はじめに

　ウィンドウガラスに撥水コーティングを形成した「撥水ウィンドウガラス」は安全性を確保するために高い視界性が求められる自動車用窓ガラスにおいて広く普及している。

　撥水ガラスが初めて商品化されたのは，今から約20年前のことであり，サイドミラーから始まった撥水ガラスは技術的な進歩[1]を続け「撥水ウィンドウガラス」として広くサイドドアガラスやフロントガラスに搭載されている。市場には様々な機能性コーティングが提供されているが「撥水ウィンドウガラス」のニーズは衰えない。これは視界が確保しにくい雨天走行時においても良好な視界を確保できるという安全性が市場で高く評価され続けている結果である。

　そして撥水ガラスはさらなる視認性の向上を目指して撥水性（静的撥水性）と転落性（動的撥水性）の2つの方向で技術開発が進んできた。撥水性の開発は水をはじき，水滴が付着し難い表面の形成を目的とし，転落性の開発は水滴が滑り落ち易い表面の形成を目的としているが，いずれも運転時に視認性を下げる水滴をガラス表面から排除することが目的という点では同じである。

　本章では，撥水性と転落性の発現メカニズムをまず説明し，撥水ガラスの設計指針を説明する。その後，主に前者の撥水性に関する著者らの検討内容を紹介しながら撥水ガラスの実現について説明し，機能向上に向けた課題を説明する。

2 撥水性の発現メカニズム

　固体表面における液体のぬれ性は液滴内の相互作用（表面エネルギーを最小化するために生ずる力）と液体／固体界面での相互作用の大きさで決まる。液滴内の相互作用が液体／固体界面での相互作用より大きければ液体は固体表面でぬれ広がらずに液滴となる。逆に，液滴内の相互作用が液体／固体界面の相互作用より小さければ，液体は固体表面にぬれ広がる。この液体の固体表面でのぬれ広がりを表す指標として接触角がある。接触角とは図1に示すように，液滴端で

---

*1　Hideyuki Hirakoso　旭硝子㈱　商品開発研究所　新商品第1グループ　マネージャー
*2　Maemi Masuda　旭硝子㈱　商品開発研究所　新商品第1グループ
*3　Takashige Yoneda　旭硝子㈱　商品開発研究所　新商品第1グループ　グループリーダー

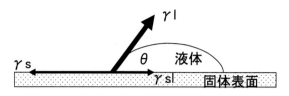

図1　接触角
θ：接触角
γ_s, γ_l：固体，液体の表面張力
γ_{sl}：固体と液体との界面張力

の接線と液体／固体界面との角度であり，液体の表面張力，固体の表面張力，液体／固体の界面張力とYoungの式（(1)式）で表現できる[2]。接触角が大きい場合，液体は固体表面でより球形の液滴を形成することとなり，ぬれにくい，つまり液体が水の場合は撥水性を有する。

$$\gamma_s = \gamma_l \cos\theta + \gamma_{sl} \tag{1}$$

ここで，θは接触角，γ_s, γ_lはそれぞれ，固体，液体の表面張力，γ_{sl}は液体／固体の界面張力を示す。

　撥水性は熱力学的に考察することも可能である。表面張力は表面を単位長さだけ広げるために要する力であり，表面を単位面積だけ広げるために要する表面自由エネルギーと同一である。液体が固体表面でぬれ広がる現象は液体が固体表面へ付着することにより液体／固体の界面が生成する現象であることから，熱力学的に表現すると「付着による仕事量」は「付着に伴う単位体積当たりのGibbs自由エネルギー変化」に相当しDupreの式（(2)式）で表現できる。

$$W = \gamma_s + \gamma_l - \gamma_{sl} \tag{2}$$

ここで，Wは付着による仕事量を示す。このDupreの式（(2)式）とYoungの式（(1)式）からYoung-Dupreの式［(3)式］を導くことができる。

$$W = \gamma_l (1 + \cos\theta) \tag{3}$$

付着による仕事量が小さいほど接触角は大きくなり，固体表面はぬれにくくなる，つまり液体が水の場合は撥水性が発現することを示している。

3　転落性の発現メカニズム

　固体表面における転落性は転落角や接触角ヒステリシスを指標とする場合が多い。転落角とは図2に示すように，水平に保持した基板に液滴を滴下し，基板を徐々に傾けていった時に液滴が転がり始める角度である。Furmidgeは液滴の転落角と接触角ヒステリシスとの関係について

第18章　撥水ウィンドウガラス

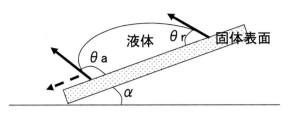

図2　転落角
α：転落角，θ_a：前進接触角，θ_r：後退接触角

(4) 式を提案している[3]。

$$Mg \sin \alpha = w \gamma_L (\cos \theta_r - \cos \theta_a) \tag{4}$$

Mは液滴の重量，αは転落角，wは液滴の幅，gは重力加速度，θ_rは後退接触角，θ_aは前進接触角，γ_Lは液体の表面張力を示す。この関係は大きな接触角ヒステリシスを持つ表面は転落角が大きく，液滴が転がり難いことを意味する。転落性の発現メカニズムは十分に解明されていないが，接触角ヒステリシスの原因は固体表面の化学的不均一性，固体表面の粗さ，液体／固体界面での分子再配列などの影響によるものと考えられている[4]。転落性には固体と液滴径で示される固体-液体-気体界面（3相界面）の長さと連続性が重要であり，3層界面が長く連続すると液滴は転落しにくいことも示されている[5]。

4　撥水ガラスの設計

撥水性は表面（界面）の自由エネルギーバランスで決まり，撥水性の発現を支配する因子として固体表面の化学的性質と固体表面の物理的構造の影響を受ける。そのため，撥水ガラスは固体表面の化学的性質と固体表面の物理的構造を制御することによって設計が可能である。

固体表面の化学的性質は固体の表面張力（γ_S）により表現が可能であるが，固体の表面張力は一般的に測定が困難である。これに関してZismanは液体のぬれ性から固体表面の化学的性質を示す物性値として，臨界表面張力γ_cを提案している[6]。Zismanは表面張力が既知の種々の液体を用いて各種表面における接触角を測定し，横軸を液体の表面張力，縦軸を$\cos\theta$としてプロットすると直線関係があることを見出した。この直線を$\cos\theta \to 1$（$\theta \to 0$）に外挿すればγ_cが求まることになる。液体の表面張力γ_lが，$\gamma_l < \gamma_c$の場合，その液体は固体表面でぬれ広がり，$\gamma_l > \gamma_c$の場合，その液体は固体表面である接触角を有する液滴となる。γ_cが小さいほど，その固体表面をぬらすことのできる液体は制限され，同じ液体の場合，γ_cの小さい固体表面上で接触角は大きい値となる。撥水ガラスとは水が接触角の大きな水滴となるようなγ_cの小さい表面を有するガラスであり，撥水ガラスを実現するためにはガラス表面のγ_cを低減することが必要となる。表1に代表的な固体表面のγ_c値[7]，表2には固体表面の状態とγ_c値との関係[8]を示す。

表1 各種固体表面の臨界表面張力

固体表面	臨界表面張力（mN/m）
テフロン	18
ナフタレン	25
ポリエチレン	31
ポリスチレン	33～43
ナイロン	42～46
ソーダライムガラス	47

表2 表面状態と臨界表面張力

表面状態	臨界表面張力（mN/m）
$-CF_3$	6
$-CF_2H$	15
$-CF_2CF_2-$	18
$-CF_2CFH-$	22
$-CH_3$	22
$-CF_2CH_2-$	25
$-CFH-CH_2-$	28
$-CH_2CH_2-$	31
$-CHClCH_2-$	39
$-CCl_2CH_2-$	40

　固体表面の物理的構造も固体表面での接触角に影響を与え，固体表面に微細な凹凸が存在すると平滑表面での接触角とは異なった値となる。表面の微細な凹凸構造は表面積を増大させる効果を有し，この増大によってぬれ性が強調されるためである。つまり撥水性の表面は表面の微細な凹凸構造によって撥水性がより強調された表面となる。微細な凹凸構造を有する表面のぬれ性に関しては粗面（Wenzel モード）と複合面（Cassie モード）の大きく二つの表面状態に分けて考える必要がある。

　粗面は固体表面の微細な凹凸構造の凹部まで液体が侵入する状態を表し，この凹部まで液体が侵入した状態での接触角に関しては Wenzel が（4）式を提案している[9]。

$$\cos\theta_r = r \cdot \cos\theta \tag{4}$$

　ここで，θ_r は粗面での接触角，r は見かけの表面積に対する実際の表面積の割合，θ は平滑表面での接触角を示す。（4）式は $\theta > 90°$ なる撥水表面では，表面粗さが大きいほど，粗面での接触角は大きくなることを意味している。

　複合面は表面の微細な凹凸構造が一定レベル以上に大きくなって，凹部に液体が浸入できない状態を表し，この状態では固体表面への空気の巻き込み現象を考慮しなければならなくなる。複合面での接触角に関しては，Cassie が（5）式を提案している[10]。

$$\cos\theta_c = M\cos\theta_a + N\cos\theta_b \tag{5}$$

ここで，θ_c は複合面の接触角，θ_a, θ_b は物質 a, b 各面での接触角，および M, N はそれぞれの物質 a, b が表面に存在する割合（$M + N = 1$）を示す。(5) 式において，物質 a を撥水性固体，物質 b を空気と仮定すると，$\theta_b = 180°$（$\cos\theta_b = -1$）となり，(5) 式は

$$\cos\theta = M(1 + \cos\theta_a) - 1$$

と表現できる。従って，$M \to 0$，即ち，撥水表面の表面積を小さくできれば，$\cos\theta \to -1$ となり，接触角が $180°$ となる完全撥水表面に近づくこととなる。

以上に述べた微細な凹凸構造を考慮すればよい領域である粗面（Wenzel モード）から微細な凹凸構造に加えて空気の巻き込みを考慮しなければならない複合面（Cassie モード）への切り替わりを Dettre らは理論的に説明している[11]。

転落性は接触角ヒステリシスと相関し，表面の化学的不均一性，表面の粗さ，液体／固体界面での分子再配列などの影響を受けると考えられている。表面が粗面（Wenzel モード）の場合には接触角のヒステリシスは大きくなるが，複合面（Cassie モード）では，その値は小さいと言われている[12]。先に説明したように接触角ヒステリシスには固体-液体-気体界面（3 相界面）の長さと連続性が重要であると考えられ[13]，3 層界面が長く連続しているほど液滴は一般に転落しにくい。複合面では固体表面と液体の界面に多量の空気をかみこんでいるため 3 相界面が不連続であり，低い転落角を示す[14]。

これに対して固体表面の分子を自由に動ける "Liquid-like" な状態にすることにより，官能基や高分子鎖を回転／駆動させて 3 層界面を動きやすくすることによって転落性を向上させる設計も行われている。3 層界面が動きやすくなることによって液滴が動く際のエネルギーバリヤが小さくなるため接触角ヒステリシスが小さくなると考えられている[15]。Wong らは SLIPS（Slippery Liquid-Infused Porous Surface）と呼ばれる表面を形成し，接触角の値を大きくしなくても転落性に優れた表面を形成している[16]。この表面はフッ素処理された微細な凹凸構造を有する固体表面を最初に作製した後，微細な凹凸構造内にフッ素系潤滑液を湿潤させることによって形成されている。得られた液体膜表面の接触角は決して大きくないが，水や油だけでなく，血液やジャムなどの混合物も滑落させることができ，極めて優れた転落性を示すことが報告されている。さらに微細な凹凸構造内に湿潤させる潤滑液が低粘度の場合に転落性が向上することも報告されている[17]。これらの表面は優れた転落性を有するものの，液体膜であるため撥水ウィンドウガラスへの適用可能性は限定的であると考える。

5 撥水ガラスの実現

ガラス表面の臨界表面張力（γ_c）は 47 mN/m（ソーダライムガラスの場合）と大きく，ガラ

ス表面では水(表面張力 約72 mN/m)はぬれ広がり易い。一方で,テフロンに代表されるフッ素化合物のγ_cは20 mN/m以下と小さく,ガラス表面にフッ素化合物を形成すると水がぬれ広がり難い表面となる。特に,ガラス表面が$-CF_3$基で被覆されると極めて低いγ_c(6 mN/m)の表面となるため,ガラス表面の化学的性質を調整することによって水がぬれにくい撥水性を有する表面が実現可能となる。

ガラス表面の調整に使用するフッ素化合物改質剤としてはガラス表面と化学結合が可能なフッ素系シランカップリング剤が適していて,現在実用化されている多くの撥水ガラスは同材料を応用している。フッ素系シランカップリング剤がガラス表面とvan der Waals力により吸着しているだけでは初期特性は発現できても実用耐久性の観点からは不十分であり,ガラス表面とシロキサン結合等の化学結合を形成する必要がある。著者らは,フッ素系シランカップリング剤のガラス表面との反応性部位をこうした観点から分子設計して,新規フッ素系シランカップリング剤$RfSi(NCO)_3$を開発,実用化している。同化合物は,常温でガラス表面のシラノール基と反応し強固なシロキサン結合を形成する[18]ため,良好な実用耐久特性を発現する。図3に同化合物で処理したガラス表面のZismanプロットを示す。γ_c = 12.7 mN/mであり,水に対して非常にぬれにくいガラス表面が形成できていることがわかる。一方で,$-CF_3$基のような表面エネルギーの小さい構造単位をガラス表面に高密度に結合させても到達する接触角としては130°が限界と言われている[19]。従って,接触角をさらに向上させるためには,ガラス表面の化学的性質に加えて物理的構造を調整する必要がある。

ガラス表面の物理的構造を調整する方法の一つとして,著者らは酸化物微粒子をゾルゲルマトリクス中に固定して微細な凹凸構造を形成する技術に取り組み,撥水性評価を行った。酸化物微粒子には球状,鎖状,針状,球状粒子が会合した数珠状など幅広い形状が存在するため,これらの微粒子形状と分散状態をコントロールすることにより微細な凹凸構造と接触角の制御を行った。図4に数珠状のSiO_2粒子とマトリクス成分によってガラス上に形成した微細な凹凸構造を示す。形成した表面をフッ素系シランカップリング剤で処理することによって,図5に示す高

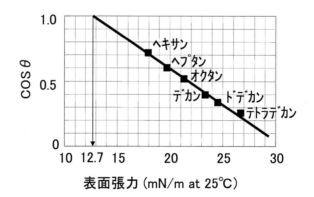

図3 撥水ガラスのジスマンプロット

第 18 章　撥水ウィンドウガラス

図4　ガラス上に形成した微細な凹凸構造

図5　高撥水ガラス表面での水滴

撥水性表面（接触角138°を実現した。さらに，微粒子としてSiO$_2$よりもモース硬度の高い微粒子を用いることで耐摩耗性が向上することも確認した。モース硬度が15，平均粒径が6 nmのダイヤモンド微粒子の粒子分散状態をコントロールしてガラス表面に固定することによって図6に示す微細な凹凸構造を形成することができ，高い透明性と撥水性（接触角133°）を持つ撥水ガラスが得られている。この撥水ガラスの摩耗試験後の表面を観察するとSiO$_2$微粒子を使用した場合と比較してダイヤモンド微粒子を使用した場合は外観不良が改善できていたため，ガラス表面に形成する微細な凹凸構造の耐摩耗性向上には微粒子そのものの高硬度化が有効であることを確認している。

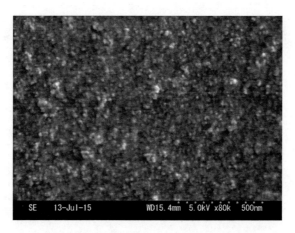

図6 ダイヤモンド微粒子による微細な凹凸構造

6 おわりに

　本章では，撥水ガラスを形成するための技術を撥水性と転落性という点から整理し，「撥水ウィンドウガラス」の設計方針と著者らの検討内容を説明してきた。固体表面（ガラス表面）の化学的性質を設計することによって優れた撥水性と耐久性を両立する「撥水ウィンドウガラス」が商品化されている。一方で，さらに撥水性を向上させるために固体表面の物理的構造を調整し，固体表面に微細凹凸構造を形成すると透明性や耐摩耗性が課題となる。撥水性を向上させた撥水ガラスの実用化に向けて，多くの視点から微細な凹凸構造の制御が行われ，前述した著者らの検討では高い撥水性，透明性，耐摩耗性を一定レベルで実現できている。しかしながら，さらなる撥水性の向上を，耐摩耗性を維持しながら実現するためには粒子の高硬度化に加えて，粒子間の結合，粒子-基材間結合を促進することが必要であると考える。

　これまで説明してきたように「撥水ウィンドウガラス」の高機能化に寄与する高い撥水性と高い転落性を実現するためには固体表面の化学的性質と物理的構造の調整が必要不可欠である。さらに高い撥水性と高い転落性を両立するためには複合面（Cassieモード）の形成が必要であり，複合面の実現に有利な表面構造についての研究は種々行われてきたが，耐摩耗性を有する表面構造の報告例はない。高い撥水性と高い転落性を両立する高性能の「撥水ウィンドウガラス」が実用化できるかどうかは，表面構造の強度および密着性向上を含めた，表面構造の維持に優れた構造を見出せるかが，鍵となると考える。そのためには，自己組織化技術やナノインプリント技術などをゾルゲル技術と組み合わせる幅広いナノテクノロジーの英知を結集させる必要があると考える。

第 18 章　撥水ウィンドウガラス

文　献

1) T. Yoneda et al., *Thin Solid Films*, **351**, 279（1999）
2) Young T. *Trans. Faraday Soc.*,（London）**96 A**, 65（1805）
3) C. G. L. Furmidge, *J. Colloid Sci.*, **17**, 309（1962）
4) 吉田直哉，渡部俊也，表面技術，**60**（1），9（2009）
5) 中島章，酒井宗寿，NEW GLASS, **20**（4），17（2005）
6) H. W. Fox and W. A. Zisman, *J. Colloid Sci.*, **7**, 428（1952）
7) 湯浅章，セラミックス，**29**（6），533（1994）
8) 松尾仁，表面，**18**（4），221（1980）
9) R. N. Wenzel, *J. Phys. Colloid Chem.*, **53**, 1466（1949）
10) Cassie A. B. D., Baxter, S., *Trans Faraday Soc.*, **40**, 546（1944）
11) R. E. Johnson Jr., R. H. Dettre, *Adv. Chem. Ser.*, **43**, 112（1963）
12) R. H. Dettre, R. E. Johnson Jr., *Adv. Chem. Ser.*, **43**, 136（1962）
13) Z. Yoshimizu et al., *Langmuir*, **18**, 5818（2002）
14) M. Miwa et al., *Langmuir*, **16**, 5754（2000）
15) 穂積篤，浦田千尋，*J.Jpn.Soc.Colour Mater.*, **86**（11），403（2013）
16) T. S. Wong et al., *Nature*, **477**, 443（2011）
17) 高田泰寛ら 第62回応用物理学会春季学術講演会 講演予稿集，135（2015）
18) 林泰夫，米田貴重，松本潔，*J. Ceram. Soc. Japan*, **102**（2），206（1994）
19) 土居依男，春田直哉，工業材料，**44**（5），46（1996）

第19章 フッ素フリー撥水撥油材料の開発

鈴木一子[*1], 福井俊巳[*2]

1 はじめに

撥水・撥油性の発現にはフッ素成分の適用が最も有効である。しかし，フッ素成分は環境汚染の一因として懸念され，「残留性有機汚染物質に関するストックホルム条約（POPs条約）」を始めとして国内外で年々規制が厳しくなっている。そこで，フッ素成分の代わりに長鎖アルキル基を用いた撥水撥油処理材の開発が試みられているが，フッ素系材料に比べ特性が劣るだけでなく，熱的安定性，機械的特性が低くなる傾向にある[1]。一方，Smith らは表面形状と各構成部位の表面エネルギーを制御することでこれまでにない撥水撥油表面が形成可能であることを報告しているが[2]，一般の基材上への形成が非常に困難である。

また，固体表面への撥水撥油性は，主に静的接触角によって評価されてきたが，近年液除去性能を重要視する傾向が強まり動的挙動が注目されるようになってきた。

本稿では，KRI が開発したウレタン/エポキシ/シロキサンの複合化により形成されたナノ相分離構造を有する新規材料の撥水・撥油性，特に優れた動的特性の発現について記載する。

2 フッ素フリー撥水撥油材料の作製

末端修飾シリコーン，イソシアネート/エポキシオリゴマーを出発原料として複合前駆体となる THF 溶液を作成した。得られた塗布液を用いガラス基板上に成膜後，熱硬化により透明な塗膜を作製した（図1，2）。

得られた塗膜は，静的接触角と動的接触角の測定により撥水・撥油性を評価し，撥水性，撥油性，両方を兼ね備えることが分かった（表1）。水及び n-ヘキサデカンに対する静的接触角は101°と37°であったが，水及び n-ヘキサデカンの転落角は各々の29°と3°と非常に低い値を示した。静的接触角が同程度の PTFE と比べ非常に優れた動的特性を有することが確認された。

このように n-ヘキサデカンの前進角と後退角の差（ヒステリシス）が3°と小さく，液滴の滑落性が良くかつ液滴痕が少ないことにより，良好な防汚性・摺動性・流れ特性が得られると考えられる。油性マジックの拭取り性は良好であった（図3）。

[*1] Kazuko Suzuki ㈱KRI エネルギー材料研究部 主任研究員
[*2] Toshimi Fukui ㈱KRI エネルギー材料研究部 部長；執行役員

第 19 章　フッ素フリー撥水撥油材料の開発

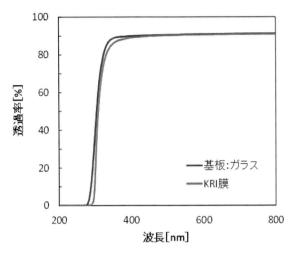

図 1　フッ素フリー撥水撥油膜の可視紫外透過スペクトル

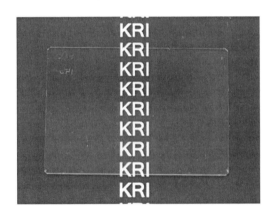

図 2　フッ素フリー撥水撥油膜の外観写真

表 1　撥水撥油特性の一般的な樹脂との比較

特性			フッ素フリー撥水撥油膜	PTFE	PE	シリコーン	PET
臨界表面張力 [mN/m]			16	15	30	9	33
静的接触角 [deg] 2 μL	ヘキサデカン		37	43	5	52	3
	水		101	105	98	111	65
動的接触角 [deg]	ヘキサデカン 5 μL	滑落角	3	40	2	52	2
		前進角	41	47	7	57	8
		後退角	37	24	6	27	7
		ヒステリシス	3	23	2	30	1
	水 20 μL	滑落角	29	40	55	52	71
		前進角	107	97	111	57	86
		後退角	89	76	83	27	51
		ヒステリシス	18	21	28	30	35

油性インキ後 　　　　　　　　キムワイプ拭取り後

図3　フッ素フリー撥水撥油膜の防汚特性

3　フッ素フリー撥水撥油材料の特徴

3．1　ナノ相分離構造

撥水撥油性と優れた動的特性の発現要因を明確にするため得られた撥水撥油膜表面の表面性状をAFMにより確認した。形状像より表面凹凸は数nmレベルであり，形状因子により撥水撥油が発現したのではないことがわかる。一方，位相像より，自己組織化により疎水マトリックス中に数10 nmφの親水ドメインの存在が確認された（図4）。これらのことより，撥水撥油性と優れた動的特性はこの特徴的な表面形態に起因すると考えられる。

今回得られた撥水撥油膜は，従来の撥水撥油膜が単分子膜[3]であるのに対し，100 nm以上の膜厚を有し，内部までナノ相分離構造が存在する。このことから表面が摩耗しても撥水撥油性能が保持されることが期待される（図5）。

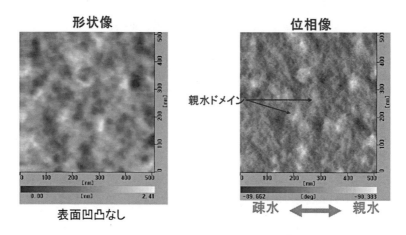

図4　フッ素フリー撥水撥油膜のAFM像

第 19 章　フッ素フリー撥水撥油材料の開発

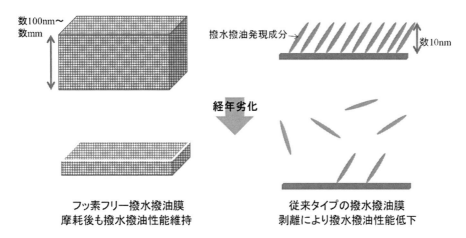

図 5　フッ素フリー撥水撥油膜の概念図

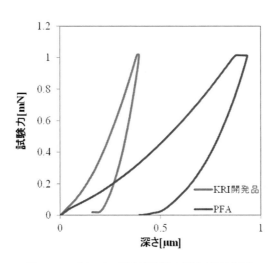

図 6　フッ素フリー撥水撥油膜の超微小硬度試験

3. 2　機械特性

撥水撥油膜の機械特性（マルテンス硬さと弾性率）を超微小硬度計で測定した（図 6）。弾性率は 5 GPa，硬度は 150～300 N/m^2 と一般的な樹脂材料に比べ高硬度材料としての可能性が示された（表 2）。また，鉛筆硬度は 3 H～5 H であった。

3. 3　耐熱性

TG-DTA により耐熱を確認した（図 7）。5％重量減温度が 242℃，分解温度が 311℃であり，TG-DTA プロファイルを併せて考えると常用 200℃程度が可能と推定される。ポリシルセスキオキサン（PSQ）を 7.9 重量％添加することで 5％重量減温度が 278℃分，解温度が 324℃と耐熱性が改善され，PSQ 複合化の熱特性向上に与える効果が確認された。

表2 超微小硬度測定による機械特性

	マルテンス硬さ (MPa)	弾性率 (MPa)	換算ビッカース (MPa)
KRI開発フィルム	212	4.5×10^3	36
PET	120	4.5×10^3	17
ポリカーボネート	130	4.5×10^3	20

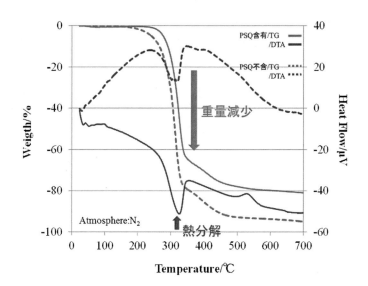

図7 フッ素フリー撥水撥油膜の熱分析

また，TG-GC/MSスペクトルより，250℃まで揮発・分解成分の発生は認められず（図8），コンタミを嫌う用途においても問題なく使用可能と考える。

3.4 プライマリーフリーでの成膜性

今回成膜に用いた塗布液は，プライマー処理なしでガラス，アルミ，シリコンなどの無機基板だけでなく，一般的に成膜が困難であるPPをはじめとするPET，PC，PIなどの有機基板への成膜も可能であった。得られた撥水撥油膜は各種基板へ密着性良く形成されていることが確認され，それら表面の撥水撥油特性に基板依存性がないことが確認された（表3）。

第 19 章　フッ素フリー撥水撥油材料の開発

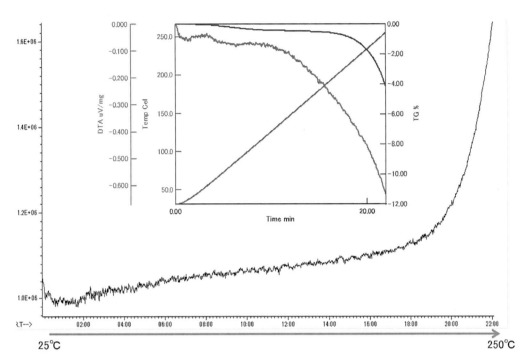

図 8　フッ素フリー撥水撥油膜の TG-GC/MS スペクトル

表 3　様々な基材上に形成した膜の表面特性

特性			フッ素フリー撥水撥油膜					
	基材		ガラス	アルミ	PI	PP	PET	PC
臨界表面張力 [mN/m]			16	19	20	20	18	19
静的接触角 [deg] 2 μL	ヘキサデカン		37	36	35	36	38	36
	水		101	100	99	98	99	100
動的接触角 [deg]	ヘキサデカン 5 μL	滑落角	3	6	4	4	4	4
		前進角	41	38	38	38	38	38
		後退角	37	32	32	36	34	36
		ヒステリシス	3	6	6	2	4	2
	水 20 μL	滑落角	29	40	13	29	27	28
		前進角	107	106	103	104	97	105
		後退角	89	87	100	87	87	89
		ヒステリシス	18	19	3	17	10	17

4 まとめ

ウレタン/エポキシ/シロキサンの複合化によりこれまでにない優れた動的特性を有する特徴的なフッ素フリー撥水撥油材料の形成が可能となった。その特性発現のメカニズムは十分に明確に解明されておらず，今後の研究の進展による新たな材料開発指針の提示が期待される。また，耐熱性と機械特性を併せ持つことより，光学応用だけでなく，ヘルスケア・医療，自動車関連，ハウジング関連など様々な分野での応用が期待される。

文　　献

1) C. Urata *et al*, *Langmuir*, **28**, 17681-17689（2013）
2) J. D. Smith *et al*, *Soft Matter*, **9**, 1772-1780（2013）
3) 曽我眞守 他，表面科学，**14**，No.10（1993）

第20章 金属酸化物ナノ粒子分散体の調製と有機無機ハイブリッド透明材料への応用

松川公洋*

1 はじめに

　有機無機ハイブリッド材料は，柔軟性や成形性に優れた有機ポリマーに，耐久性，硬度，光学特性に優れた無機物を付与することで，それぞれの相乗的な特性を発現し，物性のトレードオフを解消できる機能性材料として期待されている。最も一般的な有機無機ハイブリッドの作製には，金属アルコキシドのゾルゲル法で調製されたゾル中に，有機ポリマーをナノ分散する方法が知られている。これらのナノ分散には有機ポリマーとゾルとの間で共有結合，水素結合，配位結合，π-π相互作用，イオン性相互作用，疎水性相互作用などの相互作用が不可欠であり，様々な有機無機ハイブリッドが開発されている[1~4]。しかし，ゾルゲル法による有機無機ハイブリッドには，ゲル化に伴う硬化収縮が大きい，トリアルコキシシランの加水分解でアルコールが生成する，硬化反応にかかる時間が長いなどの欠点がある。これらの欠点を軽減する方法として，ゾルゲル反応が完結して得られる反応性ポリシルセスキオキサンと各種モノマーや有機物との架橋反応は効果的である[5~8]。一方，金属酸化物ナノ粒子をポリマー中に分散して得られる有機無機ハイブリッドもゾルゲル法の欠点を低減する有効な方法と考えられる。

　ナノ分散の大きな特徴は，可視領域波長よりも小さいサイズで分散しているので，透明材料を形成し易いということである。透明材料の機能の一つに高屈折率があり，その機能発現には，芳香環，フッ素以外のハロゲン元素，イオウ元素，チタニアやジルコニアなどの導入する必要がある。このように，屈折率を操る因子として，無機材料が占める役割は大きく，有機無機ハイブリッド化することで屈折率制御可能な材料を設計することができる。金属酸化物の中では，チタニアが最も屈折率は高いが，光触媒活性が少ないとされるルチル型でも，そのバンドギャップエネルギーは3.0 eVで，413 nm以下の光波長域で光触媒活性を示す可能性があり，有機ポリマーマトリクスを冒す恐れがある。一方，ジルコニアのバンドギャップエネルギーは5.0 eVと大きく，250 nm以下の紫外線領域でしか光触媒活性を示さない。さらに，ジルコニアは，屈折率が2.17と金属酸化物の中では比較的高く，ジルコニアナノ粒子を含んだ有機無機ハイブリッドは光安定性に優れた高屈折率材料と言える。そのためには，ジルコニアナノ粒子の表面処理による有機溶剤分散体の開発が不可欠である。

　ここでは，ジルコニアナノ粒子分散体の調製と高屈折率有機無機ハイブリッド薄膜への応用に

---

* Kimihiro Matsukawa　京都工芸繊維大学　分子化学系　研究員

ついて解説する。

2 シランカップリング剤によるジルコニアナノ粒子分散体の作製と問題点

　金属酸化物の凝集粒子を分散剤存在下で解砕して得られるナノ粒子は，微小ビーズをメディアとして使用したビーズミル（図1）によるトップダウン法で作製でき，ゾルゲル法を中心としたボトムアップ法で得られる粒子サイズに近づきつつある[9]。これらの分散剤としてシランカップリング剤が最も一般的であり，アルコキシシリル基が加水分解して生じるシラノール基が，ジルコニアナノ粒子表面の水酸基と縮合してZr-O-Si結合を形成し，表面を有機化することで有機溶媒に分散できる。しかし，シランカップリング剤処理をビーズミル中で行った場合，メディア間で剪断，摩擦，圧縮，ずりなどの強い力がナノ粒子表面に働いており，静置した溶液中での反応とは全く異なっている。シランカップリング剤の3つのシラノール全てがナノ粒子表面と結合することはなく，このような強い反応場では，未反応シラノールは別のシランカップリング剤とシロキサン結合を形成する可能性があり，最終的に複数の粒子表面のシラノールが結合することで，ナノ粒子の再凝集を引き起こすことが推測される。この現象は，ビーズミル分散処理を行う上で，非常に大きな問題となっている。この問題を回避するためには，シランカップリング剤の使用量を減らすことであるが，単に添加量を減らすだけでは，優れた分散効果を得ることは難しく，良好な有機溶剤分散体を生成できない。そこで，シランカップリング剤の使用量を効率的に減らす，再凝集を起こし難いシランカップリング剤を開発する，等の方法が考えられる。そこで，我々は，①シランカップリング剤と異なる反応性の分散剤の2種類を用いた2段階法，②新規なデュアルサイト型シランカップリング剤を用いた方法で，この問題解決に取り組んできた。

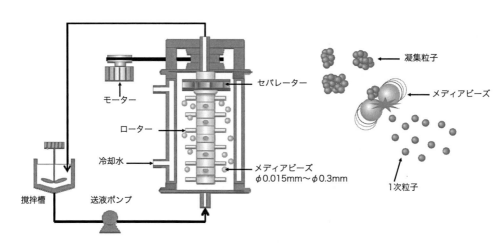

図1　ビーズミルの装置図と凝集粒子の解砕

第 20 章　金属酸化物ナノ粒子分散体の調製と有機無機ハイブリッド透明材料への応用

3　2段階法によるジルコニアナノ粒子分散体の調製

ジルコニアナノ粒子を完全表面被覆しない程度の少量のシランカップリング剤では，高い分散効果を示すことはないが，再凝集も起こし難い。そこで，理論量より少ないシランカップリング剤を反応させた後，ジルコニアナノ粒子表面上の未反応 Zr-OH と別な分散剤を反応させる2段階法によるナノ粒子分散体の作製を検討した[10,11]。図2に示すように，メチルエチルケトン（MEK）中で，凝集状態のジルコニアナノ粒子に対してビニルトリメトキシシラン（VTMS）を用いてビーズミルで1段階目の分散処理をした後，2-メタクリロキシオキシエチルイソシアネート（MOI）を添加し，室温で超音波処理することによってジルコニア粒子表面にメタクリル基が修飾された安定なジルコニアナノ粒子（ZrO_2-MOI）分散体が得られた。ここで，2段階目の分散剤として，MOI を選択した理由は，イソシアネート基と Zr-OH はウレタン結合を形成し，ナノ粒子表面をメタクリレート基で被覆できるからである。実際に，MOI を添加して，超音波処理後のスラリーの赤外吸収スペクトルより，$2270\ cm^{-1}$ 付近のイソシアネートのピークが減少し，ウレタン結合の形成が進行していることが確認できた（図3）。VTMS と MOI をそれぞれ 2 wt％ずつを処理した場合，累積50％粒子径が 8.5 nm であり，概ね1次粒子径のサイズに解砕していることが確認できた。一方，VMTS のみを 4 wt％添加した同条件での処理で得られた

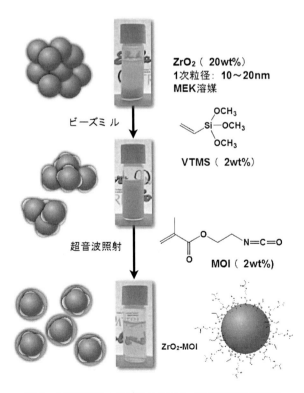

図2　2段階法によるジルコニアナノ粒子分散体の調製

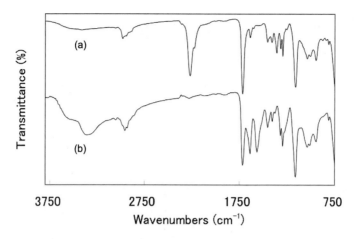

図3 ジルコニアナノ粒子のFT-IRスペクトル
（a）MOI添加直後，（b）MOI添加，超音波照射後

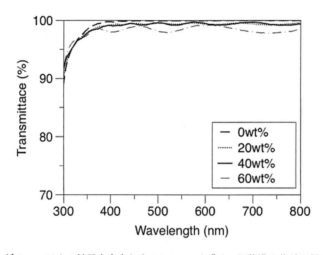

図4 ジルコニアナノ粒子を含有したDPHAハイブリッド薄膜の紫外可視透過率

ジルコニアナノ粒子分散液の累積50％粒子径が332.7 nmであり，かなりの凝集体のままであることがわかった。このジルコニア粒子は2週間で完全に沈降したことから，VMTSだけでは分散初期から粒子表面の有機化が進んだとしても，あまり効率的な分散状態ではなく，シロキサン結合形成による再凝集が生じたものと推測される。一方，分散剤として，MOIだけを用いてビーズミル処理を行った場合，予想外に分散性が良くなかった。この理由として，ジルコニアナノ粒子表面に生成したウレタン結合は，粒子間での水素結合を引き起こす可能性があり，それが再凝集の原因になったと推測される。

　2段階法で作製したジルコニアナノ粒子分散体は，VTMSとMOIに由来するビニル基やメタクリル基を持っており，多官能アクリレートモノマーとの光ラジカル重合により，光架橋による

第 20 章　金属酸化物ナノ粒子分散体の調製と有機無機ハイブリッド透明材料への応用

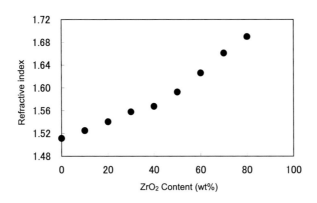

図 5　ジルコニアナノ粒子含有量による DPHA ハイブリッド薄膜の屈折率変化

有機無機ハイブリッド薄膜を容易に形成できる。また，この有機無機ハイブリッド薄膜の透過率は，ジルコニア未含有のジペンタエリスリトールヘキサアクリレート（DPHA）単独の薄膜に対してジルコニア含有率を上げても高い透明性を維持している（図 4）。60 wt%までジルコニア含有率を上げた場合も透明性は確保されており，DPHA 薄膜と同等レベルの透過率であった。また，図 5 に示すように，ジルコニアナノ粒子添加量が増えるにしたがって屈折率は増大した。例えば，80 wt%含有した有機無機ハイブリッド膜の屈折率は，1.68 を示した（DPHA のみでは1.52）。これらのことから組成比によって屈折率を容易に制御できる高屈折率薄膜として，各種光学材料への応用が期待できる。

4　デュアルサイト型シランカップリング剤によるジルコニアナノ粒子分散体の調製

シランカップリング剤のジルコニアナノ粒子への反応性を低下させることなく，未反応のシラノール同士の反応を防ぐことが可能な新規なシランカップリング剤として，デュアルサイト型シランカップリング剤を考えた。比較的大きな有機基の 1 方向に 2 つのシランカップリング剤ユニットを持ち，ジルコニアナノ粒子表面上で，2 本足で結合した特異な構造（図 6）により，安定な結合状態と未反応シラノールとのシロキサン結合の生成が抑えられることが期待できる。ここでは，基本構造がビスフェニルフルオレンと o-フタル酸エステルからなるデュアルサイト型シランカップリング剤について検討した。

4．1　ビスフェニルフルオレン誘導体からのデュアルサイト型シランカップリング剤とその適用

ビスフェニルフルオレン化合物は，4 つの芳香環が一つの炭素に結合し等価に配置されたカルド構造であり，高屈折率と低複屈折の性質を有する有機材料として注目されている。我々は，それらを用いて有機無機ハイブリッド材料を調製することで，高屈折率薄膜を作製できることを報

告している[5,6]。さらに，図7のように，ビスフェニルフルオレンの2つのフェニル基側鎖末端にアルコキシシラン基を有する新規なデュアルサイト型シランカップリング剤の開発を行い，それらを用いたジルコニアナノ粒子分散液の調製を検討した[12]。

ビス(3-メチルフェニル)フルオレンアリルエーテル（BCF-allyl）とメルカプトプロピルトリメトキシシラン（MPTMS）のエン-チオール反応より，デュアルサイト型シランカップリング剤を合成した。ここで用いているエン-チオール反応は，炭素-炭素二重結合へのチオールのラジカル付加反応で，クリック反応のひとつとして知られている[13,14]。図8に示すように，光ラジカ

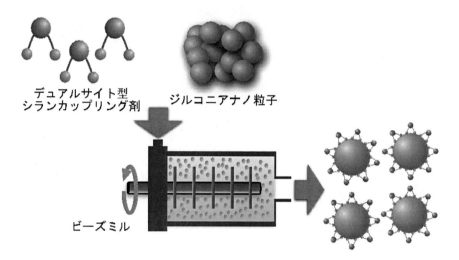

図6 デュアルサイト型シランカップリング剤を用いたジルコニアナノ粒子分散体の調製

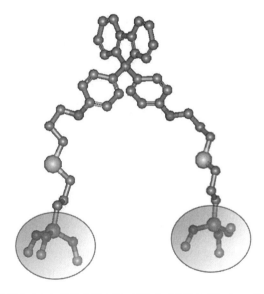

図7 ビスフェニルフルオレン骨格を持つデュアルサイト型シランカップリング剤の化学構造

第 20 章 金属酸化物ナノ粒子分散体の調製と有機無機ハイブリッド透明材料への応用

ル重合開始剤の存在下で，非常に短時間の紫外線照射でデュアルサイト型シランカップリング剤（BSF）を定量的に合成でき，末端のアルコキシシリル基は安定に存在していることを確認している。また，BSF の屈折率は 1.57 であり，他の分散剤と比較して高い値であり，高屈折率材料を調製しようとする目的には適している。ジルコニア粒子（1 次粒径：10 ～ 20 nm）を MEK 中でビーズミルを用いて，BSF で表面処理することによりビスフェニルフルオレン修飾ジルコニアナノ粒子分散体を作製できた。デュアルサイト型シランカップリング剤は，ジルコニアナノ粒子表面で図 9 に示すような橋掛け構造を形成し，疎水性表面を形成するため，有機溶剤に分散し易いものと推測できる。得られたナノ粒子分散体の累積 50％粒子径は 14.6 nm であり，高い分散性と透明性を有している。ビスフェノキシエタノールフルオレンジアクリレート（BPEFA）と調製したジルコニアナノ粒子分散体の混合液に光ラジカル開始剤（Irgacure184）を添加し，ガラス基板上にスピンコートした後，紫外線照射で光硬化有機無機ハイブリッド膜を作製したところ，ジルコニアナノ粒子を高濃度に含有していても透明性が高く，屈折率は混合組成中のナノ粒子含有量に応じて任意に調整が可能であり，図 10 のように 1.62 ～ 1.73 の広い範囲

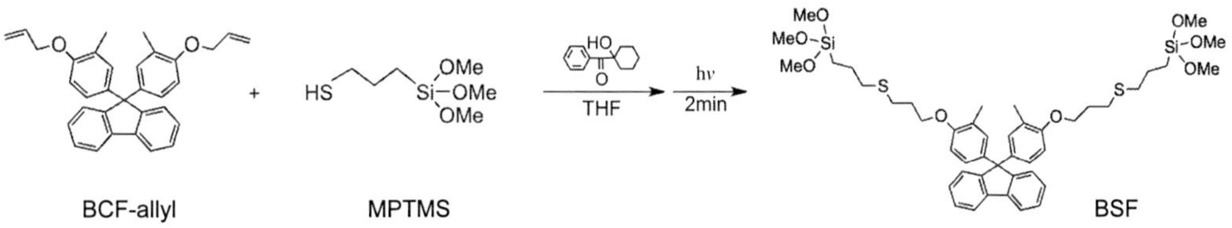

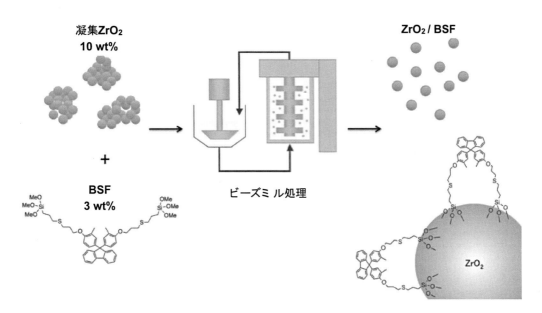

図 8　BCF-allyl からのデュアルサイト型シランカップリング剤（BSF）の合成

図 9　デュアルサイト型シランカップリング剤（BSF）によるジルコニアナノ粒子分散体の調製

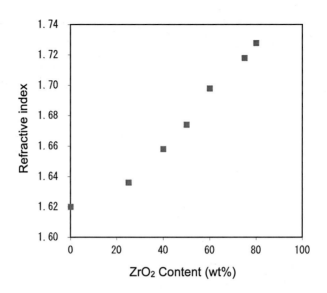

図10 ジルコニアナノ粒子含有量によるBPEFAハイブリッド薄膜の屈折率変化

で制御可能であった。

4.2 ジアリルフタレートからのデュアルサイト型シランカップリング剤とその適用

　デュアルサイト型シランカップリング剤は，有機分子の一方向に2つのアルコキシシリル基が結合された非等価な構造であれば，その機能を発現すると考えられる。そこで，o-ジアリルフタレートを出発物質として，末端アリル基へのMPTMSの光エン-チオール反応による合成を検討したところ（図11），デュアルサイト型シランカップリング剤（o-DAP-Si）が定量的に得ら

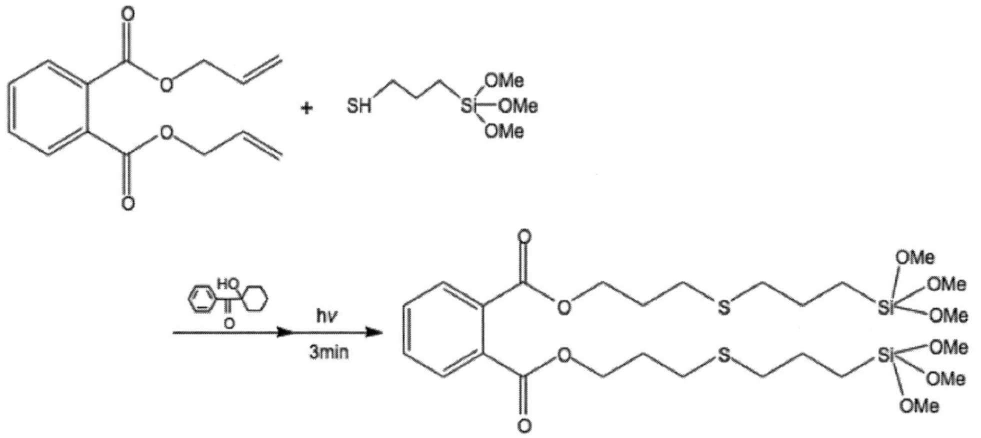

図11 DAPからのデュアルサイト型シランカップリング剤（DAP-Si）の合成

第 20 章　金属酸化物ナノ粒子分散体の調製と有機無機ハイブリッド透明材料への応用

れた。これを分散剤として用いたビーズミルでのジルコニアナノ粒子分散体の調製を検討した[15]。その結果，ビスフェニルフルオレン誘導体より合成したBSFの場合とほぼ同程度の分散性が得られた。図12のTEM写真に示すように，未処理ジルコニアナノ粒子（左）では粒子間の界面が確認し難く，かなり凝集していることが見て取れるが，o-DAP-Siを用いて処理したジルコニアナノ粒子のTEM像（右）では，1次粒系に相当する優れた粒子分散が確認できた。DLSによるジルコニアナノ粒子分散液の累積50%粒子径は，27.5 nmであった。デュアルサイト型シランカップリング剤の分散効果を確かめるため，シングルサイト型シランカップリング剤との比較を行った。DAPと類似の有機構造のシングルサイト型シランカップリング剤は，安息香酸アリルエステルを用いてMPTMSの光エン-チオール反応で合成した。得られたシランカップリング剤（AB-Si）によるジルコニアナノ粒子の分散を行ったところ，o-DAP-Siより分散性が劣るだけでなく，過剰のAB-Siは，ジルコニアナノ粒子の再凝集を引き起こすことが確認された。これは，通常のシランカップリング剤でよく見られる現象であり，実用上の問題点になっている。未反応のシランカップリング剤同士の反応で，再凝集が起こったものと考えられる。しかし，過剰のデュアルサイト型シランカップリング剤では，全く再凝集を起こさなかったことから，ジルコニアナノ粒子に結合したアルコキシシランに未反応部位が存在していても，別のシランカップリング剤との反応は極めて起こり難くなっていることが推測される。よって，デュアルサイト型シランカップリング剤は，安定なジルコニアナノ粒子分散体を調製する上で，非常に効果的な分散剤である。

　また，o-DAP-Siの基本骨格であるフタル酸エステルは，プラスチック可塑剤の化学構造を有しているので，各種ポリマーとの相溶性に優れている。よって，o-DAP-Siで処理されたジルコニアナノ粒子表面には可塑剤で覆われていると見なすことができ，有機無機ハイブリッド材料を作製するための大きな利点が期待できる。そこで，透明プラスチックとして知られているポリメチルメタクリレート（PMMA）やポリスチレン（PS）などの熱可塑性樹脂や光硬化性アクリレートモノマーを用いた有機無機ハイブリッド薄膜を作製し，透明性と屈折率特性の評価を行っ

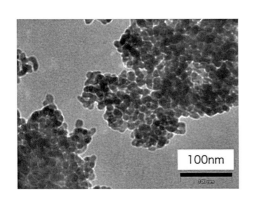 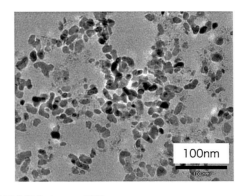

図12　ジルコニアナノ粒子分散体のTEM写真
（左）未処理，（右）DAP-Siで処理したジルコニアナノ粒子

た。PMMA 中に，分散剤未処理のジルコニア粒子を 40 wt%を配合した薄膜の全光線透過率は 88.5%，ヘイズは 44%であった。同等に，トリメチロールプロパントリアクリレート（TMPTA）にジルコニア粒子を 50 wt%配合した光硬化薄膜も，全光線透過率は 82.8%，ヘイズは 38%で著しく透明性の低い薄膜となった。一方，o-DAP-Si で処理したジルコニアナノ粒子分散液を添加したハイブリッド薄膜は，表 1 に示すようにポリマー成分単独と同等の透過率を示した。さらに，表 2 に示すヘイズにおいても，ジルコニアを 90 wt%含んでも，非常に低く，透明な薄膜であった。これらの結果は，o-DAP-Si によって修飾されたジルコニアナノ粒子のポリマー中での良好な相溶性と分散性を示唆している。また，有機無機ハイブリッド薄膜の屈折率では，どのポリマー成分を用いても屈折率が向上することが確認でき，屈折率が 1.5 前後の PMMA や光硬化性モノマーを 1.7 まで高屈折率化できることが確認できた（図 13）。

表 1　DAP-Si 処理ジルコニアナノ粒子を含有したポリマーハイブリッド薄膜の全光線透過率

ZrO_2 content (wt%)	PMMA	PS	DPHA	TMPTA	PETA
0	92.6	90.6	91.4	90.5	92.0
10	92.3	88.0	91.9	93.4	91.4
20	92.3	90.6	92.1	90.9	92.9
30	89.1	90.0	93.5	92.0	91.3
40	89.9	90.0	91.7	93.4	92.7
50	88.4	89.2	93.1	91.7	91.7
60	90.0	91.3	92.6	91.0	91.3
70	89.2	91.9	91.9	91.2	91.1
80	88.8	88.8	89.0	86.8	90.6
90	86.0	−	90.0	87.0	88.6

表 2　DAP-Si 処理ジルコニアナノ粒子を含有したポリマーハイブリッド薄膜のヘイズ値

ZrO_2 content (wt%)	PMMA	PS	DPHA	TMPTA	PETA
0	0.1	0.3	0.3	0.2	0.1
10	0.1	0.3	0.1	0.1	0.2
20	0.1	0.3	0.2	0.1	0.1
30	0.2	0.3	0.1	0.3	0.2
40	0.3	0.6	0.1	0.2	0.2
50	0.2	0.7	0.2	0.1	0.1
60	0.2	0.8	0.2	0.4	0.1
70	0.3	0.7	0.1	0.1	0.2
80	0.2	0.5	0.2	0.2	0.3
90	0.1	−	0.1	0.3	0.1

第 20 章　金属酸化物ナノ粒子分散体の調製と有機無機ハイブリッド透明材料への応用

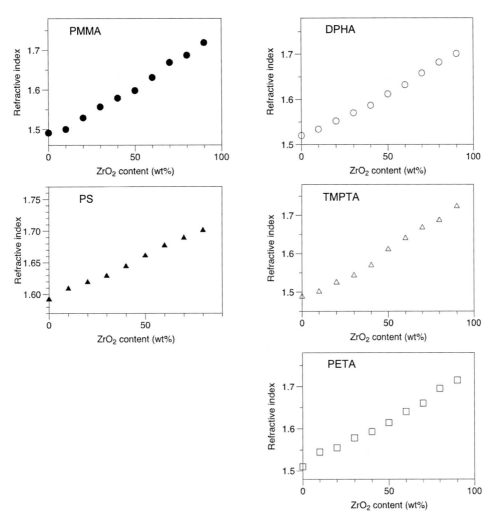

図 13　DAP-Si 処理ジルコニアナノ粒子の含有量によるポリマーハイブリッド薄膜の屈折率の変化

5　おわりに

　高屈折率薄膜は，特に，スマートフォン，タブレット PC 等のディスプレイを含んだ情報端末に不可欠な材料である。反射防止膜や ITO との屈折率マッチング層は，デバイスの視認性の向上に大きく寄与するので，特に重要で，今後も需要が見込まれる。

　高屈折率のジルコニアナノ粒子をポリマーマトリックス中に分散するには，ナノ粒子の凝集を抑制できる粒子表面の化学修飾が不可欠であり，2 段階法による表面処理が効果的であった。さらに，多官能アクリレートモノマーにジルコニアナノ粒子を高度に分散することで，光ラジカル重合で高屈折率透明薄膜を創成することが可能であった。また，ビスフェニルフルオレン骨格を持った高屈折率のデュアルサイト型シランカップリング剤によるジルコニアナノ粒子分散体を調

製し，それらを有機無機ハイブリッドに適用した．さらに，ポリマーとの相溶性に優れたフタル酸エステルより合成したデュアルサイト型シランカップリング剤を用いたジルコニアナノ粒子分散体の調製についても成功し，高屈折率有機無機ハイブリッド薄膜に適用できた．

文　　献

1) Y. Chujo, *Polym. Mater. Encyclopedia*, **6**, 4793 (1996)
2) J. Wen and G. L. Wilkes, *Chem. Mater.*, **8**, 1667 (1996)
3) 作花済夫，"ゾル-ゲル法の応用"，アグネ承風社 (1997)
4) 中條善樹　監修，"有機-無機ナノハイブリッド材料の新展開"，シーエムシー出版 (2009)
5) K. Matsukawa, Y. Matsuura, A. Nakamura, N. Nishioka, T. Motokawa and H. Murase, *J. Photopolym. Sci. Tech.*, **19**, 89 (2006)
6) K. Matsukawa, Y. Matsuura, A. Nakamura, N. Nishioka, H. Murase and S. Kawasaki *J. Photopolym. Sci. Tech.*, **20**, 307 (2007)
7) 福田猛，松川公洋，合田秀樹，第14回ポリマー材料フォーラム講演要旨集，p.60 (2005)
8) K. Matsukawa, T. Fukuda, S. Watase and H. Goda, *J. Photopolym. Sci. Tech.*, **23**, 115 (2010)
9) 村田一紀，南有紀，友安宏秀，松川公洋，日本接着学会誌，**44**, 438 (2008)
10) 南有紀，村田一紀，渡瀬星児，松川公洋，高分子論文集，**67**, 397 (2010)
11) K. Matsukawa, Y. Minami, S. Watase , *IDW/AD '12 Proc.*, 965 (2012)
12) Y. Minami, K. Murata, S. Watase, A. Matsumoto and K. Matsukawa, *J. Photopolym. Sci. Tech.*, **26**, 491 (2013)
13) C.E. Hoyle, T. Y. Lee and T. Roper, *J. Polym. Sci., Part A: Polym. Chem.*, **42**, 5301 (2004)
14) C. E. Hoyle and C. N. Bowman, *Angew. Chem. Int. Ed.*, **49**, 1540 (2010)
15) Y. Minami, K. Murata, S. Watase and K. Matsukawa, *J. Photopolym. Sci. Tech.*, **27**, 261 (2014)

第21章　金属ナノ粒子分散機能性メソ多孔体の創成

河村　剛[*]

1　はじめに

　ゾル-ゲル法は，従来の溶融法や焼結法に比べて，低温でガラスやセラミックスを作製できる特徴を有する。この点を利用して，有機物とのハイブリッド化，およびその固化後に有機物を除去することで，メソ多孔体を作製できる[1,2]。このメソ孔のサイズは 2-50 nm の範囲と定義されており，金属ナノ粒子のサイズ（1-100 nm）と相性が良く，金属ナノ粒子分散メソ多孔体に関する研究も近年活発に行われている[3]。

　メソ多孔体は，それ単体でもガス分離膜，触媒担体，光学材料などへの応用が可能であり，主に環境浄化やエネルギー変換用途の材料として，近年その重要性がますます大きくなってきている。さらにその応用範囲を拡大するためには，異なる材料との複合化が非常に有効である。一方で，金属ナノ粒子は，電池材料，触媒材料，あるいは磁性材料としての優秀な機能を有するものが多く知られているが，ナノ物質の凝集を防ぎながら高濃度に集合させる技術が必要であり，実際には取り扱いが困難で実用化につながっていないケースが多々ある。これらを解決する方法の一つとして，メソ多孔体の内部に金属ナノ粒子を析出させることで，金属ナノ粒子を凝集させることなく高濃度に集合させた複合体を作製することができる。

　金や銀，銅などの貴金属ナノ粒子は特に，可視（Vis）〜近赤外光（NIR）の照射下で局在型表面プラズモン共鳴（LSPR）を示すことが知られており，LSPRによる近接場増強効果によるメソ多孔体の機能強化に加えて，貴金属ナノ粒子を規則的に配置させることでギャップ効果や異方性LSPRなどの効果を発現させることができる。さらにLSPRとメソ多孔体の機能が相互作用し，新たな機能が創出される場合もある[4]。

　本稿では，ゾル-ゲル法で作製したシリカまたはアナターゼ微結晶が分散したシリカのメソ多孔体を母材とし，LSPRを示す金および銀ナノ粒子を分散析出させた材料に関する研究を紹介する。全ての複合体は，液相法により合成されており，その機能は光学材料や触媒など多岐に応用可能なものである。

2　メソ多孔体中での銀ナノロッドの精密アスペクト比制御

　金属ナノ粒子のLSPRは粒子の形状，サイズ，集合状態，周囲の屈折率などによってその強

---

[*]　Go Kawamura　豊橋技術科学大学　電気・電子情報工学系　助教

度や周波数が変化する。メソ多孔体と複合化される金属ナノ粒子の場合，そのサイズ，形状，集合状態が多孔体の細孔構造に大いに影響を受ける。例えば，筒状細孔を有するメソ多孔体中で金属ナノ粒子を析出させる場合，細孔の内壁に沿って金属を成長させることで，直径の揃った金属ナノロッドを容易に合成できる。筒状細孔の向きが揃っていれば，ナノロッドの方向も揃う。しかし，この金属ナノロッドの長さを制御することは容易ではなく，合成時の温度やpHを制御することや，各種界面活性剤を使用する方法などが提案されているが[5,6]，精密な長さ制御は大変困難である。

　我々の研究グループでは，銀ナノ粒子の光解離現象[7,8]を利用して，メソ多孔体中における銀ナノロッドの精密アスペクト比制御法を提案した[9]。ここでは，筒状細孔を有するメソポーラスシリカ（SBA-15）にアナターゼ微結晶が分散した多孔体をゾル-ゲル法で作製し，細孔内壁を還元性のヘミアミナールで修飾したものを銀ナノロッド析出用の鋳型とした。この鋳型の粉末を，銀イオンを含む水溶液中で分散させると，細孔内部でのみ銀が還元析出し，銀ナノロッドが析出する。この時，試料には様々なアスペクト比を有する銀ナノロッドが析出した（図1左）。一方で，銀ナノロッド析出中に490-550 nmの波長の光を照射し続けた場合，球状の銀ナノ粒子のみが析出した（図1中）。これは，銀ナノロッドがアスペクト比2以上に成長した段階で，入射光と共鳴しLSPRを示すため，励起された銀の自由電子がアナターゼに移動し，銀ナノロッドはLSPRを示さなくなる程度まで酸化解離されたために起こったと説明できる。より長波長の650-810 nmの波長の光を照射した場合は，アスペクト比が4以下の銀ナノロッドのみが析出した（図1右）。より長波長の光は，より大きなアスペクト比を有する銀ナノロッドのLSPRのみを誘起するため，照射する光の波長を変えることで，任意のアスペクト比を有する銀ナノロッドを，メソ多孔体の内部で合成できる可能性が示された。一方で，様々なアスペクト比の銀ナノロッドが析出した試料に対して，ある特定のアスペクト比のナノロッドのLSPRのみを誘起する光を照射した場合，照射光の波長と対応するアスペクト比の銀ナノロッドの数が減り，そ

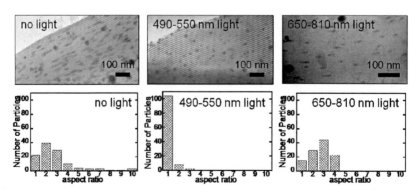

図1　光照射なし（左），または490-550 nm（中），650-810 nmの光（右）を照射しながら作製した試料のTEM像（上）と析出した銀ナノロッドのアスペクト比ヒストグラム（下）
（Reproduced with permission from. Copyright 2011 The Royal Society of Chemistry.）

第21章　金属ナノ粒子分散機能性メソ多孔体の創成

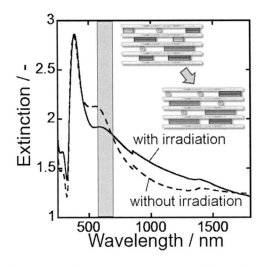

図2　光照射なしで作製した試料に対して570-690 nmの光を照射する前後の消光スペクトルと，試料内部での銀ナノロッドの形状変化のイメージ図
(Reproduced with permission from. Copyright 2011 The Royal Society of Chemistry.)

れよりも大きなアスペクト比のナノロッドが増えることもわかった。それと同時に，照射した光の波長域におけるLSPRによる消光度が低下し，より長波長側での消光度が増加した（図2）。この現象は水中で起きやすいこともわかっており，解離した銀が，水を介して近くの銀ナノロッドまで移動して還元析出する現象が起こっているものと考えられる。

3　異方性メソ多孔体鋳型を用いた1次元金ナノ構造体の配向制御と偏光特性

ナノロッドなどの1次元ナノ構造を有する貴金属ナノ粒子は，異方性のLSPRを示すことが知られており，偏光子やプラズモン導波路としての応用が期待されている[10,11]。例えば，陽極酸化アルミナを鋳型として，金ナノ粒子の1次元配列を試みた例がある[12]。ここでは，鋳型の筒状細孔の中に金ナノ粒子を密に堆積させることで，異方性LSPRの発現を達成している。しかし，ナノ粒子を細孔内に堆積させるためには，ナノ粒子のサイズが筒状細孔の口径よりも十分に小さい必要があり，その結果ナノ粒子がジグザグに連結してしまう。そのため，理想的な1次元ナノ構造（直線状構造）を得られず，LSPR効果も小さくなってしまう。他にも，金のナノロッドを脂質二重層で修飾し，その自己組織化を利用してナノロッドを配列させる試み[13]や，ナノロッドを分散させた可塑性のポリマーを引き延ばすことでナノロッドを配列させた例[14]などがあるが，いずれも広範囲での高濃度なナノロッドの高配向には至っていない。

我々は，図3Aのイラストに示すような広範囲の異方性を有する2次元ヘキサゴナル構造のメソポーラスシリカを，鈴木らの手法[15]を参考にして作製し，鋳型として用いた。金ナノ粒子は，

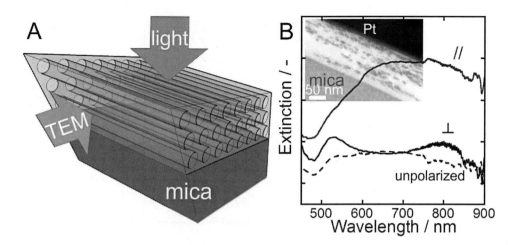

図3 マイカ基板上に作製した2次元ヘキサゴナル構造メソポーラスシリカのイラスト
(矢印は偏光消光スペクトル測定方向とTEM観察方向を示す)(A)。(B)は,アスコルビン酸還元法により作製した試料の偏光消光スペクトルとTEM像
(Reproduced with permission from. Copyright 2012 Elsevier.)

塩化金酸水溶液のアスコルビン酸による化学還元法により,筒状メソ孔の内部に析出させた。試料は,図3Bの挿入図に示すように200 nm程のメソポーラスシリカ層の筒状細孔内に,回転楕円体状の金ナノ粒子が鎖状に連なって析出しており,その異方性LSPRは,図3Bの偏光消光スペクトルで見られるように500~900 nm超の広い範囲で観測された。ここで,"⊥"は光路上の偏光子の偏光方向と鎖状金ナノ粒子の長軸方向が直交した場合,"∥"はそれぞれが平行になった場合のスペクトルを表している。さらに,金ナノ粒子の析出条件や方法を変えることで,様々なサイズ・形状の1次元金ナノ構造体を得ることができた。どの条件でも,鋳型の筒状メソ孔構造による影響を受けるため,1次元金ナノ構造体の長軸方向は一方向を向いていた。これらの試料の異方性LSPRは,そのサイズや形状に依存した波長範囲に観測されたことから,本材料が波長選択型超薄型偏光子として利用できる可能性を示した[16]。

4 アナターゼを含むメソ多孔体への金ナノ粒子の析出と紫外~近赤外光利用高効率光触媒への応用

LSPRを示す貴金属ナノ粒子を担持させた半導体光触媒(プラズモニック光触媒)の研究が近年活発に行われている[17, 18]。プラズモニック光触媒では,半導体と金属ナノ粒子間の電子のやり取りやLSPRによる近接場増強効果により,半導体のバンドギャップ励起下での光触媒反応効率が向上するだけでなく,バンドギャップエネルギー以下の光の照射でも光触媒反応が起こるようになる。例えば,チタニアと金ナノ粒子の組み合わせでは,紫外光(UV)照射下においてチタニアで励起された電子が金ナノ粒子に移動するが,界面でのエネルギー障壁(ショットキー障

第21章　金属ナノ粒子分散機能性メソ多孔体の創成

壁)のために電子がチタニアに戻れないことが，電荷分離の時間を伸ばし，光触媒反応効率を上げることが知られている。一方，VisやNIR照射下では，LSPRにより励起された金ナノ粒子の自由電子(ホットエレクトロン)がチタニアに移動するホットエレクトロントランスファーにより電荷分離が達成され，光触媒反応が起こる。これらの光照射に伴う電子の移動は，光電流の測定や分光法によって実験的に証明されている[19]。しかし，実際にどの程度の電子が物質間を移動するか，同時に生成している正孔がどのように振舞うのか，また，UVとVis, NIRを同時に照射した際の電子と正孔の再結合割合などは，材料系に大きく依存することもあり未だ詳細な研究報告例はない。

我々はこれまでに，アナターゼに加えて金ナノ粒子や金ナノロッドを析出させたメソポーラスシリカを合成し，その非常に高い光触媒活性を明らかにしてきた[20, 21]。これは，金-チタニア系プラズモニック光触媒の高い量子効率を，大きな比表面積を有するメソポーラス鋳型を用いることでより高めた結果得られたものである。

金ナノ粒子を熱還元法でアナターゼ含有メソポーラスシリカ鋳型に析出させると，ホットエレクトロントランスファーは起こらないが，光還元法で析出させるとホットエレクトロントランスファーが起こることも明らかにした。これは，熱還元析出では，金ナノ粒子の多くはシリカ上に析出するが，光還元法では電子を供給するアナターゼ上のみに析出するためであると結論付けた[22]。

図4Aと図4Bには金ナノ粒子と金ナノロッドをそれぞれ光還元析出させたアナターゼ含有メ

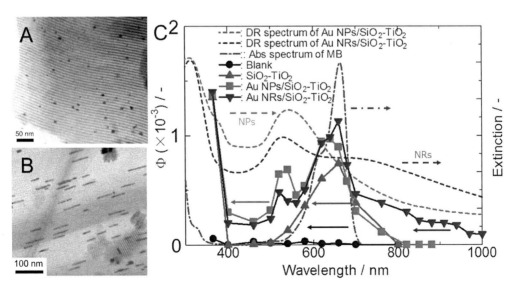

図4　金ナノ粒子(A)と金ナノロッド(B)を析出させたメソポーラスシリカ-チタニアのTEM像。(C)は，様々な試料を用いてメチレンブルーの消色反応を起こした際の作用スペクトル
(各試料の拡散反射スペクトルとメチレンブルーの吸光スペクトルも，破線と一点破線で載せてある)(Reproduced with permission from Copyright 2015 Springer.)

ソポーラスシリカのTEM像を示している。図4Cには，それらの試料を用いてメチレンブルーの消色を行った際の作用スペクトルを示している。比較として，金を析出させていないものとブランク試験の結果も示している。また，試料の拡散反射スペクトルおよびメチレンブルーの吸光スペクトルを破線または一点破線で示している。金ナノ粒子が析出した試料では，380 nm 以下と 542 nm の位置に大きな消光が見られた。これらは，アナターゼのバンドギャップによる光吸収と，金ナノ粒子の LSPR による消光にそれぞれ帰属された。一方で，金ナノロッドが析出した試料では，アナターゼの光吸収に加えて，金ナノロッドの短軸 LSPR（525 nm）と長軸 LSPR（712 nm）の消光が観測された。長軸 LSPR のピーク波長は，図4Bで観察された金ナノロッドの形状から大まかに予想される値と一致していた[23, 24]。作用スペクトルを見ると，ブランク試験ではどの波長の光照射下においても光触媒反応は起きていないことがわかる。これに対して，アナターゼ含有メソポーラスシリカの場合，380 nm と 640 nm を中心とした波長範囲でメチレンブルーの消色が起きた。これは，380 nm 励起ではアナターゼの光吸収によって光触媒機能が発現し，640 nm ではメチレンブルーが光を吸収して生成した電荷がアナターゼに移動したため電荷分離が起き，光触媒反応を生じたものと考えられる。金ナノ粒子を析出させた試料では，アナターゼとメチレンブルーの吸収帯に加えて，LSPR の消光ピーク位置（540 nm）でも光触媒反応が観測された。これは，LSPR によって励起された金ナノ粒子の自由電子が，アナターゼに移動するホットエレクトロントランスファーに起因する電荷分離が原因と考えられる。金ナノロッドを析出させた試料でも LSPR を示す波長範囲において光触媒反応が観測された。金ナノロッドは NIR とも共鳴して LSPR を示すため，この材料は NIR 励起（> 800 nm）でも光触媒反応を示すものであると実証された。

さらに，UV と Vis, NIR を別々または同時照射した場合の光触媒活性を調査した。図5には，2-プロパノールを，金ナノロッドを析出させたアナターゼ含有メソポーラスシリカで光酸

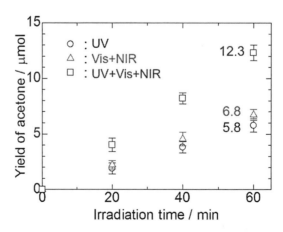

図5 2-プロパノール中の金ナノロッドとアナターゼが析出したメソポーラスシリカに，UV と Vis, NIR を別々または同時に照射した場合に生成したアセトンの生成量を経過時間でプロットした図

第 21 章　金属ナノ粒子分散機能性メソ多孔体の創成

化させた際に生成するアセトンの量をプロットした図を示す．UV，または Vis + NIR を別々に 60 分間照射した場合，それぞれ 5.8，6.8 μmol のアセトンが生成したのに対して，UV，Vis，NIR を全て同時に照射した場合，12.3 μmol のアセトンが生成した．同時照射の際に，個別照射時のアセトン生成量を足した量とほぼ同等のアセトンが生成したことから，異なる波長の光を同時に照射しても，電荷の再結合は促進されず，生成する電荷は効率よく光触媒反応に利用されることがわかった[25]．生成した電子を利用する，メチレンブルーの消色反応においても，同時照射時に単独照射時の反応量を足し合わせた反応が起きたため，やはり生成した電荷が効率よく触媒反応に利用されていることが確認された．

図 6 に，太陽光スペクトル，および，金ナノロッド析出アナターゼプラズモニック光触媒における光照射時の電荷の振る舞いのイメージ図を示す．金ナノロッド析出アナターゼは UV，Vis，NIR の照射下で触媒反応に利用される電荷を生成し，またそれらの光の同時照射下でも全ての電荷が光触媒反応に効率的に利用される．利用できる波長範囲を太陽光スペクトルと重ねると，太陽光のほとんどの光を利用できることがわかる．実際には，「2. メソ多孔体中での銀ナノロッドの精密アスペクト比制御」で述べたように，ナノロッドのアスペクト比を制御することで，太陽光スペクトルに近似させた消光スペクトルを示すプラズモニック光触媒を作製することが，太陽光下における超高効率光触媒の実現に必要であり，現在も我々のグループで研究を続けている．

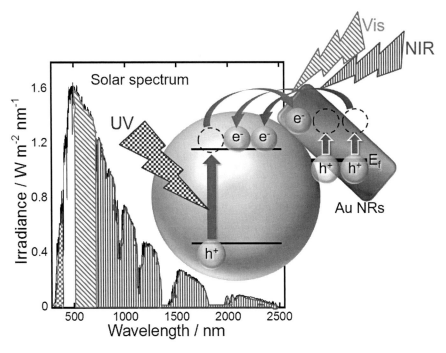

図 6　太陽光スペクトル，および，金ナノロッド析出アナターゼプラズモニック光触媒における光照射時の電荷の振る舞いのイメージ図

5 おわりに

　本稿では，セラミックスメソ多孔体に金属ナノ粒子を複合化することによって，それぞれの機能の強化や新たな機能の発現を目指した研究例を紹介した。特に，メソ多孔体の筒状細孔内における銀ナノロッドのアスペクト比制御と，1次元金ナノ構造体の配向制御による波長選択型超薄型偏光子への応用，金ナノロッドの広いLSPR波長域を利用したアナターゼ光触媒のVis・NIR応答化の3つに焦点を当てた。これらの材料合成は全て液相で行われており，製造コストが非常に安価である。今後は，様々な材料の組み合わせや，新たな構造を考案することで，さらなる機能の発現・強化に繋がると期待される。

文　献

1) T. Yanagisawa *et al.*, *Bull. Chem. Soc. Jpn.*, **63**, 988 (1990)
2) F. Hoffmann *et al.*, *Angew. Chem. Int. Ed.*, **45**, 20 (2006)
3) G. W. Zhan *et al.*, *Coord. Chem. Rev.*, **320**, 181 (2016)
4) Y-H. Su *et al.*, *Light Sci. Appl.*, **1**, e14 (2012)
5) Y. Xie *et al.*, *J. Phys. Chem. C*, **112**, 9996 (2008)
6) Z. Li *et al.*, *ACS NANO*, **2**, 1205 (2008)
7) K. Kawahara *et al.*, *Phys. Chem. Chem. Phys.*, **7**, 3851 (2005)
8) K. Matsubara *et al.*, *Adv. Mater.*, **19**, 2802 (2007)
9) G. Kawamura *et al.*, *RSC Adv.*, **1**, 584 (2011)
10) Y. Dirix *et al.*, *Adv. Mater.*, **11**, 223-227 (1999)
11) Y. Xia *et al.*, *Adv. Mater.*, **15**, 353-389 (2003)
12) T. Sawitowski *et al.*, *Adv. Funct. Mater.*, **11**, 435-440 (2001)
13) H. Nakashima *et al.*, *Langmuir*, **24**, 5654 (2008)
14) J. Perez-Juste *et al.*, *Adv. Funct. Mater.*, **15**, 1065 (2005)
15) T. Suzuki *et al.*, *Chem. Commun.*, 3284 (2008)
16) G. Kawamura *et al.*, *Scr. Mater.*, **66**, 479-482 (2012)
17) A. Naldoni *et al.*, *Phys. Chem. Chem. Phys.*, **17**, 4864 (2015)
18) A. Lüken *et al.*, *Phys. Chem. Chem. Phys.*, **17**, 10391 (2015)
19) X-C. Ma *et al.*, *Light: Sci. Appl.*, **5**, e16017 (2016)
20) T. Okuno *et al.*, *J. Mater. Sci. Technol.*, **30**, 8-12 (2014)
21) T. Okuno *et al.*, *J. Sol-Gel Sci. Technol.*, **74**, 748-755 (2015)
22) G. Kawamura *et al.*, *J. Nanosci. Nanotechnol.*, **14**, 2225-2230 (2014)
23) J. Perez-Juste *et al.*, *Coord. Chem. Rev.*, **249**, 1870-1901 (2005)
24) B. J. Wiley *et al.*, *Acc. Chem. Res.*, **40**, 1067-1076 (2007)
25) T. Okuno, G. Kawamura, H. Muto and A. Matsuda, *J. Solid State Chem.*, **235**, 132-138 (2016)

第22章　無機クラスターを活用した水溶液プロセスによる蛍光体の合成

垣花眞人[*1], 小林　亮[*2], 加藤英樹[*3], 冨田恒之[*4], 佐藤泰史[*5]

1　はじめに

　ある特定の蛍光体において高発光強度（高発光効率）を実現するためには，①母体となる物質の相純度と結晶性を高めること，②希土類イオンなどの発光中心となる賦活剤を母体中に均一に分散させること，が重要となる。これまで蛍光体の多くは，機械混合した原料を高温熱処理して固相間の反応を促進させることに基づく『固相反応法』で合成されてきた。また，欠陥の少ない結晶性の高い蛍光体を得るために，いわゆる「フラックス」を導入するのが一般的である。①については，「フラックス」を導入した高温『固相反応法』により概ね実現可能であり，その実例を豊富に見出すことができる。一方，②については，一般に賦活剤は微量（～0.1%から数%レベル）であり，高温『固相反応法』で実現することは相当困難である。ゾル-ゲル法に代表される『溶液法』は，賦活剤を含む成分元素が原子レベルで混合済みの溶液を出発とするので，②を実現するのに非常に適した手法である，と言うことができる。

　蛍光体の優れた母体として知られるケイ酸塩とリン酸塩は一般的に「固相反応法」で合成されてきたが，「溶液法」での合成の事例は格段に少ない。その理由の一つは，「溶液法」で合成するために利用できる手ごろなケイ素・リンの出発原料が無かったことである。筆者等は，水に分散可能なケイ素原料であるグリコール修飾シラン（Glycol-Modified Silane：GMS）[1]及び共存金属イオンと沈殿を形成しにくいポリエチレングリコール（PEG）で修飾したリン酸エステル（PEG-P）[2]を活用した水溶液プロセスによるケイ酸塩およびリン酸塩系蛍光体合成を広範囲に実施し，その有用性を立証してきた[3]。いずれの系においても，ケイ素あるいはリンは，水溶液中で無機クラスター（あるいはオリゴマー）として存在していると見做すことができ，これらの無機クラスターを活用することで，『溶液法』を構築することが可能となり，前述の①および②の要件を満たすことができる。その結果，優れた性能（高発光効率）を有するケイ酸塩およびリン

[*1]　Masato Kakihana　東北大学　多元物質科学研究所　副所長・教授
[*2]　Makoto Kobayashi　東北大学　多元物質科学研究所　助教
[*3]　Hideki Kato　東北大学　多元物質科学研究所　准教授
[*4]　Koji Tomita　東海大学　理学部　化学科　准教授
[*5]　Yasushi Sato　岡山理科大学　理学部　化学科　准教授

酸塩系蛍光体の合成を実現できるようになった。

本章では，GMS及びPEG-Pの製造方法と性質，それらを活用したケイ酸塩及びリン酸系蛍光体の合成の実際を紹介する。

2 グリコール修飾シラン（GMS）を活用したケイ酸塩系蛍光体の合成

図1にエチレングリコール（EG）を例にしたGMSの製造方法と反応機構を示す。テトラエトキシシラン（TEOS）とEGをモル比1：4で混合し，酸触媒存在下，353 Kで撹拌加熱することでEthylene Glycol-Modified Silane：EGMSが生成する。EGの酸素がTEOSのSiを求核攻撃することでエトキシ基（$-OC_2H_5$）が脱離し，その結果，グリコキサイド結合が生じる。この反応は，EGに限らず，プロピレングリコール（PG），ブタンジオール，PEGなど，様々なグリコールにおいて進行する。

TEOS／水系は2層に分離するが，GMSは水に分散させることが可能である。但し，GMSとして安定に水に溶解するのではなく，図2のPGを用いて調製したPGMS水溶液の^{29}Si NMRから分かるように，Si種は，加水分解生成物及び重縮合したオリゴマー（$Si(OH)_4$，$(OH)_3Si$-O-$Si(OH)_3$，$(HO)_3Si$-O-$Si(OH)_2$-O-$Si(OH)_3$など）として水中に存在する[4]。図3に示すよ

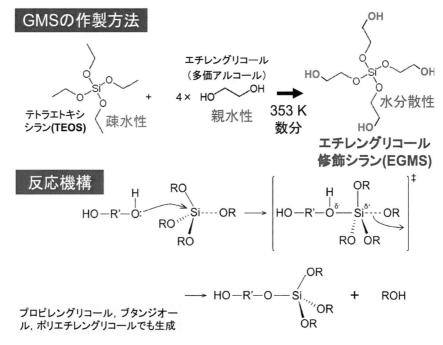

図1 グリコール修飾シラン（GMS）の調製方法（テトラエトキシシランとエチレングリコールを用いた場合）およびその反応機構

第22章 無機クラスターを活用した水溶液プロセスによる蛍光体の合成

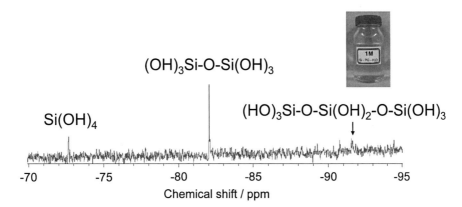

図2 プロピレングリコール修飾シラン水溶液の ^{29}Si NMR スペクトルおよびその外観

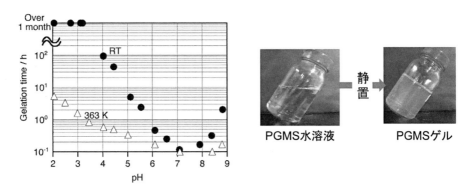

図3 プロピレングリコール修飾シラン水溶液のゲル化挙動のpH依存性およびゲル化前後の外観

うに，PGMS 水溶液は，室温で pH3 以下では，1 か月経過しても，その水溶液は透明な状態を維持する。pH が増加するに連れて加水分解反応は急速に進行し，pH5.5 では数時間で，また pH6〜8.4 では 1 時間以内にゲル化（図3右写真）する。しかしながら，pH8.8〜10 の範囲では，ゲル化に要する時間は長くなる。また pH11 以上では，加水分解は急速に進行し，白色沈殿を形成する[3]。この PGMS の加水分解挙動の pH 依存性は TEOS のそれと類似している[5]。

GMS は水に分散可能で，取り扱いも容易なため，水熱法や均一沈殿法，凍結乾燥法などの水溶液プロセスによるケイ酸塩合成のケイ素源として利用可能である[6]。図4に水熱ゲル化法による $Ca_3Sc_2Si_3O_{12}:Ce^{3+}$（CSS:$Ce^{3+}$）蛍光体の合成フローチャートを示す[7]。CSS:Ce^{3+} は青色光励起で緑色発光する蛍光体であり，白色 LED の緑色蛍光体として利用されている[8]。GMS 水溶液に，塩化カルシウム（$CaCl_2$），硝酸スカンジウム（$Sc(NO_3)_3$）および硝酸セリウム（$Ce(NO_3)_3$）を溶解させる。この水溶液をテフロン製容器に入れ，それをステンレス製容器に封入し，次いで 200℃ の水熱条件で 3 時間保持すると，図5の写真に示すような容器の形状を模った湿潤ゲル体が得られる。観測された湿潤ゲルは，GMS の加水分解・縮合反応により形成され

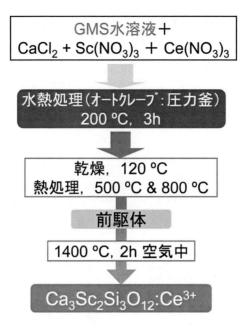

図4 GMSを用いた水熱ゲル化法による$Ca_3Sc_2Si_3O_{12}:Ce^{3+}$（$CSS:Ce^{3+}$）蛍光体合成のフローチャート

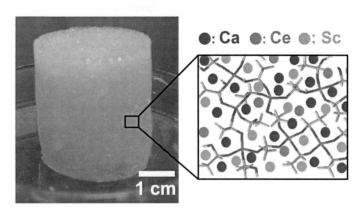

図5 GMS水溶液の水熱処理により得られた湿潤ゲルの外観およびイメージ

たシリカネットワークに由来すると考えられる。ここで重要なことは，共存するカルシウム，スカンジウムおよびセリウムイオンがゲルネットワークに均一に分散トラップされていると期待できることである。GMSの代わりに，ゲル生成能力が異なり，かつ水にはほとんど溶解しないTEOSを用いると，図5の写真のような液体の滲み出しのないゲル体は得られず，代わりに沈殿もしくは液体の滲み出しが顕著な未成熟なゲル状物質が得られる。GMSはケイ素クラスターとして水に均一に分散する性質を有するために加水分解・重縮合が水溶液全体に渡り満遍なく起こり，その結果としてゲルネットワークの形成は連続的になり，ゲル体はより強固になると考え

第 22 章　無機クラスターを活用した水溶液プロセスによる蛍光体の合成

られる。これに対して、TEOS は疎水性化合物であるので、加水分解は TEOS と水溶液の界面でのみ進行し、その結果としてゲル網が不連続で断片的になると考えられる。このように、GMS と TEOS のゲル生成能力は大きく異なり、異種金属イオンが共存する溶液系においては、前駆体中に含まれる元素の分布状態（均一性）は両者では異なってくる。すなわち、GMS はバルク水溶液の全体でゲル化が進行し、共存する金属イオンを均一に内包した前駆体を得ることができるのに対し、TEOS では金属イオンを含む水溶液とケイ素網とが分離し、不均一な前駆体が得られる。これらの点に関しては、$Y_2SiO_5:Ce^{3+}$ の GMS および TEOS を用いた水熱ゲル化法による合成研究においても確認されている[9]。

上記のようにして得られたゲル体を乾燥後、500℃、3 時間の熱処理を施し、続いて 800℃、12 時間の熱処理をすることで有機物を除いた前駆体を得た。また比較対照として行った固相反応法での合成においては、炭酸カルシウム、酸化スカンジウム、二酸化ケイ素および酸化セリウム粉末を目的組成で混合した後に、メノウ乳鉢を使い手回しで 1 時間摺り混ぜて前駆体とした。これら前駆体に大気雰囲気下 1400℃で 2 時間の熱処理を施して最終生成物とした。合成した各試料の励起・発光スペクトルを図 6 に示す。ケイ素源として GMS を用いた水熱ゲル化法で合成した試料の発光強度は、固相反応法による試料の発光強度の約 2.5 倍となった。GMS を活用した水熱ゲル化法の優位性が明らかにされたが、これは、蛍光体合成に求められる 2 つの要件（本章冒頭で説明）を満たしたことにより実現できたと考えられる。

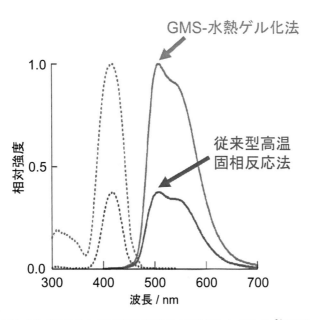

図 6　GMS を用いた水熱ゲル化法および固相反応法により作製した $CSS:Ce^{3+}$ の励起発光スペクトル
点線：励起スペクトル、実線：発光スペクトル

3 ポリエチレングリコール修飾リン酸エステルを活用したリン酸塩蛍光体の合成

溶液法でのリン酸塩の合成でよく使われるのは共沈法（沈殿法）であり，また水溶液から析出した沈殿物を水熱処理することで結晶化させる手法であった。しかしながら，均一な水溶液から出発し，ゲル体を作製し，それを前駆体とするリン酸塩の合成例は僅少である。原理的には，リンアルコキシドを用いたゾルゲル法によるリン酸塩合成が該当するが，リンアルコキシドは反応性に乏しく，加えて，ケイ素アルコキシドと同様に加熱操作で揮発して系外に放出されるという難点を有する。このため，リン酸塩をゾルゲル法で合成するのは容易なことではない。

したがって，（水）溶液法のリンの原料としては，リン酸（H_3PO_4）もしくはそのアンモニウム塩（$NH_4H_2PO_4$ など）に依存せざるを得ないのが現状である。しかしながら，表1に示すように，H_3PO_4 や $NH_4H_2PO_4$ は多くの金属イオンと水中で沈殿を形成する。このため，前駆体の組成が不均質になり，（水）溶液法の利点を活かすことができない，という問題点があった。この問題を解決するために，筆者等は，早稲田大学の菅原グループの研究[10]に倣い，水溶性リン酸エステルを用いたリン酸塩の合成法を展開してきた[2, 11]。

3.1 水溶性リン酸エステルの製法とその性質

ここでは，リン酸とエチレングリコールとの反応体EG-P及びポリエチレングリコールで修飾されたリン酸エステルPEG-Pを紹介する。EG-Pは，リン酸（H_3PO_4）とエチレングリコール（EG）の混合溶液にヘプタンを加えて共沸蒸留することで合成した[11, 12]。エステル反応で生成する水を共沸蒸留することで除去でき，反応が進行する。一方，PEG-Pは，ピロリン酸，PEG，10酸化4リン（P_4O_{10}）を原料とし，比較的温和な条件（50〜80℃）で混合撹拌するこ

表1 各リン水溶液の共存カチオン存在下での安定性

Element	$NH_4H_2PO_4$	H_3PO_4	EG-P	PEG-P
Li	Precipitation	Precipitation	Precipitation	Non
Na	Non	Non	Non	Non
K	Non	Non	Non	Non
Rb	Non	Non	Non	Non
Mg	Precipitation	Precipitation	Precipitation	Precipitation
Ca	Precipitation	Precipitation	Precipitation	Non
Sr	Precipitation	Precipitation	Negligible	Non
Ba	Precipitation	Precipitation	Negligible	Non
Y	Precipitation	Precipitation	Non	Non
La	Precipitation	Precipitation	Non	Non
Ce	Precipitation	Precipitation	Precipitation	Precipitation
Eu	Precipitation	Precipitation	Non	Non
Fe	Precipitation	Non	Non	Non

第22章 無機クラスターを活用した水溶液プロセスによる蛍光体の合成

とで，直接反応により合成した[2, 13]。

表1に示すように，H_3PO_4，$NH_4H_2PO_4$と比較し，EG-Pが沈殿形成する金属イオンの範囲は限定的となり，PEG-Pを用いれば沈殿生成範囲は更に限定的となり，MgイオンとCeイオンが沈殿形成するのみである。沈殿形成に関する差異の一つの要因は反応溶液中に含まれる未反応のリン酸量にあると考えられる。図7に反応溶液の^{31}P{^{1}H}-NMRの測定結果を示す。EG-P水溶液の^{31}P{^{1}H}-NMRは，モノエステル（26.8%），ジエステル（24.4%），トリエステル（8.6%）などのリン酸エステルに加えて，未反応のH_3PO_4をかなりの量（40.2%）含むことを示している。一方，PEG-P水溶液系では，未反応のH_3PO_4量は17.4%に留まり，モノエステルとジエステルをそれぞれ72.5%及び10.1%含んでいる。今後の課題は，H_3PO_4を含まないPEG-P水溶液の合成である。未反応のH_3PO_4を含むPEG-P水溶液にMgイオンを加えて，リン酸マグネシウムの沈殿を形成させ，未反応のH_3PO_4を系外に除去するなどの方法が考えられる。

リン源としてEG-PまたはPEG-Pを用いる場合，水溶液中での安定性も重要である。リン酸エステルは，逆反応である加水分解反応によりリン酸を放出しうる。そこで，調製した1Mの各水溶液を2週間及び8週間室温で放置し，その後，真空乾燥によりゲル体を作製し，そのゲルを重水（D_2O）に溶解させ，pHを水酸化ナトリウムで14とした溶液の^{31}P{^{1}H}-NMRの測定を行った。^{31}P{^{1}H}-NMRの測定結果から算出したH_3PO_4（P），モノエステル（M），ジエステル（D），トリエステル（T）の量の経時変化を表2に示す。EG-P水溶液では，時間経過と共に

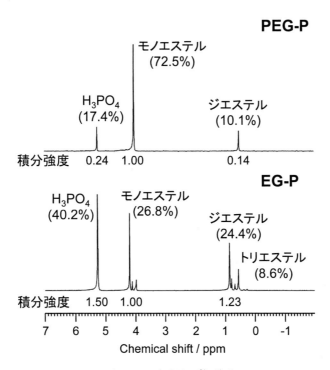

図7　EG-PおよびPEG-P水溶液の^{31}P{^{1}H}-NMRスペクトル

表2 EG-P および PEG-P 水溶液の掲示安定性

Time/weeks	Ratio in product / %					
	EG-P			PEG-P		
	P	M	D, T	P	M	D
0	40.2	26.8	33.0	17.4	72.5	10.1
2	45.2	29.3	25.5	16.9	71.3	11.8
8	52.2	37.1	10.7	15.4	71.8	12.8

P：H_3PO_4, M：モノエステル, D：ジエステル, T：トリエステル

リン酸エステル（主にDとT）が加水分解し，その結果，リン酸（P）量が増大していることが分かる。一方，PEG-P水溶液では加水分解挙動は観測されず（リン酸（P）量の増大は観測されず），PEG-Pが水溶液中で安定であることが判明した。

3.2 水溶性リン酸エステルを用いた蛍光体の合成

表1から明らかなように，LiイオンとCaイオン共存水溶液に対しては，H_3PO_4，$NH_4H_2PO_4$およびEG-Pをリン源に用いると沈殿を形成するが，PEG-Pをリン源に用いれば沈殿を形成しない。そこで，LiとCaを同時に含むリン酸塩の一つである$LiCaPO_4$を母体とするEu^{2+}賦活蛍光体を2種の方法で合成し，優劣を比較した。採用した合成法は，PEG-P，EG-P，H_3PO_4をリン源として用いた，溶液法の一種の「錯体重合法」[14]及び比較対照として従来法の「固相反応法」である。

図8に「錯体重合法」及び「固相反応法」による$LiCaPO_4:Eu^{2+}$の合成フローチャートを示す。「固相反応法」では，単一相の$LiCaPO_4$を合成するのは困難なようである[2]。しかしながら，リン源としてH_3PO_4またはEG-Pを用いた「錯体重合法」でも，完全に単一相の$LiCaPO_4$を合成できなかった。これは，沈殿形成によるLiイオンとCaイオンの偏析に起因すると推定される（表1）。不純物量を最も低く抑えることができたのは，PEG-Pをリン源に用いた「錯体重合法」で合成した試料であった。

図9に，各手法で作製した$LiCaPO_4:Eu^{2+}$の励起・発光スペクトルを示す。不純物量の最も少なかったPEG-Pをリン源に用いた「錯体重合法」で合成した試料の発光強度が高く，「固相反応法」により合成した試料がそれに続く。表3に，「固相反応法」試料及びPEG-P「錯体重合法」試料について，吸収率，外部および内部量子効率を示す。これらの値からもPEG-Pをリン源にした「錯体重合法」に優位性が認められる。

4 ケイ酸塩及びリン酸塩系材料の今後の展開

結晶構造既知のケイ酸塩及びリン酸塩の数は，それぞれ，14,051及び9,124である[15]。しかしながら，合成が困難であるため，蛍光体の母体として調査されている物質は限定的である。本

第 22 章 無機クラスターを活用した水溶液プロセスによる蛍光体の合成

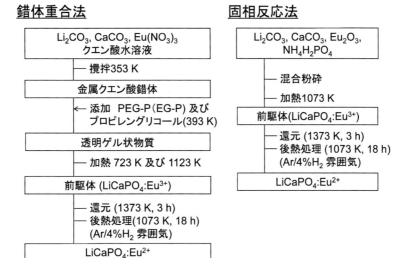

図 8 錯体重合法および固相反応法による LiCaPO$_4$:Eu^{2+} 合成フローチャート

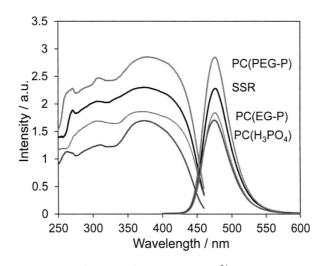

図 9 各手法および原料で合成した LiCaPO$_4$:Eu^{2+} の励起発光スペクトル
λ_{em} = 476 nm, λ_{ex} = 375 nm

表 3 固相反応法および PEG-P を用いた錯体重合法で合成板 LiCaPO$_4$:Eu^{2+} の量子効率および吸収率

	固相反応法	錯体重合法
吸収率（％）	82.7	81.3
外部量子効率（％）	44.5	54.9
内部量子効率（％）	53.7	67.5

章で紹介した，GMS 及び PEG-P をケイ素源及びリン源として導入することで，ゾルゲル法に代表される溶液法によるケイ酸塩及びリン酸塩系蛍光体の合成範囲の拡大が期待される。また，これらの原料は，蛍光体に限らず，様々な機能性ケイ酸塩及びリン酸塩の合成に適用することが可能であると考えられる。

文　　献

1) Y. Suzuki and M. Kakihana, *J. Ceram. Soc. Jpn.*, **117**, 330（2009）; 鈴木義仁，垣花眞人，希 土 類，**54**, 142-143（2009）; Y. Suzuki and M. Kakihana, *J. Phys.: Conference Series: Mater. Sci. Engineer.*, **1**, 012012（2009）; 鈴木義仁，小林亮，垣花眞人，セラミックスデータブック 2009, p.125, 工業製品技術協会，（2009）
2) M. Kim, M. Kobayashi, H. Kato and M. Kakihana, *Opt. Photonics J.*, **3**, 13（2013）
3) Y. Suzuki, M. Kakihana, Y. Shimomura, and N. Kijima, *J. Mater. Sci.*, **43**, p2213-2216（2008）; N. Takahashi, Y. Suzuki and M. Kakihana, *J. Ceram. Soc. Jpn.*, **117**, 313（2009）; K. Yoshizawa, H. Kato, M. Kakihana, *J. Mater. Chem.*, **22**, 17272（2012）; C. Yasushita, H. Kato and M. Kakihana, *J. Inf. Disp.*, **13**, 107（2012）; M. Kakihana, J. Kim, T. Komukai, H. Kato, Y. Sato, M. Kobayashi and Y. Takatsuka, *Opt. Photonics J.*, **3**, 5（2013）; 佐藤泰史，加藤英樹，小林亮，金知慧，垣花眞人，粉体および粉末冶金, **62**, 133（2015）
4) A. H. Boonstra and J. M. E. Baken, *J. Non-Cryst. Solids*, **122**, 171（1990）
5) R. K. Iler, The Chemistry of Silica: Solubility, Polymerization, Colloid and Surface Properties and Biochemistry of Silica, Wiley（1979）
6) M. Kobayashi, H. Kato and M. Kakihana, "Water-Dispersed Silicates and Water-Soluble Phosphates, and Their Use in Sol-Gel Synthesis of Silicate- and Phosphate-Based Materials", Handbook of Sol-Gel Science and Technology, 2nd edition, Eds: Lisa Klein, Mario Aparicio, Andrei Jitianu, Springer International Publishing, p.1（2016）
7) 山口太一，鈴木義人，垣花眞人，粉体および粉末冶金，**57**, 706（2010）
8) Y. Shimomura, T. Honma, M. Shigeiwa, T. Akai, K. Okamoto and N. Kijima, *J. Electrochem. Soc.*, **154**, J35（2007）
9) 垣花眞人，鈴木義仁，セラミックス，**44**, 594-597（2009）
10) 杉山和宏，北岡諭，菅原義之，粉体粉末冶金協会平成 22 年度春季大会，3-7B（2010）; 杉山和宏，北岡諭，菅原義之，セラミックス協会 2010 年年会，2P160（2010）
11) M. Kim, M. Kobayashi, H. Kato and M. Kakihana, *J. Mater. Chem. C*, **1**, 5741（2013）; M. Kim, M. Kobayashi, H. Kato and M. Kakihana, *J. Ceram. Soc. Jpn.*, **122**, 626（2014）
12) J. Pretula, K. Kaluzynski, B. Wisniewski, R. Szymanski, T. Loontjens and S. Penczek, *J. Polym. Sci., Part A: Polym. Chem.*, **46**, 830（2008）
13) D. J. Tracy and R. L. Reierson, *J. Surfactant Deterg.*, **5**, 169（2005）
14) M. Kakihana, *J. Ceram. Soc. Jpn.*, **117**, 857（2009）
15) 無機結晶構造データベース（ICSD; FIZ Karlsruhe）2016.2 より抽出

第23章　無機ナノ粒子を用いた機能性複合材料の合成

片桐清文[*]

1　はじめに

　無機材料分野において微粒子材料は，バルク材料や薄膜材料などとともに重要な材料である。とりわけ最近では，ナノメートルスケールの粒子，いわゆるナノ粒子に関する研究が盛んに行われている[1〜3]。これは，ナノ粒子を合成する様々な手法が開発されたことに加え，ナノ粒子を評価・解析する技術が飛躍的に発達したことによるところが大きい。ナノ粒子が材料として注目されるのは，同じ物質でもバルク体では見られず，ナノスケールのサイズになってはじめて発現する特性が見出されるためである[4,5]。金属や酸化物などにおいて，そのサイズがナノ領域になってくると，溶融温度・焼成温度の大幅な低下，蛍光発光，触媒の高効率化・新規反応などの物理的，化学的特性を示すようになる。これらは高表面積を持つことによる原子の移動・拡散・溶解性の増大，量子サイズ効果，あるいは表面や界面の影響によると考えられている。例えば，半導体を原子のド・ブロイ波長に相当する大きさの粒子とすると，電子・正孔や励起子が閉じこめられた結果，それらのエネルギー状態は離散的となりサイズに依存してエネルギーシフトする。このようなナノ粒子は量子ドットと呼ばれている。CdE（E = S, Se, Te）系をはじめとする量子ドットは可視光領域での蛍光を示すが，そのサイズによってバンドギャップを調節することが可能であるため，粒径に依存した特徴的な発光特性を有する[4]。磁性材料においては，バルク体では強磁性を示す物質をナノサイズの粒子とすると，磁化の向きが温度の影響でランダムに反転するようになるため，室温において常磁性的挙動を示す，超常磁性を発現するようになる。これらのようなナノ粒子とすることではじめて得られる特性を活かして，あらゆる分野への応用が現在盛んに検討されている[6〜8]。しかし，ナノ粒子となることで多様な特性が得られる一方で，ナノサイズならではの難しさも存在する。例えば，サイズが小さくなることで，粒子はその凝集性が高くなってしまうことなどがあげられる[3]。この問題を解決する方法として，ナノ粒子を合成する際にゾル-ゲル法や水熱法などの液相プロセスを採用し，その過程で有機分子を介在させることで，ナノ粒子の表面を制御する手法がある[9]。このようにして合成したナノ粒子は，凝集の問題をクリアするだけでなく，溶媒への高い分散性から，あたかも"分子"のように取り扱うことが可能になる利点もある。この利点を活かすことで，ナノ粒子を有機・無機を問わず様々な材料とハイブリッド化することが可能となり，ナノ粒子の応用可能性がさらに広がるものと期待されている。本章では，無機ナノ粒子を液相で合成し，それを他の材料とハイブリッド化して機

---

[*]　Kiyofumi Katagiri　広島大学　大学院工学研究科　応用化学専攻　准教授

能性材料を合成する試みについて，筆者らがこれまでに取り組んできた研究を中心に紹介する。

2 磁性ナノ粒子をコアとするコア-シェル粒子の合成

　無機ナノ粒子を機能性材料として応用する分野として，近年最も注目されている分野の一つにバイオメディカル分野がある。無機材料を生体内で用いるためには，そのサイズがナノスケールであることは必要条件でもあり，さらに無機ナノ粒子の持つ特性が，有機分子では得られないものであるためである。現在，バイオメディカル分野において，最も実用化のステージに進んでいるのは磁性ナノ粒子である[6,7]。磁場は光などと比較して，生体組織への透過性が高く，かつ侵襲性が低いことが知られている。そのため，臨床においても核磁気共鳴画像法（MRI）や，磁気ハイパーサーミアと呼ばれる，ガンの温熱療法への利用が行われている。磁性ナノ粒子の合成法の1つとして，水熱合成法がある。例えば，酸化鉄ナノ粒子の水熱合成時に，オレイン酸などの界面活性剤を添加すると，オレイン酸のカルボキシ基が鉄原子に配位する。これが一種のキャッピング剤となるため，水熱条件下で，酸化鉄の結晶核生成が起こった際に，その結晶核全体をオレイン酸分子が被覆した状態となり，核の成長を抑制するため，得られる酸化鉄の結晶は結果的にナノ粒子となる。オレイン酸の被覆によって粒子は疎水的な性質となるため，非極性の有機溶媒に凝集することなく分散する。一方で，その疎水性のため，このナノ粒子は水系の溶媒には分散させることができない。すなわちこのような表面に疎水基が修飾されたタイプのナノ粒子を水系溶媒に均一に分散させるにはその表面へのコーティング等が必要になる。次に，粒子サイズについても，実際の応用に際してはチューニングが必要である。例えば，ガンの温熱療法や薬物等の運搬体などとして応用する場合，ガン細胞などの目的の組織に粒子を選択に集積する必要がある。この場合，粒子のサイズは100～200 nm の大きさの物質が好ましいということが見出されている。これは，正常組織に比べて，ガン組織の血管壁組織の構築性が悪く，100～200 nm の大きさの物質がガン組織のみ透過して，そのまま保持されるためであり，EPR効果（Enhanced Permeation and Retention effect）として知られている[10,11]。しかし，前述の通り，ナノ粒子に特徴的な機能を得るためには，そのサイズがナノスケールである必要があり，ナノ粒子そのものを100～200 nm のサイズにしてしまってはその機能が発現しなくなってしまう。これらの課題をクリアする方法として有望なのがコア-シェル粒子の構築である[12]。これは，ナノ粒子をコアにすることで，ナノサイズで発現する特徴的な機能を保持し，全体のサイズはシェルの厚さで制御するという発想である。シェルを形成する物質として有望なのはシリカである[13~15]。これは，シリカが親水的であり，かつ生体に対する毒性が低いうえに，光にも磁気に対しても高い透過性を有しているためである。そのため，ゾル-ゲル法を活用して，無機ナノ粒子にシリカシェルを形成する検討が多くなされており，その一つに界面活性剤を用いた逆マイクロエマルジョン法がある。この手法では，オレイン酸などの長鎖有機基で被覆された疎水化ナノ粒子をコアに用いて，それぞれ1つのナノ粒子をコアとする，いわゆるシングルコアのコア-

第23章 無機ナノ粒子を用いた機能性複合材料の合成

シェル粒子の合成が可能である。また，サイズの揃った単分散コア-シェル粒子が得られることも大きな特徴である。この手法では，シクロヘキサンなどの非極性有機溶媒中に疎水化ナノ粒子を分散させ，そこにビス(2-エチルヘキシル)スルホコハク酸ナトリウム（AOT），Triton X-100，Igepal CO-520などの非イオン性界面活性剤を添加し，つづいてゾル-ゲル反応の塩基触媒となるアンモニア水と，シリカ源となるオルトケイ酸テトラエチル（TEOS）を順次加え，十分に撹拌することでコア-シェル粒子が合成できる。しかしながら，この手法においてどのようなメカニズムでシングルコアのコア-シェル粒子ができるかは必ずしも十分には明らかにされていなかった。Liらは，オレイン酸修飾酸化鉄ナノ粒子を用いたコア-シェル粒子の生成過程を解析し，ナノ粒子を修飾しているオレイン酸と，添加した界面活性剤であるIgepal CO-520が交換していることを赤外分光分析などで明らかにしている[15]。しかし，この交換反応の存在だけではシングルコアのコア-シェル粒子が生成することを説明することは困難である。そこで筆者らは，動的光散乱（DLS）法を用いた溶媒中でのナノ粒子の粒径変化の追跡でコア-シェル粒子形成メカニズムを解析した[16]。まずオレイン酸修飾酸化鉄ナノ粒子を水熱法で合成し，それをシクロヘキサンに分散させてDLS測定を行ったところ，その流体力学的直径（D_{hy}）は15.2 nmであった。ここにIgepal CO-520を添加すると，D_{hy}は18.0 nmに増加した。オレイン酸とIgepal CO-520の分子長がそれぞれ2.32 nmと3.37 nmであることを鑑みると，このD_{hy}の増大はオレイン酸とIgepal CO-520の交換反応に基づくものと考えられる。ここに水を加えるとD_{hy}はさらに増大し，18.8 nmとなった。これは酸化鉄表面とIgepal CO-520の親水部が存在する界面に水層が形成し，それぞれ1つのナノ粒子をベースに逆マイクロエマルジョンを形成していることを示唆している（図1）。なお，この増大は中性の純水を用いても，塩基性のアンモニア水を用いても同等であった。ここにさらにTEOSを加えた場合，純水を用いた系ではD_{hy}

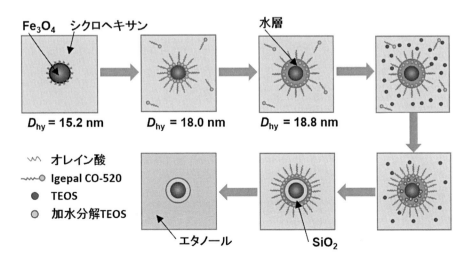

図1 逆マイクロエマルジョン法によるオレイン酸修飾磁性ナノ粒子へのシリカシェル形成メカニズム

の増大は認められなかったが，アンモニア水を用いた系では反応時間の増加に伴って D_{hy} が増大していることが分かった。このことより，図1に示すように酸化鉄と Igepal CO-520 の界面に存在する水層が反応場となり，シクロヘキサン相に存在する TEOS が界面で加水分解し，親水性を帯びるとこの水層に取り込まれ，そこで重縮合反応が進行し，シリカが形成することが推定される。このモデルにおいては，シリカシェルが成長するのに伴って，粒子を包む逆マイクロエマルジョンが膨張することになる。すなわち，このモデルにおいては，最初に添加した水と界面活性剤の量によって，膨張できる逆マイクロエマルジョンのサイズが規定され，得られるコア-シェル粒子のサイズにも上限が存在するはずである。そこで，実際に水と界面活性剤の量を固定し，添加する TEOS の量を変えてコア-シェル粒子を合成したところ，TEOS の量が少ない領域ではその添加量に応じて得られるコア-シェル粒子のサイズが変化したが，一定量を超えると得られる粒子のサイズは増加しなくなる結果となった（図2）。一方，一定時間ごとに TEOS だけでなく，水と界面活性剤を追加して反応を継続させたところ，粒径のさらなる増大が確認された（図3）。この試料の電子顕微鏡観察によれば，得られるコア-シェル粒子はシングルコア構造を維持しており，またコアなしの粒子の生成も認められなかった。このことは前述の逆マイクロエマルジョンモデルの妥当性を裏付けるものである。また，逆マイクロエマルジョン法で得られたコア-シェル粒子を種粒子として，Stöber 法を適用することで，さらにサイズを拡大することも可能であった。したがって，これらの手法を駆使することで，EPR 効果などに適したサイズにコア-シェル粒子のサイズを自在にチューニングできることが明らかになった。

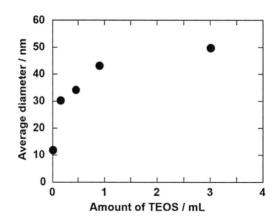

図2 逆マイクロエマルジョン法において TEOS 添加量を変化させて作製した磁性ナノ粒子-シリカ コア-シェル粒子の平均粒径

第23章 無機ナノ粒子を用いた機能性複合材料の合成

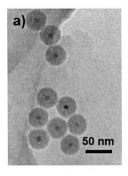
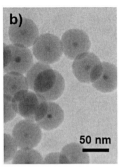
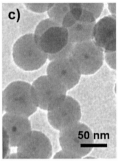

図3 逆マイクロエマルジョン法において Igepal CO-520 とアンモニア水と TEOS を一定時間ごとに添加して作製した磁性ナノ粒子-シリカ コア-シェル粒子の透過型電子顕微鏡写真
(a) 96 時間後 (1回添加), (b) 192 時間後 (2回添加), (c) 288 時間後 (3回添加)

3 磁性ナノ粒子と多糖ナノゲルのハイブリッド材料のバイオメディカル応用

前項では、疎水化磁性ナノ粒子に水分散性や生体適合性を付与する手法としてシリカシェルを形成するアプローチについて紹介した。筆者らはシリカのほかに、有機材料とのハイブリッド化によっても磁性ナノ粒子に水分散性等を付与し、バイオメディカル応用への展開を検討している。その一例として、多糖ナノゲルを採用し、磁性ナノ粒子とのハイブリッド化を試みた[17]。多糖ナノゲルは水溶性多糖であるプルランにコレステロールなどの疎水性置換基を導入して部分的に疎水化することで水中において疎水性相互作用によって自己組織的に粒径 30 nm 程度のヒドロゲル状の粒子を形成したもので、京都大学の秋吉らによって開発され、現在、薬物運搬体をはじめバイオメディカル分野での応用が盛んに検討されている（図4）[18]。このナノゲルはその内部にコレステロールなどの疎水基を有しているため、オレイン酸で被覆された酸化鉄ナノ粒子を疎水性相互作用によって内部に取り込むことが可能であると考えられる。そこで、水と混和可能な非極性有機溶媒であるテトラヒドロフラン（THF）にオレイン酸被覆酸化鉄ナノ粒子を分散させ、その分散液をナノゲルが分散した水溶液中に注入することでハイブリッド化を行った。このようにして得られた酸化鉄ナノ粒子含有ナノゲルハイブリッド粒子の分散液は薄い橙色の透明

な液であり，長期間保存しても凝集することなく，安定であった。この試料の TEM 観察を行った結果，酸化鉄ナノ粒子がクラスター状に集合している様子が認められた（図5）。つまりこのクラスター全体をナノゲルが被覆し，水中で分散していると考えられる。磁性ナノ粒子のバイオメディカル分野への応用としては，先にも述べたように MRI 造影剤，磁気ハイパーサーミアによるガン温熱療法，さらには薬剤や治療遺伝子の標的送達などが挙げられる[6]。磁性ナノ粒子の MRI 造影剤は，主として T_2 造影剤としての利用である。MRI は生体組織を構成する物質の大部分を占める水素原子核の核磁気共鳴現象（NMR）を利用して，断層像をコンピュータで得る方法である。静磁場内において，高周波磁場（励起磁場）をパルス状に加えると NMR 現象が起こる。高周波磁場を切ると，元の平衡状態に戻っていく。このとき共鳴周波数と同じ周波数の高

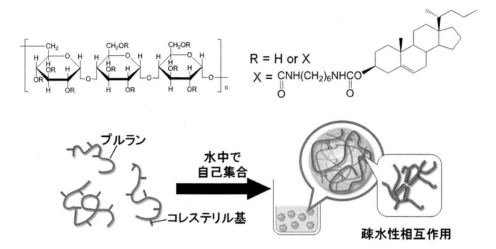

図4　コレステロール修飾プルランの構造とナノゲル生成の模式図

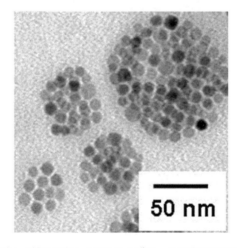

図5　酸化鉄ナノ粒子含有ナノゲルハイブリッドの透過型電子顕微鏡写真

第23章　無機ナノ粒子を用いた機能性複合材料の合成

周波磁場が発生し，受信コイルで誘導電流として検出される。この信号は時間と共に指数関数的に減衰していき，縦緩和と横緩和の2つの過程がある。それらの時定数を T_1, T_2 で表し，T_1 を縦緩和時間，T_2 を横緩和時間という。大きな磁化率を持つ酸化鉄などの粒子が不均等に分布すると，局所の磁場が乱され T_2 緩和時間が短縮され，プロトン密度強調画像や T_2 強調画像で信号が低下する。つまり磁性粒子を含む組織は信号強度が低下し，含まない組織はコントラストが増強されることで，造影剤となりうる。実際に，多糖ナノゲルを用いたハイブリッド粒子のMRI造影能の評価を行った。ハイブリッド粒子の各濃度における T_2 強調MR画像（図6）において，粒子の濃度が高いほどMR画像の信号強度が低下していることから，T_2 造影剤として機能していることが確認された。さらに，T_2 緩和速度をハイブリッド粒子の濃度に対してプロットし，その傾きから T_2 緩和能を算出したところ，260 $mM^{-1}s^{-1}$ という値を得た。この値は市販されている T_2 造影剤である Resovist や MEIO（通常150～200 $mM^{-1}s^{-1}$）と比較して同等以上の値であり，このハイブリッド粒子が T_2 造影剤として十分な造影能を有することが示された。次に磁気ハイパーサーミアとしての応用の検討を行った。磁性ナノ粒子に交流磁場を印加すると，ネール緩和，ブラウン緩和などの緩和現象により発熱する。ガン細胞は正常細胞に比べ熱に弱いため，42～43℃に加熱してガン細胞を選択的に攻撃することができる。そこで，この多糖ナノゲルと磁性ナノ粒子を用いたハイブリッドの交流磁場印加による発熱特性の評価を行った。ハイブリッド粒子の分散液に交流磁場を印加し，溶液の温度を比較したところ，ハイブリッド粒子の分散液から発熱が確認された。これはハイブリッド粒子内の酸化鉄が交流磁場の印加によって発熱しているためであると考えられる。さらに筆者らは，この多糖ナノゲル-磁性ナノ粒子ハイブリッドを用いた，外部磁場による物理的な運動を利用した細胞内へのタンパク質デリバリーへの応用も検討した（図7）[19]。モデルタンパク質として牛血清アルブミンを用い，このハイブリッド粒子による磁場誘導細胞内導入を評価したところ，極めて高い効率で細胞内にタンパク質を導入できることが示された。このようにして磁気導入されたタンパク質はその機能を保持していることも明らかになっている。また，さらに磁場の印加を続けることで，このハイブリッド粒子を細胞外へ排出させることが可能であることも分かった。驚くべきことに，排出されたハイブリッドにはモデルタンパク質がほとんど含まれていなかった。すなわち，このハイブリッド粒子を用いることで，磁場の誘導で細胞内に目的のタンパク質を送達し，その役割を終えたハイブリッド粒子を細胞外に取り出すことが可能であり，従来のタンパク質キャリアでは達成されていない機能も有していることが明らかになった。

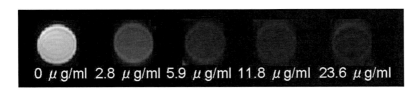

図6　酸化鉄含有ナノゲルハイブリッドの T_2 強調MR画像

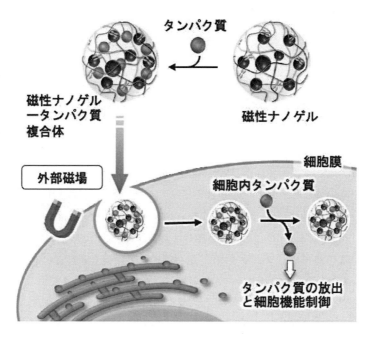

図7 酸化鉄含有ナノゲルハイブリッドを用いた細胞へのタンパク質デリバリーの模式図

4 近赤外光による光線力学療法のためのハイブリッドナノクラスター

　前項までは，無機ナノ粒子のバイオメディカル応用に向けたハイブリッド化の例として磁性ナノ粒子を用いたものを紹介してきた。磁場以外にも光をターゲットにした無機ナノ粒子のバイオメディカル応用も盛んに行われている。光のなかでも近赤外光は磁場と同じように生体組織への透過性が高く，侵襲性が低いため，バイオメディカル応用に適している。近赤外光を用いたバイオメディカル応用の一つにアップコンバージョン（UPC）蛍光体を用いた蛍光イメージングがある。UPC蛍光体は近赤外光で励起し，可視光で発光することからバイオイメージングに適している[20]。筆者らは，このUPC蛍光を示す無機ナノ粒子をハイブリッド化することで，新たな機能材料への展開を目指した。そのターゲットとして選んだのが光線力学療法である[21]。光線力学療法は，光感受性物質をガン組織に送達し，そこに光を照射することで活性酸素の一種である一重項酸素を発生させ，それによってガン細胞を攻撃し死滅させる，新たなガン治療法として近年注目されている。しかし，現在，臨床応用されている光感受性物質は基本的に可視光照射で一重項酸素を発生するものであるため，可視光が到達しない体内深部のガンに適用することはできない。そこで筆者らは，UPC蛍光ナノ粒子と光感受性物質をハイブリッド化し，UPC蛍光ナノ粒子から光感受性物質への励起エネルギー移動が起こるようにすることで近赤外光による光線力学療法に応用可能なハイブリッド材料の開発を検討した。UPC蛍光ナノ粒子として，表面がオレイン酸修飾された$NaYF_4$:Er/Yb粒子を合成した[22]。また，光感受性物質としては高い一重項

第23章　無機ナノ粒子を用いた機能性複合材料の合成

酸素発生効率を有する C_{70} フラーレンを用いた。オレイン酸修飾 $NaYF_4$:Er/Yb 粒子を脂質と複合化してナノクラスターとすることで，高い水分散性と生体適合性を付与することができる。さらに，粒子のオレイル基と脂質の疎水性鎖によってクラスター内には疎水場が形成されるため，そこに疎水性である C_{70} フラーレンを導入することが可能である。これによってハイブリッドクラスター内で，UPC 蛍光ナノ粒子と C_{70} フラーレンが効率的に励起エネルギー移動が起こる位置に配置できるものと考えられる（図8）。実際にこのようなナノハイブリッドクラスターを合成し，UPC 蛍光体ナノ粒子からフラーレンへの励起エネルギー移動の確認を行った。980 nm の近赤外光レーザーを励起光源として用い，このナノハイブリッドクラスターの蛍光測定を行った（図9）。フラーレンを含有していないナノハイブリッドクラスターの蛍光スペクトルに対し，

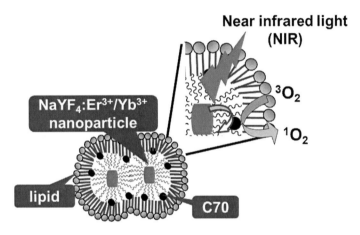

図8　脂質-UPC 蛍光ナノ粒子-C_{70} フラーレンナノハイブリッドナノクラスターとその近赤外光照射による一重項酸素発生の模式図

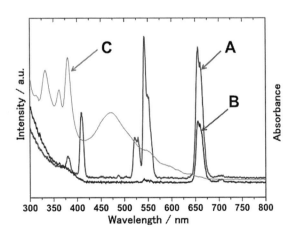

図9　脂質-UPC 蛍光ナノ粒子ナノハイブリッドナノクラスターへの C_{70} フラーレン導入前（A）および後（B）の蛍光スペクトルと C_{70} フラーレンの吸収スペクトル（C）

C_{70} フラーレンを交換反応によって導入したナノハイブリッドクラスターの蛍光スペクトルでは550 nm 以下の蛍光ピークがほとんど消滅していることが確認された。C_{70} フラーレンの吸収スペクトルと比較すると，C_{70} フラーレンの吸収が存在する波長に存在する蛍光ピークが強く消光していることから，これらが励起エネルギー移動していると考えられる。また，一重項酸素の発生量を評価する手段として，π役系の色素を用いた消色実験によって評価を行ったところ，今回合成したナノハイブリットクラスターに近赤外光照射をすることで実際に一重項酸素を発生することも確認した。今後，培養ガン細胞を用いた in vitro 実験やマウスを用いた in vivo 実験によって，光線力学療法用薬剤としての評価を行っていく予定である。

5 おわりに

　本章では磁性や蛍光などの機能を有する無機ナノ粒子について，それら単独で利用するのではなく，ハイブリッド化することで，バイオメディカル分野を中心として様々な分野に応用可能な機能材料とするアプローチについて，筆者らのこれまでの研究を中心にいくつか紹介してきた。特にここでは，ナノ粒子の合成の際に，オレイン酸などの有機分子を用いることで，表面が有機鎖で被覆されたナノ粒子を合成して用いた。これをナノ粒子としての機能を保持しつつ水系の溶媒に分散させるため，シリカ，多糖，脂質などでシェルを形成する方法が有効であることが明らかになった。それに用いる材料の選択で，ナノ粒子だけでは得られない様々な機能が発現することも示した。本稿では紹介しきれなかったが，誘電体や触媒となる材料もこのようなナノ粒子として合成することが可能であり，そのハイブリッド化や集積化によって，これまでのバルク材料では実現しえなかった次世代の高機能材料の開発が盛んに行われている。今後，無機ナノ粒子の合成とそれを用いたハイブリッド材料の重要性がますます高くなっていくものと思われる。我が国がこの分野をリードしていくためにも，産・学・官が連携して研究に取り組むことで，さらなるブレークスルーが実現することが期待される。

文　　献

1) B.L. Cushing, V. L. Kolesnichenko, C. J. O'Connor, *Chem. Rev.*, **104**, 3893（2004）
2) N. T. K. Thanh, L. A. W. Green, *Nano Today*, **5**, 213（2010）
3) C. N. Rao, H. S. Ramakrishna Matte, R. Voggu, A. Govindaraj, *Dalton Trans.*, **7**, 5089（2012）
4) W. W. Yu, E. Chang, R. Drezek, V. L. Colvin, *Biochem. Biophys. Res. Commun.*, **29**, 781（2006）

第 23 章　無機ナノ粒子を用いた機能性複合材料の合成

5) N. Erathodiyil, J. Y. Ying, *Acc. Chem. Res.*, **44**, 925（2011）
6) Q. A. Pankhurst, J. Connolly, S. K. Jones, J. Dobson, *J. Phys. D: Appl. Phys.*, **36**, R167（2003）
7) C. Sun, J. S. Lee, M. Zhang, *Adv. Drug Deliv. Rev.*, **60**, 1252（2008）
8) X. Mao, J. Xu, H. Cui, *Wiley Interdiscip. Rev. Nanomed. Nanobiotechnol.*, **8**, 814（2016）
9) M. Rajamathia, R. Seshadri, *Curr. Opin. Solid State Mater. Sci.*, **6**, 337（2002）
10) Y. Matsumura, H. Maeda, *Cancer Res.*, **46**, 6387（1986）
11) H. Maeda, G. Y. Bharate, J. Daruwalla, *Eur. J. Pharm. Biopharm.*, **71**, 409（2009）
12) S. Mallakpour, M. Madani, *Prog. Org. Coat.*, **86**, 194（2015）
13) Y. A. Barnakov, M. H. Yu, Z. Rosenzweig, *Langmuir*, **21**, 7524（2005）
14) A. Guerrero-Martínez, J. Pérez-Juste L. M. Liz-Marzán, *Adv. Mater.*, **22**, 1182（2010）
15) H. L. Ding, Y. X. Zhang, S. Wang, J. M. Xu, S. C. Xu, G. H. Li, *Chem. Mater.*, **24**, 4572（2012）
16) K. Katagiri, M. Narahara, K. Sako, K. Inumaru, *J. Sol-Gel Sci. Technol.*, submitted.
17) K. Katagiri, K. Ohta, K. Sako, K. Inumaru, K. Hayashi, Y. Sasaki, K. Akiyoshi, *ChemPlusChem*, **79**, 1631（2014）
18) 佐々木善浩，秋吉一成，"ナノゲルを基盤材料とするナノバイオエンジニアリング"，人工臓器，**39**, 197（2010）
19) R. Kawasaki, Y. Sasaki, K. Katagiri, S. Mukai, S. Sawada, K. Akiyoshi, *Angew. Chem. Int. Ed.*, **55**, 11377（2016）
20) 曽我公平，"アップコンバージョン発光粒子とその応用"，ぶんせき，**1**, 37（2012）
21) J. Chen, L. Keltner, J. Christophersen, F. Zheng, M. Krouse, A. Singhal, S. Wang, *Cancer J.*, **8**, 154（2002）
22) N. J. J. Johnson, N. M. Sangeetha, J. C. Boyer, F. C. van Veggel, *Nanoscale*, **2**, 771（2010）

第24章　プラズモニクスとゾル-ゲル法を利用した新規光機能材料の創成

村井俊介*

1　はじめに

　金属のプラズマ振動（＝自由電子の協同振動）はナノ粒子化により光応答性を発現する。プラズマ振動と光電場の共鳴は表面プラズモンポラリトン（SPP）[注1]と呼ばれ，金属ナノ粒子はSPP励起に伴い非常に大きな光吸収・光散乱を示す。特に複数のナノ粒子同士を近接配置させると，その非常に大きな散乱断面積に起因して，放射結合（＝光散乱を介した粒子間の相互作用）が起こり，SPPの励起条件が変化する。ファラデーまで遡る歴史ある分野である金属ナノ粒子の光科学は，ナノテクノロジーとの相溶性の高さを反映し，近年特に加速・活性化しているホットな領域である[1]。放射結合を制御し大きな光学応答を得るために，様々な金属ナノ構造が提案されてきた。これらの構造は，光に対するアンテナという意味で，ナノアンテナと呼ばれることもある。本章では，ナノ粒子あるいはナノロッドを周期的に並べた系における，周期と放射結合強度の関係と，それぞれの周期に特有の光学特性に関して議論したい。

　図1は半径100 nmで無限の長さを持つ金ナノロッドを周期配列させたときのロッド一本あたりのSPP強度のシミュレーション結果である。ロッド同士の距離に応じてSPP強度が変化し，2つの領域で極大値を取ることがわかる。

　領域I（ナノギャップ領域）：ロッド間距離が非常に近くなるにつれて，SPP強度が増大する。これは，隣接するロッドに励起されるSPPが照射光を介して結合するためであり，結合に伴いロッド間のギャップに電場が集中する。

注1)　表面プラズモンポラリトン（SPP）
　金属の伝導電子は特定の陽イオンに束縛されていないので，外部電場に応答して金属中を自由に動くことができる。これが金属の高い電気伝導の理由である。電磁波に対してもプラズマ周波数以下の周波数であれば電子は交流電場に追随可能であり，これが金属の遮蔽効果を生む。ここで，可視光が波長程度あるいはそれ以下の大きさの金属微粒子に照射される場合を考えてみる。この場合，伝導電子はどこまでも動けるわけではなく，光電場による静電引力の他に全体の正電荷（陽イオン）と負電荷（伝導電子雲）の中心のずれによって生じる静電引力を拘束力として受けることになる。この拘束力は変位距離に比例するため，陽イオンと伝導電子雲を結ぶバネのように働く。バネには固有振動数があり，特定の周波数を持つ外場に対して共鳴を起こす。これがSPPである。金や銀の微粒子はこの固有振動を可視域に持つため，呈色する。

＊　Shunsuke Murai　京都大学　大学院工学研究科　材料化学専攻　助教

第24章 プラズモニクスとゾル-ゲル法を利用した新規光機能材料の創成

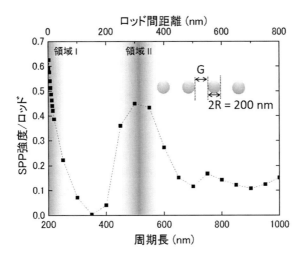

図1 半径100 nmの金ロッドを周期配列させたときのロッドあたりの表面プラズモンポラリトン（SPP）強度のシミュレーション結果。無限長さを持つ金ナノロッドが、ギャップ距離Gの間隔で周期的に並んだ3次元モデルを作成し、平面波が垂直入射した時の反射・透過・吸収をシミュレートした。金の屈折率はPalikによる値[23]を用い、シリカの屈折率は1.44とした。得られた光吸収スペクトルに対し、p偏光での吸収からs偏光での吸収を差し引くことで金の内部遷移の寄与を排除し、SPP励起による吸収を見積もった。

領域II（光回折領域）：光の波長ほどの周期でSPP強度が極大を示す。この周期は、ちょうど面内への光回折（レイリーアノマリ）とSPPの波長がオーバーラップする領域であり、光回折が放射結合をアシストする。

SPPを用いた光の有効利用を考える際、放射結合の強いこの2つの領域の構造を積極的に使うことは重要である。他方、ゾル-ゲル法は微構造が制御された酸化物を比較的低温で作製できる特異な手法である。本章は、放射結合が強くなるこの2つの領域におけるゾル-ゲル法を用いた構造作製と光学特性について、筆者らの研究を含めまとめた。

2 領域I（ナノギャップ領域）

2.1 大面積ナノギャップ構造作製のためのテンプレート

金属ナノ粒子あるいはナノロッドを数ナノメートル隔てて配置すると、各粒子／ロッドに励起されるSPPが照射光に位相を揃えて振動する結果、粒子あるいはロッド間のギャップ内に強い電場が集中する。このようなナノギャップの系は多くの報告があり、例えば、金属ナノ粒子を基板にランダムに分散させる[2]、AFMの探針を金属基板に近接させる[3]、金属ナノ粒子と金属基板を薄膜を隔てて近接させる[4]などの操作により、局所的にナノギャップが実現できる。しかしながら、基板全体に制御されたギャップを存在させることは容易ではない。筆者らはナノ構造を持つ基板を使ってナノロッドを高密度に周期的に並べることを考え、最適な基板の検討を行った

ゾル-ゲルテクノロジーの最新動向

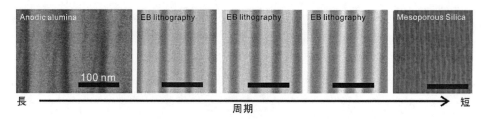

図2 メソスケール周期構造作製用のテンプレート例。(左から) 陽極酸化アルミナの断面,電子線描画リソグラフィーで Si 基板上に作製したライン&スペース構造（周期：60, 50, 40 nm），シリカガラス基板上に作製したメソポーラスシリカ周期構造。スケールバー：100 nm

(図2)。トップダウン手法の中で最も細かい構造が作製できるのは電子線描画リソグラフィーであり、周期 40 nm 程度まではコンベンショナルに描画可能である。しかしこれ以上の密度で線を描画する場合、電子線の散乱・レジスト内の反応種の拡散によって近接する描画パターンのマージが避けられない。他方、周期的微構造作製のボトムアップ手法としては陽極酸化[5]，ブロックコポリマーの相分離[6]，メソポーラスシリカ[7]の利用が挙げられる。陽極酸化法は周期的なポーラス構造作製に強力な手法であり、Si や Al, Ti などを出発材料とした構造作製の実績がある。最もよく研究されている Al の場合、条件を整えることで周期を 100 nm まで短くすることが可能であるが、それ以下の構造では周期性が低下する。ブロックコポリマーはポリスチレンとポリメチルメタクリレートなど相溶性の低い分子鎖が化学結合した高分子であり、加熱により相分離を誘起できる。分子鎖長による周期の精密な制御が可能であり、またライン&スペースなどのガイド構造を持つ基板を用いることでマクロな配向制御もできる。メソポーラスシリカはミセルの自己組織化構造をゾル-ゲル法等によりシリカ構造として固定化した材料であり、ミセルのサイズにより構造周期の制御が可能である。また、ブロックコポリマーと同様に、ガイド構造を持つ基板、あるいはポリイミドを製膜しラビング処理を施した基板を用いることで、マクロに配向した薄膜を得ることも可能である。本節では、電子線描画では到達できない短周期を持ち、かつ有機ポリマーと比べ熱的および化学的安定性に優れるメソポーラスシリカ薄膜を用いたメソ周期の金ナノロッド構造体（金メソグレーティング構造）の作製と、ロッド間のナノギャップに起因する光学特性について報告する[8]。

2.2 メソポーラスシリカ基板を利用した金メソグレーティング構造作製

一軸配向したメソポーラスシリカ薄膜は既報[9]に基づき作製した。薄膜を 400℃ で 30 分アニールしポリマーを除去した後、ウェットエッチングにより表面にメソ周期構造を露出させ[10]、電子線蒸着装置を用いた斜め蒸着により金メソグレーティング構造を作製した。蒸着時の基板の傾斜角 α および堆積厚さ T をパラメタとして [図3 (a)]，構造と光学特性の相関を調べた。

得られた構造の SEM 画像（トップビュー）を図3にまとめる。$\alpha = 0°$ で金蒸着した場合 [図

第 24 章　プラズモニクスとゾル-ゲル法を利用した新規光機能材料の創成

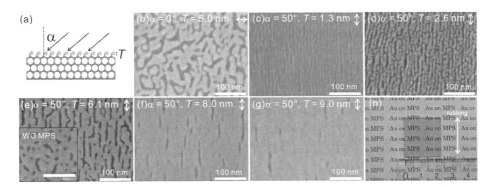

図 3　(a) 金メソグレーティングの断面イラスト。(b) メソポーラスシリカに $\alpha = 0°$ で金を厚さ $T = 5$ nm 蒸着することにより得られた試料の SEM トップビュー像。(b)〜(g) $\alpha = 50°$ で金を $T =$ (b) 1.3, (c) 2.6, (d) 5.2, (e) 6.1, (f) 8.0, および (g) 9.0 nm 蒸着した試料の SEM 像。(e) の挿入図は $\alpha = 50°$, $T = 6.1$ nm の金を平坦なガラス基板上に蒸着することにより作製した Au メソ構造を示す。(a)〜(g) の矢印は, メソ細孔の長軸の方向を示す。(h) 試料の光学像。矢印はラビング処理の方向を示す。

3 (b)], 画像中明るい部分で示される金はメソポーラスシリカ薄膜の凹凸を反映せず, ランダムなナノアイランド構造をとる。これは蒸着の際, 薄膜表面に到達した金原子が凹凸を乗り越えて薄膜上を拡散するためである。これに対し, $\alpha = 50°$, $T = 1.3$ nm の条件で金蒸着した場合 [図 3 (c)], 金が凹凸に沿ってロッド状に成長していることがわかる。さらに, T が増えるにつれてロッド径が上昇するとともにロッド同士が互いに連結する様子が見て取れる。これは金原子の拡散の効果であり, 最終的には, 構造のない金薄膜が得られる [図 3 (g)]。

メソポーラスシリカ薄膜はラビング処理を施したシリカ基板を界面活性剤を含むゾル-ゲル反応液に浸漬しディップコートすることで作製しており, 原理的には大面積化が可能である。図 3 (h) は 2 cm 角の基板上に作製した例であるが, 基板全面において, 均一な構造が作製可能である。

2. 3　SERS 特性

金メソグレーティングに発生する電場増強の実証として表面増強 Raman 散乱（SERS）特性を測定した。検出対象分子（Nile blue A）のエタノール溶液を試料に滴下後, 乾燥し 785 nm のレーザーダイオード励起により Raman 測定を行った。図 4 に種々の溶液濃度に対する SERS スペクトルを示す。分子の振動遷移に起因する顕著な信号は, 光電場の振動がギャップに直交する p 偏光のみに見られる。信号は, 5×10^{-12} mol/L という低濃度であっても観察された。図 4 (b) 及び図 4 (c) に SERS 信号の空間のマッピングを示す。SERS 信号は, ナノギャップの非常に均一な分布を反映して, メソグレーティングの存在する領域でのみ検出される。また, p 偏光でのみ信号が見られ, グレーティングがマクロに配向していることがわかる。SERS は一般的に直線偏光の励起源を用い測定されるため, 片方の偏光で励起可能であるメソグレーティング構

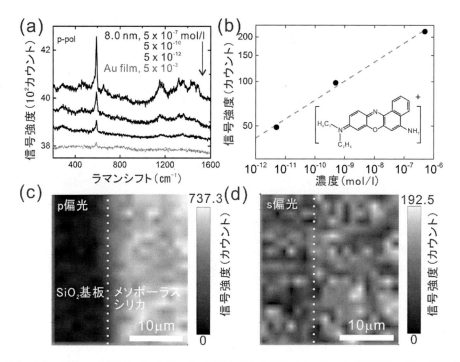

図4 (a) p偏光に対するラマンシグナル。検出対象としてナイルブルーAを選択し、種々の濃度のエタノール溶液を試料（$\alpha = 50°$, $T = 8.0$ nm）に滴下後、乾燥させ測定した。ナイルブルーAの濃度：5×10^{-7}, 5×10^{-10}, および 5×10^{-12} mol/L（上から下へ）。灰色の破線の曲線は、$\alpha = 0°$の平坦なガラス基板上に堆積された金薄膜（$T = 50$ nm）上のナイルブルーA（5×10^{-3} mol/L）からの信号を示す。信号は、明確にするために垂直方向へシフトして表示した。(b) 振動ピーク（577.5～602.5 cm^{-1}）の信号強度の検出対象濃度依存性。点線はガイド。挿入図は、ナイルブルーAの化学式。(c) p偏光および (d) s偏光に対する振動ピーク信号強度の空間マッピング。縦の点線は、平らな石英基板とメソポーラスシリカの境界を示す。カラースケールが (c) と (d) で異なることに注意。

造は効率的な偏光選択センシングに有効である。

3 領域II（光回折領域）

3.1 光回折アレイ

本節では、金属ナノ粒子あるいはナノロッドを光の波長周期で配列した光回折アレイに着目する。この構造は、光回折を介して強い放射結合が誘起できる特異な金属ナノ構造である[11]。光回折アレイに光が照射されると、面内への光回折により隣接する粒子のSPP同士が共鳴振動する現象が起こる。これを協同プラズモニックモードと呼び、個々のSPPの足し合わせに比べて大きな光学応答を示す。個々のSPPが粒子に局在するのに対し、協同プラズモニックモードはその強い放射結合に起因して面内に拡がった特異な光エネルギー分布を有する。光回折アレイと光機能性薄膜を組み合わせることで、協同プラズモニックモードを介した効率良い光機能性薄膜へ

第24章　プラズモニクスとゾル-ゲル法を利用した新規光機能材料の創成

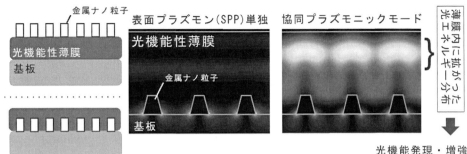

図5　光回折アレイと光機能性薄膜による機能発現の概念。（左）システムのスケッチ。（左上）薄膜の上に光回折アレイがある場合（左下）光回折アレイが薄膜に埋め込まれている場合。（中央・右）光回折アレイが薄膜に埋め込まれている場合における，SPP単独（中央）と協同プラズモニックモード（右）が励起された状態における典型的な光エネルギーの空間分布。

の光エネルギー取込み／取出しが実現する（図5）。他の金属ナノ構造には見られない，この際立った特徴を利用し，SERS[12]，発光の増強[13〜16]，太陽電池の高効率化[17]，センシング[18]の研究がなされている。

3.2　光回折アレイによる発光制御

このように可視光を面内に閉じ込めることができる光回折アレイと発光体層を組み合わせると，何が起こるであろうか。筆者らはエポキシドをプロトン捕捉剤とするゾル-ゲル法[注2]で典型的な黄色蛍光体であるCe^{3+}ドープ$Y_3Al_5O_{12}$（YAG:Ce^{3+}）薄膜を作製し，その上にナノインプリントリソグラフィで銀ナノ粒子からなる光回折アレイを作製した（図6（a），（b））[14, 16, 19]。図6（c）に試料の透過率スペクトルを示す。スペクトルに見られる2つのディップのうち，長波長側のブロードなディップが個々のナノ粒子に励起されたSPP，もう一つのシャープなディップが光回折である。光入射角度を上げることで回折波長をSPPに近づけると，両者の形状が変わる。回折ディップはFano共鳴[注3]と呼ばれる非対称なスペクトルとなり，光回折を介した協同プラズモニックモードの励起を示唆する。また，SPPは長波長シフトを示す。

注2）エポキシドをプロトン捕捉剤とするゾル-ゲル法

　金属塩を含む溶液中で，エポキシドの開環反応に付随するプロトン消費に伴うpH上昇を利用して，水酸化物をゲル化させる手法[24]。熱処理にて酸化物が得られる。塩化物など多くの金属塩がカチオン源として利用可能であり，Al_2O_3[25]，Yttria-stabilized ZrO_2[26]をはじめとして$Y_3Al_5O_{12}$[19, 27]，$CaHPO_4$[28]などの複酸化物，さらには$LiFePO_4$[29]，$Li(Fe_{1-x}Zr_x)(P_{1-2x}Si_{2x})O_4$[30]のような複雑な組成をもつ酸化物も合成実績がある。

注3）Fano共鳴

　複数の振動子が空間的・スペクトル的に重なるときに見られる共鳴で，両者の位相が揃うときに強め合いの干渉，逆位相のときは打ち消しあう干渉が起こるため非対称なスペクトル形状となる。本文中では光回折とSPPが共鳴する2つの振動子である。

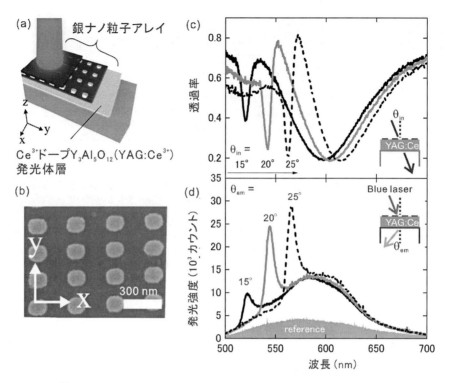

図6 (a) Ce^{3+}ドープYAG発光体層と銀ナノ粒子アレイからなる試料のスケッチ。(b) 銀ナノ粒子アレイのSEMトップビュー像。(c) 光透過率（p偏光成分）の入射角度（θ_{in}）依存性。(黒実線）θ_{in} = 15, (灰実線) 20, および25°（黒点線）。(d) 波長442 nmのダイオードレーザーを照射して得られたPLスペクトル（p偏光成分）の放射角度（θ_{em}）依存性。(黒実線) θ_{em} = 15, （灰実線) 20, および25°（黒点線）。

図6 (d) にフォトルミネッセンス（PL）スペクトルを示す。アレイのない参照薄膜は，$YAG:Ce^{3+}$に典型的な波長570 nmを中心とするブロードな黄色発光を示す（図中灰色の塗りつぶし領域）。驚くべきことに，アレイと組み合わせた薄膜では発光強度が全体的に高くなるのみならず，スペクトル中に参照薄膜では見られない新たなピークが出現する。この発光ピークの位置は，協同プラズモニックモードに起因する透過率スペクトルのシャープなディップ位置と対応する。協同プラズモニックモードが光回折によるSPPの共鳴振動であることを考慮すると，発光ピークの起源は光回折による光取出し効率の上昇だと捉えることができる。PLには励起・発光の2つの過程があり，発光スペクトルの理解には両者を考えることが必要であるが，ここで発光スペクトル形状を支配しているのは協同モード励起に伴う発光の取出し効率である。また発光ピーク波長はスペクトルの検出角度に応じてシフトするが，これは試料を眺める角度によって発光色が異なることを意味する。協同プラズモニックモードの励起条件は光入射角度に加えアレイの周期および周囲媒質の屈折率により変化するため，これらの制御を通じ発光波長と発光方向の制御ができる。

第24章 プラズモニクスとゾル-ゲル法を利用した新規光機能材料の創成

金属ナノ構造を利用した発光強度を上げる試みはこれまで数多くあるが，それらのほぼすべてが量子収率の低い，いわゆる光らない発光体に対するものであった．量子収率の高い，光る発光体を金属ナノ構造と組み合わせると，逆に量子収率が下がり，発光強度が落ちてしまう．これは金属の導入により，励起された発光体から金属へのエネルギー散逸という失活パスが生じるためである．

これに対して，協同プラズモニックモードは，図5で示した通り金属から空間的に離れた場所にエネルギーが集中するため，金属へのエネルギー散逸を避けつつ発光強度を増すことができ，YAG:Ce^{3+}のような量子収率の高く実用的な発光体に対しても有効に働く．光回折アレイと組み合わせた高量子収率の発光体はアレイの存在による蛍光寿命の変化がほとんどなく，金属の導入に伴う量子収率の変化やエネルギー移動が小さいことが示唆される[15]．

図6に示した系では励起波長（442 nm）における光吸収がアレイの有無で大きく変わらないため，光回折アレイの励起光への作用は限定的であると考えられるが，励起光をうまく発光体層内に取込むような設計をすると励起・発光それぞれの過程で増強効果が得られる．例えばAlナノ粒子アレイと色素含有ポリマー薄膜からなる系において，特定の波長に対して60倍を超える発光強度増加が得られている（図7）[15]．

今後の展開として，充分高い輝度が得られれば固体照明への応用も視野に入ってくる．SPPを利用した固体照明を指向した研究には先駆的な報告[20, 21]があるが，光回折アレイは特に量子収率の高い蛍光体との組み合わせができる点が特徴的であり，白色LEDの高性能化に寄与できる可能性がある．

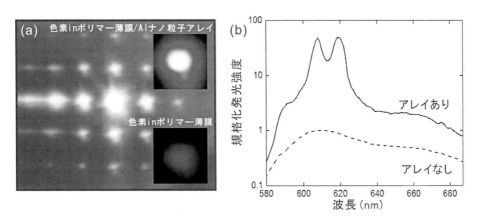

図7 Alナノ粒子アレイと色素含有ポリマー薄膜からなる系における発光増強．(a) 紙面後方から青色レーザーを入射した際の試料の光学像．中央の一番明るいスポットがレーザー照射点で，周りの点は入射光の回折に起因する．挿入図はアレイの有無による照射点の明るさ．(b) アレイなし試料の発光で規格化した発光スペクトル．特定の波長に対して60倍を超える発光強度の増強が得られる．

3.3 メソポーラスシリカ層の屈折率による光回折アレイの共鳴波長制御

前節において，協同プラズモニックモードが薄膜から発光を強力に変調し，特定波長・方向への増強を実現することを示した。協同プラズモニックモードの励起条件は組み合わせる薄膜の屈折率および膜厚によって変化する。本節では誘電体薄膜の屈折率により協同プラズモニックモードを制御した研究結果を示す。Alナノ粒子アレイ（周期400 nm）上にメソポーラスシリカ薄膜を積層させ試料とした。この系では，メソ孔作製時にテンプレートとして働く界面活性剤を孔内から除去することで，アレイ構造を変化させることなく薄膜の屈折率を低下させることが可能である。界面活性剤除去前後での光透過率測定とシミュレーションから，アレイ上の薄膜の屈折率の変化で，薄膜に閉じ込められる光の波長（＝色）と膜中におけるエネルギー分布を制御できることを明らかにした（図8）。今後メソポーラスシリカに分子選択的な取り込み能力を付与することで，高効率な分子センサー開発につながる結果である[22]。

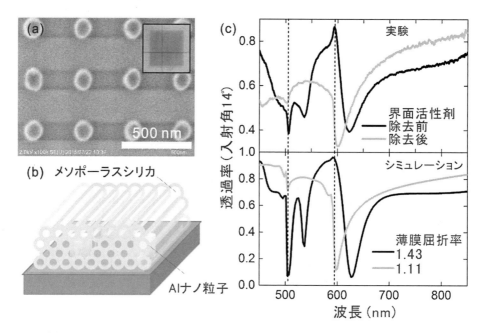

図8 (a) 光回折アレイのSEMトップビュー像。挿入図は光学写真。(b) 構造のイラスト。光回折プラズモニックアレイの上に配向したメソポーラスシリカが積層している。(c) 試料の光透過率。メソ孔が界面活性剤で埋まっている場合（黒線）と空気の場合（灰色）で大きく透過率の違いが見られる。縦線はアレイの周期に起因する回折条件。上が実験値，下がシミュレーション結果[22]。

第 24 章 プラズモニクスとゾル-ゲル法を利用した新規光機能材料の創成

4 まとめ

　以上，SPP の放射結合強度を制御することで，金属ナノ粒子／ナノロッド周期アレイという比較的シンプルな構造から，様々な光学特性が生み出されることを紹介した。特に放射結合強度が強くなる 2 つの領域における，特有な光学特性について議論した。ナノギャップ領域に関して，高配向性メソポーラスシリカ薄膜に金を斜め蒸着することで，金メソグレーティング構造を大面積に作製した。SERS 測定より，基板全面に均一にホットスポットが存在することを実証した。他方，光回折領域に関して，光の波長程度の周期を持つアレイの光学的特徴と，発光体薄膜との組み合わせによる発光制御，および薄膜の屈折率制御による協同プラズモニックモードの波長制御についてまとめた。光回折アレイと光機能性薄膜の組み合わせは，可視光を薄い構造中に閉じ込められる強力なプラットフォームである。これは金属ナノ粒子の大きな散乱断面積と光回折による強い放射結合によりはじめて実現される特性であり，他の誘電体ベースのフォトニック構造では，3 次元構造を構築しない限り実現が困難である。

　今後もナノ構造制御技術の進歩に伴い，数ナノ～数百ナノメートルの周期構造に起因する，SPP の関わる多くの新奇現象が開拓されることが期待される。ゾル-ゲル法は多孔構造をはじめとした微構造制御に優位性をもつ手法であり，うまく利用することによってこれらの領域を開拓していけると考えている。

謝辞

　本稿で紹介した成果は京都大学大学院工学研究科　材料化学専攻　応用固体化学研究室，物質・材料研究機構および AMOLF（オランダ）における研究で得られたものです。田中勝久教授，藤田晃司准教授，田中研究室の学生，また，J. G. Rivas（AMOLF），M. A. Verschuuren（Philips），石井智（NIMS），長尾忠昭（NIMS）各共同研究者に感謝します。ラビング処理基板をご提供くださいました宮田浩克様（キヤノン㈱）に感謝します。

文　　献

1) 斎木敏治，戸田泰則，ナノスケールの光物性，オーム社（2004）; V. Shalaev, S. Kawata, Nanophotonics with Surface Plasmons Elsevier（2007）; 梶川浩太郎，岡本隆之，高原淳一，岡本晃一，アクティブ・プラズモニクス，コロナ社（2013）; M. Iwanaga, "Plasmonic Resonators"（Pan Stanford Publishing, Singapore, 2016）
2) M. Moskovits, *J. Raman Spectrosc.*, **36**, 485-496（2005）
3) R. Chikkaraddy, B. de Nijs, F. Benz, S. J. Barrow, O. A. Scherman, E. Rosta, A. Demetriadou, P. Fox, O. Hess and J. J. Baumberg, *Nature*, **535**, 127-130（2016）
4) K. Tsuboi, S. Abe, S. Fukuba, M. Shimojo, M. Tanaka, K. Furuya, K. Fujita, and K.

Kajikawa, *J. Chem. Phys.*, **125**, 174703-1-8 (2006); P. K. Aravind and H. Metiu, *Surf. Sci.*, **124**, 506-528 (1983); T. Kume, S. Hayashi and K. Yamamoto, *Phys. Rev. B*, **55**, 4774-4782 (1997)

5) T. Kondo, H. Masuda, and K. Nishio, *J. Phys. Chem. C*, **117**, 2531-2534 (2013); H. H. Wang, C. Y. Liu, S. B. Wu, N. W. Liu, C. Y. Peng, T. H. Chan, C. F. Hsu, J. K. Wang, and Y. L. Wang, *Adv. Mater.*, **18**, 491-495 (2006); S. Biring, H. H. Wang, J. K. Wang, and Y. L. Wang, *Opt. Express*, **16**, 15312-15324 (2008)

6) J. Bang, U. Jeong, D. Y. Ryu, T. P. Russell, and C. J. Hawker, *Adv. Mater.*, **21**, 4769-4792 (2009); C. Harrison, M. Park, P. Chaikin, R. A. Register, D. H. Adamson, *J. Vac. Sci. Technol. B*, **16**, 544-552 (1998)

7) H. Miyata, T. Yanagisawa, T. Shimizu, K. Kuroda, and C. Kato, *Bull. Chem. Soc. Jpn.*, **63**, 988-992 (1990); C. T. Kresge, M. E. Leonowicz, W. J. Roth, J. C. Vartuli, and J. S. Beck, *Nature*, **359**, 710-712 (1992); H. Miyata and K. Kuroda, *Chem. Mater.*, **12**, 49-54 (2000)

8) S. Murai, S. Uno, R. Kamakura, S. Ishii, T. Nagao, K. Fujita, and K. Tanaka, *Opt. Mater. Express*, **6**, 2824-2833 (2016)

9) S. Hayase, Y. Kanno, M. Watanabe, M. Takahashi, K. Kuroda, and H. Miyata, *Langmuir*, **29**, 7096-7101 (2013)

10) M. Kobayashi, Y. Kanno, and K. Kuroda, *Chem. Lett.*, **43**, 846-848 (2014)

11) S. Zou, N. Janel, and G. C. Schatz, *J. Chem. Phys.*, **120**, 10871-10875 (2004); V. G. Kravets, F. Schedin, and A. N. Grigorenko, *Phys. Rev. Lett.*, **101**, 087403 (2008); Y. Chu, E. Schonbrun, T. Yang, and K. B. Crozier, *Appl. Phys. Lett.*, **93**, 181108 (2008); B. Auguié and W. L. Barnes, *Phys. Rev. Lett.*, **101**, 143902 (2008); W. Zhou and T. W. Odom, *Nat. Nanotechnol.*, **6**, 423-427 (20011);. A. Christ, S. G. Tikhodeev, N. A. Gippius, J. Kuhl, and H. Giessen, *Phys. Rev. Lett.*, **91**, 183901 (2003); T. Zentgraf, S. Zhang, R. F. Oulton, and X. Zhang, *Phys. Rev. B*, **80**, 195415 (2009); F. J. García de Abajo and J. J. Sáenz, *Phys. Rev. Lett.*, **95**, 233901 (2005); B. Auguié, X. M. Bendaňa, W. L. Barnes, and F. J. García de Abajo, *Phys. Rev. B*, **82**, 155447 (2010); V. A. Markel, *J. Phys. B*, **38**, L115-L121 (2005)

12) K. T. Carron, H. W. Lehmann, W. Fluhr, M. Meier, and A. Wokaun, *J. Opt. Soc. Am. B*, **3**, 430-440 (1986)

13) G. Vecchi, V. Giannini, and J. Gómez Rivas, *Phys. Rev. Lett.*, **102**, 146807 (2009)

14) S. Murai, M. A. Verschuuren, G. Lozano, G. Pirruccio, S. R. K. Rodriguez, and J. Gómez Rivas, *Opt. Express*, **21**, 4250-4262 (2013)

15) S. Murai, M. Saito, H. Sakamoto, M. Yamamoto, R. Kamakura, T. Nakanishi, K. Fujita, M. A. Verschuuren, Y. Hasegawa, and K. Tanaka, *APL Photonics*, **2**, 026104 (2017); G. Lozano, D. J. Louwers, S. R. K. Rodríguez, S. Murai, O. T. A. Jansen, M. A. Verschuuren, and J. Gómez Rivas, *Light Sci. Appl.*, **2**, e66 (2013)

16) S. R. K. Rodriguez, S. Murai, M. A. Verschuuren, and J. Gómez Rivas, *Phys. Rev. Lett.*, **109**, 166803 (2012)

第 24 章　プラズモニクスとゾル-ゲル法を利用した新規光機能材料の創成

17) V. E. Ferry, L. A. Sweatlock, D. Pacifici, and H. A. Atwater, *Nano Lett.*, **8**, 4391-4397 (2008)
18) P. Offermans, M. C. Schaafsma, S. R. K. Rodriguez, Y. Zhang, M. Crego-Calama, S. H. Brongersma, and J. Gómez Rivas, *ACS Nano*, **5**, 5151-5157 (2011)
19) S. Murai, M. A. Verschuuren, G. Lozano, G. Pirruccio, A. F. Koenderink, J. Gómez Rivas, *Opt. Mater. Express*, **2**, 1111-1120 (2012)
20) T. Okamoto, F. H' Dhili and S. Kawata, *Appl. Phys. Lett.*, **85**, 3968-3970 (2004); J. Feng, T. Okamoto and S. Kawata, *Appl. Phys. Lett.*, **87**, 241109-1-3 (2005)
21) K. Okamoto, I. Niki, A. Shvartser, Y. Narukawa, T. Mukai and A. Scherer, *Nat. Mater.*, **3**, 601-605 (2004)
22) S. Murai, H. Sakamoto, K. Fujita, and K. Tanaka, *Opt. Mater. Express*, **6**, 2736-2744 (2016)
23) E. D. Palik, ed., Handbook of Optical Constants of Solids (Academic Press, Boston, 1985)
24) A. E. Gash, T. M. Tillotson, J. H. Satcher, J. F. Poc, L. W. Hrubesh, and R. L. Simpson, *Chem. Mater.*, **13**, 999-1007 (2001); H. Itoh, T. Tabata, M. Kokitsu, N. Okazaki, Y. Imizu, and A. Tada, *J. Ceram. Soc. Jpn.*, **101**, 1081-1083 (1993)
25) Y. Tokudome, K. Fujita, K. Nakanishi, K. Miura, and K. Hirao, *Chem. Mater.*, **19**, 3393-3398 (2007)
26) C.N. Chervin, B.J. Clapsaddle, and H.W. Chiu, *Chem. Mater.*, **17**, 3345-3351 (2005)
27) Y. Tokudome, K. Fujita, K. Nakanishi, K. Kanamori, K. Miura, K. Hirao, and T. Hanada, *J. Ceram. Soc. Jpn.*, **115**, 925-928 (2007)
28) Y. Tokudome, A. Miyasaka, K. Nakanishi, and T. Hanada, *J. Sol-Gel Sci. Technol.*, **57**, 269-278 (2011)
29) G. Hasegawa, Y. Ishihara, K. Kanamori, K. Miyazaki, Y. Yamada, K. Nakanishi, and T. Abe, *Chem. Mater.*, **23**, 5208-5216 (2011)
30) M. Nishijima, T. Ootani, Y. Kamimura, T. Sueki, S. Esaki, S. Murai, K. Fujita, K. Tanaka, K. Ohira, Y. Koyama and I. Tanaka, *Nat. Commun.*, **5**, 4553 (2014)

第25章　光機能性シリカガラスの合成

梶原浩一*

1　はじめに

　シリカガラスは，ケイ素アルコキシドが扱いやすく入手もしやすい，熔融温度が2000℃以上と高いため，熔融せずに焼結によって合成できればエネルギー消費を抑え合成設備も簡略化できる，結晶化しにくいため焼結しやすい，などの観点から，ゾル-ゲル法による合成に適している。また，熔融すると分解される恐れのある準安定構造をガラス中に凍結しうる，原料が溶液であるためドーパントの濃度制御や高濃度化が容易，などの特徴がある。しかし，湿潤ゲルの乾燥時に亀裂が入りやすい，亀裂発生を避けるために合成時間が長くなりやすい，溶媒や各種添加物などの必須でない試薬をしばしば必要とする，などの課題も多く，またこれらを明らかに凌ぐ利点も少なかったため，近年シリカガラスの合成法としての関心は低かった。

　これに対し，筆者らは近年，前述の課題を解決しうる合成法を模索し，アルコキシドと水という必須原料と少量の酸塩基触媒のみを用い，アルコールのような共溶媒や高分子，界面活性剤などの添加剤を使用せずに，乾燥や焼成の容易なマクロ多孔質ゲルを得る手法を開発した[1~3]。この無共溶媒ゾル-ゲル法では，ゲル化と同時に相分離を誘起することでマクロ多孔質ゲルを得るが，これを原料混合を2回に分けることで実現している。また，ゲル化時間も2時間以内とかなり短い。無共溶媒ゾル-ゲル法の基本原理は近著に詳しく述べた[4~7]。本稿では，主として無共溶媒ゾル-ゲル法によって得られる各種希土類（RE）ドープ光機能性シリカガラスについて述べる。

2　希土類フッ化物ナノ結晶含有シリカガラス

　フッ化物は酸化物と比べてフォノンエネルギーが小さいため，REイオンの多フォノン緩和の抑制とそれによる発光効率の向上に有用である。REトリフルオロ酢酸塩は，熱処理中に分解してREF$_3$やREOFなどのフッ化物や酸フッ化物を生成する。この反応を利用してREF$_3$ナノ結晶含有シリカガラスが合成されている[8~12]が，ゲル化時間が最長で数日と長いうえ，湿潤ゲルがマクロ細孔を有さないことから，亀裂発生を避けるため，乾燥にも数週間必要であった。

　この系に無共溶媒ゾル-ゲル法による湿潤ゲルのマクロ多孔質化を適用し，REF$_3$ナノ結晶含有シリカガラスの合成時間の短縮を試みた[13]。ゲル化時間は～90分，乾燥時間は～10日に短縮

　＊　Koichi Kajihara　首都大学東京　大学院都市環境科学研究科　分子応用化学域　准教授

第 25 章　光機能性シリカガラスの合成

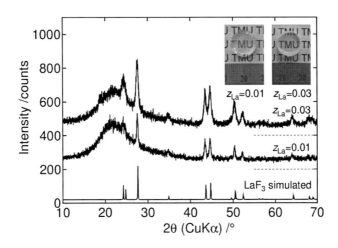

図1　REF$_3$ ナノ結晶含有シリカガラスの粉末 XRD パターンと写真
25 mmol（5.2 g）のテトラエトキシシラン（TEOS）から z_{La} = 0.01 および 0.03 で作製され，1050℃で焼成。z_{La} 値は TEOS に対して添加した La のモル比を示す。La は（CF$_3$COO）$_3$La 錯体として前駆体溶液に添加。文献 13) から許諾を得て転載。© 日本化学会（2014）

できた。図1に得られたガラスの写真と粉末 XRD パターンを示す。REF$_3$ ナノ結晶による Rayleigh 散乱は，RE トリフルオロ酢酸塩の添加量が増大するに従い，REF$_3$ 相の体積分率が増大したにもかかわらず減少した。これは，核形成速度が増大して REF$_3$ ナノ結晶の数が増え，粒径が小さくなったためであると考えられる。また，粒子の透過型電子顕微鏡（TEM）観察より，RE トリフルオロ酢酸塩の添加量が増大するに従い，REF$_3$ ナノ結晶中の転位や粒界が減少し，結晶性が向上することが確認された。この結果，(La,Er)F$_3$ ナノ結晶含有シリカガラスにおいて，Er^{3+} イオンによる赤外励起-可視発光アップコンバージョンの量子効率が向上することが確かめられた。また，アップコンバージョン機構はエネルギー移動（ETU）型であり，励起状態吸収（ESA）型ではないことが示された。

フッ化物イオンは RE イオンと反応して不溶性のフッ化物を生じるため，RE トリフルオロ酢酸塩より合成時の扱いが難しい。しかし，フッ酸をフッ素源としても REF$_3$ ナノ結晶含有ガラスが合成できることが分かった[14]。この系は無共溶媒ゾル-ゲル法ではないが，フッ酸にゲルの細孔径を増大させる効果がある[4]ため，湿潤ゲルの乾燥に要する時間は〜5-6日と比較的短い。

3　希土類-アルミニウム共ドープシリカガラス

RE イオンのシリカガラスへの溶解度は低い。SiO$_2$-Er$_2$O$_3$ 二成分系での Er^{3+} イオンの飽和溶解度は〜0.01 at% であるという報告があり，これより高濃度域では 1100℃以上の熱処理によって Er リッチ相の析出が確認されている[15]。

Al はシリカガラスへの RE イオンの溶解を促す代表的な共添加元素である。RE イオンの濃度

消光は Al の共添加によって解消できるが，気相合成法で作製された Nd-Al 共ドープシリカガラスの発光強度は RE イオンに対する Al のモル比が～20 まで増大するという報告がある[16]。このため，RE イオンに対してモル比で 10 倍以上の Al が添加されることが多い[17]。また，気相合成法で作製された Er-Al 共ドープシリカガラスのパルス電子常磁性共鳴（EPR）測定によって，Al は Er^{3+} イオンとは強く相互作用せず，ガラス中に比較的均一に分散することが示唆されている[18]。

これに対し，筆者らは RE-Al 共ドープシリカガラスの無共溶媒合成法を開発し[19]，これらのガラスでは比較的少ない Al 添加量で RE イオンが溶解できることを見出した[20]。図 2 に得られた Nd-Al 共ドープシリカガラスの光吸収スペクトルを示す。Nd に対する Al 添加量（z_{Al}/z_{Nd} 値）が増大すると，Nd リッチ相とシリカリッチ相との巨視的な分相[21]が消失するため透明性が向上するが，紫外吸収端の短波長シフトは $z_{Al}/z_{Nd} \simeq 2$ でほぼ完了した。また，表 1 にこれら

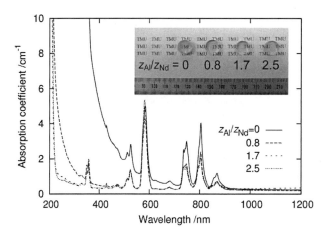

図 2 Nd-Al 共ドープシリカガラスの光吸収スペクトルと写真[20]

25 mmol（5.2 g）の TEOS から z_{Nd} = 0.01 で作製され，1150-1200℃で焼成。z_{Nd}, z_{Al} 値はそれぞれ TEOS に対して添加した Nd と Al のモル比を示す。図は文献 7）から許諾を得て転載。
© 日本光学会（2017）

表 1 図 2 に示した光吸収スペクトルの Judd-Ofelt 解析によって求めた強度パラメータと発光寿命，$^4F_{3/2} \rightarrow {}^4I_{11/2}$ 遷移による赤外発光の減衰を伸長指数関数 $I/I_0 = \exp[-(t/\tau)^\beta]$ でフィッティングして求めた発光寿命の実験値 τ_{exp} と β 値，およびガラスに含まれる SiOH 基の濃度[20]

z_{Al}/z_{Nd}	強度パラメータ			発光寿命/μs		τ_{exp}/τ_{JO}	β	SiOH 濃度 /cm^{-3}
	Ω_2	Ω_4	Ω_6	τ_{exp}	τ_{JO}			
0	2.9	3.5	4.0	5	557	0.01	0.52	2.2
0.8	4.8	3.1	3.0	209	688	0.30	0.76	3.0
1.7	6.1	3.2	2.9	240	695	0.35	0.80	2.2
2.5	6.9	2.9	2.7	263	754	0.35	0.82	0.8

τ_{exp}/τ_{JO} は発光の量子効率を表す。β 値は $0 < \beta \leq 1$ であり，1（単一指数関数的減衰）からのずれの大きさは τ 値の分布の広がりに対応する。

第25章　光機能性シリカガラスの合成

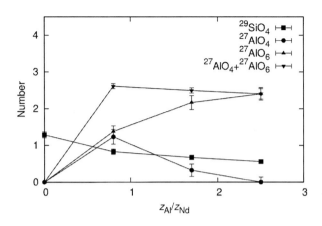

図3　図2に示したガラスのパルスEPR測定によって評価されたNd^{3+}イオンへの^{29}SiO$_4$, ^{27}AlO$_4$, ^{27}AlO$_6$ユニットの平均配位数のz_{Al}/z_{Nd}値依存性[20]
図は文献7)から許諾を得て転載。© 日本光学会（2017）

のガラスのJudd-Ofelt解析結果，Nd^{3+}イオンの$^4F_{3/2} \rightarrow {}^4I_{11/2}$遷移による赤外発光の発光寿命と発光効率（$\tau_{exp}/\tau_{JO}$），SiOH基濃度を一覧した。発光効率はAlの共添加によって大幅に増大し，$z_{Al}/z_{Nd} \simeq 2$でほぼ一定値となった。図3にこのガラスのパルスEPR測定結果を示す。z_{Al}/z_{Nd}値によらず，REイオンの周囲（〜0.35 nm）にAlが〜2個存在することが示唆された。このAlの存在確率は，ガラス中での均一分散を仮定した場合の値（〜0.08-0.25）に比べてはるかに大きく，このガラスではNd^{3+}イオンの周囲にAlが優先的に配位していることを示唆する。このようなREイオンに対するAlの配位は気相合成法で作製されたガラスでは明確に確認されていない。また，$z_{Al}/z_{Nd} \simeq 1$ではNd^{3+}イオン1個あたりAlが1個しかないので，Nd^{3+}イオン1個あたり〜2個のAlの配置を満たすため，Nd^{3+}イオン同士がクラスタ化していることが示唆される。

パルスEPR法では，^{27}Alが四極子核であることを利用して，Alのまわりの O の配位数を調べることができる。Nd^{3+}イオンに配位するAlがAlO$_4$四面体（4配位Al），AlO$_6$八面体（6配位）のいずれかであると仮定すると，z_{Al}/z_{Nd} = 0.8の試料では両者の割合はほぼ1：1であるが，Alの添加量が増えるに従って6配位Alの割合が増大し，z_{Al}/z_{Nd} = 2.5の試料では4配位Alはほぼなくなることが分かった。

4　希土類オルトリン酸塩ナノ結晶含有ガラス

シリカガラスへのREイオンの溶解は，リンの共添加によっても促進できる。しかし，その機構はAl共添加時とは異なる。パルスEPR測定より，PはREイオンに優先的に配位することが指摘されている[22]。また，NdとPを共ドープしたガラスで，構造は不明であるが結晶の析出が確認されている[23]。しかし，REイオンやPの存在状態に関する詳細は不明であった。

図4にゾル-ゲル法によって作製されたTb-P共ドープシリカガラスの光吸収スペクトルを示す[24]。透明性はTbに対するPの添加量(z_P/z_{Tb}値)が増大するに従って向上するが,Al共添加時(図1)と異なり,透明性の向上は$z_P/z_{Tb}=1$でほぼ完了しており,これ以上Pを添加しても紫外吸収端の変化は小さい。その後の研究で,これらのガラスでは直径〜5-10 nmのREPO$_4$ナノ結晶が析出していることが明らかとなった[25,26]。$z_P/z_{Tb}=1$はTbPO$_4$の組成に一致していることから,透明性向上の原因は,TbPO$_4$ナノ結晶の析出による巨視的な分相構造の消失であると考えられる。図5にTbPO$_4$ナノ結晶のTEM写真を示す。格子縞が確認されることから析出したナノ結晶は結晶性が良いことが示された。

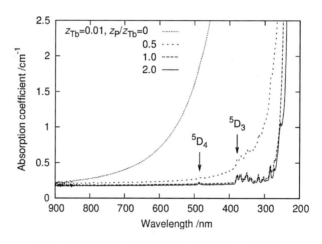

図4 Tb-P共ドープシリカガラスの光吸収スペクトル
25 mmolのTEOSから$z_{Tb}=0.01$で作製され,1200-1300℃で焼成。z_{Tb}, z_P値はそれぞれTEOSに対して添加したTbとPのモル比を示す。文献24)から許諾を得て転載。© 応用物理学会(2012)

図5 Tb−P共ドープシリカガラスのTEM写真[25]
$z_{Tb}=0.01$, $z_P/z_{Tb}=1$で作製され,1200℃で焼成。

第25章 光機能性シリカガラスの合成

図6に$z_P/z_{Tb}=1$で作製したTb-P共ドープシリカガラスの$^5D_4 \to {}^7F_j$ (j = 3-6) 遷移による緑色発光の減衰曲線のTb^{3+}イオン濃度 (z_{Tb}) 依存性と，一部のガラスの写真を示す．Tb-P共ドープガラスの発光減衰は単一指数的である．このことは，$TbPO_4$中にTbのサイトは1種類しかないことと合致しており，他方でシリカガラス相中にはTb^{3+}イオンはほとんど分配されていないことを示唆する．また，発光強度がz_{Tb}に対して直線的に増大し[24]，発光寿命がz_{Tb}に依存しない（図6）ことから，この系では濃度消光が起こらないことが示された．発光寿命がz_{Tb}に依存しない直接的な原因は，Tb^{3+}イオンが$TbPO_4$ナノ結晶を形成するため，隣接Tb-Tb間距離（〜0.4 nm）がz_{Tb}とは無関係に一定となることであるが，前述の結果は，この系ではTb^{3+}イオン同士がこのように接近しても濃度消光に至らないことを示している．さらに，〜4.0 msの減衰時定数はTb^{3+}イオンの$^5D_4 \to {}^7F_j$ (j = 3-6) 遷移の発光としては格段に長く，非輻射遷移速度が小さいことが示唆される．

このガラスに，4f-5d遷移による強い紫外吸収を示しTb^{3+}イオンの光増感剤となるCe^{3+}イオンを共ドープすると明るい緑色蛍光体が得られる[25]．この$(Tb,Ce)PO_4$ナノ結晶含有ガラスを290 nmで励起した際の緑色発光の内部量子効率（IQE）と外部量子効率（EQE）はそれぞれ〜0.79，〜0.76であった．後者の値は，同時に測定した蛍光灯用の緑色蛍光体として市販されている$(La,Tb,Ce)PO_4$粉末のEQE（〜0.88）の〜86%に達した．

図7に各種RE-P共ドープシリカガラスの写真，図8にこれらのガラスの光吸収スペクトルを示す[26]．$REPO_4$ナノ結晶の屈折率（波長633 nmで〜1.8）はホストであるシリカガラスの屈折率（633 nmで1.457）よりはるかに大きいが，粒径が小さいため，ナノ結晶析出によるRayleigh散乱損失はガラスの透明領域全域にわたってほぼ無視できる．これらのうち，4f軌道が空であるY^{3+}イオンおよびLa^{3+}イオン，閉殻であるLu^{3+}イオンおよび半閉殻であるGd^{3+}イ

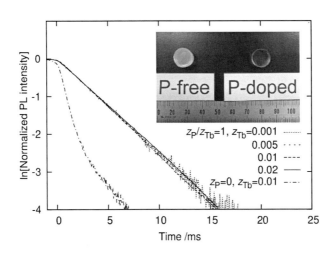

図6 図4に示したガラスのTb^{3+}イオンの$^5D_4 \to {}^7F_j$ (j = 3-6) 遷移の発光減衰曲線

挿入図はこのうちz_{Tb} = 0.01でz_P = 0（P-free）およびz_P/z_{Tb} = 1（P-doped）で作製したガラスの写真．発光の励起波長は365 nm．文献24)から許諾を得て転載．© 応用物理学会（2012）

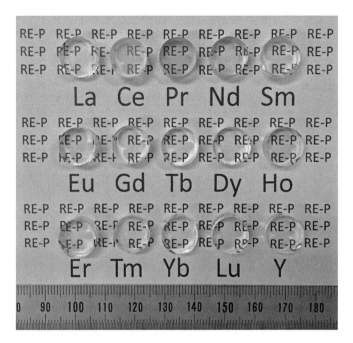

図7 各種 RE-P 共ドープシリカガラス
25 mmol（5.2 g）の TEOS から $z_{RE} = 0.01$, $z_P/z_{RE} = 1$ で作製され, 1150-1300℃ で焼成。文献26)から許諾を得て転載。©The Royal Society of Chemistry（2015）

オンを含むガラスの紫外吸収端は PO_4 原子団中の電子遷移に帰属され, 最も短波長（〜180 nm）に存在する。これ以外のガラスの紫外吸収端エネルギーは RE イオンの種類に依存して大きく変化したが, その原子番号依存性は, RE イオンをドープした $LaPO_4$ 微結晶における励起極大のエネルギー[27]と良く一致した。このことから, 紫外吸収端は 4f-5d 遷移または RE イオンに隣接する O との間の電荷移動遷移に帰属され, その変化を統一的に説明できた。

Gd^{3+} イオンは〜311-313 nm に $^6P_{7/2} \rightarrow {}^8S_{7/2}$ 遷移に帰属される線幅の狭い紫外発光（狭帯域UVB 光）を示すが, この波長域の光は皮膚の自己免疫疾患の光線治療などに利用できる。また, Gd^{3+} イオンの発光は, 光増感剤として Pr^{3+} イオンを用いることで高効率に励起できる[28]。このことに着目して作製した (Gd,Pr)PO_4 ナノ結晶含有ガラスは高効率な狭帯域 UVB 蛍光ガラスとなることが見出された[26]が, これらの IQE と EQE は, 図9に示すように, 現在それぞれ〜0.88 と〜0.82 まで向上している。

(Tb,Ce)PO_4 および (Gd,Pr)PO_4 ナノ結晶含有シリカガラスの特徴のひとつは, SiOH 基を多量に含むにもかかわらず, 高い発光効率を実現したことである。ゾル-ゲル法で得られたガラスは一般に SiOH 基を多量に含むため, しばしば発光材料には不向きであるとされてきたが, 筆者らの合成したガラスはこの先入観に当てはまらないことが示された。もうひとつの特徴は, La^{3+} イオンや Y^{3+} イオンのような光吸収・発光に関与しない不活性 RE イオンを添加せずに高効

第 25 章　光機能性シリカガラスの合成

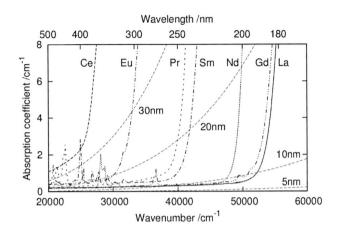

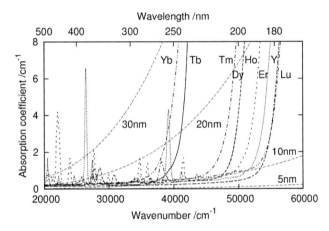

図 8　図 7 に示したガラスの光吸収スペクトルと，粒径 5, 10, 20, 30 nm の REPO$_4$ ナノ結晶の析出時に予想される Rayleigh 散乱損失スペクトル
文献 26)から許諾を得て転載。©The Royal Society of Chemistry（2015）

率な発光を実現したことである。蛍光灯用の (La,Tb,Ce)PO$_4$ 系緑色蛍光体など，粉末状の REPO$_4$ 系蛍光体では，前記のような不活性 RE イオンの添加が必須である。ここで不活性 RE イオンは，活性 RE イオン間距離を広げ，それらの間のエネルギー移動を阻害することで，粉末試料に必然的に含まれる消光中心へのエネルギー伝達を抑制する役割を担っている。これに対し，本稿で示したガラス中の REPO$_4$ ナノ結晶は結晶性が良く，表面もシリカ被覆によって不活性化されているため，消光中心をほとんど含まないことが予想される。このため，RE イオン間のエネルギー移動が速くても，発光効率が低下しなかったと考えられる。

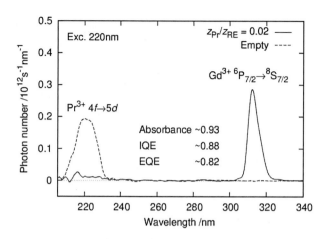

図9 (Gd,Pr)PO$_4$ ナノ結晶含有シリカガラスの発光スペクトル
$z_{RE} = z_{Gd} + z_{Pr} = 0.01$, $z_{Pr}/z_{RE} = 0.02$, $z_P/z_{RE} = 1$ で作製され，1200℃で焼成。

5 おわりに

　無共溶媒ゾル-ゲル法による希土類（RE）ドープシリカガラスの合成と光学特性について，筆者らの最近の研究を紹介した。この手法により，必須試薬以外の試薬を極力使用せず，かつ従来の手法に比べて短時間でREドープシリカガラスの合成が可能となった。また，得られたRE-Al共ドープシリカガラスでREイオンとAlの近接，RE-P共ドープシリカガラスでREPO$_4$ナノ結晶の形成などの新しい知見が得られ，REF$_3$ナノ結晶含有ガラスではREF$_3$ナノ結晶中の転位や粒界が発光特性に与える影響が示された。さらに，REPO$_4$ナノ結晶含有シリカガラスで，SiOH基の除去を行わずとも高効率な蛍光体が実現された。得られたガラスはいずれも1000℃以上の焼成によって完全に緻密化されており，基本物性も市販のシリカガラスと同等であることが確認されている。これらの結果は，シリカガラス中で光機能中心となる局所構造の形成法としてのゾル-ゲル法の有用性を示しており，今後の進展が期待される。

文　　献

1) K. Kajihara, M. Hirano, H. Hosono, *Chem. Commun.* **2009**, 2580（2009）
2) K. Kajihara, S. Kuwatani, R. Maehana, K. Kanamura, *Bull. Chem. Soc. Jpn.* **82**, 1470（2009）
3) S. Kuwatani, R. Maehana, K. Kajihara, K. Kanamura, *Chem. Lett.* **39**, 712（2010）
4) K. Kajihara, *J. Asian Ceram. Soc.* **1**, 121（2013）

第 25 章　光機能性シリカガラスの合成

5) 梶原浩一, ゾル-ゲル法の最新応用と展望, 野上正行編, シーエムシー出版, p. 95 (2014)
6) 梶原浩一, *NEW GLASS* **31**, 7 (2016)
7) 梶原浩一, 光学 **46**, 60 (2017)
8) S. Fujihara, T. Kato, T. Kimura, *J. Mater. Sci.* **35**, 2763 (2000)
9) A. Biswas, G. S. Maciel, C. S. Friend, P. N. Prasad, *J. Non-Cryst. Solids* **316**, 393 (2003)
10) D. Chen, Y. Wang, Y. Yu, E. Ma, L. Zhou, *J. Solid State Chem.* **179**, 532 (2006)
11) V. D. Rodríguez, J. D. Castillo, A. C. Yanes, J. Méndrez-Ramos, M. Torres, J. Peraza, *Opt. Mater.* **29**, 1557 (2007)
12) A. C. Yanes, J. J. Velázquez, J. del-Castillo, J. Méndez-Ramos, V. D. Rodríguez, *J. Sol-Gel Sci. Technol.* **51**, 4 (2009)
13) K. Suzuki, K. Kajihara, K. Kanamura, *Bull. Chem. Soc. Jpn.* **87**, 765 (2014)
14) S. Nagayama, K. Kajihara, K. Kanamura, *Mater. Sci. Eng. B* **177**, 510 (2012)
15) M. W. Sckerl, S. Guldberg-Kjaer, M. Rysholt Poulsen, P. Shi, J. Chevallier, *Phys. Rev. B* **59**, 13494 (1999)
16) K. Arai, H. Namikawa, K. Kumata, T. Honda, Y. Ishii, T. Handa, *J. Appl. Phys.* **59**, 3430 (1986)
17) W. J. Miniscalco, *J. Lightwave Technol.* **9**. 234 (1991)
18) A. Saitoh, S. Matsuishi, C. Se-Woon, J. Nishii, M. Oto, M. Hirano, H. Hosono, *J. Phys. Chem. B* **110**, 7617 (2006)
19) K. Kaneko, K. Kajihara, K. Kanamura, *J. Ceram. Soc. Jpn.* **121**, 299 (2013)
20) F. Funabiki, K. Kajihara, K. Kaneko, K. Kanamura, H. Hosono, *J. Phys. Chem. B* **118**, 8792 (2014)
21) B. Hatta, M. Tomozawa, *J. Non-Cryst. Solids* **354**, 3184 (2008)
22) A. Saitoh, S. Matsuishi, M. Oto, T. Miura, M. Hirano, H. Hosono, *Phys. Rev. B* **72**, 212101 (2005)
23) B. J. Ainslie, S. P. Craig, S. T. Davey, D. J. Barber, J. R. Taylor, A. S. L. Gomes, *J. Mater. Sci. Lett.* **6**, 1361 (1987)
24) K. Kajihara, S. Kuwatani, K. Kanamura, *Appl. Phys. Express* **5**, 012601 (2012)
25) K. Kajihara, S. Yamaguchi, K. Kaneko, K. Kanamura, *RSC Adv.* **4**, 26692 (2014)
26) S. Yamaguchi, K. Moriyama, K. Kajihara, K. Kanamura, *J. Mater. Chem. C* **3**, 9894 (2015)
27) N. Nakazawa, F. Shiga, *Jpn. J. Appl. Phys.* **42**, 1642 (2003)
28) S. Okamoto, R. Uchino, K. Kobayashi, H. Yamamoto, *J. Appl. Phys.* **106**, 013522 (2009)

第26章　ゾル-ゲル法を用いた高性能反射防止膜 'SWC' の開発

小谷佳範*

1　はじめに

　近年のカメラ用レンズは，高画質と軽量・小型の両立を高度に求められるため，高屈折率ガラス，非球面や大曲率のレンズが多用されるようになってきている。特に大曲率のレンズではレンズ周辺部で光線が大きな角度で入射するため，ゴーストやフレアなどの有害光を発生させやすい。レンズの表面には，従来から誘電体薄膜を積層した反射防止膜が用いられてきた。しかし，特定の波長や入射角の光線以外では干渉条件が崩れるために広い波長帯域や広い入射角度範囲にわたって高い反射防止性能を得ることは難しく，表面反射に起因する不具合に対する十分な対策が困難になってきている。

　一方，この誘電体積層膜とは異なる反射防止手段として，サブ波長構造による反射防止膜が知られている。光の波長以下の微細な凹凸構造が反射防止機能を有することは，蛾の目の研究を通じて発見され[1]，そのためこの構造は「モスアイ」（moth-eye）とも呼ばれる。この構造による反射防止膜は，優れた波長帯域特性や入射角度特性を持つことが知られており[2]，微細加工技術の進歩に伴いその有用性が実証されてきた[3,4]。

　しかし，微細加工技術の多くはレーザー干渉露光や電子ビーム露光などによるパターニングプロセスによるもので，小面積・平面での製作には適しているものの，大面積で，かつ，曲率の大きなレンズ面に形成することは難しく，量産性や製造コストの観点からもカメラ用レンズなどへの適用が困難であった。また，ガラスモールド法を用いてレンズ表面にサブ波長構造を形成する方法も提案されている[5]。この方法では，大面積・大曲率の面へサブ波長構造を安価に形成できる可能性があるが，カメラ用レンズに使用されている光学ガラスの全てがガラスモールド法で形成可能な低融点ガラスではない。また，表面にサブ波長構造を形成した金型の耐久性やメンテナンス性についても課題があると考えられる。

　本稿では，キヤノンが一眼レフカメラ用交換レンズに適用している，サブ波長構造体を用いた特殊コート 'SWC'（subwavelength structure coating）の製法概略とその性能・効果について紹介する。図1は，2008年に発売した，「EF24mm F1.4L II USM」である。

　＊　Yoshinori Kotani　キヤノン㈱　R&D本部　材料・分析技術開発センター　主任研究員

第26章　ゾル-ゲル法を用いた高性能反射防止膜'SWC'の開発

図1　EF24mm F1.4L II USM

2　サブ波長構造による塗布型反射防止膜の製法

我々は大面積・大曲率の光学ガラスレンズ面で，サブ波長構造による反射防止膜を簡便に形成する手法として，大阪府立大学で研究されたアルミナ微結晶膜をベースとしたサブ波長構造体を用いることとした[6]。

アルミナ微結晶膜の製法を記す。出発原料としてアルミニウムアルコキシドを用い安定化剤で化学修飾した後，それを加水分解させた液をコーティング液とする。安定化剤は，アルミニウムアルコキシドの急激な加水分解反応を抑制するために用い，β-ジケトン類がその代表的な化合物である。スピンコーティング法によりガラス基板（レンズ）上にコーティングし，オーブン中で焼成することで，非晶質アルミナゲル膜が得られる。この膜を温水に浸漬すると，膜の表面からゲル膜中のアルミナ成分が溶出し，水と反応してアルミナの結晶が析出することで，平滑だった表層に可視光の波長よりも小さな凹凸構造を有するアルミナ微結晶膜が形成される[7]。

図2に，アルミナ微結晶膜の表面のFE-SEM写真を示す。アルミナ微結晶膜は，ランダムで複雑に入り組んだ微細な凹凸構造となっているが，各凹凸構造の平均ピッチ間隔は可視光波長に比べて十分小さく，空間占有率も基板に向って連続的に変化していく構造となっている。このアルミナ微結晶膜は，図3に示すように，膜厚dの高さ方向に屈折率が1.4から1.0に連続的に変化するような構造であるため，波長帯域特性および入射角度特性に優れた反射防止性能を期待することができる[8]。

3　カメラ用レンズへの適用

交換レンズEF24mm F1.4L II USMの光学断面図を図4に示す。図中のGMo非球面レンズはガラスモールド法で成形した非球面レンズ，UDレンズは異常分散ガラスを用いたレンズであ

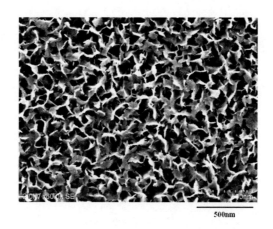

図2　アルミナ微結晶膜の表面 FE-SEM 写真

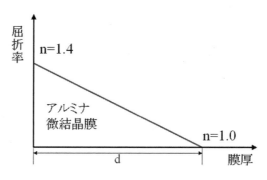

図3　アルミナ微結晶膜の屈折率構造

る。この交換レンズは，設計段階のシミュレーションで第1レンズの像側面（図中，点線）の反射に起因するゴーストが発生することがわかっていたため，この面にアルミナ微結晶膜を形成することを決めた。

しかし，アルミナ微結晶膜を第1レンズ像側面に直接形成しても，高い反射防止性能は得られない。それは，第1レンズが屈折率1.84の高屈折率ガラスであるために，屈折率が1.4から連続的に変化するアルミナ微結晶膜を形成しても，レンズとアルミナ微結晶膜の界面の屈折率差が大きいため，振幅の大きな反射波が発生してしまい，アルミナ微結晶膜で発生する，振幅が小さく位相のずれた無数の反射波では打ち消すことができないからである[8]。

そこで，第1レンズとアルミナ微結晶膜の界面の屈折率差を小さくするために，アルミナ微結晶膜中にアルミナに比べ屈折率が高い成分を含有させることを検討した。

アルミナに比べ屈折率が高い，ジルコニア成分を含む非晶質アルミナ-ジルコニアゲル膜を作製し，それを温水に浸漬すると，アルミナ微結晶膜同様，微細な凹凸構造を有する膜が形成された。図5に，アルミナ-ジルコニア系微結晶膜の断面 TEM 写真を示す。図5中の各点における

第 26 章 ゾル-ゲル法を用いた高性能反射防止膜'SWC'の開発

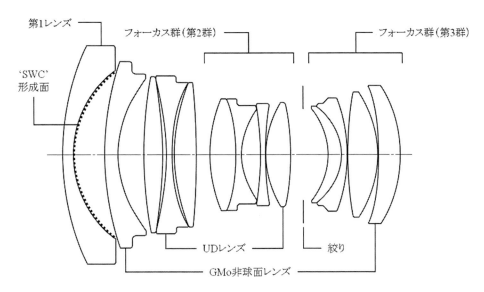

図4 EF24mm F1.4L II USM の光学断面図

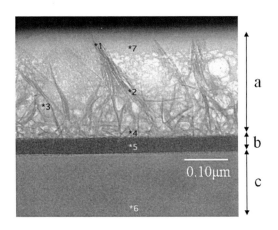

図5 アルミナ-ジルコニア系微結晶膜の断面 TEM 写真
a：アルミナを主成分とする微結晶部，b：アルミナ-ジルコニア複合層，c：基板

EDX 分析を行うと，微細な凹凸の*1，*2，*3，*4 および*7 ではアルミナ由来のピークが観測され，ジルコニア由来のピークがほとんど観測されないのに対し，微細な凹凸構造と基板との間に存在する層の*5 からはアルミナおよびジルコニアの両成分のピークが明確に観測された。一方，ガラス基板中の*6 からは前記両成分のピークはほとんど観測されなかった。このように，ガラス基板上にアルミナおよびジルコニアからなるアモルファス複合層が形成され，その層上にアルミナを主成分とする微結晶からなる微細な凹凸構造が形成されていることがわかった。また，ジルコニア以外に，チタニアや酸化亜鉛でも同様の現象が確認され，レンズとアルミナ微結

晶膜の界面の屈折率差を小さくすることは可能であると考えられる。しかし，屈折率の異なる別のレンズへの適用が必要になった場合には，再びそのレンズ専用の微結晶膜を開発しなければならず，様々な屈折率のレンズに対応するには好ましい方法とは言えない。

そのため，第1レンズとアルミナ微結晶膜の間に，「中間層」を導入することで反射率の低減を図ることを検討した。光学設計の概念としては，屈折率が1.84から1.4に変化することによって生じる反射は，中間層が単層反射防止膜のように機能することで低減し，屈折率が1.4から1.0に変化することによって生じる反射は，アルミナ微結晶膜が防止する。この手法を用いれば，中間層の屈折率および膜厚を変えることで様々な屈折率のレンズに対応することが可能となる。中間層には，シリカおよびチタニアを含む複合膜を用いた。各々の成分の金属アルコキシドを出発原料とし，シリコンアルコキシドを予め加水分解させた溶液に，安定化剤で化学修飾されたチタンアルコキシドの溶液を混合し，コーティング液を調製した。その後，コーティング液をレンズ上に塗工し，焼成することで膜を形成した。所望の屈折率はシリカとチタニアの混合比を変えることで，膜厚はコーティング液の固形分濃度や塗工条件を調整することで実現した。中間層の屈折率は1.56，膜厚は68 nmである。中間層形成後，その上にアルミナ膜を塗工し，焼成後温水に浸漬することで，図6に示した屈折率構造を塗工面全面に形成することができた。

シリカ-チタニア中間層とアルミナ微結晶膜からなる反射防止膜（以下，SWC）の反射防止特性（実測値）を図7（a）に示す。一般的なマルチコートの反射率特性（図7（b））と比べると，SWCの反射率特性が絶対値として低いだけでなく，波長帯域特性や入射角度特性にも優れており，特に入射角45°では優位性が顕著であることがわかる。

上記2種類の反射防止膜を施した2つのレンズの外観写真を図8に示す。左の写真がSWC，右の写真が一般的なマルチコートを施したレンズである。写真は2つのレンズを並べ，光源の光を拡散する，いわゆるソフトボックスを用いて斜め上から照明して写真撮影したものである。マルチコートのレンズでは，ソフトボックスの反射光がはっきりと写り込んでいるが，SWCでは写り込みが非常に薄く，反射率が低いことがわかる。

また，これら2種類のレンズをEF24mm F1.4L II USMの光学系に組み込んで比較撮影した

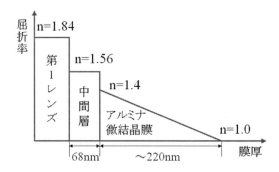

図6　サブ波長構造による高性能反射防止膜（SWC）の屈折率構造

第26章　ゾル-ゲル法を用いた高性能反射防止膜'SWC'の開発

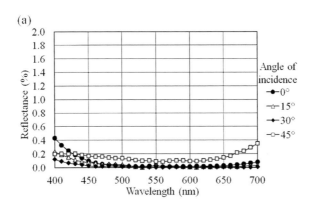

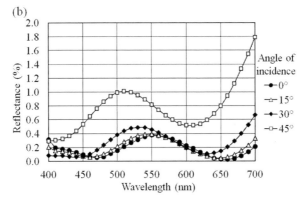

図7　反射率特性（実測値）
（a）SWC，（b）一般的なマルチコート

図8　レンズの外観写真
（左）SWC，（右）一般的なマルチコート

ゾル-ゲルテクノロジーの最新動向

図9　比較撮影写真
(a) SWC, (b) 一般的なマルチコート

写真の一例を図9に示す。(a) がSWC, (b) がマルチコートのレンズによるものである。マルチコートのレンズでは，写真左下に太陽光によるゴーストが写っている。一方，SWCを組み込んだレンズではそれがほぼ消失しており，SWCがゴースト抑制に大きな効果を発揮していることがわかる。

4　おわりに

ゾル-ゲル法を用いて形成した非晶質アルミナ膜を温水に浸漬することで得られるアルミナ微結晶膜を中間層と組み合わせ，様々な屈折率を有する大面積・大曲率のレンズ面に形成することで，高い反射防止性能が実現できることを示した。EF24mm F1.4L II USM はカメラ用レンズとして世界ではじめてサブ波長構造による反射防止膜を用いたものであり，製品搭載にあたり名称を 'SWC' とした。現在では，ユーザーの皆様から高い評価を頂いている。

第 26 章　ゾル-ゲル法を用いた高性能反射防止膜 'SWC' の開発

文　　献

1) C. G. Bernhard, *Endeavour*, **26**, 79-84（1967）
2) H. Toyota, K. Takahara, M. Okano, T. Yotsuya and H. Kikuta, *Jpn. J. Appl. Phys.*, **40**, L747-L749（2001）
3) Y. Ono, Y. Kimura, Y. Ohta and N. Nishida, *Appl. Opt.*, **26**, 1142-1146（1987）
4) Y. Kanamori, H. Kikuta and K. Hane, *Jpn. J. Appl. Phys.*, **39**, L735-L737（2000）
5) T. Mori, K. Hasegawa, T. Hatano, H. Kasa, K. Kintaka and J. Nishii, *Jpn. J. Appl. Phys.*, **47**, 4746-4750（2008）
6) K. Tadanaga, N. Katata, and T. Minami, *J. Am. Ceram. Soc.*, **80**（4）, 1040-1042（1997）
7) K. Tadanaga, *J. Ceram. Soc. Japan*, **121**（9）, 819-824（2013）
8) 奥野丈晴, 光技術コンタクト, **47**（2）, 83-88（2009）

第27章　マルチ機能性発光材料

藤原　忍*

1　はじめに

　蛍光体に代表される実用的な発光材料の多くは無機材料であり，よく光らせることを第一の目標にして，固相反応法，燃焼反応法，溶融法，単結晶育成法といった高温プロセスを用いて作られてきた。一方，高温プロセスは，微細なスケールにおける材料の形状や形態の精密な制御が難しい。よって，新たな用途開拓のシーズとなるような新しい概念の発光材料を設計・合成するためには，液相において原子のレベルからスタートする化学的な手法を取り入れることが望ましい[1]。ゾル-ゲル法は，薄膜，ナノ粒子，ナノコンポジット，有機-無機ハイブリッドなどの合成手法として優れており，プロセスの特徴を十分に活かした新たな発光材料のデザインを行うことができる。本章ではとくに，発光に加えて複数の機能が付与されたマルチ機能性発光材料のゾル-ゲル合成について最新の事例を紹介する。

2　磁性と発光

　まず，磁性体と蛍光体の複合化による多機能化の例を紹介する。Jiaら[2]は，ソルボサーマル法により合成した$CoFe_2O_4$フェライト粒子に，金属硝酸塩水溶液，水-エタノール混合溶媒，クエン酸，ポリエチレングリコールを用いたPechini型のゾル-ゲル法により$YVO_4:Eu^{3+}$蛍光体をコートして，コア-シェル型$CoFe_2O_4@YVO_4:Eu^{3+}$複合粒子を作製した。0.25 Tの外部磁場により4 hかけて磁化された粒子の発光強度は，磁化前に比べて56％増加した（図1）。この結果は，フェライトコアの磁歪効果が蛍光体に圧縮応力をもたらし，VO_4^{3-}内の電荷移動遷移確率およびEu^{3+}へのエネルギー移動効率を上げることにつながったためと説明されている。YanとShao[3]は，ZnO，Fe_3O_4，希土類（Eu^{3+}またはTb^{3+}）錯体およびメソポーラスシリカをポリマーと複合化した高次なハイブリッド材料をゾル-ゲル法と他の液相プロセスを組み合わせて合成した。Fe_3O_4に基づく磁性ユニットと希土類錯体に基づく発光ユニットの共存により，磁気特性（超常磁性）と量子効率の高い発光特性を同時に示す多機能性ハイブリッドが得られた。このような材料は，超高密度情報ストレージ，生体分子イメージング，ドラッグデリバリーシステム（DDS）などへの応用が期待される。

　次に，蛍光体そのものが磁性をもち，さらに別の材料と複合化された例を紹介する。Huら[4]

---

*　Shinobu Fujihara　慶應義塾大学　理工学部　応用化学科　教授

第 27 章 マルチ機能性発光材料

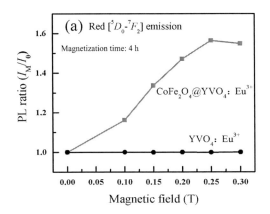

図 1 コア-シェル型 $CoFe_2O_4$@YVO_4:Eu^{3+} 複合粒子および YVO_4:Eu^{3+} 粒子（参照試料）の発光強度の磁場依存性

Reprinted from *J. Appl. Phys.*, **114**, 213903（2013）, with the permission of AIP Publishing.

はコア-シェル型 $(Y,Gd)_2O_3$:Eu^{3+}@$nSiO_2$@$mSiO_2$ ナノ粒子（$nSiO_2$: 非多孔性シリカ，$mSiO_2$: メソポーラスシリカ）をゾル-ゲル法により合成した。まず，希土類硝酸塩，臭化ヘキサデシルトリメチルアンモニウム（CTAB），ポリビニルピロリドンをジメチルホルムアミドに溶解させ，濃硝酸を加えた溶液をソルボサーマル処理した。得られた沈殿を回収し，最終的に 650℃で熱処理することでメソポーラスなコア粒子を得た。その後，1 段階目にオルトケイ酸テトラエチル（TEOS）のみ，2 段階目に CTAB と TEOS の両方を用いたゾル-ゲル法により，中間層に $nSiO_2$，表面層にポアが垂直に配列した $mSiO_2$ をコートしたコア-シェル型ナノ粒子を作製した。Gd^{3+} イオンは 7 個の不対電子をもつ磁性イオンであると同時に，Gd^{3+} が励起された際にエネルギー移動を通して Eu^{3+} の発光を促す役割も果たす。作製された粒子は，赤色発光を示す蛍光体であるとともに，MRI 造影剤としても使えることが示された。シェルの $nSiO_2$@$mSiO_2$ には，蛍光ナノ粒子の表面を保護する，粒子の表面積を高くする，生体親和性を上げる，機能性官能基を導入する，ポアを利用して DDS に応用するなど，様々な役割が期待される。メソポーラスシリカを用いた DDS は，磁性，発光，感光性，感熱性，pH 応答性といった機能が複数組み合わされたマルチ機能複合材料としてさらに進化している。Huang ら[5]は，ゾル-ゲル法で作製したメソポーラスシリカナノ粒子に，Pechini 型ゾル-ゲル法にてアップコンバージョン蛍光ナノ粒子（Gd_2O_3:Yb^{3+}，Er^{3+}）を堆積させ，さらに交互積層法により高分子電解質を積層コートした複合材料を合成した。高分子電解質は，ポリ塩酸アリルアミン（PAH）とポリスチレンスルホン酸（PSS）からなる積層構造をもち，pH 応答性を示す。メソポーラスシリカは薬剤の担持に，蛍光ナノ粒子中の Gd^{3+} イオンは MRI 造影剤に，Yb^{3+}，Er^{3+} のアップコンバージョン蛍光はバイオイメージングに，PAH/PSS コーティングは pH に応じた薬剤の放出制御に使われる。

希土類イオンを用いない新たな磁性/発光材料も提案されている。Shiba ら[6]は，微小流路を用いて反応制御したゾル-ゲル法により，酸化チタン（TiO_2）/オクタデシルアミン（ODA）/鉄

アセチルアセトナート（Fe(acac)$_3$）のナノハイブリッドを合成した。チタンテトライソプロポキシド（TTIP），Fe(acac)$_3$をイソプロパノール（IPA）に溶かした溶液と，水を少量添加したIPAを別々にチューブに流し，Y型ジャンクションをもつマイクロリアクター内で混合させ，さらに70 cmの長さのチューブ内に通して，最後にIPA，水，ODAからなる溶液に加えた。このようにして，平均サイズ195 nmの単分散な球状TiO$_2$/ODA/Fe(acac)$_3$ナノハイブリッド粒子が得られた。磁気力顕微鏡および振動試料磁力計により，粒子がFe(acac)$_3$由来の常磁性を示すことがわかった。粒子はFe^{3+}イオンの光吸収により薄い黄色に色づいていたが，さらに535 nmの励起波長により600 nm付近の赤色発光を示した。この発光の起源もFe(acac)$_3$に由来するものと示唆されたが，原料であるFe(acac)$_3$自体は濃度消光により発光を示さないため，TiO$_2$/ODA/Fe(acac)$_3$ナノハイブリッド構造中に分散され薄められた状態にある分子状のFe(acac)$_3$錯体が発光を示したと考えられる。このような複数の機能をもつハイブリッドは，発光顔料，バイオイメージング，さらにTiO$_2$を含むことから後述の可視光応答型光触媒への応用が期待される。

3　光触媒と発光

TiO$_2$をはじめとする半導体材料に希土類イオンをドープして，光触媒と発光を両立させようという試みが多くなされている。Zhengら[7]は，ゾル－ゲル法を用いてSiO$_2$-TiO$_2$:Eu^{3+}コンポジット粉末を作製し，ドープされたEu^{3+}由来の赤色発光を確認するとともに，TiO$_2$の光触媒作用によるフェノールの分解がEu^{3+}ドープで促進されることを報告した。希土類イオンによるTiO$_2$の光触媒に対する効果は，酸素空孔の増加および電子－ホール対の再結合の抑制[8,9]に起因すると考えられている。さらに，半導体表面において希土類イオンのf軌道を介して種々の有機分子の吸着が促進される効果もある[10]。Reszczyńskaら[11]は，4種類の希土類イオン（Y^{3+}，Pr^{3+}，Er^{3+}，Eu^{3+}）をそれぞれドープしたTiO$_2$ナノ結晶をゾル－ゲル法および水熱法により合成し（原料はいずれもTTIPおよび希土類硝酸塩），希土類イオンの存在状態，発光挙動，光触媒活性を系統的に調べた。これらの合成法では，仕込み量の希土類イオンをすべてTiO$_2$結晶格子内にドープすることは難しく，TiO$_2$ナノ結晶表面にも希土類酸化物として析出することが示唆された。得られた試料はすべて可視光においても光触媒活性を示したが，その原因はTiO$_2$ナノ結晶表面に誘起された欠陥であり，とくにOH$^-$基の存在量に光触媒活性と発光挙動（Y^{3+}を除く）のいずれもが依存することがわかった。同様の方法でTiO$_2$にドープされたEr^{3+}あるいはEr^{3+}/Yb^{3+}からはアップコンバージョン蛍光が観測された[8]。一方Changら[12]は，チタンテトラブトキシド（TTB）と硝酸ユウロピウムを原料としてpHを精密に制御した溶液を調製し，水熱条件にてTiO$_2$:Eu^{3+}ナノ結晶を作製した。発光スペクトルのEu^{3+}濃度依存性において通常のEu^{3+}賦活蛍光体と同様に10 mol%付近で濃度消光が見られ，Eu^{3+}イオンはTiO$_2$結晶格子内に存在していることが強く示唆された。光触媒活性はEu^{3+}濃度2 mol%付近が最も高く，それよ

第 27 章 マルチ機能性発光材料

り多くなると低下した（図2）。Smitha ら[9,13]は，水溶液ゾル-ゲル法を用いて，Tb^{3+} をドープした TiO_2-SiO_2-$LaPO_4$ 透明ナノコンポジット薄膜をガラス基板上に作製し，可視光応答性の光触媒活性と Tb^{3+} による発光を同時に得ることに成功した。疎水性の $LaPO_4$ を共存させることで薄膜は水に対して極めて低い濡れ性を示した。このような薄膜はセルフクリーニング機能を有する透明発光材料として，新規な応用分野の開拓が期待される。

TiO_2 以外にも光触媒活性な発光材料が次々と開発されている。Singh ら[14]は，金属スズと硝酸サマリウムを原料としたエチレングリコール法にて SnO_2:Sm^{3+} ナノ粒子を合成し，Sm^{3+} 由来の発光および Sm^{3+} により再結合が抑制された高い光触媒活性を報告した。Hazra ら[15]は，塩化カルシウム，モリブデン酸アンモニウム，希土類硝酸塩を原料とした水溶液をマイクロ波で加熱することにより，Eu^{3+} および Er^{3+}/Yb^{3+} をドープした $CaMoO_4$ ナノ結晶を合成した。ドデシル硫酸ナトリウム（SDS）で表面修飾することにより得られたナノ結晶は良好な水およびトルエン中での分散性を示すとともに，紫外光（Eu^{3+}）あるいは近赤外光（Er^{3+}/Yb^{3+}）励起により可視発光が観測された。また，SDS 修飾なしのナノ結晶について，ローダミンBの分解に対する良好な光触媒活性が示された。Yu ら[16]は，硝酸カルシウムとバナジン酸アンモニウムを原料とした Pechini 型のゾル-ゲル法により CaV_2O_6 ナノロッドを合成した。CaV_2O_6 はバンドギャップが 2.56 eV でドープをしなくても自身が発光する材料であることが明らかにされ，そのスペクトルは 500～800 nm にわたるブロードなものとなった。メチレンブルーの分解に対する光触媒活性は可視光照射下でも観測された。発光，光触媒ともに CaV_2O_6 中の格子欠陥（V^{4+}）が重要な役割を果たしているが，欠陥の生成は合成プロセス，とくに Pechini 型前駆体に存在する多量のカーボン種による還元作用と関連しているものと考えられる。Zhang ら[17]は，$Y_3Al_5O_{12}$:Er^{3+}（YAG:Er^{3+}）と Pt-TiO_2 を複合化させた可視光応答性光触媒メンブレンをゾル-ゲル水熱法によりガラス基板上に作製した。まず，希土類およびアルミニウムの硝酸塩水溶液にクエン酸を添加

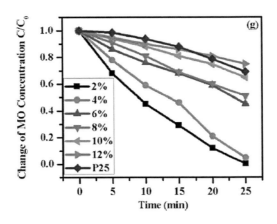

図2　Eu^{3+} ドープ量の異なる TiO_2 粒子によるキセノンランプ照射下でのメチルオレンジの分解挙動
Reprinted with permission from *J. Phys. Chem. C*, **121**, 2369 (2017). Copyright 2017 American Chemical Society.

し，熱処理を経てYAG:Er^{3+}ナノ粉体を合成した。次に，TTBから調製したTiO$_2$ゾルにYAG:Er^{3+}ナノ粉体を加えてガラス基板上にディップコートし，乾燥させてから塩化白金酸溶液に浸し，水熱処理を施し，最終的に高温で熱処理してYAG:Er^{3+}/Pt-TiO$_2$メンブレンを作製した。可視光応答性はYAG:Er^{3+}の可視-紫外アップコンバージョン蛍光を利用しており，実際に有機物の分解と水素の発生が観測された。

4 温度センシングと発光

蛍光体の発光特性には一般に温度依存性があり，これを利用した温度測定技術が注目されている。他の温度測定法とは違い，発光に基づく温度測定は非接触で行われることが最大の特徴であり，過酷な環境（高温構造材料分野）や微小な領域（ナノデバイス分野）への応用が見込まれる。高温まで良好な温度応答性を示す蛍光体（サーモグラフィック蛍光体）は，燃焼システムやエネルギーシステムへの利用が可能である[18]。Pinら[19]は，高温部材の遮熱コーティングと蛍光温度計測の両方に使われる，Sm^{3+}をドープしたイットリア安定化ジルコニア（YSZ）コーティング膜をゾル-ゲル法により作製した。まず，ジルコニウムプロポキシドと希土類硝酸塩を原料としたゾル-ゲル法により，前駆体ゾルを経てYSZ:Sm^{3+}粒子を合成した。次に，この粒子を前駆体ゾルに添加したスラリーを調製し，ディップコートによりYSZ:Sm^{3+}とYSZの多層膜を得た。この方法では1回あたり膜厚10～20 μmのコートが可能であり，最終的に遮熱コーティングとして必要な120 μmの膜が作製された。得られた膜の発光特性（発光強度と蛍光寿命）には400～700℃において強い温度依存性が確認された。しかしながら，ガスタービンなどの温度計測にはさらに高温まで温度を計測できるよう改善が必要である。

発光強度と蛍光寿命は温度に敏感であるが，温度以外の影響も大きく受ける。これに対し，Yb^{3+}，Er^{3+}のアップコンバージョン蛍光は，例えばEr^{3+}の励起準位である$^2H_{11/2}$と$^4S_{3/2}$から基底状態$^4I_{15/2}$への遷移によるそれぞれの発光の強度比（Rとする）に温度依存性があるため，これを利用した温度計測が可能である。これをFIR（fluorescence intensity ratio）法という。Liuら[20]は，ゾル-ゲル法によりYb^{3+}，Er^{3+}を共ドープしたY$_2$O$_3$，YAG，LaAlO$_3$粉体を合成し，蛍光特性の温度依存性およびホスト結晶依存性を調べた。試料は金属硝酸塩溶液にクエン酸を混合して90℃で乾燥した後，所定の温度（900または1200℃）で熱処理することにより得られた。温度Tに対するEr^{3+}のFIRの感度（dR/dT）は，3種類のホスト結晶Y$_2$O$_3$，YAG，LaAlO$_3$に対し，298～573 Kの温度範囲においてそれぞれ0.0050 K^{-1}，0.0017 K^{-1}，0.0032 K^{-1}であった。Sinhaら[21]は，金属酸化物を硝酸に溶かした水溶液とモリブデン酸アンモニウム水溶液を混合し，エチレングリコールの添加とNaOHによるpH調整を経て，水熱反応と高温アニール処理によりYb^{3+}，Er^{3+}を共ドープしたGd$_2$Mo$_3$O$_9$粉体を得た。300～460 Kの温度範囲において，Er^{3+}の$^2H_{11/2}$と$^4S_{3/2}$からの発光にともなうFIRの温度に対する感度は，0.0105 K^{-1}に達した。また，Gd^{3+}を含むGd$_2$Mo$_3$O$_9$:Yb^{3+}，Er^{3+}は常磁性体でもあるが，磁場の

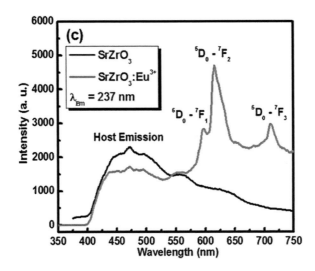

図3　ゾル-ゲル法により合成されたSrZrO$_3$およびSrZrO$_3$:Eu^{3+}粒子の発光スペクトル
Reprinted from *Sci. Rep.*, 6, 25787（2016）.

印加に応じて蛍光強度の減少が観測され，発光による磁場センサーとしての可能性も示された。
　Dasら[22]は，ゾル-ゲル法を用いて平均粒径300 nmのSrZrO$_3$:Eu^{3+}中空粒子を作製した。硝酸ストロンチウム，硝酸ジルコニル水和物，硝酸に溶かした酸化ユウロピウムを原料とし，高濃度KOH（15 M）を添加した水溶液中で100℃で反応させてゲルを得た。さらにゲルを500～1100℃の間の温度で加熱することにより中空粒子を得た。SrZrO$_3$:Eu^{3+}の発光スペクトルは，SrZrO$_3$ホストのトラップ準位に由来する短波長領域の発光と，Eu^{3+}の電子遷移に由来する長波長領域の発光からなり（図3），この2種類の発光に対してFIR法にて温度計測が可能であることが見いだされた。実際に，300～460 Kの温度範囲において，FIRの温度に対する感度は，0.0013から0.028 K^{-1}にまで増加した。中空構造は，低い密度，高い比表面積，高い表面充填密度，表面透過性，光捕集効果などの特徴をもち，発光材料への多機能性の付与に対して有利な構造であると考えられている。SrZrO$_3$:Eu^{3+}についても，中空粒子と中実粒子のFIRを比較したところ，中空の方が温度に対してより高感度であることが示された。

5　化学センシングと発光

　酸素の存在により蛍光が消光する現象を利用した酸素センサーは，蛍光物質とそれを担持するマトリクスに応じて多種多様なものが報告されている[23]。ゾル-ゲル法を利用して作製された酸素センサーは，蛍光を発する金属錯体をシリカのようなマトリクスに埋め込んだものが多い。例えばJorgeら[24]は，ルテニウム蛍光錯体を担持したゾル-ゲルマトリクスにさらにCdSe-ZnSコアシェル型半導体蛍光粒子を導入して，酸素ガス濃度と温度を同時に光学的にセンシングできる

材料を開発した。センシング手段としての蛍光自体が温度の影響を受けるため，両者を同時に測定することには大きなメリットがある。実際にルテニウム錯体は酸素濃度に応じた消光を示す一方，半導体粒子は酸素には応答せず温度にのみ応答した。ChuとChuang[25]は，パラジウム蛍光錯体とCdSe蛍光量子ドットの両方を導入したゾル-ゲルマトリクスを光ファイバーにコートすることにより，溶液中の溶存酸素濃度（錯体）とCu^{2+}イオン濃度（量子ドット）を同時に測定できる材料系を開発した。405 nmのLEDによる単一波長励起により，2つの蛍光スペクトルはオーバーラップすることなく，それぞれの変化を独立に測定できることがわかった。

上述のようなマトリクス型のセンサーは室温で錯体特有の強い蛍光が得られるため，結果として感度も高くなる。しかしながら，実用においては光照射や温度（とくに高温）による蛍光錯体の劣化が懸念される。そこで，無機蛍光体を用いた酸素センサーの開発が試みられている。Aydinら[26]は，長残光蛍光体として知られる$Sr_4Al_{14}O_{25}:Eu^{2+}, Dy^{3+}$に注目し，そのゾル-ゲル合成を行った。硝酸ストロンチウム，塩化アルミニウム，希土類アセチルアセトナートをメタノール/水溶媒に溶かし，小量のH_3BO_3を加え，氷酢酸を用いてゲル化させた。乾燥して得られたキセロゲルを焼成して$Sr_4Al_{14}O_{25}:Eu^{2+}, Dy^{3+}$を得た。次に，別に調製した銀ナノ粒子とともに$Sr_4Al_{14}O_{25}:Eu^{2+}, Dy^{3+}$を高分子中に添加して，エレクトロスピニング法によりメンブレンを作製した。$Sr_4Al_{14}O_{25}:Eu^{2+}, Dy^{3+}$の544 nmの蛍光は酸素ガスおよび溶存酸素の両方に応答し，銀ナノ粒子の存在により蛍光の絶対強度が増加した。センサーとしての耐久性は12ヶ月以上あり，錯体系のセンサーに対する優位性が示された。

筆者の研究グループも無機蛍光体による化学センシングに取り組んでいる[1]。$CePO_4:Tb^{3+}$蛍光体は，周囲の酸化還元状態がセリウムイオンの価数変化（Ce^{3+}からCe^{4+}）に反映され，それに応じた蛍光強度の定量的な変化が見られる[27]。この現象を利用して，酸素，ビタミンC，Fe^{2+}イオンなど種々の酸化還元種のセンシング法が提案されている[28~30]。ゾル-ゲル法を用いて薄膜化された$CePO_4:Tb^{3+}$は簡便な酸化・還元センシングを可能にし[31]，さらにSILAR法により室温で作製された$CePO_4:Tb^{3+}$薄膜は，ナノ結晶の集合体が基板上に堆積した構造をもつことから，高感度なセンシングが可能であると期待される[32]。$CeO_2:Sm^{3+}$蛍光体は，母体の紫外線吸収特性が優れており，$CePO_4:Tb^{3+}$よりも長波長の励起によりSm^{3+}が発光する。$CeO_2:Sm^{3+}$蛍光体を還元するとCe^{4+}からCe^{3+}への価数変化にともなってSm^{3+}の発光が消光し，酸化すると回復する。ゾル-ゲル法により作製された$CeO_2:Sm^{3+}$蛍光体薄膜における応答性は，酸化還元種を含む溶液に1秒間浸漬するだけで消光・回復が認められ，繰り返しての使用も可能であった（図4）[33]。よって，ブラックライトと蛍光体薄膜だけで簡易な酸化還元モニタリングシステムを構築できる。

第 27 章　マルチ機能性発光材料

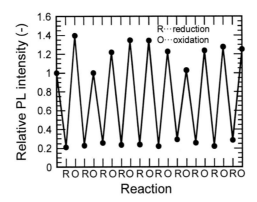

図 4　$CeO_2:Sm^{3+}$薄膜に対して還元（R）と酸化（O）を繰り返した際の相対発光強度の変化

Reproduced with permission from *ECS J. Solid State Sci. Technol.*, **3**, R109（2014）. Copyright 2014, The Electrochemical Society.

文　　献

1) 藤原忍, セラミックス, **50**, 156（2015）
2) Y. Jia *et al.*, *J. Appl. Phys.*, **114**, 213903（2013）
3) B. Yan and Y.F. Shao, *Dalton Trans.*, **42**, 9565（2013）
4) Y. Hu *et al.*, *J. Mater. Chem. B*, **2**, 2265（2014）
5) S. Huang *et al.*, *RSC Adv.*, **5**, 41985（2015）
6) K. Shiba *et al.*, *RSC Adv.*, **6**, 55750（2016）
7) Y. Zheng *et al.*, *J. Lumin.*, **132**, 1639（2012）
8) J. Reszczyńska *et al.*, *Appl. Catal. B*, **163**, 40（2015）
9) V. S. Smitha *et al.*, *ChemistrySelect*, **1**, 2140（2016）
10) H. Shi *et al.*, *J. Colloid Interf. Sci.*, **380**, 121（2012）
11) J. Reszczyńska *et al.*, *Appl. Catal. B*, **181**, 825（2016）
12) M. Chang *et al.*, *J. Phys. Chem. C*, **121**, 2369（2017）
13) V. S. Smitha *et al.*, *Dalton Trans.*, **42**, 4602（2013）
14) L. P. Singh *et al.*, *New J. Chem.*, **38**, 115（2014）
15) C. Hazra *et al.*, *Dalton Trans.*, **43**, 6623（2014）
16) R. Yu *et al.*, *RSC Adv.*, **5**, 63502（2015）
17) H. Zhang *et al.*, *Appl. Catal. A*, **503**, 209（2016）
18) J. Brübach *et al.*, *Prog. Energy Combustion Sci.*, **39**, 3（2013）
19) L. Pin *et al.*, *Sens. Actuators A*, **199**, 289（2013）
20) G. Liu *et al.*, *RSC Adv.*, **5**, 51820（2015）
21) S. Sinha *et al.*, *RSC Adv.*, **6**, 89642（2016）
22) S. Das *et al.*, *Sci. Rep.*, **6**, 25787（2016）
23) W. Xu *et al.*, *Anal. Chem.*, **68**, 2605（1996）
24) P. A. S. Jorge *et al.*, *Anal. Chim. Acta*, **606**, 223（2008）

25) C. S. Chu and C.Y. Chuang, *Appl. Opt.*, **54**, 10659 (2015)
26) I. Aydin *et al.*, *Opt. Mater.*, **62**, 285 (2016)
27) M. Kitsuda and S. Fujihara, *J. Phys. Chem. C*, **115**, 8808 (2011)
28) W. Di *et al.*, *Nanotechnol.*, **21**, 075709 (2010)
29) W. Di *et al.*, *Nanotechnol.*, **21**, 365501 (2010)
30) H. Chen and J. Ren, *Analyst*, **137**, 1899 (2012)
31) Y. Takano and S. Fujihara, *ECS J. Solid State Sci. Technol.*, **1**, R169 (2012)
32) M. Masuda *et al.*, *J. Ceram. Soc. Jpn.*, **124**, 37 (2016)
33) N. Kaneko *et al.*, *ECS J. Solid State Sci. Technol.*, **3**, R109 (2014)

第28章 前駆体膜及び結晶化エネルギー投入手法の最適化による電気・光機能性酸化物コーティングの高度化

中島智彦[*1], 土屋哲男[*2]

1 はじめに

"ゾル-ゲル法"という名称に代表される化学溶液法を用いた,主として酸化物材料の薄膜形成手法は蒸着法やスパッタリング法に代表される気相法と対をなして盛んに研究が行われきた。気相法の大きなメリットは緻密で欠陥の少ない膜を得ることができる点にあり,化学溶液法の大きなメリットは簡便な製造プロセスによる安価な製造コストが第一義に挙げられる。このような各々の手法群の利点によって研究対象に対して棲み分けが為されてきた。応用上の観点から見れば低コストで気相法で作製できるような緻密で欠陥の極めて少ない膜が得られれば,現在の広く産業利用されている気相法を代替することができるが,この問題に関しては現状化学溶液法で十分に改善されたとは言い難い。その代わりに,この数十年の間に為された多くの研究を通じて化学溶液法の新しい特徴とも言うべき利点が多数明らかにされている[1]。古くから認識されている化学溶液法の利点にはコストの他に作製する材料に対する高い組成制御性や容易な大面積化などが挙げられるが,近年原料溶液の調整による薄膜へのナノ構造付与や産業用インクジェット装置の高度化に伴い原料溶液を直接基材へ描画するダイレクトライティングを用いた酸化物のマイクロパターニングなど新しい利点が多く知られるようになってきている。また,従来前駆体膜の結晶化には通常加熱プロセスが用いられてきたが,結晶化に電気炉などマクロなスケールで行われる加熱プロセスではなくレーザー光など光エネルギーの投入によって極めて低い基板温度で結晶化を進行させられることが明らかになった[2~4]。筆者らは,この光を用いたプロセスの長所を利用し有機基材など耐熱性の非常に低い基材上で酸化物膜を直接製膜しフレキシブルな酸化物膜を得ることを可能にしている[5~7]。また,これらの研究を通じて前駆体膜の調整とそれに対して熱・光を問わず結晶化のための最適なエネルギー投入法について検討を進めてきた。本稿では,パルスレーザー照射を用いた光結晶化の概要を述べつつ,光照射法を用いた酸化物フレキシブルサーミスタの製膜について,またこれらの研究を通じて得られた前駆体膜の最適化によって加熱

[*1] Tomohiko Nakajima （国研）産業技術総合研究所　先進コーティング技術研究センター　グリーンデバイス材料研究チーム　主任研究員

[*2] Tetsuo Tsuchiya （国研）産業技術総合研究所　先進コーティング技術研究センター　副センター長

プロセスで得られる高機能光電極膜について紹介する。

2 化学溶液法により塗布された前駆体膜の光結晶化

前駆体膜を金属有機化合物（MOD）溶液を塗布して，乾燥及び予備加熱により作製した前駆体膜に直接紫外パルスレーザー（エキシマレーザー）を照射して酸化物を結晶化させる手法を筆者らは光MOD法と呼び開発を進めてきた[4]。以下，この光MOD法における酸化物薄膜の結晶成長について概観を示す。目的の材料と格子ミスマッチ小さい単結晶基板を用いれば他手法と同様に光MOD法においても酸化物薄膜のエピタキシャル成長が可能である。一例としてペロブスカイト構造を有する$LaMnO_3$の$SrTiO_3$(100)基板上への作製について紹介する。La, Mnを含む金属有機化合物溶液を$SrTiO_3$(100)基板上にスピンコートした後，500℃で仮焼して有機成分を除きアモルファス酸化物前駆体膜を作製した。この前駆体膜に基板温度を500℃に保持してKrFレーザー（波長248 nm，パルス幅約25 ns）を100 mJ/cm^{2}で照射した。$LaMnO_3$はわずか1パルスのレーザー照射で基板表面から選択的にエピタキシャル成長を開始し，パルス数の増加に伴ってエピタキシャル膜の膜厚が増大していく様子が分かる（図1）[9]。電気炉加熱で結晶化させる場合には前駆体膜のあらゆる部分から核生成が起こり，その後エピタキシャル成長するドメインが優勢になっていくが，光MOD法では反応界面（基板表面）から選択的に結晶核生成が起こり一方向へ結晶成長が進行する点は従来の加熱プロセスに比して大きく異なる点であり，膜質の向上に寄与すると考えられる。光MOD法におけるエピタキシャル成長においての極めて重要なポイントは単結晶基板（反応界面）が照射光の波長を吸収する場合にのみ基板上から効率的にエピタキシャル成長し，基板が照射光に対して吸収を持たない場合にはエピタキシャル成長は観測されないという点である。基板界面温度はエピタキシャル成長を促進する効果はあってもエピタキシャル成長を開始する主要因とはならないことを明らかにしている[9]。この点は紫外パルスレーザー光下の結晶化プロセスにおいて極めて重要なポイントとなる。

基板が特別な配向特性を持たない場合，例えば多結晶基板やガラス基板などを用いる場合には多結晶成長が起こる[1]。この場合，最も重要な点は結晶核がどのような条件で発生するかという点にある。多結晶成長の場合通常，パルス光加熱の効果により，前駆体膜表面に結晶核が形成され，その後，表面に生成した結晶核から下方へ向かって多結晶成長する。この核形成に必要な光照射時間（パルス数）が前述のエピタキシャル成長と比べて長いため，如何にして効率良く結晶核を作製し得るかという点が肝要である。前駆体マトリクス中，あるいは基板との界面において予め有効な核生成サイトが存在しない場合は最初の核生成を促進する光化学的効果が期待できない。ゆえにこの場合には前述のようにパルス光加熱の効果が極めて重要になってくる。パルス光加熱の深さ方向の温度プロファイルは紫外光の浅い侵入長を反映して表面から強い温度勾配を示す。この強い温度勾配が表面で最初に核生成が起こる要因となる。核生成，結晶成長に有効な温度をT_{eff}と規定し，T_{eff}を上回っている時間をt_{eff}, T_{eff}との温度差をΔT定める（図2）。基板の

第28章　前駆体膜及び結晶化エネルギー投入手法の最適化による電気・光機能性酸化物コーティングの高度化

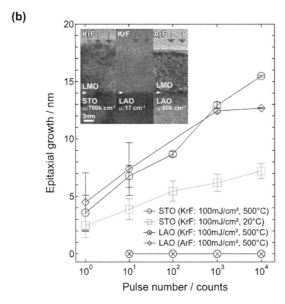

図1　(a) 光MOD法におけるSrTiO₃(100)基板（STO(100)）上のLaMnO₃(LMO)の結晶成長（パルス数依存性）　(b) 光MOD法におけるエピタキシャル成長の基板-照射波長依存性

熱拡散率を調整すれば，t_{eff}とΔTを制御することができる[10]。t_{eff}とΔTを変化させて酸化物の多結晶薄膜を作製するとt_{eff}が90～110 nsの範囲で結晶成長が効率的に進行することが明らかになった。ΔTが1,000℃を超えるような領域では，弱いレーザーアブレーションによって膜へのダメージが強くなってくるため，ΔTが上げすぎずt_{eff}を十分に確保する光照射条件を探索することが重要となる。また，結晶核形成に関し，種々の結晶構造に対してt_{eff}の閾値を検討すると60 nsという値が浮かび上がってきた[11]。この値以下の領域では有効な核生成が起こらず多結晶成長が進行しない。

以上をまとめれば，光照射下の多結晶成長についてパルス光加熱による最初の核生成が極めて重要であり，断面方向に発生する強い温度勾配に従って表面で生成した結晶核から下方に速やか

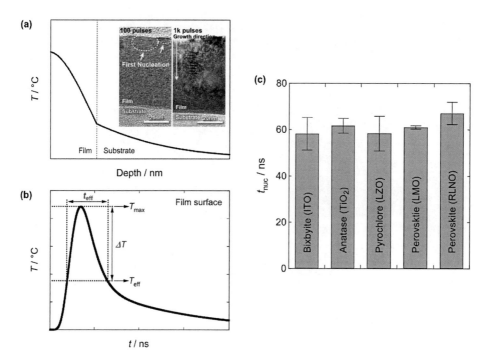

図2 光MOD法における多結晶成長とパルス光加熱時の (a) 断面プロファイル及び (b) 時間変化の模式図 (c) t_{nuc}：種々の結晶構造を有する材料に対する結晶核形成に必要な t_{eff}　ITO：tin-doped indium oxide, LZO：$La_2Zr_2O_7$, RLNO：$RbLaNb_2O_7$

に結晶成長が進行する。生成した結晶核が照射光を十分に吸収するならば，上述したエピタキシャル成長のように結晶核からの効率的なホモエピタキシャル成長を期待することができる。このような光結晶化におけるエピタキシャル成長，多結晶成長のポイントを有効利用することにより，非常に大きな結晶子サイズを持つ多結晶膜や完全一軸配向膜など単純なマクロ加熱手法では困難な結晶成長を可能にしている（図3）。これらはパルス光という空間的及び時間的に制御性の高いエネルギー投入により実現されたものであり，将来さらに進んだ結晶成長のデザインを可能にすると期待される。

3　ハイブリッド溶液光反応法によるフレキシブル酸化物電気機能性材料の創製

　光MOD法は基板温度を十分に上げなくとも，光照射下の光化学的な効果とパルス光加熱の両輪で効率良く結晶成長が進行する。ここで，産業応用への対応を可能にするため多結晶成長のさらなるスループットの向上を検討した。パルス光の光結晶化を用いた多結晶成長では最初のステップである結晶核の生成に多くの照射パルス数を必要とする。そのため，筆者らは効率的な多結晶成長を促進させるため，予め目的材料のナノ粒子を結晶核として導入した分散液を用いるナ

第28章　前駆体膜及び結晶化エネルギー投入手法の最適化による電気・光機能性酸化物コーティングの高度化

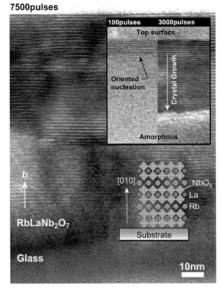

図3　光MOD法によってガラス基板上へ作製された（a）CaTiO$_3$（粗大粒成長）及び（b）RbLaNb$_2$O$_7$（一軸配向成長）

ノ粒子光反応法を開発した。また、金属有機化合物の原料溶液にナノ粒子を分散させた固液混成分散液を利用する場合、ハイブリッド溶液光反応法と呼ぶ。これらナノ粒子の利用により、基板加熱を行うことなく、透明導電膜や蛍光体膜など多くの酸化物薄膜の製膜に成功している[5, 6, 8, 12]。必要照射パルス数も従来の10％程度に低減させることが可能になってきた。この手法を用いた酸化物製膜の一例として有機基板上のサーミスタ材料の製膜を取り上げる[6]。

対象とした酸化物材料はスピネル型の結晶構造を有する酸化マンガン（Mn$_3$O$_4$）の一部のマンガンをコバルトとニッケルで置換したMn$_{1.56}$Co$_{0.96}$Ni$_{0.48}$O$_4$（MCN）である。本材料は800℃以上の温度で結晶化が進行し、バルク体の場合には1,300℃の高温で焼成される比較的高い投入エネルギーを必要とする材料である。500〜800℃程度で十分に結晶が進行する材料であれば微小なナノ粒子（数ナノ〜数十ナノメートル）の利用、つまり比較的緻密な状態の前駆体膜を作製すれば良いが、より高い温度で結晶化する材料の場合にはそれに対応するために照射する光の強度を上げただけでは下部の有機基板を痛めてしまう場合がある。そのため数十nmの大きさに加

え，少々粗大な数百 nm 程度の大きさを有するナノ粒子が混在した原料分散液を利用した。この原料分散液を塗布して乾燥させた場合，前駆体膜中には少なくない数の粒子間空孔が発生する。パルス光照射時，パルス光加熱の効果により前駆体膜表面からパルス光加熱効果が得られるが，前駆体膜中に存在する空孔周囲は下部への放熱が妨げられるため，蓄熱効果を発揮し前駆体膜表面から下部へ向けて強い温度勾配が出来上がる（即ち，上部前駆体膜のみをパルス光加熱による昇温効果を高めることができる）。この状態で光照射を行うことによりパルス光加熱の効果を結晶化温度から部分溶融する温度の間を効率的に膜表面付近に与えることが可能となる。また，溶液から析出する数十 nm 以下の微小なナノ粒子は予め混在させている比較的大きなナノ粒子上に付着する。このとき小さいナノ粒子は次式で表されるように大きいものと比べて融点降下が大きくなる。

$$\Delta T = 2\gamma T_\mathrm{m} / \rho_\mathrm{s} \Delta H_\mathrm{f} r \tag{1}$$

（ΔT：融点降下，γ：固液界面エネルギー，T_m：バルク体の融点，ρ_s：固体密度，ΔH_f：バルク体の融解熱，r：粒子径）

仮に微小ナノ粒子が 10 nm，粗大粒子が 200 nm とすれば，その融点降下の差は 20 倍となり，最適な温度域に達すると微小ナノ粒子が優先的に溶融して粗大粒子間結合を促進する役割を果たすと考えられる。その結果，図 4 に示すように緻密化した MCN 膜を得ることに成功したと結論付けた。このとき，基材へはパルス光加熱の効果が過剰とならぬようにレーザーのフルエンスを調整することでポリイミド（PI）やポリエチレンテレフタラート（PET）など有機基材表面にダメージを与えず，フレキシブル性を有する MCN 膜の製膜に成功した（図 4）。

PET 基板上に得られたフレキシブル MCN 膜は 4,429 K の高いサーミスタ定数を有し，ベンディング特性や温度サイクル試験でも良好な耐久性を示している。特に屈曲耐性を高めた銀とカーボンナノ構造体の複合材料によって構成される下部電極を利用することによってフレキシブル MCN 膜のベンディング特性を飛躍的に向上させ，10,000 回を超える屈曲試験（屈曲半径：5 mm）でも抵抗値がほぼ変化しないフレキシブルサーミスタの開発に成功している。本手法は MCN に限らず広範な材料に適用可能であるため，様々な用途への対応が可能となっている。

4 ナノ粒子／溶液ハイブリッド分散液を用いた高特性ポーラス光電極の作製

前述のナノ粒子／溶液のハイブリッド分散液の利用はその後の光結晶化プロセスに限らず重要なヒントを与える。光電極を例に挙げて，その効果的な利用法を概説する。光電極は主として光触媒として用いられるような半導体（本稿では酸化物を取り扱う）を下部電極を有する基材上に製膜し，例えば水分解反応に用いれば光電極へ励起光を照射し，陰極で水素が陽極で酸素が発生する。特に太陽光を利用して得られる水素はソーラー水素と呼ばれ，クリーンエネルギー創出の

第28章　前駆体膜及び結晶化エネルギー投入手法の最適化による電気・光機能性酸化物コーティングの高度化

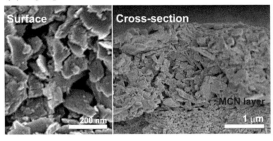

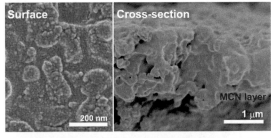

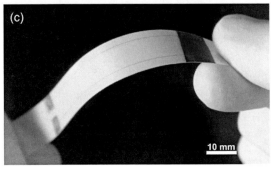

図4　溶液／ナノ粒子混成分散液を塗布した後（a）130℃で乾燥させたMCN膜，及び（b）室温55 mJ/cm² でKrFレーザー照射を行ったMCN膜（c）KrFレーザー照射によって作製したMCNフレキシブルサーミスタ

手段として大きな注目を集めるが，実用化には一段の太陽光変換効率が求められている。光電極の特性向上のためには光電極材料そのもの（組成・結晶構造）の探索もさることながら，そのセラミック特性も極めて重要な因子となる。光励起された電子／ホールの輸送効率が非常に重要であり，粒界や幾何学的構造の最適化が欠かせないためである。化学センサや本稿で取り上げる光電極など表面の化学反応を利用する材料はその反応サイトを増やすためにポーラス構造を形成して表面積を増大させる必要があるが，ポーラス構造の形成と構成する粒子間の結合を促進させることの両立は容易ではない。

筆者らはポーラス構造形成と強固な粒子間結合の二つの両立を実現させるべく前述のナノ粒子／溶液ハイブリッド分散液の利用を検討した。本課題では通常の加熱処理を採用した。対象とし

た光電極材料は酸化タングステンであり，塗布原料となる酸化タングステンナノ粒子／溶液ハイブリッド分散液の作製は湿式粉砕法を用いた。酸化タングステンナノ粒子（粒子径：20～200 nm）をタングステンフェノキシドを溶解させたトルエン溶液，イソプロパノールと共に粉砕し，得られた分散液中に含まれるナノ粒子サイズには3つの分布があることを確認した（大部分を占める5～20 nm の小粒子と 100～150 nm の粗大粒子の他，3 nm 程度の単分散した極めて小さなナノ粒子によって構成）。この最大 50 倍程度のサイズ差は前述の融点降下に非常に大きな影響を及ぼす。得られた分散液にポリエチレングリコールを加え，透明導電膜付きガラス上に塗布，550℃で仮熱焼成を行ったところナノスポンジ状のナノポーラス形状を維持したまま非常に結晶性が高い酸化タングステン膜を得ることに成功した（図5（a））[13]。焼成時に分散液に混合したポリエチレングリコールが燃焼気化することによって粗大ナノ粒子及び中サイズのナ

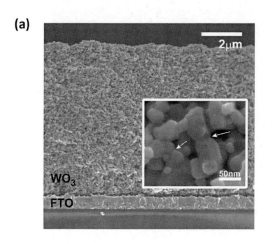

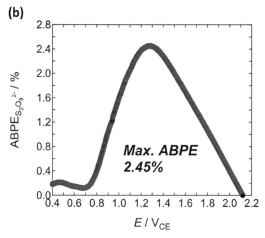

図5　(a) 溶液／ナノ粒子-高分子混成分散液を塗布後，電気炉加熱を行って結晶化させた WO_3 光電極 (b) 得られた WO_3 光電極を用いて疑似太陽光下で過硫酸生成を行わせた時の Applied bias photon-to-current efficiency（ABPE）の電圧依存性（V_{CE}：対極に対する電圧）

第 28 章 前駆体膜及び結晶化エネルギー投入手法の最適化による電気・光機能性酸化物コーティングの高度化

ノ粒子によって構成されたポーラス構造骨格における粒界を湿式粉砕によって生成した微小ナノ粒子及び溶液から析出・燃焼によって発生した微小ナノ粒子が効果的に繋ぐ役割を果たしている。これら微小ナノ粒子は強固な粒界を形成すると同時に粗大粒子結晶表面の再構成を促進し，不定形状を有するナノ粒子表面においてファセット成長が確認された。これら高結晶化及び強固な粒界形成は励起電子／ホール輸送に対して極めて大きな好影響をもたらした。本酸化タングステン光電極を用いることにより 3.05 mA/cm^2 という極めて高い光電流が観測され，過硫酸生成に対する太陽光変換効率は 2.45％（2017 年 5 月現在世界最高値）を示した（図 5（b））。このように一般的な加熱手法であっても原料溶液／分散液の工夫により，その投入エネルギーに対して複数の役割を持たせることが可能である。ここでは 550℃という焼成温度でポーラス構造付与のために混合したポリエチレングリコールの燃焼及び比較的大きなナノ粒子による骨格形成，及び微小ナノ粒子の部分溶融（十分な融点降下による）と溶液から生成する反応性の高い前駆体／微小ナノ粒子による結晶粒界形成と粗大粒結晶表面の再構築が進行する。混合したそれぞれの構成物質に対して明確に別の役割を担わせることにより高品質な光電極を得ることに成功した好例といえよう。

5 まとめ

本稿では，化学溶液法を用いた酸化物製膜における，原料溶液（または溶液／ナノ粒子分散液）や前駆体膜の調整とそれに対して結晶化のための最適なエネルギー投入法（加熱・光照射）について概説した。特に，パルスレーザー照射を用いた光結晶化に対してはその結晶化機構の概要と酸化物フレキシブルサーミスタの製膜について，またこれらの研究を踏まえて得られた知見を利用して原料溶液／ナノ粒子ハイブリッド分散液の最適化を行い通常の加熱プロセスを用いて高機能光電極膜の製膜に成功した例について紹介した。光照射法は従来不可能であった用途開拓を促進するし，従来の加熱手法であっても原料や前駆体の最適化によって得られる酸化物膜の特性を最大化可能であるという結果は安価で簡便なボトムアップ手法である化学溶液法の価値をさらに高め，近い将来多くの実用化事例が生み出されるようになると期待される。

文　　献

1) 中島智彦, セラミックス, **8**, 476（2016）
2) T. Tsuchiya, A. Watanabe, Y. Imai, H. Niino, I. Yamaguchi, T. Manabe, T. Kumagai and S. Mizuta, *Jpn. J. Appl. Phys.*, **38**, L823（1999）
3) H. Imai, A. Tomonaga, H. Hirashima, M. Toki and N. Asakuma, *J. Appl. Phys.*, **85**, 203

（1999）

4) T. Nakajima, K. Shinoda and T. Tsuchiya, *Chem. Soc. Rev.*, **43**, 2027（2014）
5) T. Nakajima, M. Isobe, T. Tsuchiya, Y. Ueda and T. Kumagai, *Nat. Mater.*, **7**, 735（2008）
6) T. Nakajima and T. Tsuchiya, *J. Mater. Chem. C*, **3**, 3809（2015）
7) 土屋哲男，鵜澤裕子，中島智彦，山口巌，松井浩明，日本セラミック協会第28回秋季シンポジウム講演予稿集1H24（2015）
8) T. Tsuchiya, F. Yamaguchi, I. Morimoto, T. Nakajima and T. Kumagai, *Appl. Phys. A*, **99**, 745（2010）
9) T. Nakajima, T. Tsuchiya, M. Ichihara, H. Nagai and T. Kumagai, *Chem. Mater.*, **20**, 7344（2008）
10) T. Nakajima, T. Tsuchiya, M. Ichihara, H. Nagai and T. Kumagai, *Appl. Phys. Express*, **2**, 023001（2009）
11) T. Nakajima, K. Shinoda and T. Tsuchiya, *Phys. Chem. Chem. Phys.*, **15**, 14384（2013）
12) 鵜澤裕子，中島智彦，篠田健太郎，土屋哲男，第75回応用物理学会秋季学術講演会講演予稿集，19a-PB2-4（2014）
13) T. Nakajima, A. Hagino, T. Nakamura, T. Tsuchiya and K. Sayama, *J. Mater. Chem. A*, **4**, 17809（2016）

第29章　InO系前駆体ゲルの構造と
　　　　インプリント成形への応用

下田達也*

1　はじめに

　金属酸化物（以後酸化物）は種類が豊富で種々の有用な物性を示す。1980年代の終わりころ，YBCOというペロブスカイト構造の物質が高温で（高温と言ってもかなり低温であるが）超伝導になることが見出され，酸化物の電気的な特性がにわかに注目を集めた。その後も，巨大磁気抵抗材料，スピントロニクス用材料，薄膜トランジスタ用材料等，酸化物材料のジャンルは科学技術の最新の話題を生み出す宝庫になっている。これらトピック的な材料以外にも従来から有用な電子材料として，PZT，ITO，フェライトなどの酸化物が知られている。我々は，PZTとITOを初めとして多くの酸化物材料を液体プロセスで作製して電子デバイスに応用する研究を続けてきている。本稿では，InO系酸化物において行った研究を紹介する。

2　酸化物の液体プロセス

　液体プロセスでは，最初に溶液を調合する。酸化物の溶液は金属塩（塩化物，硝酸塩等）や有機金属を溶媒に溶して作製する。材料市場では，有機金属の中で特に有機部分にアルコキシドを用いたものをゾルゲル材料と称し，一般の有機金属化合物をMOD（Metal Organic Decomposition材料）として区別することも行われている。溶媒と溶質との反応，溶質間の反応によって溶液特有の構造が生まれ，その後の工程を支配する。調合した溶液は基板に塗布される。このとき溶液と基板との「濡れ性」が問題になる。溶液が基板に濡れ広がらないと製膜はできない。濡れるには，原理的に基板の表面自由エネルギーγ_Sが基板と溶液との界面自由エネルギーγ_{SL}と液体の表面自由エネルギーγ_Lとの和（$\gamma_{SL} + \gamma_L$）より大きい必要がある。しかし，溶液が濡れ広がれば均一な薄膜ができるかというと，そうでもない。乾燥が進むと膜が縞状やドット状の模様に分裂してしまうことがしばしばある。溶質が基板に「塗れない」のである。このように，「濡れるけれど塗れない」状況は液体プロセスではよくあることで，担当者を悩ます。この問題を解決するには，分子間力（特にファンデルワールス力）の理解とその制御が必要になる。「塗れ性」は，溶質-溶質間と溶質-基板間との分子間力の大小に起因する。後者が前者より

---

*　Tatsuya Shimoda　北陸先端科学技術大学院大学　先端科学技術研究科　マテリアルサイエンス学系　教授

大きいときに安定な塗膜が形成できる。これを判断するにはハマカー（Hamaker）定数を知る必要がある。

液体プロセスでは，溶液と固体の中間状態である薄膜，すなわちゲル膜の物性が液体プロセスの中枢を占める。良いゲル膜を作製するとその後の熱分解がスムーズに進み，低温で緻密な固体酸化物が形成でき高い特性が得られる。すなわち，ゲル膜は固体化プロセスを制御する。この特徴を敷衍すると，ゲル膜の組成や構造を工夫してゲル膜に種々の機能を与えることが可能になる。本稿では，InO系酸化物を例にとって，クラスターゲルという概念に基づいて我々が行ってきた液体プロセスに関して述べる。

3　InO系クラスターゲルの紹介

我々は，InO系溶液からクラスターゲルと呼んでいるユニークな構造のゲルが作製できることを見出した。このゲルは，微細なInO酸化物の核（コア）に有機リガンドが殻（シェル）状に配位したコアシェル構造を有する微細なクラスター（直径1〜数nm）が分子間力によって凝集した物理ゲルである。質量分析，FT-IR，高輝度XRD（SPring8）のデータを基にして第一原理計算（DFT）によって計算したInOクラスターの原子モデルと，それから構成されるクラスターゲルの模式図を図1に示す[1]。クラスターは中心にIn_aO_b核があり，周りにアセチルアセトナート（acac）とプロピオン酸が配位した$In_aO_b(acac)_x(PrA)_y$のような構造に水が吸着した構造を取っている。図はIn_7O_3-$(acac)_2$-$(PrA)_6$-$8H_2O$の場合で，この原子モデルはFT-IRのスペクトルを大変忠実に再現している。

このような構造をもったゲルを作製すると極めてプロセス性に優れた材料になる。すなわち製膜性に優れ，直接インプリント加工ができ，固体の形成能力が高く（良い固体になる），さらに

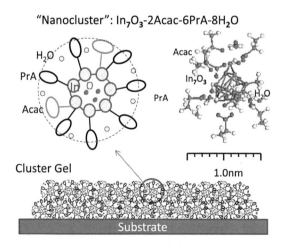

図1　ITO溶液から得たコアシェル型のクラスターの模式図と第一原理計算による原子モデル，それを基板に塗布したクラスターゲル薄膜の模式図

UV照射による低温形成が可能になる。クラスターゲル化の大きな特長は，プロセスを理論的に扱いやすくする点にもある。本稿ではその例として，最初に「塗膜性」を扱うのに必要なゲルに働く分子間力を正確に求めた例を紹介する。次に，クラスターゲル構造が，ゲルに新たなプロセス性を与える例としてゲルの直接インプリント法であるナノレオロジープリンティング法を紹介する。

4 InO系（ITO）溶液から作製したゲルの凝集力の評価[2]

　ここでは，クラスターゲル構造をとるInOゲルは物理ゲルでありその凝集力は分子間力で記述され，分子間力が定量的に評価できることを示す。クラスターに働く分子間力が分かれば，塗布膜が安定的に作製できる条件を理論的に扱うことができる。

　ITO溶液は，In-acacにSn-acacを5 wt%加えた前駆体材料をプロピオン酸溶媒に入れて，密閉容器中において120℃で1時間の熱処理をして作製した。その溶液を熱分析した結果を図2に示す。100℃で溶媒が蒸発し，250℃付近で固体化が始まるのでゲルの温度範囲は100～250℃であることが分る。この結果に基づき，溶液をガラス基板上に製膜して100～225℃の範囲で焼成してゲル薄膜サンプルを作製した。ゲルの凝集力を評価する方法として，光学的手法によるファンデルワールス（vdW）力の評価，接触角を利用した表面自由エネルギーの評価，そしてゲルを溶媒に再固溶させる浸漬法を用いた[2]。それぞれの方法を，光学法，接触角法，浸漬法と略称する。

　浸漬法はゲルが溶媒に溶けるか溶けないかを評価する方法で，溶ければ物理ゲル，溶けない場合は化学ゲルと大別できる極めて簡単な方法である。光学法は原理が複雑なので少し紙面を費やして解説する。光学的手法とは，量子電磁気学に基づいて導いたLifsitzの式（1）を用いて屈折

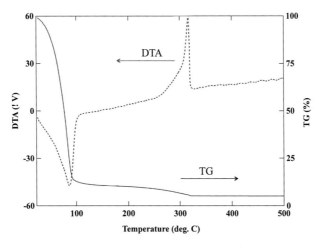

図2　ITOゲルの熱重量分析（TG）と示唆熱分析（DTA），昇温速度は3℃/min

率の波長分散を測定して Hamaker 定数 A_{132} を計算する方法である[3]。

$$A_{132} = -\frac{3kT}{2} \sum_{n=0}^{\infty} \sum_{s=1}^{\infty} \frac{(\Delta_{13}\Delta_{23})^3}{s^3}, \quad \Delta_{kj} = \frac{\varepsilon_k(i\zeta_n) - \varepsilon_j(i\zeta_n)}{\varepsilon_k(i\zeta_n) + \varepsilon_j(i\zeta_n)}, \quad \zeta_n = n\left[\frac{2\pi kT}{\hbar}\right] \quad (1)$$

Hamaker 定数 A_{132} と vdW エネルギー W_{132} とは，(2) 式で結ばれている。

$$W_{132} = -\frac{A_{132}}{12\pi L^2} \quad (2)$$

(2) 式は，図3 に示すように，物質1と物質2が媒質3を介して距離 L をおいて向き合っているときの vdW 相互作用エネルギーを与える。屈折率からゲルの凝集力が分かることは不思議な気がするが，vdW 力が物質間の電磁気の交換で生ずる力であることを知ると納得できる。(1) 式で知るべきは $\varepsilon(i\xi)$ 関数で，これは複素誘電関数 $\varepsilon (= \varepsilon' + i\varepsilon'')$ の値と Kramers-Kronig 関係 (3) 式を通じて ε'' と結びつけられる。ε'' は電磁波の吸収を表す項で，これこそが vdW 力の起源である。

$$\varepsilon(i\xi) = 1 + \frac{2}{\pi} \int_0^{\infty} \frac{x\varepsilon''(x)}{x^2 + \xi^2} dx \quad (3)$$

$\varepsilon(i\xi)$ 関数が分かれば，vdW 力が正確に導けることになる。さらに，複素誘電関数の実部 ε' はもう一つの Kramers-Kronig 関係 (4) 式で ε'' と結びついている。これは後に屈折率と ε'' を関係づけるのに役立つ。

$$\varepsilon'(\omega) = 1 + \frac{2}{\pi} P \int_0^{\infty} \frac{x\varepsilon''(x)}{x^2 - \omega^2} dx \quad (4)$$

Parsegian と Ninham は，重要な物質の殆どに対して少ない実験データを利用して $\varepsilon(i\xi)$ が構築できることを示した[4]。ε'' は電磁波の吸収が起こる周波数 ω_i とその時の振動子強度 f_i を用いて，

$$\varepsilon''(\omega) = \sum_{i=1}^{N} f_i \delta(\omega - \omega_i) \quad (5)$$

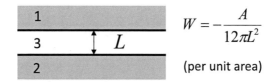

図3 物質1と物質2が媒質3を介して距離 L をおいて向き合っているときの vdW 相互作用エネルギー

第29章　InO系前駆体ゲルの構造とインプリント成形への応用

と表される。δはディラックのデルタ関数である。この式を(3)式に導入すると(6)式が得られる。

$$\varepsilon(i\zeta) = 1 + \sum_{i=1}^{N} \frac{C_i}{1 + (\zeta/\omega_i)^2}, \qquad C_i = \frac{2}{\pi} \cdot \frac{f_i}{\omega_i} \tag{6}$$

これが吸収周波数ω_iと振動子強度f_iに関連付けた$\varepsilon(i\xi)$関数のNinham-Parsegian表現である。これを用いて$\varepsilon(i\xi)$を実験的に求めることができる。同様に，(5)式を(4)式に代入すると，

$$\varepsilon'(\omega) = 1 + \sum_{i=1}^{N} \frac{C_i}{1 - (\omega/\omega_i)^2} \tag{7}$$

が得られる。ここで，(1)式にさかのぼり，周波数ξ_nを眺めてみる。これは周波数に関して等間隔に出現するので，週波数の高い領域になるとξ_nの出現回数が増え$\varepsilon(i\xi)$への寄与が大きくなる。したがって，可視紫外領域の寄与は著しく大きく，この領域のみを考慮するだけで近似値が得られる。もし吸収が単純で一つの吸収のみが重要であるときには，$\varepsilon(i\xi)$は次のように書ける。

$$\varepsilon(i\xi) = 1 + \frac{C_{\text{UV}}}{1 + (\xi/\omega_{\text{UV}})^2} \tag{8}$$

同様に，可視光域の$\varepsilon'(\omega)$は(6)式によって次のように書け，

$$\varepsilon'(\omega) = \varepsilon(\omega) = n^2(\omega) = 1 + \frac{C_{\text{UV}}}{1 - (\omega/\omega_{\text{UV}})^2} \tag{9}$$

C_{UV}とω_{UV}は屈折率nと関連付けられ，(8)式に利用できる。(9)式を変形すると，

$$n_2 - 1 = (n^2 - 1)\frac{\omega^2}{\omega_{\text{UV}}^2} + C_{\text{UV}} \tag{9-1}$$

になり，$(n^2(\omega) - 1)$を$(n^2 - 1)\omega^2$に対してプロットすると，傾きとy切片からω_{UV}とC_{UV}が求まる。これをコーシープロット（Cauchy Plot）と呼んでいる。このようにすると屈折率の測定により，ハマカー定数ならびにvdWエネルギーが求まり，ゲルの凝集力が得られる。ただし，凝集エネルギーを得るには，A_{132}をA_{1v1}（vは真空を表す）にする必要がある。その時，(1)式では$\varepsilon_j(i\xi_n) = \varepsilon_v(0) = 1$（真空の誘電率）として計算を行う。また，(2)式のLは，経験的に$L = D_0 = 0.165$ nmが用いられている[5]。我々は作製したゲル薄膜の屈折率の波長分散を分光エリプソメータで測定して，vdWエネルギー（凝集エネルギー）を求めた。

次に，接触角法を述べる。最新の表面科学の解釈に基づくと，全表面自由エネルギーγ^{tot}は

vdW 成分 γ^{vdW} と電荷移動の方向と強さを表す酸塩基（Asid-Base）成分 γ^{AB} の和で示される[6]。

$$\gamma^{tot} = \gamma^{vdW} + \gamma^{AB}, \qquad \gamma^{AB} = 2\sqrt{\gamma^+ \gamma^-} \tag{10}$$

ただし γ^- は塩基項（ドナー項），γ^+ は酸項（アクセプター項）である。この関係を Young-Dupré の式に用いると，次の関係式が得られる。ここで下付き添え字の L は液体を，S は基板を表す。

$$\gamma_L^{tot}(1 + \cos\theta) = 2\left(\sqrt{\gamma_S^{vdW}\gamma_L^{vdW}} + \sqrt{\gamma_S^+\gamma_L^-} + \sqrt{\gamma_S^-\gamma_L^+}\right) \tag{11}$$

作製したゲル薄膜の3個の未知数 γ_S^{vdW}，γ_S^+，γ_S^- を知るには方程式が3個あればよい。そのために，γ_L^{vdW}，γ_L^+，γ_L^- が既知の3種の液体（測定試薬）を用いて接触角を測定し，(11)式から連立方程式を作り，それを解くと，ゲル薄膜の3個の未知数が分かり，(10)式からゲル薄膜の全表面自由エネルギーγ_S^{tot} が求まる。界面自由エネルギーγ_{12} と付着エネルギーW_{12} とは，$2\gamma_{12} = W_{12}$ の関係がある。これを自己凝集エネルギーにするには，添え字を 12 から 11 にする。$2\gamma_{11} = W_{11} = \gamma_S^{tot}$ となり，ゲルの凝集エネルギーW_{11} が分かる。我々は，測定試薬として，条件数の優れた組み合わせ[7]である水，エチレングリコール，ジヨードメタンを選んで各ゲル薄膜の上に滴下して接触角を測定した。

実験結果を述べる。最初に浸漬法の結果を図4に示す。図は各ゲル薄膜をプロピオン酸溶媒に1時間浸漬させ，前後の膜厚をプロットしたものである。100℃から200℃の温度で乾燥させた5つの試料はほぼ完全に再固溶しており，この温度ではゲルは物理ゲルであることが示された。225℃になると固溶度はぐっと減り，膜厚はわずかに減ったのみでゲル内では化学的な結合が生じてきていることが分かる。

次に，光学法によって得られた各物理量と vdW エネルギー（γ^{vdW}）を表1に示す。100℃から250℃にかけて ω_{UV} が緩やかに減少し，300℃で急激に低下しているのは，300℃になるとゲ

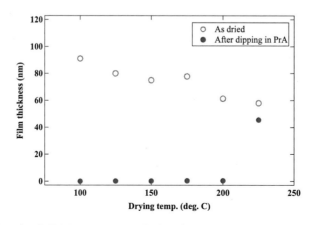

図4　各温度で乾燥を行ったITOゲル薄膜のプロピオン酸溶媒中への再溶解性試験

第29章　InO系前駆体ゲルの構造とインプリント成形への応用

ル中の電子が非局在化してきていることを示している。100℃から250℃にかけて徐々に固体化が進み，250℃から300℃ではそれが急に進行している結果を表している。vdWエネルギーは100℃から225℃まで緩やかに上昇し，300℃では低下しているがこれは凝集エネルギーが低下した訳ではなく，この温度になるともはや凝集エネルギーは分子間力によって表現できなくなったことを示しているとみるべきであろう。

　接触角法の結果を，図5に示す。特徴として，ゲル薄膜はドナー性の強い表面を形成している。アクセプター項はほぼゼロに近い。したがって，表面自由エネルギーの酸塩基項成分γ^{AB}の値は小さく，全表面自由エネルギーはvdWエネルギーが支配的であることを示している。図6に光学法と接触角法を重ねて示した。光学法によるvdWエネルギー（凝集エネルギー）は$W^{vdW}_{Opt.}$，接触角法による全凝集エネルギーは$W^{tot}_{C.A.}$，そのvdW成分とAB成分はそれぞれ$W^{vdW}_{C.A.}$，$W^{AB}_{C.A.}$で表している。両者の測定値は驚くほど良く一致している。この理由は，ゲル膜の凝集力の起源がvdWエネルギーによるからである。高温になるとゲルの凝集機構は化学的になるの

表1　乾燥温度が異なるITOゲルに対して光学法によって求めた諸特性

Drying temp. (℃)	ω_{UV} ($\times 10^{16}$ rad/sec)	C_{UV}	A_{1v1} ($\times 10^{-20}$ mJ)	γ^{vdW} (mJ/m^2)
100	1.72	1.25	6.52	31.7
125	1.55	1.48	6.87	33.5
150	1.50	1.52	7.43	36.2
175	1.42	1.57	7.35	35.8
200	1.37	1.59	7.22	35.2
225	1.29	1.63	7.09	34.5
250	1.31	1.65	7.30	35.5
300	0.97	1.41	4.36	21.2

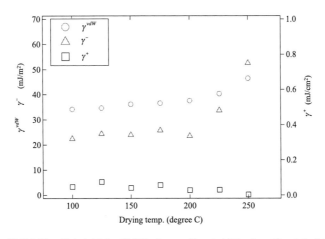

図5　接触角法で得た各温度で乾燥したITOゲルの表面エネルギーの各成分の値

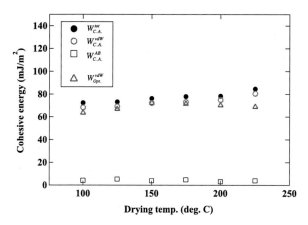

図6　各温度で乾燥したITOゲルの凝集エネルギー
光学法 W_{opt} と接触角法 $W_{C.A.}$ で得た測定を並べて表示した。

で，200℃あたりから光学法と接触角法の値が一致しなくなる。この理由もうなずける。このようにクラスターゲル構造に基づく物理ゲルではかなり正確に分子間力が評価できることが分かった。

5　InO系クラスターゲルのプロセス性

次にクラスターゲルの特徴を活かした酸化物パターンの直接インプリント加工を紹介する[1,8]。我々は，クラスターゲル構造を有するITOゲルの粘弾性挙動を測定して図7に示すような結果

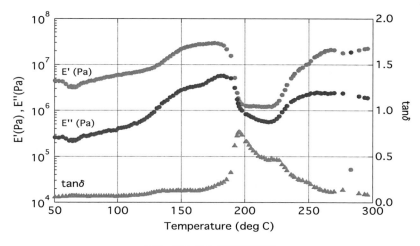

図7　ITOゲルの粘弾性特性
ITO溶液を100℃で乾燥したゲルからペレットを作製しレオメータで測定。

第29章　InO系前駆体ゲルの構造とインプリント成形への応用

を得た．ITO溶液は前述した方法で作製し100℃乾燥のゲルを使用した．図中 E' は貯蔵弾性率，E'' は損失弾性率，そして $\tan\delta = E''/E'$ で定義される値は，材料の塑性変形能の大きさを表す．図を見ると $\tan\delta$ は190℃付近でピークを持ち，ITOゲルがこの温度で塑性流動し，インプリント成形の可能性をしめす．実際に図8に示す工程と温度圧力プロフィールに基づいてインプリント加工が行えた．製膜後の乾燥は100℃で5分，インプリント温度 T_m は160℃～200℃，圧力は4 MPa以上で行った．得られたパターンを図9に示す．図9（a）は，インプリ

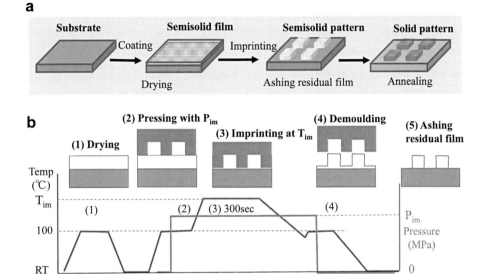

図8　ナノレオロジープリンティングによる酸化物パターン形成の工程図
（a）溶液の塗布・乾燥，インプリントによる成形，そして焼成に至る全行程，（b）ナノインプリント工程の説明とインプリント時の温度圧力プロフィール．

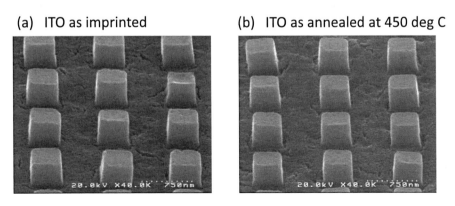

図9　（a）インプリント成形直後のITOゲルパターン，（b）450℃で焼成後のITOパターン

ント直後のゲルのパターン，図9（b）はそれを450℃で焼成して固体化した後の酸化物パターンである。きれいな矩形のパターンが成形できている。また，焼成によってあまり大きさが変化しないように見える。正確に測ってみると，（a）から（b）で体積収縮率で15.5％，線収縮率で4.4％しか縮んでいない。100℃で5分乾燥のゲルは多量の有機物を含むので450℃で焼成を行うと通常体積はおよそ50％程度収縮するので，図9の収縮率は極端に低いことが分かる。この結果は，ゲルがインプリント中に有機物の分解を伴いながら塑性変形していることを示唆している。我々はこの挙動もクラスターゲルの一つの特長であるととらえている。このような酸化物の直接加工法を我々はナノレオロジープリンティング（n-RP）法と呼んでいる。

　ITO溶液から得たゲルがn-RP法の最初の実証例であるが，ITO以外にもZrInZnO，InGaO，RuO，LaRuO，LaNiO，ZrOで同様な加工ができることを見出している。それらの材料を組み合わせると，n-RP法によってトランジスタ（TFT）を始めとして様々なデバイスの作製が可能である[1,8]。

6　まとめ

　液体プロセスによる酸化物の形成においてクラスターゲル構造と呼ばれるユニークな構造が得られることを我々は確認している。無条件にクラスターゲルが得られる訳ではないが，原料の種類，溶媒，溶液の作り方を工夫するとある程度多彩な組成系でクラスターゲル構造は得られる。液体プロセスにおいてゲルは酸化物の固体化を支配する重要前駆体であるので，クラスターゲル構造をとることでプロセスを理論的に扱えたり，プロセス性が高まることは大変有益なことである。本稿では，クラスターゲル構造をとるInO系の酸化物を例にとり，製膜性を支配する分子間力の評価と新しい加工法であるナノレオロジープリンティング法を紹介した。

文　献

1) T. Kaneda, *et al.*, *J. Mater. Chem. C*, **2**, 40-49,（2014）
2) D. Hirose, T. Shimoda1, *Japanese Journal of Applied Physics*, **53**, 02BC01（2014）
3) D. B. Hough, L. R. White, *Adv. Colloid Interface Sci.*, **14**, 3（1980）
4) V. A. Parsegian, B. W. Ninham, *Nature*, **224**, 1197（1969）
5) J. N. Israelachvili, Intermolecular and Surface Forces（Academic Press, London, 1992）2nd ed., p. 202
6) C. J. Van Oss, R. J. Good, and M. K. Chaudhury, *Langmuir*, **4**, 884（1988）
7) C. Della Volpe, *et al.*, *J. Colloid Interface Sci.*, **271**, 434（2004）
8) D. Hirose, *et al.*, *Phys. Status Solidi A*, 1-15（2016）/DOI 10.1002/pssa.201600397.

第30章 高輝度LED用シリコーン封止材

伊藤真樹*

1 はじめに

シリコーン（ポリシロキサン）はSi-O結合を主鎖骨格とし，耐熱性，耐候性，電気絶縁性等に優れており，電気・電子産業，自動車産業，建築・土木産業，繊維，化粧品等に幅広く利用されている。本章では，このようなシリコーンの特性と，LED（発光ダイオード）封止材としての機能について述べる。

2 シリコーンとその特性

ポリシロキサンにはM（$R_3SiO_{1/2}$），D（$R_2SiO_{2/2}$），T（$RSiO_{3/2}$）およびQ（$SiO_{4/2}$）という4種の骨格構成単位がある。ケイ素は炭素と同じsp^3構造であるが，炭素の二次元，三次元構造と異なり，シロキサン結合であることにより合成に際してM，D，T，Q単位を同じ合成化学の範囲で自由に組み合わせることができること，種々の置換基を持てることから大きな組成の多様性を持つ。工業的にはもっとも基本的な置換基はメチル基で，次いでフェニル基である。シリコーンの工業製品の主流をなすオイル，ゴム[1]はD単位からなる直鎖高分子（主としてポリジメチルシロキサン）を主成分とし，レジンと呼ばれるネットワークポリマーはTおよびQ単位を主たる構成要素とする[2,3]。

さらにレジンでは，図1（a）～（f）にT単位による構造の例を示すように，環状三，四，五量体を中心とした環構造が自発的に生成する[4]ため，同じ化学式でも種々の異なった構造を取りえる。たとえば図1の（e）と（f）はどちらも化学式は$[RSiO_{3/2}]_6[RSi(OH)O_{2/2}]_2$（$T^3_6T^2_2$と表記）で表わされる化合物であるが，このように異なった構造を描くことができる（ただし，（f）の構造は仮想）。実際，置換基がメチル基であるT単位のみからなるレジン（ポリシルセスキオキサン[5]とも呼ばれる）では同じ化学式を与える分子の異性体が多く観測され，構造（e）の化合物も単離・同定されている[3]。またD単位を有するDTレジンと呼ばれるものでも図1（g）のような構造が存在する。Q単位でも，正ケイ酸エチルのR_4NOHを触媒とした加水分解・縮合により図1（h）の構造が$[R_4N^+]$を対カチオンとして生成し，R_3SiClと反応させることにより$M_8Q^4_8$というかご型八量体構造が生成する[6]。このようにかご型構造はシルセスキオキサンだ

---

* Maki Itoh ダウコーニング（東レ・ダウコーニング）
　　　Resins, Coatings, and Adhesives Product Development, フェロー

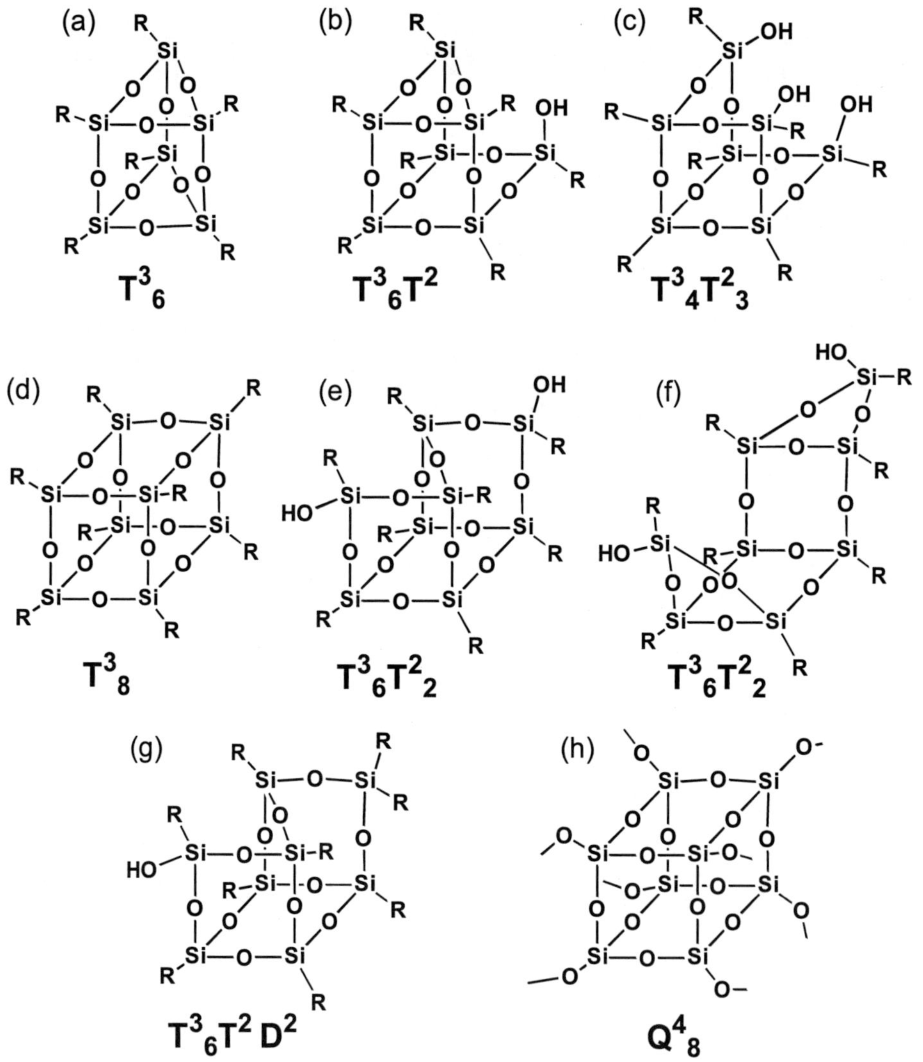

図1 シルセスキオキサン・シリコーンレジンの構造
(f) は描くことが可能な構造を描いてみたもの。Tの右肩の数字はシロキサン結合の数を表す。すなわち，$RSiO_{3/2}$ は T^3，$RSi(OH)O_{2/2}$ は T^2 と表記する。

けでなく広くシリコーンレジンに共通のものと考えられる。直鎖高分子では分子量と分子量分布がその高分子の性質を規定する主たる構造要因となるが，シリコーンレジンはそれに個々の分子の形態という要素が加わる。したがって，そのような構造を制御することにより，あるいは異なった合成経路を用いると分子の集合体に含まれる個々の分子の形態やその存在比率が異なると考えられるため，シロキサンとしての限界はあるものの，同じ化学式の材料でも異なった，新規の機械物性等が得られると期待される。

シリコーンは，生成物中のM, D, T, Q単位に対応するクロロシランもしくはアルコキシシ

第 30 章　高輝度 LED 用シリコーン封止材

ランの加水分解と，それに引き続く縮合反応によって合成され，平均分子量数千から数十万の溶媒可溶な化合物である。これらは，残存させてあるシラノールやアルコキシ基の縮合反応により架橋させたり，ビニル基と SiH 基を導入してヒドロシリル化架橋させることより（このような架橋重合を硬化という）最終使用形態である塗膜等にいたる。下記 LED 封止材では主としてヒドロシリル化硬化が使われる。ゾルゲル反応は，アルコキシシランを出発物とした加水分解・縮合・縮合硬化と同じ化学で，基本的には縮合架橋した硬化物（分子量無限大の不溶性ゲルと同じこと）を一気に得ようとするものである。一般的にゾルゲル化学では「ゲルに至らなかった」ことを失敗と考え，シリコーンレジン化学では「（フラスコ中で）ゲル化してしまった」ことを失敗と考える。あるいは合成化学の立場から見たのがシリコーンレジン，ガラス化学側から見たのがゾルゲル反応とも考えられる。

　ポリシロキサンは主鎖の Si-O の結合エネルギーが C-C 結合よりも大きいこと，結合間距離や結合角が大きいために主鎖が回転し易い（柔軟性がある）こと（したがってガラス転移温度が低く，ポリジメチルシロキサンでは −120℃ 程度である[7]），主鎖のイオン性は高いが分子はメチル基などに覆われていること，カルボニル基やエーテル結合などの極性基を含まないことなどから，有機高分子に比べて耐熱・耐光性，低温での柔軟性，電気絶縁性，撥水性，難燃性，気体透過性等に優れている。

3　シリコーンの LED 封止材への応用

　シリコーンは上記のような特性に加えて，可視光から 300 nm 程度の紫外領域までの透明性を持つため光学材料としての応用が考えられる[8]。特に最近広く使われている分野の一つに封止材を中心とした LED デバイス用材料がある。LED デバイスにおいて白色光を得るもっとも一般的な方法は，図 2 に示すように 450 nm 程度の青色発光と蛍光体の組み合わせである[9]。チップから出た光が封止材中に分散させてある蛍光体に当たると，黄色蛍光体であれば図 2 に示した 560 nm 程度の黄色光に変換される。蛍光体に当たらずに直接出てきた青色光と黄色光とが合わさると人間の目には白色に見える。図 3 に一般的な白色 LED パッケージの構造である表面実装 SMD（surface mount device）型デバイスの断面を示す。電極と，反射材となる樹脂を成型して作ったパッケージに，LED チップをダイアタッチ剤で接着し，金ワイヤーを装着，その後蛍光体を混ぜ込んだ封止材を注入し加熱硬化が行われる。

　このような白色 LED の特徴としては（i）省エネルギー照明源と言われるが，それでも発光効率は 2015 年時点，電球色 LED で 43% 程度であること[10]，すなわち高エネルギーの青色発光とともに大きな発熱を伴うこと。（ii）図 2 に示すように LED からは紫外光も赤外光は出ておらず，赤外光の放射による放熱がないこと，（iii）LED チップの発光効率も，蛍光体の変換効率も，温度上昇とともに低下すること[11, 12]，（iv）555 nm の光がもっとも明るく見える人間の視感度を考慮する必要があること[13]，（v）図 2 に示すような発光スペクトルのために相対的に演色

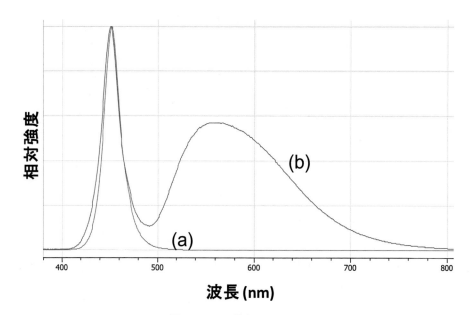

図2 LEDの発光スペクトル
(a) 青色LED, (b) 青色LEDと黄色蛍光体による白色光

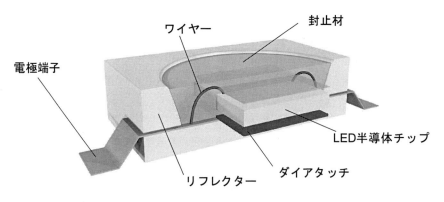

図3 SMD型LEDパッケージ(断面)

性が低いこと,などが挙げられる。

　封止材の役割は,(a) デバイスの配線等を保護し,LEDの耐久性に寄与する役割と,(b) 蛍光体を保持し,明るさや色ばらつきなど光の効率や質に寄与する役割がある。上記のように発光効率が40%程度であること,蛍光体による長波長光への変換(ストークスシフト)によるエネルギー損失[14]や変換効率[10]からの損失による発熱などから封止材は高温下で強い青色発光にさらされる。図4に空気中で130℃と150℃にて1000時間加熱したヒドロシリル化硬化シリコーンとエポキシ樹脂の着色状態を示す。エポキシ樹脂では温度が上がるにつれて顕著な着色が見られるが,シリコーンは優れた耐変色性を示す。封止材の着色による光の吸収は光強度の低下をもた

第30章　高輝度LED用シリコーン封止材

らし，耐久性の低下となる。

シリコーンは組成制御により，硬化後の硬さとして，針入度により硬度を測定する柔らかさのゲル，室温でのヤング率にして 1~100 MPa（デュロメータ硬度でショアAの範囲）程度のエラストマー，さらに硬い（デュロメータ硬度でショアDの範囲）レジンを与えることができる。一般に柔らかい材料は熱機械ストレスによるワイヤーの変形・切断，封止材の基板からの剥離やクラックの発生を抑える傾向がある。一方，硬い材料は外力からの保護能に優れる。実際には単に硬さという尺度で捉えられるものではなく，ワイヤーの切断や封止材の剥離を起こさないというデバイス耐久性は，封止材の弾性率の温度依存性や強靱性，応力緩和特性，熱膨張係数，接着力等の要因に複雑に影響されると考えられる。熱膨張係数などはポリシロキサン類に固有の物性で架橋構造により調整するのは困難であるが，応力緩和特性などは前項記載の構造制御により改善することが可能である。表1に従来のフェニルシリコーン封止材と，同じ硬度で内部応力の蓄積を押さえるよう設計したもの（第2世代）の，サーマルサイクル試験によるワイヤー切断（不点灯となること）挙動を示す。従来品では200サイクル後に8個のデバイスのうち1個のワイヤーの切断が起き，500サイクル後にはすべてが切断している。これに対し第2世代の封止材

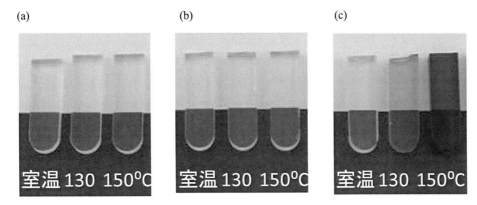

図4　硬化サンプル（4 mm厚）の1000時間加熱エージング後の着色
(a) メチルシリコーン，(b) フェニルシリコーン，(c) エポキシ樹脂

表1　サーマルサイクル試験によるワイヤー切れ挙動[a]

サイクル数	従来封止材[b]	第2世代封止材[c]
100	0/8	0/8
200	1/8	0/8
350	7/8	0/8
500	8/8	0/8

a) -40℃ -30分／120℃ -30分のサイクルを繰り返したときの，8個のデバイス中のワイヤーが切れた（不点灯となった）数
b) ショアD硬度40の従来品封止材
c) ショアD硬度42で内部応力の蓄積を緩和した第2世代材料

では500サイクル後にもまったく切断は起きず，ワイヤーにかかる力が抑えられていることを示している。熱あるいは光反応により脆化が起こればこのような耐久性はさらに低下すると考えられる。

さらに，封止材の水蒸気その他の気体透過性が高いことはデバイスの耐久性に悪影響を与える要因である。たとえばイオウ系のガスによりデバイスの底の銀電極が腐食されて黒色の硫化銀となると反射率が低下して光量が減少する。ポリシロキサンは本来高気体透過材料である[15]が，気体透過性は置換基の種類，架橋構造の違いなどによって異なる。置換基がすべてメチル基であるメチルシリコーンは高い透過性を示し（透湿度では40℃，相対湿度90％において1 mm程度の厚みで100 g/m^2day程度），メチルに加えて多くのフェニル基を含むフェニルシリコーンは比較的低い（10～15 g/m^2day程度）。この低い気体透過性が，フェニルシリコーン系封止材が高く評価されている大きな理由の一つである。

我々は構造制御によりガス透過性をさらに低くする検討をし，0.91 mm厚，25℃における酸素透過を従来のフェニルシリコーン封止材の630 cm^3/m^2dayから400 cm^3/m^2day程度にした第3世代封止材，Dow Corning® OE-7651N Optical Encapsulant, Dow Corning® OE-7662 Optical Encapsulantを開発した。図5に3535パッケージをこれらの封止材で封止したLEDデバイスを，85℃/85％のオーブンに入れた加速試験状態で，400 mAの電流で点灯した試験における，光束の低下を観察した結果を示す。第3世代の封止材は点灯試験における光束の低下も抑えていることがわかる。

次に封止材がLEDデバイスの効率や質に与える影響として光取り出し効率を高めることが挙げられる。光は屈折率が高い媒体から低い媒体に出るとき，臨界角以下では界面で全反射を起こ

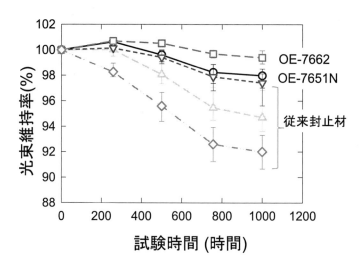

図5 従来品および第3世代フェニルシリコーン封止材を用いてデバイス点灯試験を行った場合の光束維持率
3535パッケージ使用，電流400 mA，85℃/85％RHオーブン中にて．

第 30 章　高輝度 LED 用シリコーン封止材

すため取り出せる光の量が低下する。GaN の発光層の屈折率は 2.5 程度，サファイア基板および蛍光体は 1.8 程度，空気は 1.0 であるため，チップと封止材の界面，蛍光体と封止材の界面，封止材と空気の界面での反射による損失のバランスなどが問題となりうる。さらに入射角は界面が平面であるか曲面であるかにも影響される。上述のメチルシリコーンは硬化後の屈折率が 1.41 程度，フェニルシリコーンでは 1.53 から 1.54 程度であり，本質的にはこれらの間で屈折率を調整することができる。図 6 に LED パッケージを平坦に封止したときの，蛍光体を入れない封止材を用いた場合（青色 LED），少量の蛍光体により色温度を 10,000 K（冷たいまたは青っぽい白色），多量の蛍光体を用いて色温度を 3,000 K（電球色）とした場合の LED の，封止材の屈折率の変化に伴う明るさの変化を示す。蛍光体がない青色光の場合は封止材の屈折率が低い方が明るく（光をエネルギー，すなわち物理量として扱う放射束で測定，W で表わす），封止材と空気の界面での反射の影響が大きいと考えられる。これに対し，蛍光体が入った白色 LED では封止材の屈折率が高い方が明るく，その傾向は蛍光体の量が多いほど強くなっている。発光層から封止材への光取出しは，発光層表面の凹凸やテクスチャリングにより改善されている[16]ので，封止材・空気界面で反射された青色光が再び蛍光体に当たり変換されるため，555 nm の光をもっとも明るく感じる人間の視感度[9b]を加味した光束（ルーメン［lm］で表わす）が大きくなることなどが主たる要因と考えられる。また，封止材の屈折率の明るさへの影響のコンピューターシミュレーションを行うと，青色 LED において，パッケージ底の銀電極の反射率が 90% であると図 5 と同様の挙動を示したが，反射率を 98% とすると封止材の屈折率の影響があまりなかった。このことは，光取り出し効率は単純に界面での屈折率差だけに依存するのではなく，パッ

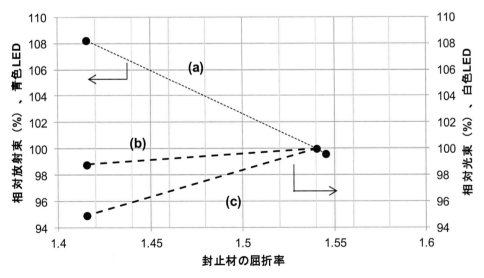

図6　LED デバイスの明るさに与える封止材の屈折率の影響
(a) 蛍光体がない場合（青色），(b) 少量の蛍光体により色温度 10,000 K の場合（白色），(c) 多量の蛍光体により色温度 3,000 K の場合（白色）。(a) は放射束，(b)，(c) は光束で表示。

ケージの反射率や形状など，種々の要因に関係していることを示唆しており，LEDの明るさには種々の要因が寄与していることをうかがわせる。

4 おわりに

LED用シリコーン封止材は既に市場に浸透しているが，LED照明のさらなる高輝度化，多様化に対応するためには耐熱・耐光性といったシリコーンの特長をさらに改善し，機械強度やガスバリアー性等を向上させていく必要がある。さらに周辺部材としてダイアタッチやリフレクター材料などへの適用には，耐熱・耐光性に加えてそれぞれに求められる特性が必要となる。シリコーンは多様な分子組成単位に加え，同じ化学式でもいろいろな構造があり得るため，機械物性を中心としていまだ達成できていない特性をもたせることができる可能性を秘めている。LEDの高輝度，高出力，長寿命化を支える高分子材料としての発展が期待される。

謝辞

本稿の執筆に際しご助言をいただきました中田稔樹，Jung Hye Chae，吉田 伸，島 涼登各氏（以上ダウ・コーニング）に感謝いたします。

文　　　献

1) 石神直哉，日本ゴム協会誌，**89**, 68-72（2016）
2) R. H. Baney, M. Itoh, A. Sakakibara, T. Suzuki, *Chem. Rev.*, **95**, 1409-1430（1995）
3) 伊藤真樹，"シリコーンレジン入門とその特徴"，技術情報協会編，"ケイ素化合物の選定と最適利用技術—応用事例集—"，技術情報協会，pp. 219-231（2006）
4) M. Itoh, M. Suto, S. D. Cook, F. Oka, N. Auner, *International Journal of Polymer Science*, ID 526795（2012）
5) (a) 伊藤真樹編，"シルセスキオキサン材料の化学と応用展開"，シーエムシー出版（2007）；(b) 伊藤真樹編，"シルセスキオキサン材料の最新技術と応用"，シーエムシー出版（2013）
6) R. M. Laine RM, *J. Mater. Chem.*, **15**, 3725-3744（2005）
7) J. L. Kennan, "Siloxane copolymers" in S. J. Clarson, J. A. Semelyen ed. "Siloxane polymers", Prentice Hall, pp. 73（1993）
8) F. de Buyl, M. Beukema, K. van Tiggelen, K. W. Rong, N. L. Rankey, J. Steinbrecher, ケイ素化学協会誌，**31**, 23-38（2014）
9) (a) E. F. Schubert, "Light-emitting diodes, second edition", Cambridge University Press, pp.346-366（2006）；(b) 坂東完治，照明学会誌，**92**, 301-306（2008）

10) U.S. Department of Energy, "Solid-State Lighting R&D Plan", May 2015, pp. 53
11) E. F. Schubert, "Light-emitting diodes, second edition", Cambridge University Press, pp. 98-100（2006）
12) L. Chen, C.-C. Lin, C.-W. Yeh, R.-S. Liu, Liu, *Materials*, **3**, 2172-2195（2010）
13) E. F. Schubert, "Light-emitting diodes, second edition", Cambridge University Press, pp. 275-289（2006）
14) 金光義彦，岡本信治編，"発光材料の基礎と新しい展開"，オーム社，pp. 103, 233（2008）
15) Y. Kawakami, H. Karasawa, T. Aoki, Y. Yamamura, H. Hisada, Y. Yamashita, *Polym. J.*, **17**, 1159-1172（1985）
16) E. F. Schubert, "Light-emitting diodes, second edition", Cambridge University Press, pp. 154-156（2006）

第31章　スーパーマイクロポーラスシリカの合成と応用

今井宏明[*1]，渡辺洋人[*2]

1　はじめに

本章では，ゼオライトとメソポーラスシリカの中間サイズである 0.6～1.5 nm の細孔（スーパーマイクロ孔）をもつシリカ（スーパーマイクロポーラスシリカ）の合成とその応用について紹介する。無溶媒条件におけるシリコンアルコキシドの加水分解・脱水縮合反応を利用することで，短い炭素鎖の界面活性剤ミセルを鋳型としたスーパーマイクロ孔をもつスーパーマイクロポーラスシリカの合成することができる。炭素鎖の変化によって 0.6～1.5 nm の領域における細孔径の制御が可能となっている。ここでは，合成したスーパーマイクロポーラスシリカの細孔における分子の吸着特性や分子ホストとしての特徴とともに，細孔を鋳型とした酸化物量子ドットの合成法を示す。さらに，細孔内で合成された 0.6～1.5 nm の量子ドットについては，光触媒能のコントロールやサーモクロミズムなどのサブナノ領域で発現する新たな機能性を検討する。

2　背景

2.1　多孔質シリカ材料

多孔質シリカは，高い比表面積と細孔容積をもつとともに不燃性で光透過性や機械的強度にすぐれることから，多様な用途に用いられる。広く用いられている多孔質シリカ材料であるシリカゲルは，ケイ酸ナトリウム（水ガラス）やアルコキシシランの水溶液をゲル化させることで得られる。湿潤ゲルは水を含んだシロキサンネットワークで構成され，乾燥によって多孔質体が生成する。シリカゲルの細孔構造は乾燥条件によって決定され，シロキサンの収縮度に依存して 2 nm 以下の細孔（マイクロ孔）を主体とするシリカゲルや 2～10 nm 程度のメソ孔を主体とするシリカゲルを作り分けることができる[1]。比表面積は 300～600 m^2/g 程度であり，ランダムな細孔構造と広い細孔径分布を有している。もう一つのシリカ系多孔質体としてゼオライトがある[2]。ゼオライトはシリカとアルミナの複合酸化物であり，結晶構造に由来するマイクロ孔を有している。組成・組成比・結晶構造により多種多様なゼオライトおよび類似化合物が合成されており，細孔径は約 0.7～1 nm 程度である。

[*1]　Hiroaki Imai　慶應義塾大学　理工学部　教授
[*2]　Hiroto Watanabe　東京都産業技術研究センター　研究員

2.2 メソポーラスシリカ

1990年代に黒田らによって報告されたメソポーラスシリカは、界面活性剤が水中で形成する液晶相を鋳型として細孔が形成されるため（図1）、サイズがそろった規則的な細孔構造が構築される[3〜6]。その後の多くの研究によって、現在では様々な界面活性剤の液晶相を鋳型として、種々の構造・細孔径のメソポーラスシリカが合成されている。メソポーラスシリカの細孔径は、鋳型となる界面活性剤のミセル径に依存し、界面活性剤の疎水基の炭素鎖数で細孔径がコントロールされる。代表的なメソポーラスシリカであるFSM-16あるいはMCM-41は、カチオン性界面活性剤であるアルキルトリメチルアンモニウム塩を鋳型とし、直径1.5〜3 nm程度の六方配列したシリンダー状の細孔構造を有する[3〜5]。例えば、疎水基鎖長が16の界面活性剤を鋳型としたメソポーラスシリカでは、約2.6 nmの細孔径、1600 m^2/g を超える高い比表面積、0.7 cm^3/g を超える大細孔容積が得られる[3, 4]。SBA-15は、ポリエチレングリコール（PEG）とポリプロピレングリコールのA-B-A型ブロックコポリマーを鋳型としており、MCM-41型と同様に六方配列したシリンダー状の細孔を有するが、細孔径が5〜10 nmと大きく、細孔壁が厚い。そのためMCM-41系の材料と比較すると比表面積と細孔容積は約600〜1000 m^2/g と低い[5]。このタイプのメソポーラスシリカの特徴は、親水基のPEG部位がシリカ壁にマイクロ孔を生成することである[6]。このことにより6〜9 nmのメソ孔と0.6〜0.8 nm程度のマイクロ孔の二つの細孔を有する材料を提供することができる。

図1　メソポーラスシリカの概念図

2.3 メソポーラスシリカからスーパーマイクロポーラスシリカへ

MCM-41型のメソポーラスシリカの細孔径は、鋳型となるアルキルトリメチルアンモニウム塩のアルキル鎖長によって決定される。これまでに炭素鎖長22〜8までの界面活性剤が鋳型として用いられ、4〜1.5 nmの細孔径を有する多孔質シリカが報告されている[3, 4]。しかし、この方法では1 nm前後の細孔を有する多孔質シリカの報告例はほとんど例がない。その理由は、短い炭素鎖の界面活性剤が水中でミセルを形成しにくく、疎水基の炭素鎖6以下のアルキルトリメチルアンモニウム塩を鋳型に用いることができないためである。したがって、1.5 nm以下の細孔径の多孔質シリカを得るには特殊な界面活性剤や反応条件が必要になる。先行研究では、界面活性剤のアルキル基をフッ素化し、−20℃の低温で反応させる例[7]や、界面活性剤を連結させ

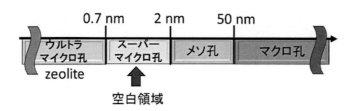

図2　細孔の分類と空白領域の模式図

たジェミニ型界面活性剤を用いた例[8]などがあり，いずれも 1.2 nm 程度まで細孔径を減少させることに成功している。しかし，これらの合成には特殊な界面活性剤の使用や特殊な反応条件が要求され，さらに 1 nm 以下での細孔径のコントロールには至っていない。すなわち，従来法によるメソポーラスシリカの細孔と典型的なゼオライトの細孔窓径（～0.6 nm）との間に，制御困難な空白領域が存在する（図2）。

3　スーパーマイクロポーラスシリカの合成

3.1　無溶媒合成法

上記のように，炭素鎖6以下のアルキルトリメチルアンモニウム塩のミセル形成能が水中で低いことが問題であった。一方，メソポーラスシリカの生成メカニズムの研究[9]によれば，界面活性剤のミセル形成は，シリカ前駆体であるシリケートイオンとの相互作用とそれらのユニットの協奏的自己集合に誘導される形で進行する。したがって，系から余剰の溶媒分子を排除すればミセルとシリケートイオンとの相互作用と協奏的自己集合能が増強されると考えられる。具体的には，溶媒を用いずに，シリカ源のテトラエトキシシラン（TEOS）の加水分解に必要最低限の水（4 eq. vs TEOS）のみを系に添加する無溶媒合成法がミセルを鋳型とした細孔形成に有効である。アルコキシシランの加水分解に必要最低限の量の水を系に添加することで余剰の水を排除すれば，濃厚な界面活性剤とシリケートイオンからなる反応系において（図3），炭素鎖6～4のアルキルトリメチルアンモニウム塩を鋳型として，それぞれ 1.1，0.9 nm の平均細孔径を有するスーパーマイクロポーラスシリカが形成される[10]。

3.2　スーパーマイクロ孔のサイズ制御

無溶媒合成法において，炭素鎖を18～4のアルキルトリメチルアンモニウム塩を用いることで得られる細孔径は 0.8～3.2 nm の範囲で変化する。また，5%程度の有機シラン化合物（トリエトキシビニルシラン）を系に共存させることで細孔径はさらに減少する。これらの方法によって，図4に示すようにこれまで合成不能であった 0.6～1.5 nm のサイズ領域においてサブナノメートル刻みの精密な平均細孔径制御が可能になった[10]。ただし，得られた細孔は秩序配列しておらず，細孔容積は約 0.3 cm^3/g 程度である。

第 31 章 スーパーマイクロポーラスシリカの合成と応用

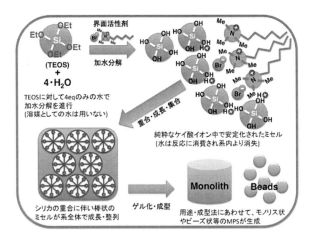

図3 スーパーマイクロポーラスシリカの無溶媒合成の概念図

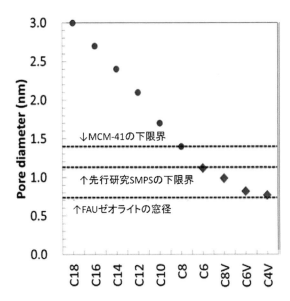

図4 無溶媒法によって合成したスーパーマイクロポーラスシリカの平均細孔径と界面活性剤アルキル鎖長の関係
Cn：アルキル鎖における炭素数 n のトリメチルアンモニウム塩，V：有機シラン添加。

4 スーパーマイクロポーラスシリカの応用1：分子ホスト

4.1 揮発性有機分子吸着

スーパーマイクロポーラスシリカの細孔は0.6〜1.5 nmのサイズ領域であり，多様な有機分子のサイズに近いことから，優れた吸着特性が期待できる。図5に，既存の多孔質シリカ材料およびスーパーマイクロポーラスシリカとの揮発性有機分子としてトルエンを用いた動的吸着能

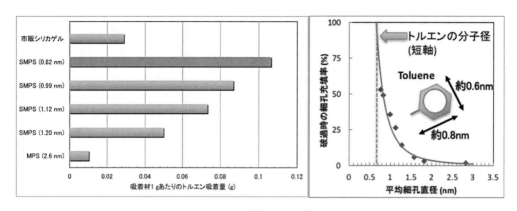

図5 スーパーマイクロポーラスシリカのトルエン動的吸着量と細孔径の関係（左）と，完全破過時の最高充填率（右）[10]

MPS：標準的な MCM-41 型メソポーラスシリカ。SMPS：スーパーマイクロポーラスシリカ。括弧内は材料の平均細孔径。トルエン濃度 100 ppm，風速 1 m/s で試験を行った。

を示す。トルエンの動的吸着量は細孔径の減少と共に増加し，約 0.8 nm の細孔径を有する試料において最大のトルエン吸着量を示した（図5左）[10]。また，それ以下の細孔径では細孔内での拡散効率の低下が起こり，破過時間の低下が見られた。一方，完全破過時の細孔充填率は細孔径が分子径に近づくにつれ増加した（図5右）。これは，ゲスト分子サイズとホスト細孔サイズが近づくことによるマイクロポアフィリング効果によって分子が強くトラップされるためと考えられる。そのため良好な吸着剤のデザインのためには，吸着分子サイズに最適な細孔径のコントロールが必要であることが分かる。

4. 2 蛍光分子ホスト

SMPS はその細孔内に蛍光分子を孤立して保持することが可能である。したがって，凝集を防ぎ，さらに分子運動を抑制することで高い蛍光量子収率を実現できる。ピレンやペリレンなどの蛍光分子は，親和性の高い溶液中では単一分子として存在し，高い量子収率を示すが，固体状態では凝集して量子収率が低下する[11]。そのため，単位体積当たりの蛍光強度を稼ぐためには，何かしらの担持体中に分子レベルで蛍光分子を分散させる必要がある。SMPS の細孔径は蛍光分子のサイズ領域で制御可能なことから，種々の蛍光分子ホストとして利用することができる。図6に示すように，スーパーマイクロ孔に保持されたペリレン分子の量子収率は細孔径の減少にともなって増加し，分子サイズとほぼ同一の細孔内では，固体状態でありながら希薄溶液中と同程度の量子収率を示している。模式図に示すように，分子サイズと同程度の細孔内で蛍光分子が単独で運動を制限された状態で存在するために蛍光量子収率が向上すると考えられる。

第31章　スーパーマイクロポーラスシリカの合成と応用

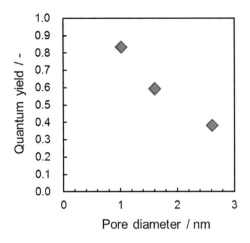

図6　ペリレンの蛍光量子収率と細孔径の関係

5　スーパーマイクロポーラスシリカの応用2：量子ドットの合成と機能開拓

5.1　量子ドット

近年，量子ドットと呼ばれる物質群が，蛍光体や光触媒などへの用途において高い機能性を発現することから注目されている。量子ドットとは，半導体のバンドギャップが粒径減少に伴い拡大する量子サイズ効果（図7）を示す粒子を指し，粒子直径を数 nm 以下までサイズダウンすることにより，この性質を発現させることができる。CdS，CdTe などの量子ドットは，容易に合成可能な 10 nm 程度のサイズから顕著な量子サイズ効果が発現するため，現在までに多くの研究例が存在する[12]。一方で，TiO_2，WO_3 などの遷移金属酸化物は，1 nm 前後のサイズにならなければ顕著な量子サイズ効果が発現しない。現在までに，このサイズ領域の粒子の効果的な合成

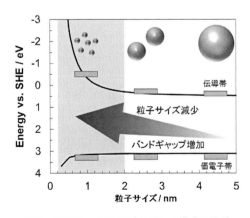

図7　量子ドットサイズとバンド構造の関係

311

法は確立されていないため，研究例が非常に乏しいのが現状であった．しかし，遷移金属酸化物は大気中や光照射下の安定性と高い光触媒能を有する機能性材料であるため，これらの化合物を量子ドット化することに成功すれば，量子サイズ効果により，価電子帯と伝導帯準位のコントロールが可能になり，酸化・還元力の増加による光触媒能の制御や効率の上昇につながると期待できる．

5.2 WO$_3$量子ドットの合成と光触媒能の制御・向上

多孔質シリカの細孔は種々の金属酸化物量子ドットの鋳型として用いることができる．細孔を鋳型とする合成法は，細孔径による粒径制御が可能なことや，合成可能な化合物が多岐にわたる点で応用範囲が広い．ここでは，スーパーマイクロポーラスシリカの制御されたシングル〜サブナノメートルサイズの細孔を合成場としてWO$_3$量子ドットをサイズ選択的に合成する手法とその機能を紹介する[13, 14]．具体的には，過酸化タングステン酸の水溶液中にスーパーマイクロポーラスシリカを浸漬し，洗浄，焼成することで，図8に示すように，シリカ細孔中に高分散のWO$_3$量子ドットが生成する．細孔サイズと含浸回数によって粒子サイズは変化する．図9に示すようにWO$_3$量子ドットのバンドギャップは特に1 nm以下の領域で大幅に拡大し，バルクの

図8 スーパーマイクロポーラスシリカ中に形成されたWO$_3$量子ドットのTEM像

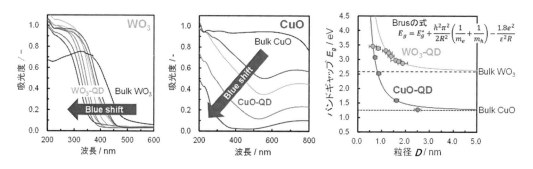

図9 スーパーマイクロポーラスシリカ中に形成されたWO$_3$およびCuO量子ドット（QD）の可視紫外吸収スペクトルとバンドギャップの粒径依存性

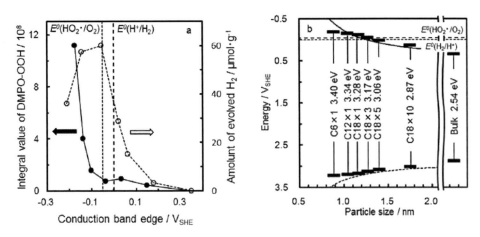

図10 WO₃量子ドットの伝導帯下端電位と酸素一電子還元・プロトン還元活性の関係性（左）と価電子帯上端・伝導帯下端の粒径依存性（右）

2.6 eVから最大で3.7 eV（直径0.7 nmドット）まで段階的に拡大する。

バルクのWO₃の場合，伝導帯下端は＋0.5 V vs SHE（水素標準電極電位），価電子帯上端は＋3.1 V vs SHEに位置する。そのため，光触媒として作用させる場合，酸素の一電子還元反応（－0.05 V vs SHE）やプロトンの還元を起こすことができない。WO₃の場合は量子サイズ効果の影響は伝導帯下端に選択的に働くため，直径約1.2 nm以下の粒子において，酸素の一電子還元準位を超える伝導帯下端のシフトが起こる（図10）。異なるサイズのWO₃量子ドットについて，プロトンの還元反応と酸素一電子還元反応の進行を調査した結果，約1.4 nmを境にプロトンの還元が進行すること，さらに約1.2 nmを境に酸素の単電子還元が進行（図10）し，粒径減少に伴い反応効率が上昇することが確認された。これは，量子ドットのサイズ制御によって光触媒活性をコントロールすることが可能になったことを示している。

5.3 CuO量子ドットの合成とサーモクロミズム

ここでは，スーパーマイクロポーラスシリカを鋳型としたCuOの量子ドットの合成と特性を紹介する。硝酸銅（Ⅱ）水溶液中に0.64～3.11 nmの範囲の細孔径を持つスーパーマイクロポーラスシリカを浸漬し，洗浄，焼成することで，シリカ細孔中に高分散のCuO量子ドットが生成する[15]。CuO量子ドットの粒子径は鋳型として用いるスーパーマイクロ孔径と概ね一致している。量子ドットサイズの減少にともなってバンドギャップは増大し，通常は黒色のCuOはバンドギャップ増大にともなって緑から青色へと変化した（図11）。

CuO量子ドットについては，紫外可視吸収端が25～600℃の範囲で温度に強く依存しており，バルクでは見られない可視光域におけるサーモクロミズムを発現する。この現象は，量子サイズ効果による吸収端のブルーシフトにより吸収端の温度シフトが可視光域で起こるようになるとともに，粒子径の減少に伴う電子-フォノン相互作用の増大（ファン・リーファクターの増大）に

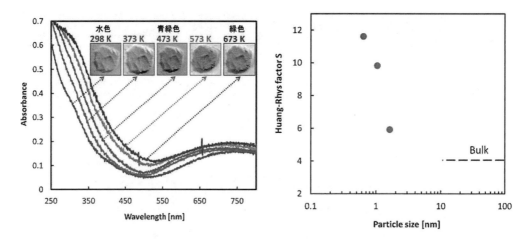

図11 CuO量子ドットの色および可視吸収スペクトルの温度依存性（左）とファン・リーファクターの粒径依存性（右）
800 nm付近の吸収はCu^{2+}のd-d遷移による吸収で，量子サイズ効果の影響は受けない。

起因して吸収端の温度依存性が大きくなっているために発生すると考えられる。

5.4 In_2O_3量子ドットの合成と蛍光量子収率の増大

ここでは，スーパーマイクロポーラスシリカの細孔を鋳型に合成したIn_2O_3量子ドットの例を示す[16]。In_2O_3の場合は，硝酸インジウム水溶液を前駆体として細孔径に対応した量子ドットを合成することが出来る。図12のように粒子サイズ1 nm以下の領域でバンドギャップは著しく拡大した。In_2O_3はナノサイズ化することで欠陥由来の弱い蛍光を示すことが報告されている。SMPSを用いて1 nm前後で粒径制御したIn_2O_3量子ドットでは，紫外線照射下で強い蛍光を示した。蛍光量子収率と粒子サイズの関係性を図12に示す。In_2O_3量子ドットの蛍光量子収率は1 nm以下の粒径減少とともに大きく増大した。また，CdS，CdTeなどの量子ドットの場合と異なり，蛍光波長の粒径依存性は見られなかった。これは，蛍光が欠陥由来であり，蛍光波長は欠陥での再結合のエネルギーに依存し，バンドギャップの変化に依らないためだと考えられる。この例は，欠陥由来の発光材料では，発光波長を変えずに発光効率のみを増加させることが可能であることを示唆している。

6 まとめ

ここでは，細孔径制御可能なスーパーマイクロポーラスシリカの合成法およびその応用について紹介した。無溶媒法によって0.6～1.5 nmのサイズ領域においてサブナノメートルオーダー刻みの精密な平均細孔径制御が可能になった。分子サイズに近いスーパーマイクロ孔は，分子を強く吸着し，良好な吸着材・担持体として応用が可能である。また，スーパーマイクロ孔を反応

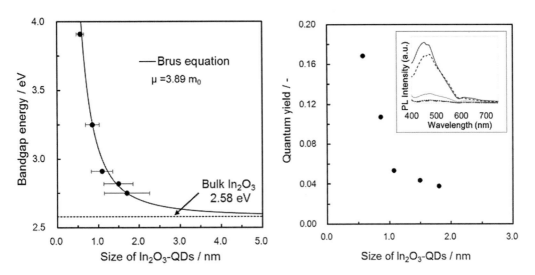

図12 In$_2$O$_3$量子ドット(ODs)の粒子サイズとバンドギャップ(左),および蛍光量子収率(右)との関係性

挿入図は250 nmで励起した際の蛍光スペクトル

場としてWO$_3$,CuOおよびIn$_2$O$_3$量子ドットのサイズ選択的合成が可能であり,シングル〜サブナノ領域における量子ドットの粒径制御が光触媒能,サーモクロミズム,蛍光特性の制御・向上に有効であることが示された。

文　　献

1) a) R. A. Van Nordstrand, W. E. Kreger, H. E. Ries Jr., *J. Phys. Chem.*, **55**, 621 (1951).
   b) K. K. Qian, R. H. Bogner, *J. Pharm. Sci.*, **101**, 444 (2012)
2) a) M. E. Davis, *Nature*, **417**, 813 (2002). b) C. S. Cundy, P. A. Cox, *Micropor. Mesopor. Mater.*, **82**, 1 (2005)
3) T. Yanagisawa, T. Shimizu, K. Kuroda, C. Kato. *Bull. Chem. Soc. Jpn.*, **63**, 988 (1990)
4) J. S. Beck, J. C. Vartuli, G. J. Kennedy, C. T. Kresge, W. J. Roth, S. E. Schramm, *Chem. Mater.*, **6**, 1816 (1994)
5) D. Zhao, J. Feng, Q. Huo, N. Melosh, G. H. Fredrickson, B. F. Chmelka, G. D. Stucky, *Science*, **279**, 548 (1998)
6) M. Impéror-Clerc, P. Davidson, A. Davidson, *J. Am. Chem. Soc.*, **122**, 11925 (2000)
7) Y. Di, X. Lifeng W. S. Li, F. Xiao, *Langmuir*, **22**, 3068 (2006)
8) R. Wang, S. Han, W. Hou, Li. Sun, J. Zhao, Y. Wang, *J. Phys. Chem. C*, **111**, 10955 (2007)

9) A. Monnier, F. Schüth, Q. Huo, D. Kumar, D. Margolese, R. S. Maxwell, G. D. Stucky, M. Krishnamurty, P. Petroff, A. Firouzi, M. Janicke, B. F. Chmelka, *Science*, **261**, 1299 (1993)
10) H. Watanabe, K. Fujikata, Y. Oaki, H. Imai, *Micropor. Mesopor. Mater.*, **214**, 41 (2015)
11) a) T. Medinger, F. Wilkinson, *Trans. Faraday Soc.*, **62**, 1785 (1966). b) K. Nakagawa, Y. Numata, H. Ishino, D. Tanaka, T. Kobayashi, E. Tokunaga, *J. Phys. Chem. A*, **117**, 1144 (2013). c) R. Katoh, K. Suzuki, A. Furube, M. Kotani, K. Tokumaru, *J. Phys. Chem. C*, **113**, 2961 (2009)
12) I. L. Medintz, H. T. Uyeda, E. R. Goldman, H. Mattouss, *Nature Mater.*, **4**, 435 (2005)
13) H. Watanabe, K. Fujikata, Y. Oaki, H. Imai, *Chem. Commun.*, **49**, 8477 (2013)
14) T. Suzuki, H. Watanabe, Y. Oaki, H. Imai, *Chem. Commun.*, **52**, 6185 (2016)
15) H. Tamaki, H. Watanabe, S. Kamiyama, Y. Oaki, H. Imai, *Angew. Chem. Int. Ed.* **53**, 10706 (2014)
16) T. Suzuki, H. Watanabe, T. Ueno, Y. Oaki, H. Imai, *Langmuir*, **33**, 3014 (2017)

第32章　自動車用熱線カットガラス

神谷和孝*

1　はじめに

　ゾルゲルコーティングは，自動車用の窓ガラスに機能を付与する手段として着目されるようになり，次々に商品が開発されている。1990年代に撥水ガラスが上市されて以来，UVカットガラス，低反射ガラス，着色ガラス，濃色ガラスなどが商品化されている[1〜3]。

　最近では省エネやCO_2ガス削減の動きの中で熱線カット機能が重要視されるようになっている。車室内への熱負荷の大半はガラスからの熱流入であり，全体の7割がガラスから流入するという報告もある[4]。一方で自動車用ガラスは自動車用安全ガラスとしての基本機能を維持する必要がある。視認性確保のための可視光線透過率の規制もその一つである。具体的な内容は国によって異なるが，日本の場合，フロントガラスおよび運転席，助手席横のサイドガラスに対しては，可視光線透過率が70％以上と定められており，この規制を守りつついかに熱流入を抑えるかが商品性確保のためのポイントとなる。

　熱線カットガラスの開発に当たって，ゾルゲル技術としての課題は，これまでにない厚膜で，いかに自動車用としての使用に耐える耐傷付き性を得るかということであった。本章では，熱線カットガラス，および，その開発を成功に導いた厚膜化技術について紹介する。

2　熱線カットガラスの目標性能

2.1　熱線カット性能

　車を運転していて腕や顔などがガラス越しとは言え太陽光に照らされると，真夏でなくても焼けるような不快感を感じるが，これは，皮膚に太陽光が照射されると反射成分を除く大部分の光が皮膚組織内で吸収されて熱エネルギーとなり，この熱が皮膚組織の温度を上昇させ，組織内の感覚器（温点，痛点）を刺激するためであると考えられている[5]。

　熱線カットガラスの開発に当たっては，この不快感（熱暑感）を低減することを目標とした。まず，パネラー試験により熱暑感の定量化を試みた。様々な光学的なフィルター越しに真夏の太陽光照射を受けたときの5分後の皮膚温度を測定，その時の感覚（暑い，暖かいなど）を申告してもらい集計した。さらに，皮膚温度上昇とガラスの光透過特性を関連付けるため，熱暑感透過率というガラスの光透過特性の指標を考案した[6]。

---

　*　Kazutaka Kamitani　日本板硝子㈱　グループファンクション部門　研究開発部

$$\mathrm{Ttf} = \int \mathrm{Ss}(\lambda)\mathrm{Gt}(\lambda)\mathrm{Sf}(\lambda)\mathrm{d}\lambda \Big/ \int \mathrm{Ss}(\lambda)\mathrm{At}(\lambda)\mathrm{Sf}(\lambda)\mathrm{d}\lambda$$

記号は以下である。

- Ttf：熱暑感透過率
- Ss：太陽光スペクトル ISO9845-1:1992，Table 1 より
- Gt：ガラスの透過率
- At：空気の透過率＝100％
- Sf：皮膚感度[7] ＝ 1.43 for 300-840 nm
  - 1.00 for 840-1350 nm
  - 3.34 for 1350-2500 nm

これらの関係をプロットしたのが，図1である。熱線カット性の指標である熱暑感透過率（Ttf），および，その他の目標性能を併せて，表1にまとめた。

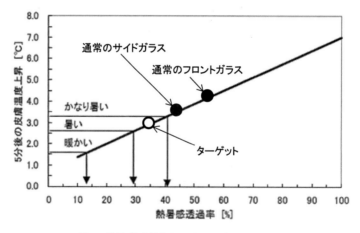

図1　熱暑感透過率と5分後の皮膚温度上昇

表1　熱線カットガラスの目標性能

	Item	Target
Optical property	Transmittance for Thermal Feeling (Ttf)	< 35.5%
	Visible transmittance	> 70%
	Transmissive and reflective Color	Neutral
Durability	Abrasion resistance	VM's specification
	Environmental resistance	
Radio wave transmittance	Radio wave transmittance	
Regulation	Japanese Industrial Standard	JIS R3211/3212
Cost	Cost	Minimum

2.2 電波透過性

目標性能の一つに，電波透過性の項目があるが，これは車内での携帯電話の使用に支障が起こらないようにとの配慮から設定されている．例えば，透明導電膜をコートすれば赤外線をカットできるが，電波を透過しないので本ターゲット向けには不適となる．一方で，透明導電膜の材料である酸化物を微粒子化させて膜中に分散すれば，赤外線はカットし電波は透過する膜となると考えられる．そこで，膜構成は，シリカ系のマトリックスに透明導電性の酸化物微粒子を分散させた膜とすることにした．

2.3 熱線カット材料

代表的な透明導電性酸化物である，スズドープ酸化インジウム（以下，ITO）とアンチモンドープ酸化スズ（以下，ATO）の微粒子をそれぞれ透明マトリックスに分散した膜のスペクトルを図2に示す．Substrate として点線で示したのは，膜をコーティングしていないガラス基板の透過率であり，ITO, ATO の微粒子含有膜は，同じガラス基板にコーティングしている．ITO の場合，可視光領域のスペクトルは，ほぼ Substrate のスペクトルと重なっており，可視光透過率の低下がないことがわかる．一方 ATO の場合は，可視光領域の透過率が明らかに低下しており可視光領域の光を吸収することがわかる．目標性能に可視光透過率や透過色がニュートラルであることの項目があり，本ターゲットに対しては，ATO は不適で，ITO が適していると言える．但し，ITO の熱線カット性能は，200℃以上の加熱で大きく低下することが知られており，加熱硬化はそれ以下の温度で行うことが必要となる．

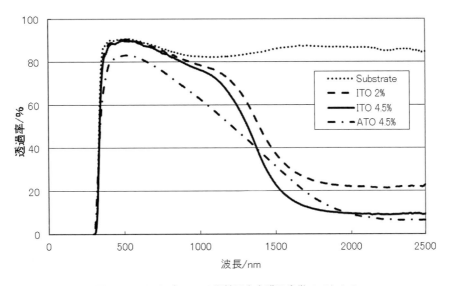

図2　ITO および ATO の微粒子含有膜の光学スペクトル

3 課題

前節の目標を達成するため，膜構成は TEOS（テトラエトキシシラン）主原料としたシリカ系マトリックスに ITO の微粒子を分散した膜とすることにした。しかし，目標とする Ttf を達成するための必要膜厚を見積もったところ，1 μm 以上の膜厚が必要であることが分かった。

従来，ゾルゲルコーティング技術の短所として，厚い膜を得ようとするとクラックや剥離が起こりやすいことが指摘されていた[8]。その限界はおおよそ 500 nm 程度であり，さらに，自動車用の耐久性をクリアするという条件を付加すると，その限界は 200 nm 程度であった。

例えば，SiO_2 系の膜では，テトラエトキシシランやテトラメトキシシランにメチルトリメトキシシランなどの有機修飾シランを混ぜて成膜するとクラックのない比較的厚い膜が得られることがある。しかし，その耐傷付き性は，自動車の窓ガラス用として使用できるレベルには程遠いものとなってしまう。

ガラスの耐傷付き性の評価方法としては，テーバー摩耗試験という試験方法があり，JIS にも定められている。図 3 に示すように，サンプル上に研磨剤を練り込んだ摩耗輪を乗せ，摩耗輪に荷重をかけた状態でサンプルを回転させる。傷つきやすい膜には，摩耗輪が転がった箇所に傷が付き，白い円状の跡が形成されることになる。その部分の曇り度（ヘイズ）を測定することで膜の傷つきやすさが評価される。自動車用の窓ガラスでは，膜に傷がついて視認性が低下し，安全ガラスとしての基本機能が損なわれてはならないので，必要不可欠な試験項目となっている。

従って，熱線カットガラスを商品化するためにゾルゲルコーティング技術に求められる課題は，ゾルゲルコーティングでは不利とされる 1 ミクロン以上の膜厚で，クラックや剥離がなく，かつ，上記テーバー摩耗試験をクリアする膜を得ることとなる。

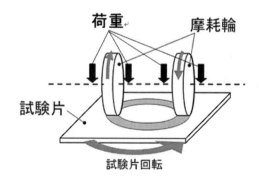

図 3 テーバー摩耗試験

4 アプローチ

前節で述べた課題の克服，つまり，厚膜で，クラックや剥離がなく，かつ，テーバー摩耗試験をクリアする膜を，200℃程度の低温での加熱硬化で得るために我々がとったアプローチを図4に示す。図4の上段は，従来クラックの無いシリカ系厚膜，あるいは，バルクを得るために推奨されていた考え方である。クラックは，ゾル状態からの溶媒乾燥時，あるいは，焼成による膜収縮を伴う硬化時に発生するため，ゾルの段階ではTEOSやTMOSの加水分解物を縮重合させ，強固なネットワークを形成しておくことがポイントとなっていた。そうしておくことで，溶媒乾燥および加熱収縮時の膜収縮に伴うクラックを抑制できるというのである。しかし，ゾル段階で縮重合を進ませると，溶媒乾燥後の乾燥ゲルの段階で膜中に大きな細孔が存在することとなり，その状態から収縮，無孔化するために500℃以上の高い温度での焼成が必要となる。

それに対し，我々がとったアプローチのポイントは，以下の二点である。

① 低温（200℃程度で）十分に硬化させるため，ゾル段階ではシリコンアルコキシドの縮重合をできるだけ抑制すること。

② 乾燥時，および，加熱硬化時のクラックの発生を抑制するため，PEG（ポリエチレングリコール）などの親水性あるいは親アルコール性のポリマーを添加すること。

①のシリコンアルコキシドの縮重合の抑制は，主にゾル段階の溶液のpHを酸触媒の添加量によって制御することによって行った。シリカの等電点は2であり，pHが2の溶液でシリカゾルのゲル化時間が最も遅くなることに関して多くの報告がある[9]。

シリコンアルコキシドの重合度の影響を把握するため，GPCにより分子量を測定を行った（図5）。TEOSを原料として，ある組成でコーティング液を作製すると，時間とともに分子量は大

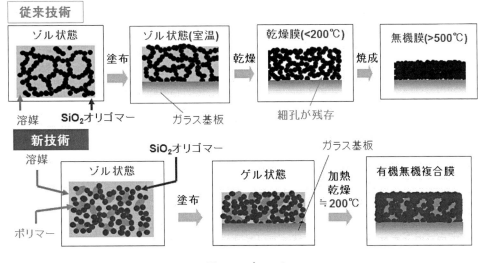

図4 アプローチ

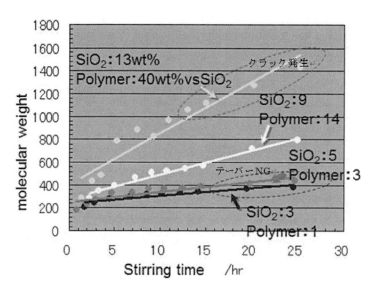

図5　コーティング液中のシロキサンオリゴマーの分子量の影響

きくなっていくが，GPC 測定を行った時間と同じ時間経過後に製膜も同時に行い，得られた膜のクラックの発生，耐テーバー性を確認した。図中 SiO_2 の横に示した数値は，コーティング液中のシリコンアルコキシドの濃度を示している。シリコンアルコキシドとしては TEOS を使用しているが，これが完全に加水分解，脱水縮合してシリカに転化したと仮定した場合のシリカの重量%である。また，polymer の横の数値は，PEG 系ポリマーの添加量を上記 SiO_2 成分に対する重量%で示している。触媒としては，コーティング液の pH が約2となるように，濃塩酸をコーティング液に対して 0.1 wt%添加した。また，水の量は，Si 1 mol に対して，7 mol となるように添加した。溶媒はエタノールである。成膜は，上記組成で所定の時間撹拌した液を，洗浄したガラス基板にフローコートで塗布し，その後200℃で20分加熱することにより行った。

SiO_2 濃度が 13 wt%の場合には，分子量 1000 程度以上ではクラックが発生したが，それ以下ではクラックの発生はなく，耐テーバー性も実用レベルであった。SiO_2 濃度が 9 wt%では，測定を行った全域でクラックの発生はなく，耐テーバー性も問題ない膜が得られた。また，SiO_2 濃度が3あるいは5 wt%の場合は，分子量が大きくなってもクラックの発生は認められなかったが，分子量 400 辺りから，耐テーバー摩耗性が低下する結果となった。良好な膜が得られる分子量は SiO_2 濃度によって異なっており単純ではないが，低分子量であることが好ましいことは間違いないと言えるだろう。

ポリマー添加量の影響を図6に示す。SiO_2 濃度が比較的低い場合，(a) SiO_2：9 wt%と，高い場合，(b) SiO_2：13 wt%について，ポリマーの添加量を横軸に，膜厚を左縦軸に，耐テーバー性をヘイズ値で右縦軸にそれぞれ示した。コーティング液の調合から塗布まで撹拌時間は4hであり，その他表記されていない条件は，図5のサンプルと同じである。ヘイズ値は高い値

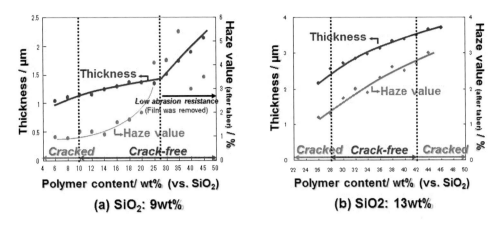

図6 ポリマー添加量の影響

の方が耐傷付き性が低いことを示しているが，非常に弱い膜の場合は，膜が削り取られてガラスが露出し，かえってヘイズ値としては小さい値となる。(a) の右側の点線より右の領域では，そのような状態となっている。ポリマーをある濃度以上添加することでクラックを抑制していることがわかる。SiO_2 濃度が高い場合には，クラック抑制のためにより多くのポリマー添加が必要となる。但し，添加量が増えるにしたがって，テーバー試験後のヘイズ値は上昇傾向にあり，耐傷付き性は低下している。また，SiO_2 濃度が高く膜厚が厚い場合には，ポリマー添加量が多すぎてもクラックが発生した。これは，ポリマーの熱膨張（収縮）の影響であると考えられる。

5 熱線カットガラス

前節の様な検討によって得られたマトリックスに ITO 微粒子を導入することにより，熱線カットガラスを作製した。その光学スペクトルを図7に示す。可視光領域の透過率を低下させることなく，赤外線をカットすることができており，熱線カット性の指標である Ttf は 31.1% と 4 節で述べた目標を達成することができた。

得られた膜の断面の SEM 像を写真1，TEM 像を写真2に，また，膜の耐久性を表2に示す。膜厚は 1 μm 程度でありながら，高い耐テーバー性（耐傷付き性）を有している。TEM 像における黒い点は ITO 微粒子であるが，凝集はなく，膜中に均一に分散されていることがわかる。耐候性などその他の自動車用として求められる耐久性もクリアしており，自動車用のサイドガラスに採用されるに至った。

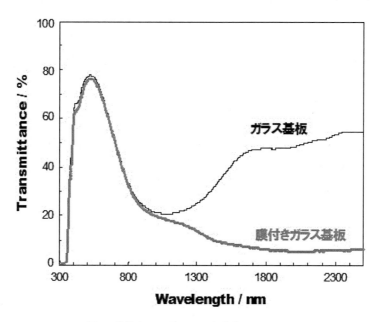

図7 熱線カットガラスの光透過スペクトル

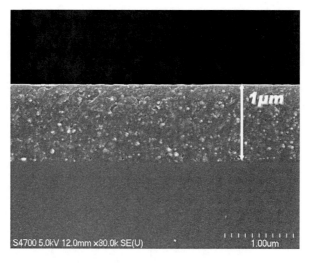

写真1 熱線カットガラスの断面SEM像

第 32 章　自動車用熱線カットガラス

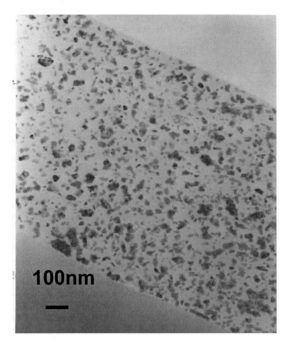

写真 2　熱線カット膜の断面 TEM 像

表 2　熱線カットガラスの耐久性

Test Items	Test Condition	Change of Haze (%)	Change of Transmittance at 1550 nm (%)
Taber abrasion	CS-10F Wheel 1000 rev with 500 g loads	1.9	0.8
Light stability	SWOM with BP Temp 83 degC 2500 hours	0.1	− 0.5
Thermal resistance	80 degC 1000 hours	0.1	0.3
	− 30 degC 1000 hours	0.1	0.1
High humidity	50 degC 95%RH 2 weeks	0.2	− 0.4

6 おわりに

　本章でご紹介した厚膜コーティング技術は，ゾルゲルの大面積コーティング技術の可能性を高めることに貢献し，熱線カットコーティング以降，自動車用のUVカットコーティングや同じく自動車用のUV＋熱線カットコーティングの上市につながっている。

　技術的にはまだまだ可能性のある分野であると考えているが，そのためには膜構造の理解あるいは膜構造を差別化する技術がもっとレベルアップする必要があると考えている。例えば，耐傷付き性が実用レベルの膜とそうで無い膜では具体的に構造として何が違うのかという問いに対して，膜の緻密性が違う，などというあいまいな回答しかできないのが現状である。あるいは，第4節の図5で，TEOSは低重合状態が良いと説明したが，SiO_2濃度によって良好な膜が得られる分子量は大きく異なっており，これほど分子量の異なる前駆体を塗布して得られる膜の構造は，当然何か違うのではないかと考えられるが（最終的に硬化した膜では実際のところそれほど違いがないのかもしれないが），その違いを議論あるいは検知する手段がない。

　前者に関しては，耐傷付き性自体があくまでも実用的な指標であり，OKとNGの境界で相変化などの現象が伴うわけではないので，ある意味では致し方ないのかもしれない。しかし，後者の様な問題に関しては，技術がレベルがアップすることで，より精密な反応制御のための指針が得られるようになり，例えばポリマーと無機酸化物を組み合わせることによる相乗効果の発現や新たな機能の創生などの端緒となるのではないかと考えている。そのような発見により，ゾルゲル技術がますます発展していくことに期待したい。

文　　献

1) 小林浩明, 工業材料, **44** (8), 38 (1996)
2) K. Kamitani et al., *J. Sol-Gel Sci. Tech.*, **26**, 823 (1997)
3) T. Muromachi, T. Tsujino, K. Kamitani and K. Maeda, *J. Sol-Gel Sci. Tech.*, **40** (2), 267-272 (2006)
4) 甲斐康朗, 河崎英二, 自動車技術会学術講演会前刷集, 851, 173-176 (1985)
5) 松井松長, 赤外線技術, **12**, 18-26 (1987)
6) H. Ogawa, T. Noguchi, T. Muromachi, H. Murakami, Glass Processing Days Conference Proceeding, 644-646 (2005)
7) Y. Ozeki, *Society of Automotive Engineers in Japan*, **33**, 13, (1999)
8) 作花済夫著：ゾル-ゲル法の応用, アグネ承風社 (1997)
9) T. Sasaki, and K. Kamitani, *J. Sol-Gel Sci. Tech.*, **46** (2), 180-189 (2008)

第33章　電池材料合成における液相法の利用

忠永清治*

1　はじめに

ポータブル機器の発達による二次電池の需要の増大，環境問題を踏まえた電気自動車の普及の期待，また，再生可能エネルギーの効率的な利用などの様々な面から，二次電池の開発が盛んに行われている。これらの電池の開発の中で，電池容量の増大，劣化の抑制，高速充放電の達成などが特に重要な課題である。このような中で，ゾル–ゲル法を含む液相法は，材料の組成制御や形態制御が容易，低温合成，大量合成に適用可能といった特徴をもつことから，電池材料の研究・開発において非常に多く用いられている。

本章では，リチウムイオン二次電池，次世代電池として期待されている全固体リチウム二次電池，蓄電素子の一つである電気化学キャパシタなどの研究開発において電池材料の合成に液相法が利用されている例を紹介する。

2　電池材料における液相合成法について

電池材料では遷移金属を含む酸化物が多く用いられている。遷移金属の場合，安定な金属アルコキシドがないことが多いために，典型的なゾル–ゲル反応により電池用材料が合成されることは少ない。実際には，遷移金属の酢酸塩，硝酸塩などが出発原料として用いられることが多い。

複合酸化物の合成には，いわゆる「ペチーニ法」（あるいはクエン酸法，錯体重合法など）が用いられることが多い。ペチーニ法では，複数の金属イオンが溶解した溶液にクエン酸などをキレート化剤として加え，さらにエチレングリコールなどのポリアルコールを添加して加熱することにより，ポリアルコールと錯体とのエステル化反応によりゲルを生じる。このゲルを乾燥後，熱処理することにより，均一な組成の粉末が得られる。このペチーニ法では，ゲル化は有機鎖ネットワークの形成によるものであるが，「ゲル」が得られるために，ペチーニ法での合成に関する論文において「ゾル–ゲル法」という表現が用いられていることが多くある。

3　リチウムイオン二次電池用材料の合成

リチウムイオン二次電池の正極材料はこれまで主に$LiCoO_2$が用いられてきた。しかし，高容

---

*　Kiyoharu Tadanaga　北海道大学　大学院工学研究院　応用化学部門　教授

量化や元素戦略などの観点から，$LiCoO_2$ の代替材料の研究が盛んに行われている。その代替材料となる正極材料の代表例に $Li[Ni_{1/3}Mn_{1/3}Co_{1/3}]O_2$ がある[1,2]。$Li[Ni_{1/3}Mn_{1/3}Co_{1/3}]O_2$ は $LiCoO_2$ より電位が高く，また，容量も大きく，さらに，サイクル特性や安全性にも優れている材料である。しかし，$LiCoO_2$ よりも構成元素の種類は増えるため，組成制御や合成はより複雑になる。この $Li[Ni_{1/3}Mn_{1/3}Co_{1/3}]O_2$ の合成方法として，共沈法で作製した遷移金属複合水酸化物と水酸化リチウムを反応させる方法がよく用いられる[1,2]。それぞれの遷移金属硫酸塩の水溶液に錯形成剤としてアンモニア水を加え，さらに，$NaOH$ 水溶液を加えて pH を調整することにより，三成分系の複合水酸化物の沈殿を作製する。ここで，溶液の pH や温度，撹拌速度などを制御することにより，粒径分布の小さい緻密で球形の複合水酸化物粒子を得ることができる。この複合水酸化物微粒子と $LiOH \cdot H_2O$ 粉末を混合，加熱することにより緻密で2次粒子径が $10\ \mu m$ の球形の $Li[Ni_{1/3}Mn_{1/3}Co_{1/3}]O_2$ を得ることができたことが報告されている[2]。

このような高電位電極は充電状態において非常に化学的に活性であり，電解質と反応する。したがって，粒径が小さくすると電気化学反応の反応面積の増大に伴う高速充放電が可能になるという報告があるが，その一方で，粒径が小さくなり過ぎると表面積の増大に伴う安定性の低下といった問題が生じることがある。粒径が大きすぎると，電極活物質粒子の内部のリチウムが充放電反応に関与できないために容量低下の原因となる。いずれにしても，ナノ構造を有する電極材料を合成することにより，より優れた電気化学特性を示すことが期待されるため，ナノ構造を制御した電極材料の合成に関する多くの研究が報告されている[3]。

これ以外に，最近非常に活発に研究が行われ，一部実用化されている正極材料として $LiFePO_4$ を挙げることができる[4]。$LiFePO_4$ は，安価な製造が期待できること，無害であること，電位平坦性に優れること，サイクル特性がよいこと，安全性が高いことなどから，大型電池用正極材料として注目されている。しかし，材料自身の電子伝導性が低いことが電池の内部抵抗の増大に直結するため，現在ではリチウムイオン拡散距離の短縮および電子伝導性の付与のために，ナノ粒子化した $LiFePO_4$ の表面をカーボンでコートした材料が主に検討されている。例えば，硝酸リチウム，シュウ酸鉄二水和物を出発原料として，クエン酸をキレート化剤および炭素源として用いた $LiFePO_4$ ナノ粒子の合成が報告されている[5]。熱処理過程においてキレート化剤は Fe の価数制御用および炭素源として使用されており，液相法の特徴を活かした電池材料の合成法の例の一つである。

薄膜リチウムイオン二次電池の検討も進められており，電極材料の薄膜形成に関する報告も増えてきている。ある程度の充放電容量を得るためには厚膜が必要であるが，気相法では厚膜を作製するのが困難なことが多いので，液相法による電極厚膜の作製が期待されている。我々の研究グループでは，ミスト CVD 法という手法を用いて，出発原料の水溶液を原料に用いて基板上に薄膜を形成できることを報告している[6,7]。図1（a）に示すように，ミスト CVD 法では，構成元素の塩の水溶液などを出発原料として用い，超音波振動子により発生したミスト（粒径約 $3\ \mu m$）をキャリアガスによって成膜部に運び，加熱した基板に吹き付けることにより成膜す

第 33 章　電池材料合成における液相法の利用

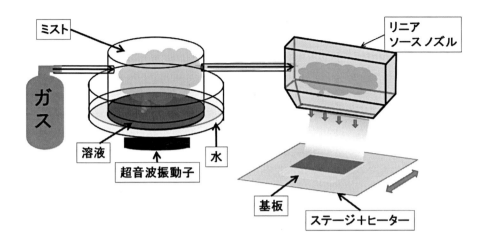

図 1　(a) ミスト CVD 装置（㈱陶喜）の概略および (b) ミスト CVD により得られた $LiMn_2O_4$ 薄膜の断面の SEM 写真

る。この方法は，大気圧下で行われるので真空系を必要とせず，成膜速度が大きいことが特徴である。これまでに，ミスト CVD 法を用いて，正極材料として $LiMn_2O_4$ 薄膜[6]，負極材料として $Li_4Ti_5O_{12}$ 薄膜[7]を作製し，それぞれ二次電池の電極として作用することを確認している。図 1 (b) には，得られた $LiMn_2O_4$ 薄膜の断面 SEM 写真を示す。厚さ約 3 μm の膜が作製できていることがわかる[6]。

4　リチウムイオン二次電池材料への表面コーティング

リチウムイオン二次電池の電極材料は，充放電過程において，電解質との反応，あるいは電解液への活物質成分の溶出が問題となることがある。これらの反応を抑制するために，電極材料の表面を酸化物の薄膜でコーティングする手法が多く検討されている。活物質 $LiCoO_2$ の表面に

Al_2O_3 や ZrO_2 薄膜を形成するとサイクル特性（充放電を繰り返したときの容量の維持率）が大きく向上されることが報告されて以来[8]，多くの研究が行われている。また，正極活物質だけでなく，負極のグラファイトに ZrO_2 などをコーティングすることも，サイクル特性の向上に効果的であることが報告されている[9]。これらのコーティング層は保護層としてはたらくほか，熱処理時に活物質と反応するなどの効果により活物質の結晶構造を安定させる場合がある。

電極活物質粒子表面への薄膜の形成には，気相法なども多く検討されているが，酸化物前駆体溶液に電極活物質を分散・乾燥するという方法で容易に電極活物質表面に薄膜が形成できることから，液相法が多く用いられている。

電極活物質表面への酸化物コーティングは電解液を用いた電池だけでなく，次世代電池として期待されている硫化物系固体電解質を用いた全固体リチウム二次電池においても多く検討されている。硫化物固体電解質を用いた全固体電池では，$LiCoO_2$ などの酸化物電極活物質と硫化物固体電解質の界面で大きな抵抗成分が観察されることが問題となっていた。これに対して，Ohtaらは，$Li_4Ti_5O_{12}$ あるいは $LiNbO_3$ で表面を修飾した $LiCoO_2$ を用いた全固体電池においてこの界面抵抗が抑制され，それまで全固体電池では困難であった，大電流での充放電が可能であることを報告した[10,11]。ここでは，金属リチウムとエタノールから合成したリチウムエトキシドとチタンテトライソプロポキシドあるいはニオブエトキシドを出発原料として，これらのエタノール溶液を作製し，活物質が投入された転動流動装置内に溶液をスプレー噴霧することにより，活物質表面に厚さ数 nm の酸化物膜を形成している。

著者らの研究グループでは，ゾル-ゲル法により Li_2O-SiO_2 系薄膜を $LiCoO_2$ 表面に形成した場合でも同様の効果が得られることを報告している[12]。この場合，エタノール溶媒中，酸性条件下で加水分解したテトラエトキシシランとリチウムエトキシドを混合し，この前駆体ゾル中に $LiCoO_2$ 活物質粒子を分散し室温で乾燥後，350℃ で熱処理した。$LiCoO_2$ に対して 0.6 wt% の Li_2O-SiO_2 をコーティングすることにより，数 nm の膜が形成されることがわかった。図2には，同様の手法で，$Li(Ni,Mn,Co)O_2$ 系正極に Li_2O-SiO_2 系薄膜を形成した場合の表面付近のTEM写真を示す。厚さ 10 nm 程度の薄膜が均一に形成されていることがわかる。液相法による電極活物質の表面修飾は容易な手法で表面に均一な膜を形成できることから，非常に有効であることがわかる。

5 リチウムイオン伝導性固体電解質の合成

現在用いられているリチウムイオン二次電池では，有機溶媒系の電解液が用いられているが，車載や大型化などを考えた場合，その安全性に懸念がある。そこで，電解液を固体電解質で置き換えた全固体リチウム二次電池が次世代の蓄電池として注目されている。全固体リチウム二次電池においては，良好な電極活物質／固体電解質界面の構築が必用となることから，上述のような，液相法を用いて電極活物質上に固体電解質を形成する手法が有効であると考えられる。ま

第33章　電池材料合成における液相法の利用

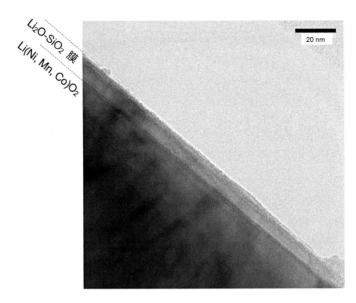

図2　ゾル-ゲル法によりLi(Ni,Mn,Co)O$_2$活物質上に形成したLi$_2$O-SiO$_2$薄膜のTEM写真

た，リチウムイオン伝導性酸化物固体電解質は複合酸化物系が多く，さらに，複合酸化物中のある金属を別の金属で置換することによりイオン伝導性が向上することがあることから，組成の制御が非常に重要となる。したがって，液相法を用いることによる組成制御，あるいは低温合成が可能であるといった特徴を生かした合成の報告は非常に多い[13]。

現在最も盛んに検討されている酸化物系の固体電解質としてLi$_7$La$_3$Zr$_2$O$_{12}$（LLZ）がある。LLZは，酸化物系の中で比較的高いリチウムイオン伝導性を示し，また，リチウム金属に対して安定であるため，全固体電池用の電解質として期待されている。しかし，固相法によるLLZの合成では1200℃付近での焼結が必要である。このような高温での焼結を行うと，リチウム成分の揮発がおこるために組成ずれなどが生じる。そこで，ゾル-ゲル法を用いて焼結温度を低温化することが試みられている。我々の研究グループでは，ゾル-ゲル法を用いたAl置換型のLLZの低温合成を報告している[14]。LiNO$_3$，La(NO$_3$)$_3$・6H$_2$O，Zr(O-n-C$_3$H$_7$)$_4$，Al(O-sec-C$_4$H$_9$)$_3$を出発原料，アセト酢酸エチルを安定化剤，エタノールを溶媒として前駆体溶液を作製した。ゲル化後，乾燥，熱処理を行った。高いイオン伝導性を示すことが知られている立方晶のLLZが600℃の仮焼により生成し，さらに，焼結助剤としてLi$_3$BO$_3$を添加して900℃で焼結することにより，固相法において高温で熱処理したLLZに匹敵するイオン伝導性を示すAl置換型LLZ焼結体を合成することに成功した[14]。また，同様の出発原料を用いたゾル-ゲル法を用いることにより，MgO基板上にLLZ薄膜が形成できることも報告している[15]。

一方，全固体電池用固体電解質として期待されている硫化物系の固体電解質についても，近年，液相法による合成が報告されている。例えば，Li$_2$S-P$_2$S$_5$系固体電解質[16]，Li$_5$PS$_6$Cl結晶[17]

などの硫化物固体電解質の合成が報告されており，この手法を用いて，電極活物質表面に硫化物固体電解質をコーティングできることが報告されている。

6 電気化学キャパシタ用材料

電池が，電極材料の酸化還元に基づく電子の授受が伴うファラデー反応を利用する電気化学素子であるのに対し，活性炭などの多孔質電極と電解液の界面に形成される電気二重層を利用した電気二重層キャパシタが高速充放電可能な蓄電素子として知られている。最近では，電極における電子の授受を伴うファラデー反応を容量として一部利用するハイブリッドキャパシタなども盛んに研究され，これらのキャパシタはまとめて電気化学キャパシタと呼ばれる[18]。近年では，正極には電気二重層キャパシタの電極材料の活性炭等を使用し，負極にリチウムイオンが吸蔵可能な電極材料を使うリチウムイオンキャパシタ（ハイブリッドキャパシタ）も注目されている。例えば，このような高速充放電が可能であるという特徴を有するリチウムイオンキャパシタの負極材料として，ナノ粒子化した$Li_4Ti_5O_{12}$が注目されている。これまでに，アルコール中に溶解した$Ti(O-C_4H_9)_4$と酢酸リチウムの溶液を酢酸存在下で加水分解し，この溶液にカーボンナノファイバー（CNF）を分散させ，CNF上に$Li_4Ti_5O_{12}$の微結晶を析出させた電極の作製が報告されている[19]。この電極を用いた電気化学キャパシタは，通常のリチウムイオン電池の数百倍の高速充放電が可能であることが示された。

我々の研究グループでは，電気化学キャパシタの電極として，MnO_2とカーボンナノチューブ（CNT）の複合体の合成を報告している[20]。この場合，$MnSO_4・5H_2O$および界面活性剤を水中に加えたのち，CNTを分散した。この溶液に，$KMnO_4$水溶液を加えていくことでMnO_2結晶をCNT表面上に析出させ，洗浄，乾燥させることでMnO_2-CNT電極複合体を作製した。図3には，CNTなしで作製したMnO_2微粒子，用いたCNT，得られたMnO_2-CNT電極複合体のSEM写真を示す。作製したMnO_2-CNT複合体は，CNT上に0.5～1.0 μm程度のMnO_2の粒子が生成していることが確認できる。これは，CNTが核となってMnO_2が成長したためと考えられる。このように，CNT上にMnO_2が生成していることから，MnO_2とCNTの接触性が高く，CNTからMnO_2への電子伝導パスが形成できていると考えられる。この電極も比較的大きな容量を示すことを確認している。

第33章　電池材料合成における液相法の利用

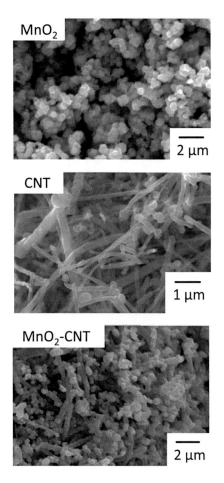

図3　液相法により作製したMnO$_2$-カーボンナノチューブ（CNT）複合体のSEM写真

7　おわりに

　電池材料の合成において液相法が利用されている例をいくつか紹介した。電池では，電極材料，導電助剤，バインダーなど様々な材料を複合化することが必須である。液相系からの電池材料の合成は，固体-液体界面を経由して固体-固体界面を形成することが可能であり，良好な接触界面，電池材料が高分散した電極材料，あるいは粒径が制御された電極材料の合成など，液相法の特徴を生かした応用が多く存在する。したがって，今後も，高性能な電池の開発にあたって，液相合成による電池材料の合成は，ますます重要性が高まると考えられる。

文　　献

1) N. Yabuuchi et al., *J. Power Sources*, **119-121**, 171 (2003)
2) M. H. Lee et al., *Electrochim. Acta*, **50**, 939 (2004)
3) 例えば，Y. Wang et al., *Adv. Mater.*, **20**, 2251 (2008)
4) Z. Yang et al., *J. Mater. Chem. A*, **4**, 18210, (2016)
5) K. H. Hsu et al., *J. Mater. Chem.*, **14**, 2690 (2004)
6) K. Tadanaga et al., *Mater. Res. Bull.*, **53**, 196 (2014)
7) K. Tadanaga et al., *J. Asian Ceram. Soc.*, **3**, 88 (2015)
8) J. Cho et al., *Angew. Chem. Int. Ed.*, **40**, 3367 (2001)
9) I.R.M. Kottegoda et al., *Electrochem. Solid State Lett.*, **5**, A275 (2002)
10) N. Ohta et al., *Adv. Mater.*, **18**, 2226 (2006)
11) N. Ohta et al., *Electrochem. Commun.*, **9**, 1486 (2007)
12) A. Sakuda et al., *J. Electrochem. Soc.*, **156**, A27 (2009)
13) N.C. Rosero Navarro et al., "Sol-Gel Processing of Solid Electrolytes for Li-ion Batteries", *Handbook of Sol-Gel Science and Technology*, Springer International Publishing (2016)
14) R. Takano et al., *Solid State Ionics*, **255**, 104 (2014)
15) K. Tadanaga et al., *J. Power Sources*, **273**, 844 (2015)
16) S. Teragawa et al., *Chem. Lett.*, **42**, 1435 (2013)
17) S. Yubuchi et al., *J. Power Sources*, **293**, 941 (2015)
18) 西野敦，直井勝彦監修，大容量キャパシタ技術と材料 IV，シーエムシー出版 (2010)
19) K. Naoi et al., *J. Power Sources*, **195**, 6250 (2010)
20) K. Shimamoto et al., *Electrochim. Acta*, **109**, 651 (2013)

第34章 プロトン伝導性と表面水酸基の結合状態

大幸裕介*

1 はじめに

　ゾル-ゲル法で作製したガラスは多孔質で水を吸着することで室温付近においても高いプロトン伝導性を示す。ガラスの両面に電極をつけて電位差を与えると，H^+ は水分子の連なった経路（水素結合ネットワーク）をいわゆるグロータス機構によって伝導する（図1）。これはバケツリレーのように $H_{(1)}^+$ が $H_{(2)}OH_{(3)}$ と結合して H_3O^+ イオンとなり，$H_{(3)}^+$ がとなりの水分子に移動して，と $H_{(1)}^+$ 自身がガラス始端から終端まで移動する訳ではない。このため H^+ は水中での移動度が他のイオンと比べて非常に高く，近年の燃料電池自動車などに搭載されている固体高分子形燃料電池用電解質膜も同様の伝導メカニズムになる。ゾル-ゲル法で作製した電解質のプロトン伝導性について，溶融法で作製したガラスのプロトン伝導性と対比させながら説明する。ガラス（酸化物）中でプロトンは主に水酸基（−OH 基）として存在するため，この OH 基の結合状態や生成ダイナミクスがプロトン伝導性に特に重要であり，これらの評価方法についても実測データを挙げて紹介する。

2 溶融法で作製したガラスのプロトン伝導性

　高温で溶融して作製するガラスは一般に熱的耐久性に優れ，またいわゆる"超イオン伝導性ガラス"と呼ばれるガラス（Li^+, Na^+, Ag^+, Cu^+, F^-）も古くから知られている[1]。前述のようにガラス中でプロトンは主に OH 基として存在する。シリカガラスに対して OH 基の状態を最初に系統的に報告したのはドイツの Scholze と言われる[2]。一般に溶融法で作製したガラスの OH 基濃度は低く，またわずか（数〜数 100 ppm）に残る OH 基も O^- と H^+ はイオン対として強く結びついて H^+ は解離しにくい。そのため溶融ガラス中でプロトン自身は電荷担体にならな

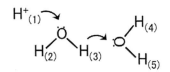

図1　水中でのプロトン伝導模式図

＊　Yusuke Daiko　名古屋工業大学　生命・応用化学専攻　助教

いといった報告もある[3]。次に水素結合の有無とプロトン伝導性の関係について説明する。

Scholze は OH 基を大きく水素結合しているものとそうでは無い孤立 OH 基に分けて区別した。ガラスネットワークを形成する網目形成陽イオン 1 個に結合する平均的な酸素の数を R，非架橋酸素と架橋酸素の数をそれぞれ X, Y とすると，ケイ酸塩ガラスの場合は SiO_4 四面体が基本ユニットであり，

$$X + Y = 4, \quad X = 2R - 4, \quad Y = 8 - 2R$$

と書け，R が求まると一義的に X と Y は計算できる。ここで例えば $20Na_2O \cdot 80SiO_2$（mol%）およびそれに Al_2O_3 を添加したガラスについて例示する。

Al_2O_3 を含まないナトリウムシリケートガラス（①）は非架橋酸素が多く，Al_2O_3 を添加するにつれてその数は減少する。

表1のガラス①では図2 (a) のように Na^+ がシリカネットワークを切断して $\equiv Si-O^-$ となることで自らの居場所を作り，非架橋酸素が生成する。他方，Al_2O_3 を添加すると Al^{3+} は Si^{4+} の席におさまり図2 (b) のように網目形成陽イオンとして働く。しかし価数は +3 のままであり，Na^+ を周辺に引き寄せて Si^{4+} と同じようなバランスになろうとする。そのため (a) のように Na^+ によって SiO_2 ネットワークが切断されることはなく，Al_2O_3 添加によって非架橋酸素は減少する。さてここで，OH 基に再び注目する。$\equiv Si-OH$ 基の近傍に非架橋酸素が存在すると，図2 (c) のように非架橋酸素と OH 基のプロトンの間に水素結合（$OH \cdots ^-O-Si\equiv$）が形成され，O-H 間の距離が伸び，結合強度は低下する。このような OH 基の結合状態は赤外線分光法によって明瞭に観察される。図3に厚み 0.5 mm 程度に研磨した $20Na_2O \cdot 80SiO_2$（ガラス①）と $20Na_2O \cdot 20Al_2O_3 \cdot 60SiO_2$（ガラス③）について透過法で測定した FTIR スペクトルを示

表1 $Na_2O \cdot Al_2O_3 \cdot SiO_2$ ガラスのネットワークパラメーター

組成（mol%）	R	X	Y
① $20Na_2O \cdot 80SiO_2$	2.25	0.5	3.5
② $20Na_2O \cdot 10Al_2O_3 \cdot 70SiO_2$	2.1	0.2	3.8
③ $20Na_2O \cdot 20Al_2O_3 \cdot 60SiO_2$	2	0	4

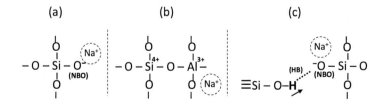

図2 (a), (b) Na_2O-SiO_2 および Na_2O-Al_2O_3-SiO_2 ガラスの模式図，(c) Si-OH 基と非架橋酸素間の水素結合

点線 HB と NBO はそれぞれ水素結合，非架橋酸素を表す。

第 34 章　プロトン伝導性と表面水酸基の結合状態

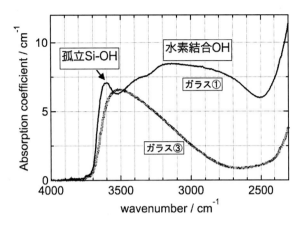

図 3　ガラス①および③の透過法で作製した赤外吸収スペクトル

す。3620 cm^{-1} 付近のピークは水素結合していない孤立 OH 基に対応する。前述のように非架橋酸素と水素結合すると OH 基の結合強度が低下してピークは低波数シフトする。非架橋酸素を多く含むガラス①の方が 3200 cm^{-1} 付近にブロードなピークが見られ，確かに水素結合している OH 基の多いことがわかる。以上より強く水素結合する OH 基の方が OH 基の H$^+$ は解離しやすい。ガラス組成をケイ酸からリン酸塩に変えるとこの水素結合がより強くなり，OH 基のピークは 2800 cm^{-1} 付近まで低波数シフトし，プロトン伝導性は高くなる。

　イオン導電率（σ）は $\sigma = ne\mu$（n：キャリア濃度，e：電気素量，μ：移動度）で表されるが，孤立 OH 基（～3600 cm^{-1}）の濃度がいくら高くてもプロトン伝導性の向上は期待できない。阿部らは 100 種類以上のガラスについてプロトン伝導性を調べ，$\sigma = A_H \cdot [\mathrm{OH}^+]^2$ で表されることを実証した[4]。ここで A_H は FTIR のピーク波数から求められる定数で，OH 基ピークが低波数であるほど大きな値になる[5]。強い水素結合をした OH 基（OH 基の低波数シフト）が高いプロトン伝導性の重要なキーワードになる。

3　ゾル-ゲル法で作製したガラスのプロトン伝導性

　図 4 にゾル-ゲル法によって作製したガラスの作製フローチャートを示す。加熱温度を 600 ～ 700℃程度にすると，細孔直径が数 nm ほどの多孔質ガラスが得られ，細孔径の大きさなど細孔特性は合成法によって制御される。細孔表面は ≡ Si-OH が存在する。加熱によって脱水縮合（≡Si-OH ＋ HO-Si ≡ → ≡Si－O－Si＋H$_2$O ↑）が生じると仮定して，加熱による重量減少および N$_2$ ガス吸着測定より見積もった比表面積の値を用いると，細孔表面の OH 基濃度は 2 個/nm^2 程度と見積もられる。この OH 基は乾燥状態では溶融ガラスのそれと同じように O$^-$ と H$^+$ は強く結びついているが，多孔質であることからひとたび水分子が OH 基に吸着すると，OH 基と H$_2$O 分子間でプロトン交換が生じるようになり，H$^+$ が解離・伝導しやすくなる。図 5 に

ゾル-ゲルテクノロジーの最新動向

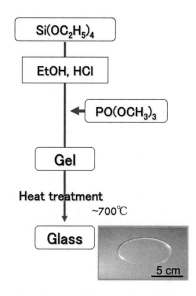

図4 ゾル-ゲル法による多孔質ガラスの作製フローチャート

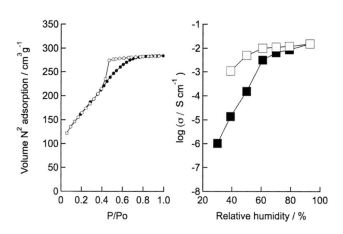

図5 5P$_2$O$_5$・95SiO$_2$ 多孔質ガラスの窒素ガス吸着・脱着等温線およびプロトン導電率の湿度変化（30℃）

5 mol％リン酸成分を含む5P$_2$O$_5$・95SiO$_2$（mol％）多孔質ガラスに対する相対湿度とプロトン導電率の関係および窒素ガス吸着・脱着等温線を示す。導電率は窒素ガスの吸脱着等温線と同じような挙動で変化して、乾燥状態と比べ十分に水を吸着すると5桁近くプロトン導電率は上昇する。

ナノ細孔内に吸着した水はバルク水とは異なる性質を示し、例えば0℃で凝固しない。細孔半径が10 nmと大きい場合は温度を下げて導電率を測定すると0℃を境に不連続に大きく低下するが、細孔半径が1 nm程度になるとマイナス70℃においても10^{-4} S/cm以上の比較的高い導

電率を示す。^{1}H NMR 測定よりマイナス 70℃においても細孔表面の OH 基と吸着水分子の間に速いプロトン交換反応が認められ，高い伝導性を裏付けている。これらの測定方法や具体的な解析結果については文献を参照頂きたい[6]。

4　水素との反応によって生成する OH 基

OH 基は水素ガスとの反応によっても生成し，この反応は燃料電池発電や触媒活性と関連がある。そこでプロトン伝導性と直接関連の無いデータも例示することを認めつつ，本反応やその活性の評価方法について説明したい。Johnston らは Fe_2O_3 を加えたソーダライムガラスと水素ガスとを反応させたところ，$Fe^{3+} \rightarrow Fe^{2+}$ の還元反応がガラス転移点以上では水素ガスの拡散に律速であり，

$$H_2 + 2(\equiv Si\text{-}O^-_{非架橋酸素}) + 2Fe^{3+} \rightarrow 2Fe^{2+} + 2(\equiv Si\text{-}OH)$$

のように OH 基生成を伴う還元反応であることを示した[7]。ユーロピウム（Eu^{3+}）と Fe^{3+} を対比する。酸性溶液中での値になるが，Eu^{3+} と Fe^{3+} の標準電極電位（E）はそれぞれ電子を e^- で表すと

$$Eu^{3+} + e^- = Eu^{2+} \quad (E = -0.35 \text{ V})$$
$$Fe^{3+} + e^- = Fe^{2+} \quad (E = +0.77 \text{ V})$$

と表され，それぞれ Fe^{2+} と Eu^{3+} が熱力学的に安定と予想される。実際には還元温度や吸着水の有無なども考慮する必要があるが，Fe^{3+} は一般に Johnston らの結果のように水素ガスによって Fe^{2+} に還元されやすく，一方 Eu^{3+} は同条件で還元されない。野上は Eu^{3+} ドープシリカガラスを作製し，Eu^{3+} の還元反応には Al_2O_3 成分が重要であることを示した[8]。重要な点として，やはりこのとき OH 基が生成しており，さらに水素ガスの拡散や透過性と OH 基の生成のしやすさ（生成速度）を関連付けた。この Al_2O_3 の添加効果について，Al が Si サイトに同形置換すると前述のように $\equiv Si^{4+} - O - Al^{3+} \equiv$ ネットワークが形成するが，Al^{3+} の電荷補償のために図 6 のように H^+ を受け入れることが可能となる。H_2 ガスの解離で生じた電子を Eu^{3+} が受け取り，また H^+ を上述のサイトが受け入れることで，Al_2O_3 を添加すると Eu^{3+} の還元が進行すると同時に OH 基が生成する。

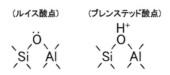

図 6　アルミニウムシリケートのルイス酸点およびブレンステッド酸点

ところでこの ≡Si−OH−Al≡ で表される OH 基は固体酸として古くから知られるように，Si-OH 基と比べて結合が弱いために解離しやすい[9,10]。青木らはゾル-ゲル法を用いて作製した Al_2O_3-SiO_2 薄膜（～100 nm）が 300～400℃ のいわゆる中温領域で 10^{-5} S/cm 以上のプロトン伝導性を示すことを明らかにした[11,12]。この膜の面積抵抗は 1 $\Omega \cdot cm^2$ 以下と報告されており，この値は現在実用化されている燃料電池用電解質膜に匹敵する。なお，ゾル-ゲル法で単純にシリカ原料（例えばテトラエトキシシラン，TEOS）とアルミナ原料（アルミニウムアルコキシドや硝酸アルミニウムなど）を混合して焼成すると，4，5，6 配位のアルミニウムが混在することが良く見られるが，図 6 に示すように OH 基の生成に重要なのは 4 配位アルミニウムである。そのため筆者らは選択的に 4 配位アルミニウムを合成する手法について検討している[13]。以上のように水素（もしくは水蒸気）にさらすことで OH 基が生成すると，プロトン濃度が増加することに対応しプロトン導電率は上昇する。また水素雰囲気下での OH 基生成は上述のプロトン伝導性のほか，触媒活性や材料中の水素透過率などとも相関がある。Miller らはコバルトをドープしたシロキサン膜に対して酸化・還元を繰り返し行った際の可逆的な OH 基生成と，H_2 および N_2 ガスの透過率変化｛ON（水素透過）-OFF（水素非透過）特性｝を報告している[14]。

5 重水素を利用した OH 基の活性評価

強く水素結合している（赤外線分光法においてより低波数に観測される）OH 基ほどその H^+ が解離しやすく，そのような材料はより高いプロトン伝導性を示すことを先に述べた。材料表面の OH 基は重水素ガスや重水に暴露すると OH/OD 交換反応によって OD 基が生成する。この反応が進行するのは OD 基の方が OH 基に比べて換算質量の値が大きく，結合ポテンシャル曲線で表されるゼロ点エネルギー（振動基底状態）が低下するためである。OH → OD 交換反応が速いほど活性であるといえ，固体酸であればより高い酸性度を示し，また燃料電池電解質であればより高い発電出力が期待される。ここでは OH 基の活性評価の一例として OH/OD 交換反応について説明する。

Si：Al = 1：1 の元素比になるようにテトラエトキシシランと硝酸アルミニウムを混合して作製した試料を重水素（10% D_2-90% Ar）に曝したときの 350℃ における FTIR スペクトル変化を図 7 に示す。吸着水の有無によって交換速度が変化することから，D_2 ガスに曝す前に予め減圧下で加熱して試料を十分乾燥させる。3738 cm^{-1} の孤立 Si-OH が D 置換した Si-OD 基は 2754 cm^{-1} に観測され，また 2650 cm^{-1} 付近のブロードなピークは ≡Si−OH−Al≡（3650 cm^{-1}）が OD 基に置換したものと考えられる。それぞれの同位体シフトファクター（i）は孤立 OH 基が 1.357（= 3738/2754），また架橋 OH 基が 1.33～1.36 となり，換算質量比から計算される値（1.3744）に近い。なお i の理論値からのずれは振動の非調和性によるもので水素結合強度と相関がある[15]。

OD 基の時間変化を図 8 に示す。点線は以下の粉末試料に対する Fick の拡散モデルに基づき

第 34 章　プロトン伝導性と表面水酸基の結合状態

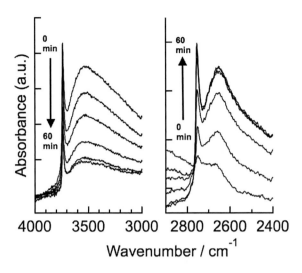

図7　350℃において10% D_2（90% Ar）ガスに曝したときのアルミニウムシリケートの赤外吸収スペクトルの時間変化

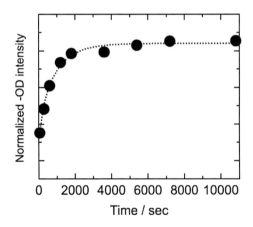

図8　図7のスペクトルより算出したOD基濃度の時間変化

Fittingした結果であり，得られる拡散係数（D）の大小や D の温度変化より求められる活性化エネルギーより，組成や例えば遷移金属元素の有無による活性変化を定量的に調べることができる。

$$c(t,r) = c_0 \left[1 - \frac{6}{\pi^2} \sum_{n=1}^{5} \frac{1}{n^2} \cdot \exp\left(-\left[\frac{n \cdot \pi}{r}\right]^2 \cdot D \cdot t\right) + 3 \cdot \frac{\Delta}{r} \right]$$

ここで c は FTIR から求められる OD 基濃度，c_0 は使用する D_2 ガス濃度および表面 OH 基濃度に依存する定数，D は拡散係数，Δ は反応層厚み，また r は試料粉末の粒子半径であり，また通常は $n = 5$ 程度として良い。この式は表面交換反応が速やかに生じる場合に適用され，Δ は数

nm 程度の値を取ることが多いようである。OH/OD 交換反応以外にも，$^{18}O_2$ ガスを用いた酸化物中の酸素拡散の解析などに用いられている[16]。^1H NMR を用いても同様の OH/OD 交換ダイナミクス評価が実施されており，Garbrienko らはベータゼオライト（BEA）に酢酸亜鉛を用いて Zn をドープすることで，H/D 交換速度が 2 桁近く上昇することを報告している[17]。

6 ゾル-ゲル法を用いたプロトン伝導体の作製例

1980～90 年代に溶融ガラスのプロトン伝導性が盛んに調べられたが，ガラス中の OH 基濃度は低く，プロトン導電率は 10^{-8}～10^{-10} S/cm 程度の値であった[5]。その後，ゾルゲル法を用いてリン酸や硫酸，ヘテロポリ酸などを細孔内に含むゲルやガラスのプロトン伝導性が報告された[18～20]。ゾル-ゲル法を用いることで多量の OH 基を含み，水を吸着することで室温付近で 10^{-2} S/cm 程度の値が得られ，また燃料電池発電結果なども報告された[21]。他方，Li らは界面活性剤を利用して作製したメソポーラス薄膜のプロトン電導性を調べ，細孔の配向方向の H^+ 導電率が高いことを実証した[22]。ただしリン酸やヘテロポリ酸などはいずれもシリカマトリックスとほとんど化学結合せず，水に浸漬すると溶出する問題があった[23]。

燃料電池電解質は水素と酸素の強い酸化/還元雰囲気に同時に曝されることから，Nafion® など高分子電解質膜は特に低加湿時や 100℃ 以上の温度下での長期運転で劣化が認められ，ゾル-ゲル法によって無機成分をハイブリッド化した有機-無機ハイブリッド電解質膜も多数報告された[24]。ただし次世代燃料電池は部材や電極のコストおよび発電総合効率の観点から 300℃～500℃ 付近での発電が注目され，このような温度域では吸着水は利用できず，また結合を持たないフリーなリン酸種なども蒸散する懸念がある。ペロブスカイト型構造を持つ $BaZrO_3$ や $BaCeO_3$ は Y ドーピング等によって中温領域で高いプロトン伝導性を示す。焼結温度が 1600℃ 以上と高温であり，また二酸化炭素との反応が問題点として指摘されており，これらの改善のために近年ではペッチーニ法やゾル-ゲル法も用いて様々な種類の金属カチオンをドープした試料のプロトン伝導性が報告されている[25, 26]。

7 ゾル-ゲル法で作製した H^+ 放出エミッターを用いた室温大気圧 H^+ 放出

近年，細胞や生体組織にイオンを注入すると，接着性や活性に改善のみられる報告がされており，生体・医療分野においてイオン注入が注目を集めている。特に H^+ 注入は生物細胞内のエネルギー生産で H^+ の移動を伴うことから細胞の分化促進への効果などが期待されている。しかし，一般的なイオン注入装置は，高真空を必要とするため，水分を多く含む細胞・組織はイオン注入過程で失活してしまうという重大な問題点がある。筆者らは溶融法を用いて作製したプロトン伝導性ガラスファイバーを先鋭化して，それを H^+ 放出エミッターとして用いた新しいタイプのプロトン銃について検討しており，これまでにガラス転移以上（@ 10^{-5} Pa）において H^+ 電

第34章 プロトン伝導性と表面水酸基の結合状態

界放出を実証した[27]。この固体電解質を利用した電界イオン放出では，目的のイオンのみが放出されることからイオン生成効率が高く，小型化が容易などの特徴があり，得られるイオン電流は電解質の導電率に比例する[28]。ゾル-ゲル法を用いて作製した多孔質プロトン伝導性ガラスの応用例として，室温大気圧下での H^+ 放出について紹介する。

テトラエトキシシランおよびトリメチルリン酸を用いて，ゾル-ゲル法により図9に示す $5P_2O_5 \cdot 95SiO_2$ (mol%) 組成のガラスロッドを作製した。ロッドは乾燥過程で割れやすく，乾燥時の温度管理は重要である。筆者らの乾燥方法を例示する。先の閉じたピペットチップ (1 mL) にゾルを流し入れ，35℃で 12 h，その後 80℃まで 1℃/h で昇温後，その温度で 120 h 保持して乾燥ゲルを得た。加水分解を十分に進行させるため，乾燥ゲルに水蒸気処理を施した。この処置をしないゲルは，700℃での焼成後に残存有機基によると思われる黒色化が見られた。水蒸気処理は，300～500 mL ビーカーに 1/4 程度の水を入れ，また乾燥ゲルが水に触れないようにアルミ箔などで乾燥ゲルを載せる簡易試料台を用意する。ビーカーの口をアルミ箔で覆ったのち，120℃の乾燥機に 72 時間保持した。再び 150℃で 120 時間乾燥後，700℃で 5 時間焼成することで透明な多孔質ガラスロッドを得た。

ロッドに高電界を印加した際の電界強度はロッド先端の曲率半径の逆数に比例することから，同じ電圧でも先鋭化するほど電界強度は増大する。そこでメニスカスエッチング法によってロッド先端をエッチングした。この方法はフッ酸と有機溶媒（シクロヘキサン）の 2 相界面のメニスカスを利用して先鋭化する手法であり，0.5%フッ酸を利用することで，図9に示す先鋭化先端を得た（曲率半径～60 μm）。メニスカスエッチング後，エタノールに浸漬してロッドをよく洗浄し，100℃の減圧下で 30 時間乾燥してシクロヘキサンを除去した。

ロッドに白金担持カーボン (Pt/C) 電極を塗布して，加湿した水素ガスを供給しながら室温・大気圧下で引抜電極（孔の空いた金属板）と Pt/C 電極間に高電圧を印加し，イオン電流をピコアンメーターを用いて観察した。実験方法の詳細は参考文献を参照頂きたい[29]。

窒素ガス吸脱着測定より，得られたロッドの比表面積，細孔容量および平均細孔半径はそれぞ

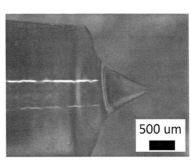

図9 作製したガラスロッドの形状

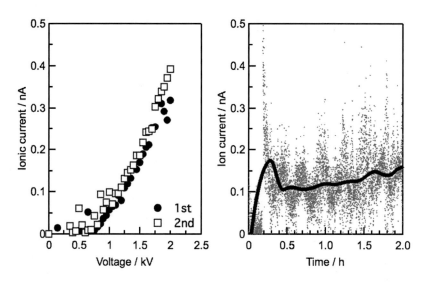

図10 室温・大気圧における印加電圧とイオン電流の関係および 2.5 kV に保持したときのイオン電流の時間変化

れ 434 m^2/g, 0.53 mL/g, 2.4 nm と求められた。図10に印加電圧とイオン電流の関係を示す。800 V 辺りを閾値電圧としてそれを超えるとイオン電流の上昇が確認された。本ガラスロッドは図5で示したように高いプロトン伝導性を発現するために加湿が不可欠であり，乾燥条件ではイオン放出は確認されなかった。また先鋭化を施していない平坦な先端からもイオン放出は確認されなかった。一定電圧で保持すると長時間安定してイオン電流が観測され，供給した水素ガスから Pt/C 電極上で解離したプロトンがガラスロッドに供給されることで，連続的な H$^+$ 放出が可能である。ポリアニリンは H$^+$ 注入によって色調が青から緑色に変化する。ポリアニリン膜に対して上述のイオン注入を行ったところ青→緑色の変色が見られ，また Raman スペクトルからも H$^+$ 付加反応の生じていることを確認した[29]。ただし H$^+$ は一般に水中では水分子を伴って移動する（電気浸透）ことから，放出されるイオンは H$_3$O$^+$ もしくはもう少し分子量の大きなプロトン化した水クラスタと予想され，詳細を調べている。手のひらサイズの構成で室温・大気圧下で H$^+$ 注入可能であり，新たな表面修飾や医療用途への応用が期待され，生細胞等を用いたイオン注入実験を進めているところである。

文　献

1) C. A. Angell, *Annu. Rev. Phys. Chem.*, **43**, 693（1992）
2) H. Scholze, *Glastech. Chem. Ber.*, **32**, 142（1959）（ISSN: 0017-1085）

第34章 プロトン伝導性と表面水酸基の結合状態

3) F. M. Ernsberger, *J. Non-Cyst. Solids*, **38&39**, 557（1980）
4) Y. Abe *et al.*, *J. Non-Cryst. Solids*, **51**, 357（1982）
5) Y. Abe *et al.*, *Phys. Rev. B*, **38**, 10166（1988）
6) Y. Daiko, *J. Sol-gel Sci. Technol.*, **70**, 172（2014）
7) W. D. Johnston *et al.*, *J. Am. Ceram. Soc.*, **53**, 295（1970）
8) M. Nogami, *J. Phys. Chem. B*, **119**, 1778（2015）
9) S. Minamiyama *et al.*, *J. Ceram. Soc. Jpn*, **118**, 1131（2010）
10) C. L. Thomas, *Ind. Eng. Chem.*, **41**, 2564（1949）
11) Y. Aoki *et al.*, *Chem. Comm.*, 2396（2007）
12) Y. Aoki *et al.*, *Adv. Mater.*, **20**, 4387（2008）
13) 大幸裕介，機能材料，シーエムシー出版 2013年1月号
14) C. R. Miller *et al.*, *Sci. Rep.*, **3**, 1648（2013）
15) K. Chakarova *et al.*, *J. Phys. Chem. C*, **117**, 5242（2013）
16) A. B. Giåhevskii *et al.*, *Def. Diff. Forum*, **273-276**, 233（2008）
17) A. A. Gabrienko *et al.*, *Phys. Chem. Chem. Phys.*, **12**, 5149（2010）
18) Y. Daiko *et al.*, *J. Ceram. Soc. Jpn.*, **109**, 815（2001）
19) A. Matsuda *et al.*, *Chem. Lett.*, 1189（1998）
20) Y.-I. Park *et al.*, *J. Electrochem. Soc.*, **148**, A616（2001）
21) M. Nogami *et al.*, *Adv. Mater.*, **12**, 1370（2000）
22) H. Li *et al.*, *Adv. Mater.*, **14**, 912（2002）
23) M. Nogami *et al.*, *J. Am. Ceram. Soc.*, **86**, 1504（2003）
24) 忠永清治 他，マテリアルインテグレーション7月号，**18**, 42（2005）
25) K. D. Kreuer, *Annu. Rev. Mater. Res.*, **33**, 333（2003）
26) E. Gilardi *et al.*, *J. Phys. Chem. C*, **121**, 9739（2017）
27) Y. Daiko *et al.*,（2016）*Proc. IEEE 16th Int. Conf. Nanotechnology* 351（DOI: 10.1109/NANO.2016.7751521）
28) Q. Li *et al.*, *Sur. Sci.*, **527**, 100（2003）
29) Y. Daiko *et al.*, *J. Sol-Gel Sci. Technol.*,（2017）（DOI 10.1007/s10971-017-4430-z）

第35章　イオン伝導性複合体

松田厚範[*]

1　はじめに

　電池をはじめとする電気化学素子を小型化し，その信頼性・安全性を向上させるキーマテリアルとして，優れた固体電解質材料の開発が強く望まれている。プロトン（H^+）あるいはオキソニウムイオン（H_3O^+）を荷電担体とするプロトン伝導性固体材料は，プロトン伝導形燃料電池，ニッケル-金属水素化物電池などの電解質としての応用が期待されている。さらに，水酸化物イオン（OH^-）伝導体は，アルカリ形燃料電池や金属／空気電池の電解質として注目されている。また，リチウムイオン伝導性固体電解質は，リチウム二次電池を全固体化するためのキーマテリアルであり，その安全性やエネルギー密度を増大させることができることから非常に精力的な研究開発が行われている。これらの固体電解質においては，高いイオン伝導性に加えて，化学的耐久性，耐熱性，耐酸化還元性，低コスト，さらに活物質や集電材との良好な界面を形成できる力学物性が求められている。

　液相からゲル，ガラス，結晶体あるいは複合体を合成するゾル-ゲル法は，固体電解質を作製するための有用な手法である。ゾル-ゲル法によって得られる固体は酸，塩基，金属塩をその構造中に含有・保持することができ，イオンの伝導パスを細孔構造，界面・層状構造，粒界構造などを制御することによって自在に設計することができる。さらに活物質や集電体と良好な界面を構築するために必要な電解質の粘弾性をゾルからゲルへの大きな粘度変化や有機高分子との複合化によって最適化することが可能である。

　ここでは，我々がこれまでに行ってきたゾル-ゲル法によるイオン伝導性複合体の合成と応用に関して，①プロトン伝導体の作製と燃料電池への応用，②水酸化物イオン伝導体の作製と金属／空気電池への適用，③リチウムイオン伝導体の作製と全固体リチウムイオン電池の構築に関して解説する。

2　プロトン伝導体の作製と燃料電池への応用

　ゾル-ゲル法によって得られるゲルは，図1に示すように巨視的には固体でありながら，微視的には連続細孔中に液体の性質を残す特徴的な微構造を有している。従って，連続細孔構造をイオンの伝導経路として利用することにより，高いプロトン伝導性を有する無機非晶質材料を作製

---

[*]　Atsunori Matsuda　豊橋技術科学大学　大学院工学研究科　教授

第35章 イオン伝導性複合体

できる[1]。$HClO_4$，H_2SO_4 および H_3PO_4 を添加したシリカゲルは，HCl や HNO_3 を添加したシリカゲルに比べ乾燥状態でも高いプロトン伝導性を示すことがわかった。$HClO_4$，H_2SO_4 および H_3PO_4 など水和水を持つプロトン酸が，ドライシリカゲル中でもプロトン供与体として有効に作用するものと考えられる[2]。

　ホスホシリケート（P_2O_5-SiO_2）ゲルが，中温，低湿度環境下でも非常に高いプロトン伝導性を示すことを見出した[3]。ホスホシリケート（P_2O_5-SiO_2）ゲルの作製手順を図2に示す。テトラエトキシシラン（$Si(OC_2H_5)_4$）とオルトリン酸（H_3PO_4）を共加水分解・重縮合して得られる非晶質ホスホシリケートゲルは，その構造中に P-OH 基，Si-OH 基，さらに Si-O-P 結合を有し，水和水と強く相互作用している。リン酸の添加量が増大すると導電率は高くなる。ホスホシリケートゲルを 100℃ 以上の中温領域で保持した場合の導電率の経時変化を図3に示す。P/Si

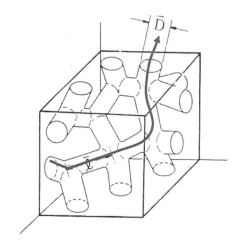

図1　ゾル-ゲル法によって得られる連続細孔とイオン伝導経路

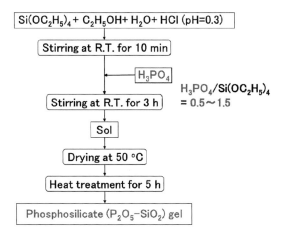

図2　ホスホシリケート（P_2O_5-SiO_2）ゲルの作製手順

のモル比が1.0および1.5のゲルは，150℃，相対湿度0.4%に約400分間保持しても約 10^{-2} S cm^{-1} の高い導電率を維持することがわかる。これは，ゲル骨格中のSi-O-P結合などの架橋酸素を有する構造単位と，水和水が強く相互作用しているためであると考えている。

　固体高分子形燃料電池（PEFC）の作動温度が100℃以上になると，触媒CO被毒が抑制され，排熱利用により総合的なエネルギー効率が向上するなど理由から，中温領域（100～200℃）で作動可能なPEFCが強く求められている。しかしながら，現状のパーフルオロスルホン酸系高分子電解質膜は，その熱的耐久性が一般に100℃以下であるため中温領域での使用が困難であり，耐熱性の優れた新規な固体電解質膜の開発が望まれる。また，PEFCでは，高分子電解質の高い導電率を維持するために飽和水蒸気圧に近い加湿を必要とするが，低湿度で高いプロトン伝導性を維持する固体電解質膜が開発できれば，加湿装置が不要となり，電池システムの小型軽量化が可能になると期待される。ホスホシリケートゲルは，中温領域でほとんど加湿することなく高い導電率を維持する。しかしながら，通常，バルク体として得られるホスホシリケートゲルを中温作動PEFC用電解質膜として使用するためには，シート化や薄膜化が必須となる。我々は，ホスホシリケートゲルに成形性や柔軟性を付与することを目的として，有機高分子との複合化を検討した。ホスホシリケートゲル微粉末に有機高分子を混合する無機-有機コンポジット化では，ホスホシリケートゲルが，コンポジット中で連続相を形成してプロトン伝導経路を確保しつつ，耐熱性高分子が複合体の柔軟性と機械的強度を担う[4~6]。これまでホスホシリケートゲルに耐熱性や柔軟性に優れた芳香族系ポリイミドを加えることにより複合体シートを作製し，中温無加湿燃料電池として作動することを明らかにしている。

　ホスホシリケートゲル（P/Si＝1　モル比）をボールミルで細かく砕いて微粉末とし，150℃で熱処理を行った。このホスホシリケートゲル微粉末とポリイミド前駆体溶液を超音波照射下で

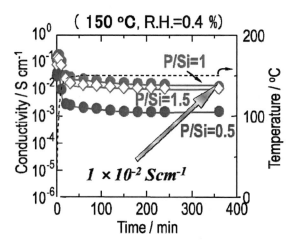

図3　ホスホシリケートゲル（P_2O_5-SiO_2, P/Si = 0.5, 1.0, 1.5）を150℃，相対湿度0.4%で保持した場合の導電率の経時変化

第35章　イオン伝導性複合体

均一に撹拌混合し，ガラス基板に展開し，さらに150℃および180℃でそれぞれ3時間熱処理することによってコンポジットシートを得た。ホスホシリケートゲル含量が～75 wt％の範囲内で，膜厚50～100 μmの柔軟な淡黄色のシートが得られた（図4）。

コンポジット電解質シートを用いた膜電極複合体（MEA）の作製方法と中温低加湿条件下におけるH$_2$/O$_2$燃料電池発電特性の評価システムの概略を図5に示す。電極では以下の電気化学

図4　ポリイミドをバインダーに用いたホスホシリケートゲル（P$_2$O$_5$-SiO$_2$, P/Si = 1.0）含量75 wt％のコンポジット電解質シート

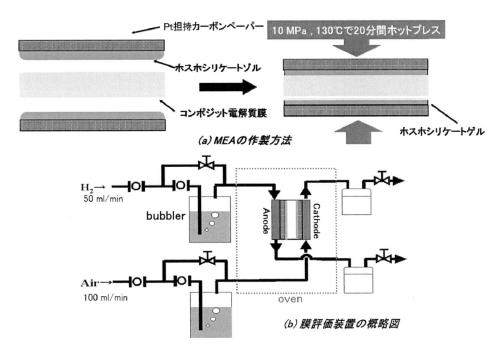

図5　コンポジット電解質シートを用いた膜電極複合体（MEA）の作製方法と中温低加湿条件下におけるH$_2$/O$_2$燃料電池発電特性の評価システム

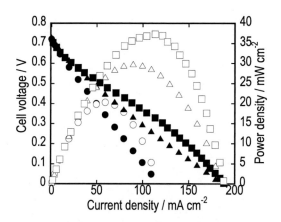

図6 ホスホシリケートゲルを 75 wt% 含むコンポジットシートを電解質に用いた燃料電池を 150℃で作動させた場合の電圧-電流曲線と出力密度の湿度依存性
(◆◇：4% R.H. ▲△：10% R.H., ■□：18% R.H.).

反応によって発電がなされる。

負極： $H_2 \rightarrow 2H^+ + 2e^-$

正極： $2H^+ + 1/2O_2 + 2e^- \rightarrow H_2O$

作製した MEA を用いて試作したシングルセルを 150℃で湿度を変えて作動させた場合の電圧-電流曲線と出力密度を図 6 示す。相対湿度が増大すると，放電曲線の傾きが緩やかになり，出力密度が増大する。これは，電解質膜の導電率が増大したことを反映している。相対湿度 18％では，最大出力密度 38 mW cm^{-2} が達成されている。150℃において低加湿条件で，コンポジットシートを用いた燃料電池が連続発電することが実証された。

3　水酸化物イオン伝導体の作製と金属空気電池への適用

金属／空気電池やアルカリ形燃料電池の電解質には KOH 水溶液などの強アルカリ水溶液が使用されている。これらの電池では，電解液の濾液や凍結，炭酸塩形成などの問題があり，これを解決するために電解質の固体化が望まれている。これまでに，水酸化物イオン伝導性の固体電解質として Mg-Al 系層状複水酸化物（LDH）[7]やポリアクリル酸膜[8]などが提案されている。

ゾル-ゲル法によって KOH-ZrO$_2$ 系水酸化物イオン伝導体を作製することができる[9]。KOH-ZrO$_2$ 系水酸化物イオン伝導体の作製手順を図 7 に示す。ジルコニウムテトラ-n-ブトキシド（Zr(O-n-Bu)$_4$）にエタノールを加えて撹拌し，エタノールと水酸化カリウム（KOH）の水溶液を加えてさらに撹拌することによりゾルを調製した。得られたゾルを 60℃で 10 日間程度保持することにより，乾燥ゲルが得られた。乾燥ゲルを種々の温度で 5 時間熱処理することにより，KOH-ZrO$_2$ 固体電解質を作製した。

第35章　イオン伝導性複合体

種々の温度で5時間熱処理したKOH・ZrO_2固体電解質（K/Zrモル比1）のXRDパターンを図8に示す。110℃乾燥では明瞭な回折ピークが検出されなかったことから，アモルファスであることがわかる。600℃熱処理では，正方晶ZrO_2とK_2CO_3に帰属されるピークが検出され，800℃で，単斜晶ZrO_2が少し析出することがわかる。1000℃の熱処理によって，$K_4Zr_5O_{12}$に帰属されるピークが認められた。

各温度で熱処理を行ったKOH・ZrO_2固体電解質の相対湿度60％条件下における導電率の温度依存性を図9に示す。熱処理温度が110℃から600℃，800℃の熱処理によって導電率は増大

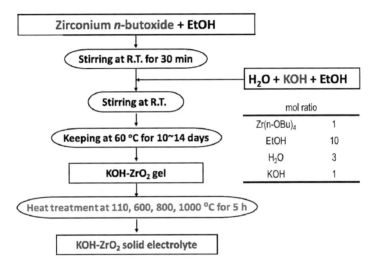

図7　KOH-ZrO_2系水酸化物イオン伝導体の作製手順

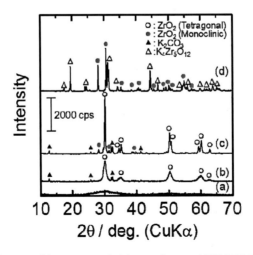

図8　(a) 110, (b) 600, (c) 800 および (d) 1000℃で5時間熱処理を行ったKOH・ZrO_2（K/Zr = 1）固体電解質のX線回折パターン

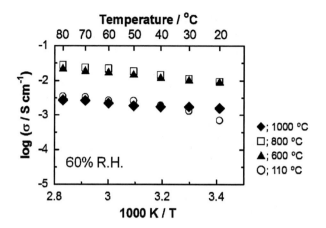

図9 種々の温度で熱処理を行った KOH・ZrO_2（K/Zr = 1）固体電解質の相対湿度 60%における導電率の温度依存性

し，1000℃になると導電率が低下することがわかる。例えば，800℃で熱処理した試料の 20℃における導電率は 9.2×10^{-3} S cm^{-1}，活性化エネルギーは 15.8 kJ mol^{-1} であった。耐湿性試験の結果から，高温高湿環境下において 800℃で熱処理した試料が 600℃のものよりも優れた耐湿性を有していることも明らかとなった。

　金属／空気電池は，正極活物質に空気中の酸素，電解質にアルカリ水溶液あるいは高分子ゲル，負極活物質に還元力が強い卑金属を用いる電池である。一般の電池では，正極活物質を電池内部に内蔵しているのに対し，金属／空気電池は外部空気中の酸素を放電反応に利用するため，一般の電池よりも多くの負極活物質を電池内部に充填することができ，得られる放電容量（エネルギー密度）の増大が期待できる。鉄は資源的に豊富で安価であり，3価まで酸化することができれば大きな放電容量も期待できる負極材料である。鉄は，放電生成物のアルカリ溶解が少なく，充放電時の析出形態も良好で可逆性が高いという利点がある。よって，2次電池としては期待できる。しかしながら，鉄は表面に不動態被膜を形成するために放電容量が低く，充放電にともなう放電容量の低下がみられる。鉄の利用効率の向上のため，炭素材料との複合化や鉄を微細化した負極材料についての研究が行われている[10]。鉄／空気電池では，下記の電気化学反応によって充放電がなされる。

　負極（金属極）：　Fe + 2OH$^-$ ⇄ Fe(OH)$_2$ + 2e$^-$
　正極（空気極）：　1/2O$_2$ + H$_2$O + 2e$^-$ ⇄ 2OH$^-$

　全固体鉄／空気電池の構成の一例を図10に示す。電解質には KOH・ZrO_2 圧粉体，負極には酸化鉄担持カーボンペーパー，正極には触媒（MnO_2 もしくは Pt）付カーボンペーパーを用いている。負極に酸化鉄を用いた場合には，充電（鉄の還元）から行う。試作した全固体鉄／空気電池の充電特性を図11に示す。充電は 5 mA，放電は 0.2 mA で行っている。放電曲線から鉄

第 35 章　イオン伝導性複合体

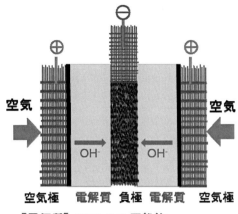

図 10　全固体鉄／空気電池の構成の一例

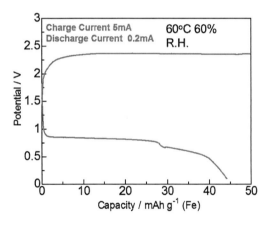

図 11　試作した全固体鉄／空気電池の充電特性

の 0 価から 2 価，さらに 2 価から 3 価への酸化に伴う電位平坦部が観測される。鉄の 0 価から 2 価への理論容量 960 mAh g^{-1} に対して 44 mAh g^{-1}（Fe）が達成されている[11]。

4　リチウムイオン伝導体の作製と全固体リチウムイオン電池の構築

　難燃性の固体電解質を用いた全固体リチウム二次電池は，可燃性の有機電解液を用いないため従来のリチウム電池に比べ安全性が高い。固体電解質には高いリチウムイオン伝導性と電気化学的な安定性が求められるが，Li_2S を主成分とする硫化物系固体電解質は有機電解液に匹敵する高い導電率を示し，広い電位窓を有するリチウムのシングルイオン伝導体であることが知られて

いる。さらに，硫化物系固体電解質は塑性変形を示すことから，加圧によって固体活物質と良好な接触界面を形成できることも非常に大きな特徴である[12]。従来，硫化物系固体電解質の調製方法は，遊星型ボールミリングの機械的エネルギーによって原材料粒子間の化学反応を進行させるメカニカルミリング (Mechanical Milling : MM) 法が主流であるが，処理時間が長く，高エネルギーが必要であり，かつ大量生産に不向きである。そこで我々は，ゾル-ゲル法からのアプローチによって液相加振 (Liquid-phase Shaking : LS) 法を開発した[13~15]。

LS 法は，図 12 に示すようにエステル系有機溶媒中で Li_2S と P_2S_5 のような硫化物系出発原料とジルコニアボールを振とう処理することで前駆体を経て硫化物系固体電解質を調製する方法である。例えば，Li_2S と P_2S_5 のモル比が 3 : 1 になるように加えることによって，前駆体を含む懸濁液（サスペンジョン）が得られ，これを遠心分離後，減圧乾燥することによってチオリン酸リチウム（Li_3PS_4 : LPS）を作製することができる。この方法は，短い時間と少ないエネルギーで硫化物系固体電解質が合成可能であることに加えて，得られる固体電解質の粒子がナノサイズ（100～500 nm 程度）であるという特徴を有する。LS 法では LPS 前駆体コロイド粒子がサスペンジョンの状態で調製されるため LPS の大量生産が可能である。

LS 法における LPS の生成反応プロセスを図 13 に示す。エステル系溶媒が持つカルボニル（C = O）基の O 原子と Li_2S 中の Li 原子間の相互作用が固体電解質前駆体の調製における最初の反応であると考えられる。また液相合成プロセスにおいて直接溶媒から生成する沈殿物は LPS と溶媒の共結晶体であることが報告されている[16~18]。

プロピオン酸エチル（Ethyl Propionate : EP）を分散媒として用いて LS 法により得られた LPS 前駆体を回収し，室温にて減圧乾燥した後，170℃で熱処理することで LPS を得ることができる。図 14 の XRD パターンに示すように，固体電解質前駆体である EP との共結晶体から 170℃の熱処理で高リチウムイオン伝導体である Thio-LISICON III に変化することが確認できる。170℃の熱処理後に得られた LPS は，厚さ 100 nm 程度の鱗片状であることが明らかとなっている。これは，MM 法によって得られる LPS に比べて非常に小さなサイズであり，LS 合成条件や乾燥条件によってそのサイズや形態を制御することも可能である[19]。

熱処理後の LPS の導電率の温度依存性を図 15 に示す。室温での導電率は 2×10^{-4} S cm^{-1} であり，高いリチウムイオン伝導性を持つことがわかる。これらのリチウムイオン伝導性は，従来の MM 法によって得られる LPS と同等であるといえる。

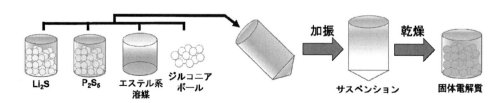

図 12　液相加振 (LS) 法による硫化物系固体電解質の調製手順

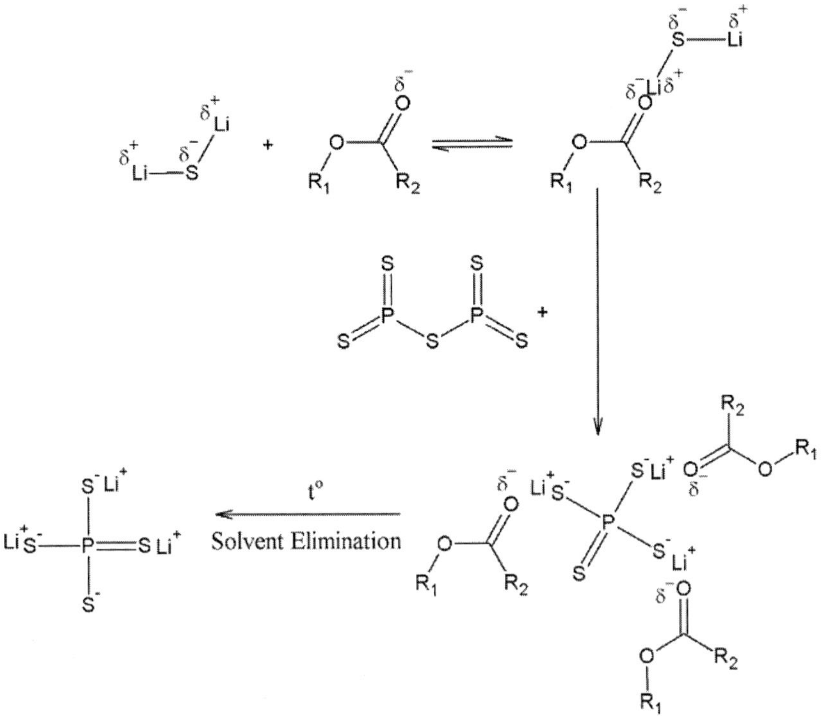

第 35 章　イオン伝導性複合体

図 13　液相加振（LS）法における硫化物系固体電解質の生成反応プロセス

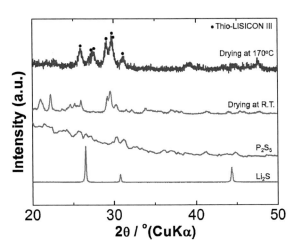

図 14　液相加振（LS）法により調製した Li_3PS_4（LPS）の XRD パターン
（下から出発物質の Li_2S，P_2S_5，室温乾燥後の LPS 前駆体，170℃熱処理後の LPS）

LPS 前駆体サスペンジョンに正極活物質を加えてから乾燥することによって，正極複合体を作製することができる。リチウムイオン電池では，以下の電気化学反応によって充放電がなされる。

負極： $Li(X) \rightleftarrows Li^+(X) + e^-$ （X：C, Si, Sn など）

正極： $Li_{1-x}MO_2 + xLi^+ + xe^- \rightleftarrows Li_1MO_2$ （M：遷移金属など）

　三元系正極活物質 $LiNi_{1/3}Mn_{1/3}Co_{1/3}O_2$ （NMC）と LPS を 85：15 の重量比で調製した正極複合体を用いて試作した全固体リチウム二次電池の充放電特性を図 16 に示す。NMC を高密度充填しているにも関わらず，実効容量 170 mAh g^{-1} に近い 145 mAh g^{-1}（NMC）の大きな容量が得られており，充放電の繰り返しによる容量低下が非常に小さく，高いクーロン効率が維持されていることがわかる。液相中で微細な電解質前駆体と活物質が均質に混合・複合化することで固

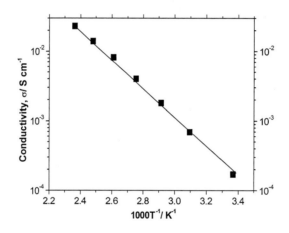

図 15　液相加振法により調製した LPS の導電率温度依存性

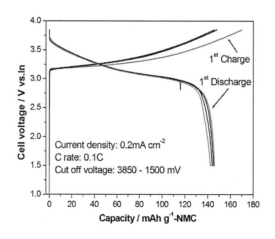

図 16　正極複合体（85NMC：15LPS）/LPS/In 全固体リチウム電池の充放電特性

体電池のエネルギー密度を向上することが可能になるものと考えられる。

5 まとめ

テトラエトキシシランとオルトリン酸を出発物質とするプロトン伝導性ホスホシリケート（P_2O_5-SiO_2）ゲルと中温低加湿燃料電池の電解質膜としての応用について述べた。次に，ジルコニウムブトキシドと水酸化カリウムから作製した水酸化物イオン伝導性 KOH-ZrO_2 系複合体を用いて全固体鉄／空気電池が構築できることを示した。さらに，硫化リチウムと五硫化リンをプロピオン酸エチル中で振とう処理して得られる前駆体を乾燥処理することでチオリン酸リチウム（Li_3PS_4）が合成でき，高容量全固体リチウムイオン電池の実現に有用であることを実証した。現在，ナノ領域の界面効果を利用した高速イオン伝導現象に関する研究が精力的に行われており，そのナノ構造制御やイオン伝導メカニズムに関する研究が進むことで，高エネルギーデバイスの設計指針が得られると期待される。ゾル-ゲル法は，そのキーマテリアルとなる固体電解質を創製し，活物質との高度な複合化を可能にし，優れた全固体イオニクス素子を実現する非常に有望な手法であるといえる。

謝辞

　本研究は，文部科学省 MEXT 科学研究費補助金特定領域研究，日本学術振興会 JSPS 未来開拓学術研究推進事業研究・基盤研究・挑戦的萌芽研究，新エネルギー・産業技術総合開発機構 NEDO 事業プロジェクト固体高分子形燃料電池次世代技術開発，科学技術振興機構 JST 研究成果展開事業最適展開支援プログラム（A-STEP）・先端的低炭素技術開発特別重点領域世代蓄電池（ALCA-SPRING），豊秋奨学会研究助成などによって実施された。関係各位に感謝いたします。

文　　献

1) M. Tatsumisago, H. Honjo, Y. Sakai, T. Minami, *Solid State Ionics*, **74**, 105 (1994)
2) A. Matsuda, H. Honjo, M. Tatsumisago, T. Minami, *Chem. Lett.*, 1189 (1998)
3) A. Matsuda, T. Kanzaki, K. Tadanaga, M. Tatsumisago, T. Minami, *Electrochim. Acta*, **47**, 939 (2001)
4) A. Matsuda, N. Nakamoto, K. Tadanaga, T. Minami, M. Tatsumisago, *Solid State Ionics*, **162-163**, 247 (2003)
5) N. Nakamoto, A. Matsuda, K. Tadanaga, T. Minami, M. Tatsumisago, *J. Power Sources*, **138**, 51 (2004)
6) A. Matsuda, N. Nakamoto, K. Tadanaga, T. Minami, M. Tatumisago, *Solid State Ionics*, **177**, 2437 (2006)

7) K. Tadanaga, Y. Furukawa, A. Hayashi, M. Tatsumisago, *Advanced Materials*, **22**, 4401 (2010)
8) S. Nohara, T. Asahina, H. Wada, N. Furukawa, H. Inoue, N. Sugoh, H. Iwasaki, C. Iwakura, *J. Power Sources*, **157**, 605 (2006)
9) A. Matsuda, H. Sakamoto, T. Kishimoto, K. Hayashi T. Kugimiya H. Muto, *Solid State Ionics*, **262**, 188 (2014)
10) T. Tsuneishi, T. Esaki, H. Sakamoto, K. Hayashi, G.Kawamura, H. Muto, A. Matsuda, *Key Engineering Materials*, **616**, 114 (2014)
11) 前田康孝, Tan Wai Kian, 河村剛, 武藤浩行, 松田厚範, 坂本尚敏, 林和志, 日本セラミックス協会2016年年会講演予稿集, 1P170, p.27 (2016.3.14-16)
12) A. Sakuda, A. Hayashi, M. Tatsumisago, *Scientific Reports*, **3**, 2261 (2013)
13) N. H. H. Phuc, M. Totani, K. Morikawa, H. Muto, A. Matsuda, *Solid State Ionics*, **288**, 240 (2016)
14) N. H. H. Phuc, K. Morikawa, M. Totani, H. Muto, A. Matsuda, *Solid State Ionics*, **285**, 2 (2016)
15) A. Matsuda, H. Muto, N.H.H. Phuc, *J. Japn. Soc. Powder and Powder Metallurgy.*, **63**, 976 (2016)
16) N. H. H. Phuc, K. Morikawa, M. Totani, H. Muto, A. Matsuda, *Ionics* (2017); DOI 10.1007/s11581-017-2035-8
17) S. Teragawa, K. Aso, K. Tadanaga, A. Hayashi, M. Tatsumisago, *J. Mater. Chem. A*, **2**, 5095 (2014)
18) S. Ito, M. Nakakita, Y. Aihara, T. Uehara, N. Machida, *J. Power Sources*, **271**, 342 (2014)
19) 作田敦, 倉谷健太郎, 竹内友成, 小林弘典, 山本真理, 高橋雅也, Nguyen Huu Huy Phuc, 松田厚範, 日本セラミックス協会2017年年会講演予稿集, P157 (2017.3.17-19)

第36章 カーボン材料の設計と電気化学特性評価

長谷川丈二[*]

1 はじめに

　非晶質（アモルファス）のカーボン材料は，炭や塗料として太古の昔から人類が利用してきた材料の一つであり，現代社会においても吸着材や触媒，電極など多岐にわたる分野で使われている。純粋な sp^2 混成の炭素-炭素結合から構成されるグラフェンが積層した結晶である黒鉛（グラファイト）とは異なり，アモルファスカーボンの化学構造は，sp^3 混成的な構造部分を併せもち，さらに炭素以外に H，N，O，S のような原子を含んでいることもある。そのような様々な化学構造を持ち，異なる大きさのグラフェンのようなドメインが乱層構造を形成しているため，多様な物性を示す物質となる。加えて，カーボン材料は，より大きなナノ〜マイクロメートルスケールでは，さらに多彩な細孔構造・形態をとるため，幅広い分野で有用な機能性材料として応用されるようになった。特に最近では，良好な導電性と低密度・高比表面積という特性を活かした，キャパシタや電池用電極としての応用研究が盛んに行われている[1]。また，ヘテロ原子を含むカーボンの酸素還元反応（ORR）などへの触媒活性も数多く報告されており[2]，アモルファスカーボンは，まさに将来の技術革新の中核を担う材料の一つであると言える。本稿では，ゾル-ゲル法を用いたモノリス状カーボン多孔体の細孔構造制御の例を紹介し，それらを用いたアモルファスカーボンの電気化学特性評価について簡単に述べる。

2 カーボン材料の作製

　アモルファスカーボンは，作製が容易で古くから身近な材料であったため，材料化学の分野において最も研究の歴史が長い材料の一つである。そのため，これまでに様々な側面から多くの研究がなされてきたが，構造が明確に定義できない上に，その種類があまりに膨大であるため，いまだに未知の部分が数多く残されている。以下に，一般的なカーボン材料の作製手法について簡単に紹介するが，詳細は種々の優れた文献や参考書があるのでそれらを参照していただきたい[3]。
　カーボン材料は，化学気相成長（CVD）などの気相法から水熱炭化法のような液相法まで様々な方法により作製することができるが，細孔構造制御の観点からは，炭素前駆体（主に有機高分子）の熱分解・炭化による合成法が最も一般的である。熱処理条件（温度・雰囲気・時間）のほか，前駆体高分子の種類が，炭素化時の収率や生成するカーボンの性質（化学構造や細孔特性）

---

　[*]　George Hasegawa　九州大学　大学院工学研究院　応用化学部門（機能）　助教

に大きな影響を及ぼす。3次元架橋されていて且つ炭素化収率が高い材料を，前駆体高分子として用いた場合，炭素化反応による収縮を伴うものの，前駆体の微細構造を維持したカーボン材料を得ることが可能である。このような高分子の例として，フェノール樹脂がよく知られており，特に炭素化収率が高く，炭素化時の収縮が小さいため，非常に低密度・高気孔率のカーボンエアロゲルの前駆体として頻繁に用いられている[4]。また，前駆体高分子にNやSといったヘテロ原子が含まれている場合，ヘテロ原子がドープされたカーボン材料を得ることができる。一般的に，熱処理温度が高いほどドープ量は減少するが，前駆体高分子の種類にも依存する。注意が必要なのは，前駆体高分子中のヘテロ原子の含有量とその炭素化物のドープ量との間には，ほとんど相関が見られない点である。例えば，ポリアクリロニトリル（PAN）の窒素原子の割合は非常に多いが，PAN由来のカーボン材料のNドープ量は非常に低いことが知られている。

カーボン材料は，様々な手法で処理することにより，その物理的・化学的性質を変化させることが可能である。その代表が賦活と呼ばれる処理であり，これによりカーボンのミクロ孔が発達し，高い比表面積をもつカーボン材料，すなわち活性炭を得ることができる。また，カーボン材料をNH_3やH_2Sのような反応性ガスと反応させることで，NやSをドープすることが可能である。

3　多孔性カーボンモノリスの作製と細孔構造制御

既に述べたように，カーボン材料の細孔構造制御は，前駆体高分子の細孔構造を制御することにより，間接的に行うことができる。ただし，ミクロ孔のような小さな細孔に関しては，高分子架橋構造が炭素化する際に大きく変化するため，精密な構造制御が非常に困難である。ここで，「精密な」構造制御と述べたのは，賦活処理によりミクロ孔を発達させることが可能であるほか，炭化物由来カーボン（CDC）[5]やゼオライト鋳型カーボン[6]など，ある程度狭いミクロ孔径分布を有するカーボン材料を合成することができるためである。一方，前駆体高分子のメソ孔およびマクロ孔は，鋳型法や相分離法など，種々のゾル-ゲル法を用いることで構築することができる。ここでは，フェノール樹脂の一種であるレゾルシノール-ホルムアルデヒド（RF）ゲルの細孔構造制御の一例を紹介する。

RFゲルの重縮合反応は，シリカのゾル-ゲル反応のように，酸もしくは塩基触媒下において水溶液系で行うことができ，反応の制御も比較的容易である。酸性条件では，重合が進むにつれ，比較的疎水的なRF重合体と水との間で相分離が進行するが，エタノールを添加することによりRF重合体と溶媒の親和性を高くすることで，相分離傾向が抑制され，エタノール量が多い組成では均一で透明なゲルが生成する。出発組成・重合条件を調節することにより，スピノーダル分解型の相分離を誘起することができ，溶媒を蒸発させると，ゲル骨格と細孔がともに連続した共連続構造を有する，マクロ多孔性RFキセロゲルを得ることができる。したがって，このゾル-ゲル反応系では，出発組成の水／エタノール比を調節するだけで，RFゲルのマクロ孔径の

第36章 カーボン材料の設計と電気化学特性評価

制御を行うことができるため,工業的にも有用である(図1)[7,8]。

RF重合体は水酸基を多く含むため,水素結合を介してポリエチレンオキシド(PEO)と強く相互作用する。そのため,PEO鎖を含むPluronic® F127のような界面活性剤を添加することにより,超分子自己集合体を形成させることができ,規則的に配列したメソ孔構造を構築することが可能である[9]。このミセル鋳型法と,上述の相分離を伴うゾル-ゲル法を組み合わせることにより,規則性を有するメソ孔とマクロ多孔構造を併せ持つRFゲルを作製することができる[10,11]。このRFゲルを,界面活性剤を除去した後,不活性ガス雰囲気下で焼成すると,図2に示すような,階層的多孔構造を有するカーボンモノリスが得られる[10]。

マクロ多孔性RFゲル由来のカーボン材料の比表面積は,1000℃で熱処理したもので約650 $m^2 g^{-1}$ と,あまり大きくない。また,熱処理温度の上昇と共に比表面積は低下し,1600℃

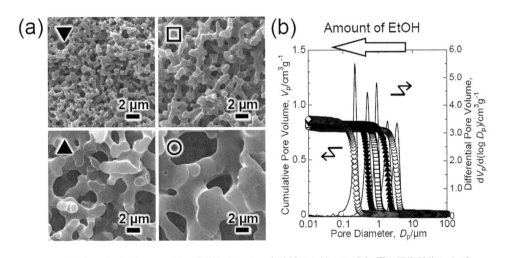

図1 異なる水/エタノール比で作製したマクロ多孔性RFゲルの (a) 電子顕微鏡像および (b) 細孔径分布

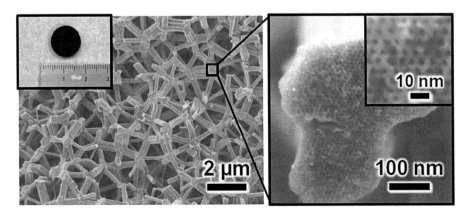

図2 2Dヘキサゴナル構造のメソ孔とマクロ多孔構造を併せ持つカーボンモノリス

以上の熱処理により，ミクロ孔はほぼなくなる[12]。しかし，既に述べたように，カーボンモノリスに対し賦活処理を施すことにより，2000 $m^2 g^{-1}$ 以上の比表面積を有する活性炭モノリスを得ることができる[8]。このように，炭素化温度の調節と賦活処理により，ミクロ孔の量と比表面積の制御が可能であり，ゾル-ゲル法によるメソ孔・マクロ孔の細孔特性制御と併せて，様々な細孔構造を有するカーボンモノリスを作製することができる。

4 多孔性カーボンモノリスへのヘテロ原子の導入

カーボンへのヘテロ原子の導入は，材料の多様性の観点から，そして触媒活性の発現や電気化学特性の向上といった材料の機能性の観点からも，非常に重要である。ヘテロ原子を含む前駆体を選択することにより，ヘテロ原子がドープされたカーボン材料を得ることができるが，この場合，高温での炭素化や賦活処理を行うことでヘテロ原子のドープ量が著しく減少するため，ドープ量の制御が困難という問題がある。そのため，カーボン材料の細孔構造制御とヘテロ原子ドープの制御を両立させるためには，後処理によるカーボン材料へのヘテロ原子の導入が望ましい。粉末や薄膜のカーボン材料の場合，NH_3 などの反応性ガスと反応させる方法が一般的であるが，モノリス材料の場合は，表面と内部でガスの暴露条件が異なるため，ドープ反応の不均一性が懸念される。

新しいヘテロ原子ドープ手法として，真空封管中におけるドープ反応が提案されている[8]。尿素やピロ亜硫酸ナトリウム（$Na_2S_2O_5$）など，室温では安定な固体であるが，熱分解により反応性ガスを発生する試薬（ドーパント）を，カーボンモノリスとともにガラス管中に真空封入し，加熱・反応させることにより，カーボンの細孔表面へ N，P，S といったヘテロ原子を含む種々の官能基を導入することができる。減圧された封管中でガスが発生するため，小さな細孔の内部まで気体分子が拡散し，前述の従来法に比べ，均一なヘテロ原子ドープカーボンモノリスが得られると考えられる。ドーパントの種類や反応条件を選択することにより，様々な官能基を導入することができ，加えて，複数のヘテロ原子を導入したカーボン材料を得ることも可能である。また，このヘテロ原子ドープ反応では，メソ孔・マクロ孔だけでなく，ミクロ孔のような小さな細孔構造もあまり変化しないことが分かっている。すなわち，この手法を用いることで，カーボン材料の細孔構造制御とヘテロ原子ドープの制御の両方を達成することができる。

5 モノリス型カーボン電極

近年，エネルギー需要の高まりから，カーボン材料の電極としての応用研究が盛んに行われている。種々の蓄電デバイスに対し，それぞれに適したカーボン電極を作製する必要があるが，その設計指針を示すため，様々な細孔構造・化学構造をもつカーボン材料の電気化学特性を評価することが重要である。これまでの研究の多くは，粉末状のカーボン材料をバインダーや導電助剤

第 36 章　カーボン材料の設計と電気化学特性評価

と混練したスラリーを，集電体上に塗布することで作製する合剤電極を用いて行われてきた。しかし，この場合，カーボン粉末の大きさによって，粉末どうしの間隙の細孔径・容積や電極の厚みが異なるという問題点に加え，添加剤との混練過程において，カーボン材料の細孔特性そのものが変化してしまう恐れもある。

　一方，カーボンモノリスをバインダーフリー電極として用いる[13]と，電極の細孔特性を明確にできる上，添加剤の影響やスラリー混練時の表面・細孔特性の変化の可能性を排除することができ，カーボン材料の化学的・物理的特性と電気化学特性の関係について直接的な知見を得ることが可能である。また，同じくバインダーフリーである薄膜電極と比較して，モノリス型電極では活物質量が多いため，測定電流値が大きく誤差が少ない，細孔特性などの物性評価が容易である，などの利点がある。加えて，実用的観点からも，モノリス型電極は，添加剤を含まず，集電体の必要がないため，電極当たりのエネルギー密度が高いという点で有用である。

6　電気二重層キャパシタ

　電気二重層キャパシタ（EDLC）は，電極と電解液の界面に形成される電気二重層の誘電的性質を利用して，エネルギーを蓄えるデバイスである。一般的には，電極の比表面積が大きいほど，エネルギー密度が高くなるため，電極材料として高い比表面積を有する活性炭が用いられている。しかし，電解質イオンが入れないような小さな細孔中では電気二重層が形成されないため，そのような小さな細孔の表面積は電極の容量には寄与しない。したがって，電解質イオンが入れる大きさの細孔に関係する表面積が大きなカーボンを作製する必要がある。ここで重要な点は，電解液中のイオンは，水溶液中では水和，非水系電解液では溶媒和された状態で存在している点である。加えて，脱溶媒和の可能性や細孔の形状効果を考えると，電気二重層容量に寄与できる最小細孔径を計算により算出することは現実的ではなく，実験的に得られる知見が大きな意味を持つ。これまで，活性炭の細孔径（特にミクロ孔径）・比表面積と種々の電解液中における電気二重層容量について，様々な報告がされてきた[14]が，ミクロ孔径の精密な制御が困難であるため，まだ明確な結論は出ていない。ミクロ孔径の異なるカーボン材料を得るためには，賦活処理などの熱処理条件を変化させる必要があるが，それによりカーボンの化学構造（官能基量など）も大きく変化するため，容量と細孔径の直接的な比較ができないことも一因として挙げられる。

　相分離を伴うゾル-ゲル法により作製した，有機架橋ポリシルセスキオキサン（PSQ）多孔体を不活性ガス雰囲気下で焼成すると，カーボンとシリカのナノ複合体と見なすことができる材料が得られる。このナノ複合体からシリカ部分を除去することで，賦活処理を経ずに，ミクロ孔の発達したカーボンモノリスを得ることができる[15]。また，前駆体であるPSQゲルは，オストワルト熟成によりメソ孔の制御が可能であるが，その際にミクロ孔径も変化する。異なるミクロ孔径をもつPSQゲルを前駆体としてカーボンを作製すると，似たような比表面積をもつが，異な

るミクロ孔径分布を示すカーボンモノリスが得られる（図3（a））[16, 17]。これらのカーボンモノリス電極の，様々な水系電解液中における容量を比較すると，図3（b）に示すように，電解液の種類に応じて差異が認められ，計算で得られる水和イオンサイズよりも，およそ 0.2 nm 以上大きなミクロ孔径が電気二重層形成に有効であることが導かれた[17]。

EDLC のエネルギー密度の向上には，電極容量の改善も必要であるが，最大作動電圧を高くする必要がある。実用的な EDLC の場合，安全性や高速充放電性の観点から，水系電解液が望ましいが，熱力学的には水の電位窓は 1.23 V しかなく，これ以上の電圧をかけると水の分解反応（水素発生・酸素発生）が起こることになる。しかし，ビス（トリフルオロメタンスルホニル）イミドリチウム（LiTFSI）の濃厚水溶液が，3 V 程度の広い電位窓を示すことが報告され[18]，水系 EDLC の高電圧化が可能となった。活性炭を電極とした場合，この濃厚水溶液の電位窓は 2.5 V 程度となる[10]。活性炭電極で電位窓が小さくなるのは，電極の表面積が非常に大きいことに加え，正極側でカーボンの酸化が起こるためである。

図2に示した，階層的多孔構造をもつカーボンモノリスを賦活処理することで得られる活性炭をモノリス電極として用い，高電圧水系 EDLC を作製した例を図4に示す[10]。2極式対称セルで評価した結果，2 A g^{-1} で 143 F g^{-1}，10 A g^{-1} で 104 F g^{-1} の容量を示し，10000 サイクル後の容量維持率が 80％ 程度であった。容量の低下は，電解質の TFSI アニオンの分解による電解液の劣化と，正極側活性炭の酸化による電極導電率の低下によるものであると考えられる。実用化にはサイクル特性の向上が必要であるものの，この結果から，将来的に水系 EDLC のエネルギー密度の大幅な向上が期待できる。

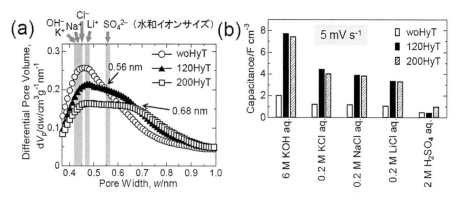

図3　PSQ ゲル由来カーボンモノリス電極の（a）ミクロ孔径分布（HK 法による）と（b）種々の電解液中における容量

（woHyT：1460 m^2 g^{-1}，120HyT：1490 m^2 g^{-1}，200HyT：1360 m^2 g^{-1}）

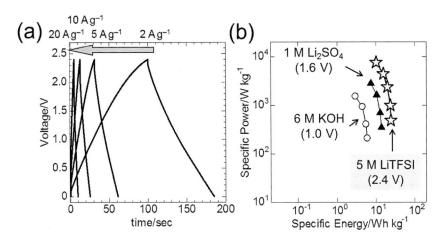

図4 階層的多孔構造をもつ活性炭モノリス電極の対称 EDLC セルの（a）充放電特性と（b）種々の電解液中における Ragone プロット（括弧内は充電電圧）

7 ナトリウムイオン二次電池

現在，ほとんどのリチウムイオン二次電池（LIB）において，黒鉛への Li^+ の挿入脱離反応が負極反応として利用されている。しかし，Na^+ は黒鉛層間にほとんど入らないことが知られており[19]，ナトリウムイオン二次電池（SIB）の負極材料として黒鉛を用いることができない。一方，アモルファスカーボンは，その乱層構造の層間および nanovoid と呼ばれる閉気孔中に Na^+ を吸蔵することができ[20]，その反応が比較的低い電位で起こることから，有力な SIB 負極材料として注目を集めている。アモルファスカーボン電極に関して，SIB 負極として最適な炭素化温度や細孔構造を示すことができれば，早期の実用化につながることが期待される。

図1で示したフェノール樹脂を，様々な焼成温度で炭素化することで得たマクロ多孔性カーボン電極について，それらの電気化学的 Na^+ 吸蔵特性を調べた結果を図5に示す[12, 21]。1200〜2500℃で焼成したカーボン電極が，300 mAh g^{-1} 以上の可逆容量を示し，炭素化温度を1600〜2000℃程度とした場合に，可逆な充放電容量が最大となり，加えて90％以上の優れた初回クーロン効率を示すことが明らかとなった。また，マクロ孔径を大きくすることで電解液の分解による被膜（solid electrolyte interface（SEI））が形成される表面を減らし，初回クーロン効率を95％近くまで改善させることが可能であった。マクロ孔径を大きくすると，Na^+ のカーボン骨格中における固体内拡散距離が長くなるため，レート特性の低下が予想される。しかし，図5（b）から分かるように，レート特性の低下は限定的であり，カーボン内の Na^+ の拡散速度が比較的速いことが示唆された。以上から，1600〜2500℃程度で炭素化した，数ミクロン程度のカーボン粒子が，SIB 負極として有用であると考えられる。

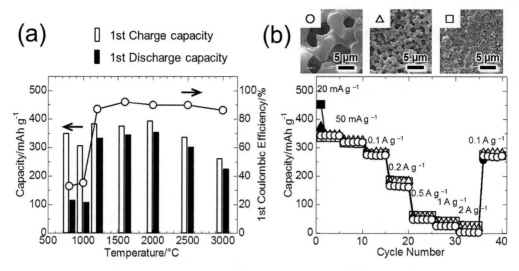

図5 (a) 様々な温度で炭素化したRFゲル由来マクロ多孔性カーボン電極の電気化学的Na$^+$吸蔵特性，(b) 異なるマクロ孔径のカーボン電極（炭素化温度：1600℃）のレート特性

8 おわりに

本稿では，ゾル-ゲル法を用いて作製した高分子ゲルを前駆体とする，モノリス状カーボン多孔体の細孔構造制御と表面化学構造の制御について簡単に述べた．また，カーボンモノリスをそのままバインダーフリー電極として用いた，電極材料の電気化学特性評価の一例を紹介した．モノリス材料は，粉末や薄膜の材料に比べ，合成条件の制約や反応制御の難しさなどの面から，研究対象とされることが少ないが，特定の研究分野においては，非常に有用な材料となりうる．また，アモルファスカーボン材料については，その構造・物性について未知の部分が数多く存在し，今後の科学技術の発展と共に，ますます新たな発見があることと思われる．今後，電極としてだけでなく，吸着・触媒・分離など幅広い分野での発展を期待したい．

文　　献

1) M. Inagaki et al., *J. Power Sources*, **195**, 7880-7903（2010）; Y. Zhai et al., *Adv. Mater.*, **23**, 4828-4850（2011）; H. Nishihara et al., *Adv. Mater.*, **24**, 4473-4498（2011）
2) J. Ozaki et al., *Carbon*, **44**, 3358-3361（2006）; T. Ikeda et al., *J. Phys. Chem. C*, **112**, 14706-14709（2008）
3) 例えば，田中一義，東原秀和，篠原久典編，炭素学，化学同人（2011）

4) S. A. Al-Muhtaseb and J. A. Ritter, *Adv. Mater.*, **15**, 101-114 (2003)
5) Y. Gogotsi *et al.*, *Nature Mater.*, **2**, 591-594 (2003)
6) T. Kyotani *et al.*, *Chem. Mater.*, **9**, 609-615 (1997)
7) G. Hasegawa *et al.*, *Mater. Lett.*, **76**, 1-4 (2012)
8) G. Hasegawa *et al.*, *Chem. Mater.*, **27**, 4703-4712 (2015)
9) Y. Meng *et al.*, *Chem. Mater.*, **18**, 4447-4464 (2006)
10) G. Hasegawa *et al.*, *Chem. Mater.*, **28**, 3944-3950 (2016)
11) G. Hasegawa *et al.*, *Chem. Mater.*, **29**, 2122-2134 (2017)
12) G. Hasegawa *et al.*, *ChemElectroChem*, **2**, 1917-1920 (2015)
13) Y.-S. Hu *et al.*, *Adv. Funct. Mater.*, **17**, 1873-1878 (2007); G. Hasegawa *et al.*, *J. Mater. Chem.*, **21**, 2060-2063 (2011)
14) G. Salitra *et al.*, *J. Electrochem. Soc.*, **147**, 2486-2493 (2000); J. Chmiola *et al.*, *Science*, **313**, 1760-1763 (2006); H. Nishihara *et al.*, *Chem. Eur. J.*, **15**, 5355-5363 (2009)
15) G. Hasegawa *et al.*, *Chem. Commun.*, **46**, 8037-8039 (2010)
16) G. Hasegawa *et al.*, *Micropor. Mesopor. Mater.*, **155**, 265-273 (2012)
17) G. Hasegawa *et al.*, *J. Phys. Chem. C*, **116**, 26197-26203 (2012)
18) L. Suo *et al.*, *Science*, **350**, 938-943 (2015)
19) D. A. Stevens and J. R. Dahn, *J. Electrochem. Soc.*, **148**, A803-A811 (2001)
20) D. A. Stevens and J. R. Dahn, *J. Electrochem. Soc.*, **147**, 1271-1273 (2000)
21) G. Hasegawa *et al.*, *J. Power Sources*, **318**, 41-48 (2016)

第 37 章　超伝導薄膜

元木貴則[*]

1　はじめに

　1980年代後半に，常伝導状態から超伝導状態に転移する臨界温度（T_c）が液体窒素温度 77 K を超える銅酸化物高温超伝導体が発見されて以降，その応用が盛んに研究開発されている。超伝導薄膜としては，電気抵抗ゼロで大電流を流すことができることを利用した送電ケーブルや永久電流コイルに加え，ジョセフソン接合を利用した SQUID 素子，さらに超伝導バンドパスフィルターや種々のエレクトロニクスなど幅広い応用が期待されている。ゾル-ゲル法のような溶液プロセスを用いて超伝導薄膜を作製する際，その狙いはほとんどの場合，低コストで連続プロセスも可能であることを活かした長尺の薄膜線材応用であろうと思われる。そこで本章では，薄膜線材応用を目的とした超伝導薄膜作製に焦点を絞ってその動向をまとめたい。それでも，その内容は多岐にわたって膨大であるため，筆者の知りうる範囲において近年の動向をピックアップしたものであるという点についてご容赦いただきたい。

2　超伝導薄膜について

　電気抵抗ゼロで直流電流を流すことができる超伝導状態には，温度だけでなく磁場や電流密度にも臨界値が存在する。とりわけ，結晶粒間をまたぐ臨界電流密度（J_c）は結晶の配向状態によって 1,000 倍以上も大きく変化する。例えば無配向焼結体の J_c は 20 K まで冷却しても ～kA cm^{-2} 程度であるのに対し，c 軸と a，b 軸をそれぞれ揃えた 2 軸配向薄膜の J_c は 77 K においても ～MA cm^{-2} 級であり極めて高い。結晶間を流れる J_c は粒界角の増大に伴って指数的に減少することが知られている[1]ため，大電流の通電応用を目的とする際には薄膜全体にわたって一様な 2 軸配向組織の形成が極めて重要となる。

　REBa$_2$Cu$_3$O$_y$（REBCO，RE：希土類元素，y = 6-7）超伝導体は，90 K を超える高い T_c を有し，他の銅酸化物超伝導体に比べて最も磁場中での J_c 特性が高いことから線材化の研究開発が盛んに行われている。ここで，REBCO の 2 軸配向組織形成は，同じく線材化が進められている Bi 系高温超伝導体で有効な機械的圧延などによっては達成されないことから，配向組織を有する材料からエピタキシャル成長させることで実現している。このことから REBCO 線材は，"薄膜線材"もしくは"Coated Conductor"と呼ばれている。典型的な REBCO 薄膜線材の模式

---

　[*]　Takanori Motoki　青山学院大学　理工学部　助手

第 37 章　超伝導薄膜

図を図 1 に示す。薄膜線材の中間層までの作製手法として，（a）無配向の基板上に 2 軸配向中間層を形成する IBAD（Ion Beam Assisted Deposition）法[2]と（b）機械的圧延により配向面を出した金属上にエピタキシャル成長により配向中間層を形成する RABiTS（Rolling Assisted Bi-axially Textured Substrate）法[3]に大別される。中間層は主に基板構成元素の超伝導層への拡散防止や超伝導層との格子整合を担っており，複数積層するのが一般的である（例えば RABiTS 法の場合 $CeO_2/YSZ/Y_2O_3$ など）。これらの手法の詳細には立ち入らないが，中間層をゾル-ゲル法で成膜する方法も多数研究されており，これに関しては後述する。

このようにして積層した配向中間層の上に REBCO 薄膜を様々な成膜手法を用いてエピタキシャル成長させることで，ようやく 2 軸配向した超伝導層を得ることができる。基板や中間層，保護層も合わせた線材全体の厚さは数 100 μm^t であるが，その中で超伝導層が占めるのはわずか 2 μm^t 程度である。それにも関わらず，J_c が極めて高いために液体窒素浸漬下（77 K）において実際に流すことのできる臨界電流（$I_c = J_c \times$ 膜厚）は線材 1 cm 幅あたり数 100 A にも達する。

様々な成膜法の中でも溶液を用いた化学的手法による成膜が注目されており，近年大きく発展し既に一部実用線材化に至っている。ゾル-ゲル法というと厳密には，ゾルの加水分解や縮合重

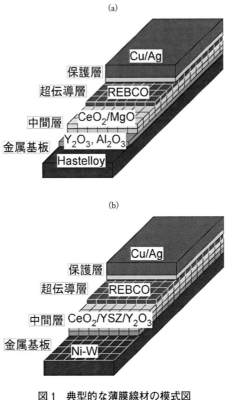

図 1　典型的な薄膜線材の模式図
（a）IBAD 法，（b）RABiTS 法

合などによって無限架橋構造を有するゲルを経る成膜手法を指すことが多いようであるが,超伝導薄膜の分野においてゾル-ゲル法と化学溶液堆積(CSD)法や有機金属塗布熱分解(MOD)法などとの区別は厳密ではないように思われる。そこで,本章では原料溶液から必ずしも無限架橋構造を介さない前駆体膜を経た成膜手法についても"広義のゾル-ゲル法"(以後溶液法と称する)として取り扱う。溶液法の利点として,常圧下での平衡反応を用いていることから,レーザーなどの大出力装置や真空装置を必要とせず他の手法に比べて安定した低コストプロセスであるという点が挙げられる。

溶液法に共通するREBCO超伝導層の成膜手順を簡単に述べる。金属塩を含む溶液を基板にスピンコートやディップコートもしくはインクジェットなどにより塗布後,比較的低温(~500℃)で熱分解することでRE,Ba,Cuの酸化物や炭酸塩(一部の手法では炭酸塩の代わりにフッ化物)からなる前駆体膜を形成する。通常,この塗布・熱分解の操作を複数回繰り返すことで目的の膜厚になるよう制御している。このようにして得た前駆体膜を,低酸素分圧下(O_2/ArやO_2/N_2気流中)にて800℃程度で熱処理することでREBCO層を配向中間層からエピタキシャル成長させる。この状態では適切にキャリアがドープされておらず良好な超伝導特性を示さないため,最後に酸素気流中でアニールすることでキャリア(正確には酸素を導入することによって生成するホール)を導入し,90 K級のT_cを示すREBCO薄膜を得る。

本章の流れとして,溶液法を大きく3種類に分類し,それぞれの手法の特徴と近年の動向を紹介したい。また,中間層や基板といった超伝導層を積層させる前段階部分についても溶液法を用いた研究開発が進んでいるため,その動向を簡単に紹介したい。以後,J_cやI_cは液体窒素温度 77 K,ゼロ磁場における値であり,I_cは薄膜線材 1 cm 幅当たりの値を示している。

3 溶液法による超伝導層の成膜

溶液法による成膜方法は,原料溶液が有機溶媒か水溶液かで大きく二つに分けられ,有機溶媒を用いるプロセスの中でも原料にフッ素を含むか否かでさらに大別される。初めに,有機溶媒を用いた溶液法(これを以後MOD法と称する)についてまとめた後,水溶液を用いた超伝導薄膜作製の取り組みについても述べる。

3.1 TFA-MOD法における動向

原料にフッ素を含むトリフルオロ酢酸(TFA)の金属塩を用いたMOD法(TFA-MOD法)は,高特性な2軸配向薄膜を再現性良く得られることから,溶液法の中でも最も精力的に研究が進められている[11,12]。日本の昭和電線ケーブルシステム,アメリカのAMSC,ドイツのNanoschichtといった企業がTFA-MOD法を採用しており,溶液法の中で唯一長尺の薄膜線材が市販されるまでに開発が進んでいる。この手法の最大の特徴は,TFA-Ba塩の熱分解過程で前駆体膜中に$BaCO_3$が生成せず,熱力学的により安定なBaF_2やRE-Ba-O-Fなどからなるア

第 37 章 超伝導薄膜

モルファス相を形成する点にある。その後，水蒸気を含む雰囲気で熱処理することで，フッ化水素の脱離を介した複雑な反応を経て REBCO 相を生成する。前駆体膜中に $BaCO_3$ を含まないことから金属元素の偏析や微結晶の析出があっても，再現性良く 2 軸配向した超伝導薄膜を得ることができるとされる。このような相生成の駆動力や化学反応ついては，荒木ら[4]や Zalamova ら[5]など複数のグループによって，擬液相を介したものなどいくつかの機構が提唱されている。

通常，溶液法において原料溶液中の金属組成比は超伝導相の組成比である RE:Ba:Cu = 1:2:3 に等しくなるように調製するが，TFA-MOD 法においては Ba 欠損組成とすることで，より高い J_c 特性を示す薄膜が得られることを中岡ら[6]など多数のグループが報告しており，近年では Ba 欠損組成とすることが一般的となっているようである。当然，RE や Cu からなる不純物が生成するが，これらは超伝導層の成長に伴って薄膜表面に押し出されるために良好な超伝導特性が保たれる。荒木ら[4]や Obradors ら[7]，和泉ら[8]などにより多数の解説記事が出ていることから，TFA-MOD 法の詳細な動向については紙面の都合上そちらに譲りたい。

3．2 フッ素フリー MOD 法における動向

原料にフッ化物を含まない MOD 法は，現在主流の TFA-MOD 法と対比してフッ素フリー MOD 法と呼ばれている。TFA-MOD 法では前駆体の分解に伴うフッ化水素の除去が反応を律速するため比較的長時間の成膜が必要であるが，フッ素フリー MOD 法では金属酸化物どうしの簡単な固相反応によりごく短時間焼成で REBCO 相が生成するという利点がある[9]。また，成膜時に薄膜表面への不純物の押し出しがほとんど無く，清浄な超伝導表面が得られるために成膜後の薄膜に再度溶液の塗布を繰り返すことによる厚膜化も可能である。図 2 に示すように，フッ素フリー MOD 法を用いて複数回焼成を行うことで膜厚 4.7 μm^t のクラックのない YBCO 薄膜の作製が可能であることが本田ら[10]によって報告されており，小片試料ではあるものの 250 A を超える I_c が達成されている。

このようにフッ素フリー MOD 法は短時間成膜や厚膜化が可能であり，極めて低コストな成膜法として量産化に適していると言えるが，現在のところ基礎的な研究に留まっており，長尺薄膜線材の開発には至っていない。その理由として，前駆体に $BaCO_3$ を含むことから，成膜過程で前駆体の分解が均一に進行せず膜中の不均一核生成による配向乱れが生じやすいために，広範囲にわたって再現性良く 2 軸配向膜を得ることが難しいことが挙げられる。このような問題に対して，松井ら[11]や相馬ら[12]は，溶液塗布後の基板に 200 nm 程度の波長の紫外線を短時間照射し有機金属塩の C-H 結合や炭酸塩の結合を切断することで，前駆体膜中での金属元素の偏析をなくし短時間焼成で乱れのない均質な薄膜が得られることを報告している。

また，筆者のこれまでの研究[13,14]では，原料溶液に塩素を添加することによりフッ素フリー MOD 法においても再現性良く 2 軸配向した YBCO 薄膜が得られるようになることを明らかにしている。塩素添加によって $Ba_2Cu_3O_4Cl_2$ 酸塩化物が膜中に析出する。図 3 (a) および (b) に YBCO と $Ba_2Cu_3O_4Cl_2$ の結晶構造を比較して示すが，この酸塩化物は結晶構造中に超伝導相

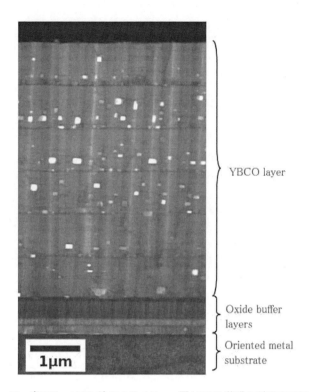

図2 フッ素フリーMOD法による4.7 μm厚YBCO薄膜の断面STEM像[10]

と類似の銅酸素面を持っているために ab 面内の格子整合性が極めて高く，YBCOの結晶化を促進するはたらきを有していると考えられる。さて，通常フッ素フリーMOD法で配向膜の得られる成膜条件は酸素分圧10 Pa下において〜800℃，1 h程度の狭い範囲であり，このような条件下では，中間層最表面の CeO_2 が超伝導層と反応して $BaCeO_3$ といった不純物を生成し特性を劣化させることが課題となっていた。しかし，塩素添加した原料溶液を用いることで，例えば800℃，1 minの短時間焼成や760℃，1 hの低温焼成といった中間層との反応が起こりにくい条件でも配向膜が得られることを明らかにした。小片試料ではあるが，中間層を持つRABiTS基板上に最高100 Aを超える I_c を示す薄膜が得られており，この技術は将来的なフッ素フリーMOD法を用いた薄膜線材化プロセスに貢献できると考えている。

また，フッ素フリーMOD法で作製した薄膜の特徴として，低磁場では他の手法と同等の高い J_c 特性を示すものの磁場中で J_c が急激に低下する問題がある。磁場中 J_c 特性の改善にはピンニングセンターと呼ばれる微細な常伝導不純物（特にペロブスカイト型酸化物）を膜中に導入することが有効であることが知られているが，フッ素フリーMOD法においては超伝導層の配向を維持したままこのような不純物を導入することが困難であり，不純物添加による磁場中特性改善の報告はLuら[15]によるものなど少数に留まっている。磁場中での J_c 特性に関しては，他の手法とは依然大きな差があるというのが現在の印象である。

第 37 章　超伝導薄膜

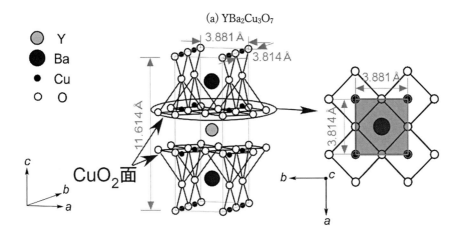

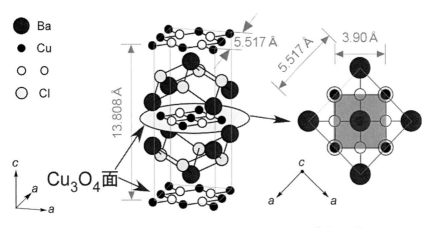

図3　(a) YBa$_2$Cu$_3$O$_7$ と (b) Ba$_2$Cu$_3$O$_4$Cl$_2$ の結晶構造の比較

これは筆者の所感であるが，短時間成膜が可能で低磁場下では高い特性を示す薄膜が得られるフッ素フリーMOD法は，線材の低コスト化と高スループット化が求められかつ磁場がほとんどかからない送電ケーブルのような応用と大変相性が良いように思われる。

3.3　水溶液を用いた溶液法の動向

有機溶媒を用いるMOD法の場合では原料溶液の調製に際して，一般に金属塩の溶解や溶媒の蒸発を複数回繰り返すなど必要な工程が多い。また，膜厚は溶液中の金属塩の濃度に比例するが，有機溶媒の場合金属塩の溶解度が限られている上に，金属塩濃度を上げすぎるとクラック発生の原因となる。そこで，通常総カチオン濃度にして1 mol/L程度の原料溶液を用いて目的の膜厚になるまで複数回の溶液の塗布と仮焼を繰り返す必要がある。一方，水溶液を用いることで簡便に金属塩の溶解度を増大させることができるため，条件を工夫することで一度の塗布・仮焼で

も厚膜を得ることができる。このように水溶液を用いる手法は，溶液法の中でもとりわけ簡便でさらなる低コスト化が可能であろうと期待されている。前述のTFA塩を用いる手法は，熱処理時に水蒸気と反応させることでフッ化水素を脱離し前駆体を得る。そのため，原料溶液には極力水分を含まないメタノールなどの有機溶媒を用いることとなり，原理的に水溶液を用いたプロセスとは共存しない。ゆえに，いくつかの報告をまとめるがいずれも原料にはフッ素フリーの金属塩が用いられている。

Pattaら[16]は，原料水溶液にポリビニルアルコールやメチルセルロースなどを適量添加することで溶液の粘性を制御し，一度の塗布と焼成で様々な膜厚のYBCO薄膜の作製に成功したことを報告している。この報告によると，膜厚が100 nm'以下のときには3 MA cm^{-2}を超える高いJ_cが得られているものの，400 nm'で$J_c \sim 1$ MA cm^{-2}，600 nm'では$J_c \sim 0.5$ MA cm^{-2}と，厚膜化とともに単調にJ_cが減少するため，膜厚とJ_cの積で決まるI_cとしては最大でも60 A程度である。

Thuyら[17]やVermeirら[18]によっても水溶液を用いたYBCO薄膜作製の報告があるほか，Feysら[19]はインクジェット法を用いて水溶液の原料溶液を塗布し，超伝導薄膜を連続して作製できることを報告している。いずれの試料もJ_cは0.2-0.7 MA cm^{-2}に留まっている。

TFA-MOD法ではI_cが500 Aを超えるような数十メートルの薄膜線材まで得られている[20]一方，水溶液を用いた溶液法では現在のところ単結晶基板を用いた小片試料においてもI_cが100 Aを上回る薄膜が得られていないと思われる。厚膜化した際にJ_cの低下が抑えられるような成膜条件の最適化が実用化に向けて求められていると考えられる。

4 溶液法を用いた金属基板や中間層への展開

最後に，溶液法を用いた金属基板の平坦化や配向中間層の作製といった，超伝導薄膜作製の前段階となる部分における動向についても簡単に紹介したい。

金属基板の表面の平坦性は中間層の平坦性に反映され，さらにその上にエピタキシャル成長させる超伝導層の特性に影響する。そのため，平坦な表面を持つ金属基板を用いることがその後の中間層や超伝導層の堆積プロセスに依らず，良好な超伝導特性を達成するために必須であると言える。通常，金属基板表面の平坦化は機械的なバフ研磨や電解研磨によって達成される。これらの手法に用いられる装置は大掛かりであり時間もかかることから，溶液法を用いた低コスト・短時間での連続プロセスの開発が進められている。Sheehanら[21]によると，溶液法を用いてアモルファス状のY_2O_3を堆積させることで基板表面の凹凸を埋め，平坦な表面（5×5 μm^2の範囲の二乗平均粗さにして1 nm以下）が得られることが報告されている。このように堆積したY_2O_3は基板構成元素の拡散防止層としての役割も同時に兼ね得るため有望であろうと思われる。溶液法で酸化物を堆積させた基板表面は無配向であるため，図1（a）に示すようなIBAD用の基板として用いることが想定される。同様に，Y_2O_3やAl_2O_3を基板表面に塗布し平坦化する研

究が Paranthaman ら[22)]や松本ら[23)]によって報告されており，今後 IBAD 用長尺線材の表面平坦化に向けた連続プロセスの開発が望まれる。

さて，中間層の配向性がそのまま超伝導層の 2 軸配向性に影響することから，中間層にはとりわけ高い配向性が求められる。中間層の成膜手法としてはスパッタ法や IBAD-PLD 法といった真空蒸着プロセスが一般的である。しかしながら最近では，低コストな常圧プロセスである溶液法を用いて，超伝導層だけでなく中間層も成膜する手法の開発が進められている。溶液法を用いる場合にはエピタキシャル成長により配向中間層を成長させるために，基板としては配向面を出した金属基板（RABiTS 基板）が用いられる。中間層には，基板や超伝導層と反応しにくく，基板構成元素の拡散を防止し，さらに超伝導層と格子整合性が高いことが求められる。これらの理由から，REBCO 超伝導相と結晶系や格子定数が類似のペロブスカイト型（ABO_3）や蛍石型（AO_2），パイロクロア型（$A_2B_2O_7$）およびこれらに類似の結晶構造の酸化物が選択される。中間層を溶液法で成膜する研究も多岐にわたっており，その全てを網羅することはできないが，溶液法を用いて報告のある代表的な中間層材料を以下に列挙する。

ペロブスカイト型として $BaZrO_3$[7)] や $CaTiO_3$[24)]，蛍石型として CeO_2[7,25)] や $(Y,Ce)O_{2-\delta}$[26,27)]，Y_2O_3[28,29)]，パイロクロア型として $La_2Zr_2O_7$[27,29,30,31)] などが報告されている。特に最近では溶液法を用いて，CeO_2 と $La_2Zr_2O_7$ を中間層として堆積させる研究が盛んであるように思われ，小片試料を用いた基礎研究に留まらず，Reel-to-Reel での長尺基板上への中間層の開発にまで進展している。中間層から超伝導層までの全ての層を溶液法で成膜する長尺 REBCO 薄膜線材のパイロットプラントを立ち上げたことが 2016 年にドイツの Nanoschicht 社によってプレスリリースされており，全溶液法による超伝導薄膜線材の実用展開が進みつつある。

5 おわりに

以上，溶液法を用いた超伝導薄膜作製の動向を，筆者の知りうる範囲のごく一部ではあるが紹介させていただいた。現在，低コスト高温超伝導線材の研究開発が産学官で精力的に進められており，今後さらなる高特性化・長尺化による応用範囲の拡大が大いに期待される。

文　献

1) D. Dimos *et al.*, *Phys. Rev. B* **41**, 4038 (1990)
2) Y. Iijima *et al.*, *Appl. Phys. Lett.* **60**, 769 (1992)
3) A. Goyal *et al.*, *Appl. Phys. Lett.* **69**, 1795 (1996)

4) T. Araki et al., *Supercond. Sci. Technol.* **16**, R71 (2003)
5) K. Zalamova et al., *Supercond. Sci. Technol.* **23**, 014012 (2009)
6) K. Nakaoka et al., *IEEE Trans. Appl. Supercond.* **23**, 6600404 (2013)
7) X. Obradors et al., *Supercond. Sci. Technol.* **19**, S13 (2006)
8) T. Izumi et al., *IEEE Trans. Appl. Supercond.* **19**, 3119 (2009)
9) Y. Ishiwata et al., *IEEE Trans. Appl. Supercond.* **23**, 3 (2013)
10) G. Honda et al., *Abstracts of CSSJ Conference* **84**, 187 (2011)
11) H. Matsu et al., *Physica C* **471**, 960 (2011)
12) M. Sohma et al., *Physica C* **463-465**, 891 (2007)
13) T. Motoki et al., *Supercond. Sci. Technol.* **29**, 015006 (2016)
14) T. Motoki et al., *Appl. Phys. Express* **10**, 023102 (2017)
15) F. Lu et al., *Supercond. Sci. Technol.* **26**, 045016 (2013)
16) Y. R. Patta et al., *Physica C* **469**, 129 (2009)
17) T. T. Thuy et al., *J. Sol-Gel Sci. Technol.* **52**, 124 (2009)
18) P. Vermeir et al., *Supercond. Sci. Technol.* **22**, 075009 (2009)
19) J. Feys et al., *J. Mater. Chem.* **22**, 3717 (2012)
20) T. Izumi et al., *Prog. Supercond. Cryog.* **16**, 1 (2014)
21) C. Sheehan, et al. *Appl. Phys. Lett.* **98**, 7 (2011)
22) M. P. Paranthaman et al., *Supercond. Sci. Technol.* **27**, 022002 (2014)
23) Y. Hirose et al., *Abstracts of CSSJ Conference* **94**, 24 (2017)
24) H. Zhang et al., *J. Sol-Gel Sci. Technol.* **82**, 45 (2017)
25) O. Stadel et al., *IEEE Trans. Appl. Supercond.* **19**, 3160 (2009)
26) Y. Chen et al., *J. Sol-Gel Sci. Technol.* **73**, 32 (2015)
27) W. Bian et al., *J. Sol-Gel Sci. Technol.* **77**, 94 (2016)
28) C. Wu et al., *J. Supercond. Nov. Magn.* (2017)
29) M. P. Paranthaman et al., *Physica C* **445-448**, 529 (2006)
30) V. Narayanan et al., *J. Solid State Chem.* **184**, 2887 (2011)
31) V. Roche et al., *Thin Solid Films* **520**, 2566 (2012)

第38章　強誘電体材料・強誘電体薄膜の開発

曽山信幸*

1　はじめに

　PZT をはじめとする強誘電体は様々な特性を有しており，デバイス応用上非常に魅力的な材料である。これまでもバルク材については数多くのアプリケーションへの適用が実現しており，更なる高機能化デバイス，あるいは新規デバイスを実現するために強誘電体薄膜の適用が今後ますます進んでいくものと期待されている。強誘電体薄膜の研究は，1980年代末に強誘電体の分極特性を利用した不揮発性メモリ（FeRAM）の検討とともに盛んとなった。実質的な量産デバイスとしては，1990年代末に FeRAM の量産化，2000年代半ばには強誘電体の高誘電率特性を利用した薄膜キャパシタを内蔵する IPD（Integrated Passive Devise）の量産化が実現している[1]。現在，第三番目のアプリケーションとして期待されているのが圧電 MEMS である[1]。図1に示す通り，圧電 MEMS は様々なアプリケーションが考えられ潜在的市場も非常に大きいと期待される。本稿では，圧電 MEMS 用強誘電体ゾルゲル成膜技術の開発について紹介したい。

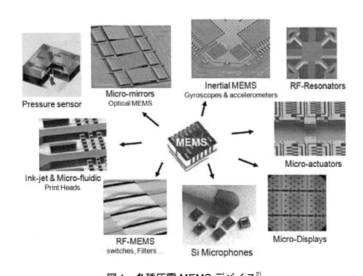

図1　各種圧電 MEMS デバイス[2]

---

　*　Nobuyuki Soyama　三菱マテリアル㈱　中央研究所　電子材料研究部　部長補佐

2　ゾルゲル法による強誘電体薄膜の形成と MEMS 分野適用への課題

ゾルゲル溶液は，金属アルコキシドなどの金属有機化合物を有機溶剤に溶解させ，加水分解，重縮合，安定化剤などとの反応により得られる溶液であり，この溶液を基板に塗布，焼成することで非常に簡便に金属酸化物膜を得ることができる。ゾルゲル法による強誘電体薄膜のプロセスとして，図 2 に典型的な PZT 膜成膜フローを示す。ここでは 3 回の塗布，乾燥を繰り返したのち焼成・結晶化を行って PZT 膜を得ているが，これを繰り返すことで厚膜化を行っている。FeRAM や IPD の場合，PZT の膜厚は数百 nm であり，数回の塗布，一回の結晶化アニールで所望の PZT 膜が得られるためゾルゲル法はこの用途において非常に生産性の高い成膜技術と言える。一方，圧電 MEMS の場合，求められる PZT の膜厚は数 μm と 10 倍程度厚く，非常に多数回のコーティングが必要となり，競合の PZT 成膜技術であるスパッタリング法に比べ生産性の点で大きな懸念があった。厚膜が必要とされる MEMS 分野への適用を考えると，従来のゾルゲル溶液より一回で厚く成膜できる材料が求められていた（①）。また，工業的量産プロセスとして考えた場合，大型基板への均一性膜，再現性ある連続成膜が必須であり，量産成膜技術としての確立も望まれていた（②）。また，特性面においては，各種信頼性特性改善に各種ドーパントが有効であることが知られているが，ゾルゲル法はその組成自由度において競合のスパッタ法に比べ圧倒的に優位であり，このメリットを生かした特性改善も望まれている（③）。これら①〜③に対する取り組みを次章以降で述べる。

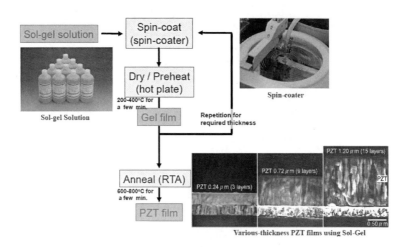

図 2　ゾルゲル法による PZT 膜成膜フロー[3]

3 圧電 MEMS 用厚膜形成用 PZT ゾルゲル液の開発

圧電 MEMS に求められる強誘電体の膜厚は数 μm と比較的厚く，少ない積層回数で所望の膜厚を得るためには一回塗布あたりの膜厚を厚くする必要がある。ゾルゲル法による成膜では，一般的にゾルゲル溶液濃度を高くすることで膜厚を厚くすることが可能である。しかしながらここでいくつかの問題が発生する。図3に従来ゾルゲル液により厚く形成した PZT 前駆体膜を熱処理した際に発生する膜欠陥（マイクロクラックとナノボイド）についての説明を示す。塗布膜厚を厚くすると熱処理後にマイクロクラックが発生しやすくなることは広く知られているが，このマイクロクラックは高沸点溶媒や PVP 等の添加物によるストレス緩和作用によりある程度抑制できる[4,5]。しかしながら，膜厚が臨界膜厚を超えると膜中にナノボイドが発生することは不可避な現象であり，緻密な PZT 膜を形成するには臨界膜厚以下で塗布して行くしかなかった。このボイド発生メカニズムを理解するために，ある成膜条件においての臨界膜厚（100 nm）前後で積層した PZT 膜について，熱処理前後の観察及び Raman スペクトルの測定を行った（図4）。熱処理（pyrolysis）温度が 350℃を超えても 100 nm 以下で積層した膜は透明なのに対して，100 nm 以上で積層した膜は黒く変色した。これらを結晶温度である 700℃で Anneal したあとの断面 SEM 写真を示しているが，100 nm 以上で積層した PZT 膜はボイドが発生していることが分かる。350℃熱処理後の膜の Raman スペクトルを比較すると，100 nm 以上で積層した膜については DLC のピークが見られ膜中にカーボンが存在していることが示唆された。その後の anneal によりカーボンが除去される際にナノボイドが生成するものと考えられ，このことから如何に低温で有機物を分解，膜中から除去できるかがボイドフリー化のキーであると推測される。低温熱分解特性を有し，かつ実用上問題のない安定性を併せ持った溶液を開発するため，Pb,Zr,Ti プリカーサーの選択，ゾルゲル溶液合成条件の最適化，ストレス緩和物質添加等々を

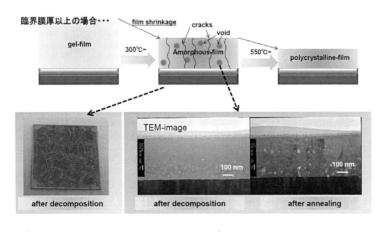

a)マイクロクラック　　　b)ナノボイド

図3　ゾルゲル成膜プロセス中の膜欠陥の発生[6]

行い,厚膜形成に有効な新規溶液(PZT-N 溶液)を得た。示差熱分析による,従来溶液(E1)と新規開発溶液(N)の熱分解特性比較を図5に示す。新規開発液の方が有機物の熱分解発熱ピークが低温にあり,低温分解性に優れていることが示唆される。図6に新規開発液により成膜した PZT 膜の断面 SEM 像を示す。400 nm の厚さで積層してもクラックフリー,ナノボイドフリーの非常に緻密な膜が得られ,4回積層で 1.6 μm 厚の PZT 膜形成が可能である。得られた膜の特性についても,従来の薄く積層して得られる PZT 膜の特性と遜色なく,結晶配向性,強誘電体特性,圧電特性についても同等の特性が得られている。

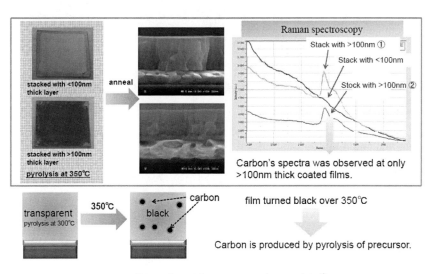

図4 熱処理時に形成されるナノボイドの起源[6]

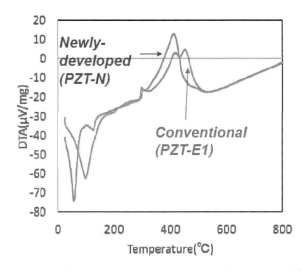

図5 従来溶液(E1)と新規開発溶液(N)の熱分解特性比較[7]

第38章　強誘電体材料・強誘電体薄膜の開発

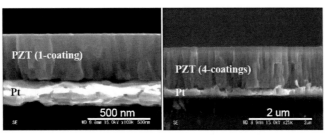

~400 nm single coating　　　4-times stacking to obtain ~1.6 um

図6　新規開発溶液により成膜したPZT膜の断面SEM像[6]

4　大型基板への工業用成膜技術の開発

ゾルゲル法を工業用プロセスとして考えた場合，大型基板への面内均一成膜，基板間で再現性ある連続成膜が必須であり，工業的成膜法として普及させるためにはこれらの実現，実証が求められ，またスイッチ一つで成膜できるいわゆるターンキーソリューションが望まれる。このため装置メーカー（㈱SCREENセミコンダクターソリューションズ社）との協業によりこれらの実現を検討した（図7）。ゾルゲル溶液としては，前章で紹介した厚塗りタイプのPZT-N液を用い，8インチ用量産対応コーター及びランプアニール装置を用いた。図8に8インチ基板上に成膜された膜厚2 μm のPZT膜の外観（a）と各種膜厚に成膜したPZT膜のウエハ面内膜厚測定結果を示す。外観は非常に均一で，膜厚についても非常にバラツキ小さく均一に成膜できていることが分かる。また，8インチウエハ内の各位置のPb, Zr, Ti量をXRFで分析し，組成比に直した結果を図9に示す。組成についてもウエハ面内で非常に均一に成膜できていることが分かる。膜特性の均一性評価として，図10に膜厚2 μm のPZT膜のウエハ面内各位置のP-E特性を示す。ウエハ上の位置によらずほぼ同一の特性となっていることが分かる。P-E特性以外

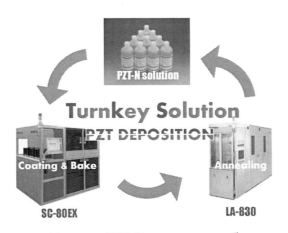

図7　PZT成膜技術のTurnkey solution[6]

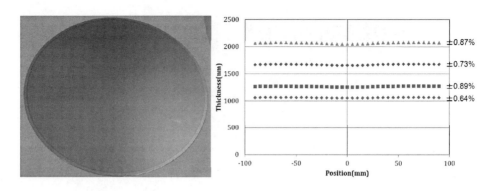

a) 2μmPZT膜の外観　　　　b)各種膜厚PZT膜の膜厚分布

図8　8インチウエハ上に形成した2μmPZT膜の外観とウエハ上膜厚分布[6]

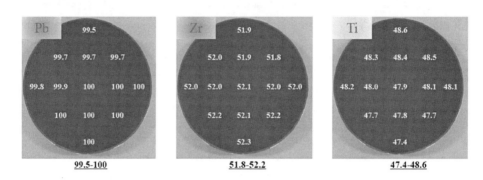

図9　8インチウエハ上に形成した2μmPZT膜の面内組成分布[6]

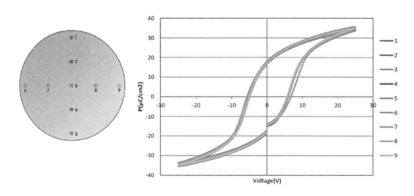

図10　8インチウエハ上に形成した2μmPZT膜のP-E特性面内均一性[6]

にも，結晶配向性，電気特性，圧電特性等の評価を行ったがどれも非常に均一な特性が得られることを確認している。一方，実用上もう一つ気になる点として，連続成膜した際のウエハ間バラツキがあるが，図11に示す通り，ウエハカセットの25枚連続成膜した膜のP-E特性は1枚目

第38章 強誘電体材料・強誘電体薄膜の開発

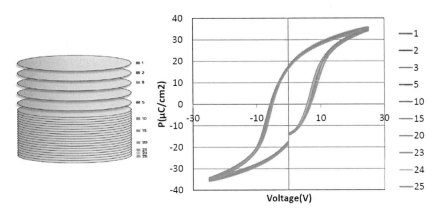

図11 8インチウエハ上に形成した2 μmPZT膜のP-E特性ウエハ間均一性[6]

から25枚目までほぼ同一の特性であることが分かる。結晶配向性，電気特性，圧電特性等の評価においてもウエハ間で均一な特性であることを確認している。このことから，開発されたPZT成膜技術は，膜特性，均一性，ウエハ間再現性等に優れ，圧電MEMSデバイスの量産成膜技術として極めて有効であると考えられる。

5 ドーピング技術による膜特性の改善

　圧電体膜を適用したデバイスを実現していく上で，初期の特性だけではなく，膜特性の信頼性・寿命といったものが重要であることは言うまでもないことである。これら信頼性の確保は誘電体の場合，微量元素のドーピングにより実現されることが多く，圧電デバイスにおいてもこの手法が有効であると期待される。他の成膜法に比べ，ゾルゲル法が非常に優れる点として組成自由度の高さが挙げられる。均一な溶液が得られればその組成のままで膜が得られるので，スパッタ法のようにスパッタしにくい元素が膜に入らないといった問題は発生せず，組成を探索するうえで非常に有効であり，量産時でも安定した膜組成の再現が可能である。このメリットを生かし，PZTにドーパントを入れることで特性改善を試みた。ドーパント元素種により様々な改善効果の知見が得られているが，一例としてNbドープの効果をここでは紹介したい。図12に，Zr/Ti組成比が52/48であるPZTにNbを0～12％ドープした際のI-V特性を示す。膜厚は1 μmで評価を行った。Nb = 0では絶縁耐圧が50 V程度であったのに対し，4％，8％ドープ組成においては100Vを超える値を示した。また，リーク電流密度についても30 Vから50 Vの領域において一桁前後低い値となっており，これはが信頼性に効果があると考えられる。図13にZr/Ti組成比が40/60，52/48，60/40のPZTにNbを0～8％ドープしたPZT膜の30 V印可時におけるリーク電流密度を示す。どの組成においてもNbドープがリーク電流密度低減に有効であることが分かる。一方，圧電特性においてもNbドープは優位に働くことが分かった。図14にZr/Ti

383

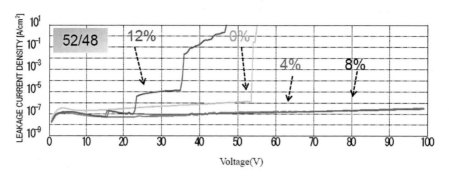

図12　1 μmPZTNb（52/48/x）膜のI-V特性[8]

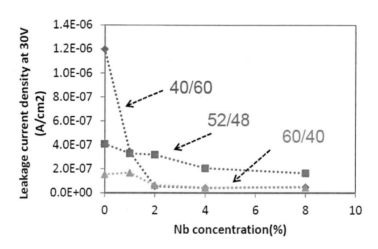

図13　各種Zr/Ti組成の1 μmPZTNb膜の30V印可時のリーク電流密度[8]

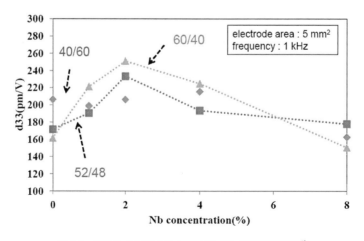

図14　各種Zr/Ti組成の1 μmPZTNb膜の圧電特性[8]

第38章　強誘電体材料・強誘電体薄膜の開発

組成比が 40/60，52/48，60/40 の PZT に Nb を 0〜8％ ドープした PZT 膜の圧電特性（d33）を示す。40/60 組成においては顕著な改善は見られなかったが，52/48 および 60/40 において特性改善効果が見られた。Nb ドープ PZT は圧電 MEMS 材料として非常に有望であると考えられる。

6　おわりに

　圧電 MEMS 用 PZT 膜は数 μm という比較的厚い膜が必要となり，従来のゾルゲル法では非常に不得手な膜厚領域であった。本研究ではクラック抑制のためのストレス緩和技術，低温分解性技術，成膜プロセスの最適化等で一回塗布あたりの膜厚を厚くする技術が可能であることを明らかにした。また，この新ゾルゲル液および量産用の装置を用いて，ゾルゲル法による成膜形成技術が厚膜の必要な圧電 MEMS デバイスの量産成膜技術としても有望であることを明らかにした。更には，ゾルゲル法は組成自由度が高いため Doping 技術を用いて特性改善が容易であることも明らかにした。ゾルゲル法による強誘電体膜形成技術は，今後の圧電 MEMS デバイス発展に大きく寄与していくことが期待される。

文　　献

1) Yole Development, "Thin Film PZT for Semiconductor"（2014）
2) Yole Development, "Analysis of the Applications, Business & Technology Trends of PZT in MEMS Actuators"（2010）
3) Mitsubishi Materials Corporation, "Technical data on PZT-E1 solution"
4) K. Maki et al., Jpn. J. Appl. Phys., **39**, 5421（2000）
5) H. Kozuka et al., J. Am. Ceram. Soc., **85**, 2696（2002）
6) 曽山信幸ほか，日本ゾル-ゲル学会第12回討論会，製品企業化の経緯，93（2014）
7) N. Soyama et al., The 17th US-Japan Seminar on Dielectric and Piezoelectric Ceramics（2015）
8) T. Doi et al., 5th International Workshop on Piezoelectric MEMS（2016）

第 39 章　無鉛圧電セラミックス薄膜の開発

坂本　渉*

1　はじめに

　近年，世界的に環境問題に対する意識が高まってきており，電気・電子機器産業では，Pb, Cd, Hg, Cr^{6+} などの有害元素を排除しようとする動きが活発になってきている。特に欧州では，廃棄された電気・電子機器に含まれるこれらの有害物質が土壌や大気を汚染するリスクを最小限に抑えるため，有害物質の使用を法律で禁止する RoHS（Restriction of Hazardous Substances）指令が 2006 年 7 月から発令された。さらに廃棄物の防止や再利用を目的とし，すべての家電・電子製品を対象としてメーカーに廃品回収を義務付ける WEEE（Waste Electrical and Electronic Equipment）指令も 2005 年 8 月から施行されている。このように有害元素規制の動きが広がりつつある中で，電子材料（特に圧電材料）として主に使用されているチタン酸ジルコン酸鉛（$Pb(Zr,Ti)O_3$, PZT）系セラミックスは，鉛元素を含有しているにも関わらず，未だ PZT 系材料に匹敵する優れた代替材料が不在であり，その実現が難しい状況にあるため規制の対象から外されている。しかし，今後 PZT 系セラミックスも規制の対象になることは十分に考えられ，その時に備えて優れた特性を示す無鉛圧電材料の研究開発は急務である。

　一方，電子デバイスの小型化・高集積化に対する要求も最近ますます高まってきており，様々な機能性材料に対する薄膜化プロセスの開発は必須となっている。さらに，半導体製造プロセスおよびその他の超微細加工プロセスを用い，センサやアクチュエータなどを一つの半導体素子基板上に集積化したマイクロエレクトロメカニカルシステム（Micro-electromechanical system, MEMS）の形成，さらには環境に存在するエネルギーから発電を行う低消費電力デバイス用小型電源としてのエネルギーハーベスターの開発にも期待が寄せられている。

　本章では，様々な無鉛圧電セラミックス材料および圧電セラミックスの薄膜化，それらのデバイス応用について述べ，さらに比較的高いキュリー温度および優れた圧電特性を有するために注目されているニオブ酸アルカリ系ペロブスカイト酸化物について，溶液を用いるケミカルプロセスによる $(K,Na)NbO_3$ 系無鉛圧電セラミックス薄膜の作製と評価に関する研究例を紹介する。

---

*　Wataru Sakamoto　名古屋大学　未来材料・システム研究所　材料創製部門　材料プロセス部　准教授

2 無鉛圧電セラミックス材料と薄膜化プロセス，圧電セラミックス薄膜の応用分野

現在，主に使用されている圧電セラミックス材料はPZT系強誘電体酸化物である。しかし，将来に向けての代替材料の開発は必須であり，現在までの多くの無鉛圧電材料が報告されている。その代表例を表1に示す。

無鉛圧電セラミックスにおいては，歴史的にはBaTiO$_3$に関する研究に始まり，現在ではそのBaTiO$_3$に加えて主としてBi$_{0.5}$Na$_{0.5}$TiO$_3$，Bi$_{0.5}$K$_{0.5}$TiO$_3$などのチタン酸塩系，(K,Na)NbO$_3$などのニオブ酸塩系ペロブスカイト化合物，ビスマス層状構造強誘電体およびタングステンブロンズ型構造を有する強誘電体化合物が活発に研究されている。また，ペロブスカイト強誘電体ではないが，薄膜応用という観点ではAlN，ZnOも注目されている。さらに，(反)強磁性と強誘電性を同時に発現するマルチフェロイック物質として研究されてきたBiFeO$_3$系もその大きな強誘電性から無鉛圧電材料として期待され研究が盛んに行われている。

電子セラミックス，特に強誘電体薄膜の作製に関しては，最近まで不揮発性強誘電体メモリの研究開発が精力的に行われていたこともあり，PZT系薄膜では基礎的な材料物性からデバイス作製技術に関するデータまで非常に充実している。そのような知見を活かし，シリコン半導体と薄膜技術を融合したMEMSへの応用を目指す研究が注目されるようになった。ここで，薄膜の作製法としては，スパッタ法，レーザーアブレイション法，化学気相析出（CVD）法，化学溶液（CSD）法などが用いられており，それぞれに特徴（長所と短所）がある。量産を考えた生産性の面では，スパッタ法と化学溶液法が優れていると考えられるが，いずれの方法も圧電薄膜のような比較的膜厚の大きな膜試料を作製するのは難しいといった問題点もある。

圧電セラミックス薄膜における所望の機能発現には，高品質な薄膜の低温作製や化学組成の制御（微量ドープ元素の均一添加を含む）が重要なキーポイントとなる。種々の方法の中で，ゾル

表1 様々な無鉛圧電セラミックス材料

結晶構造	化合物例
非ペロブスカイト型構造	AlN，ZnO
イルメナイト型構造	LiNbO$_3$，LiTaO$_3$
ペロブスカイト型構造	BaTiO$_3$，Ba(Zr,Ti)O$_3$
	KNbO$_3$，K$_{0.5}$Na$_{0.5}$NbO$_3$
	Bi$_{0.5}$Na$_{0.5}$TiO$_3$，Ba$_{0.5}$K$_{0.5}$TiO$_3$
	BiFeO$_3$(BiMeO$_3$)
Bi層状ペロブスカイト型構造	SrBi$_2$Ta$_2$O$_9$(ABi$_2$(Nb,Ta)$_2$O$_9$)
	Bi$_4$Ti$_3$O$_{12}$
	CaBi$_4$Ti$_4$O$_{15}$(ABi$_4$Ti$_4$O$_{15}$)
タングステンブロンズ型構造	(Sr,Ba)Nb$_2$O$_6$
	Ba$_2$(Na,K)Nb$_5$O$_{15}$
	(Sr,Ca)$_2$NaNb$_5$O$_{15}$

-ゲル法に代表される化学的にテーラーメイドされた溶液を用いる薄膜作製法は，製造装置が安価かつ簡便であり，精密な化学組成の制御，高い均質性，プロセス温度の低温化，多様な形状付与性など優れた特長を有している。そのため，未知な組成の化合物探索を含め幅広い材料系の圧電セラミックス薄膜の作製を行うには有利な方法といえる。

一方，圧電セラミックス薄膜応用の代表例としてMEMSデバイスがある。圧電方式のデバイスは発生力が大きい，応答速度が速い，高周波対応が可能，低電圧駆動（低消費電力），エネルギー密度が大きいなどの長所がある。これまでにカンチレバー型素子，メンブレン型デバイス，微細位置決めアクチュエータなどへの応用が提案されている[1]。圧電方式のMEMSでは，歪みを電荷に変換する正圧電効果を利用してセンシングを行うセンサおよび電場を歪みに変換する逆圧電効果を利用して駆動部分とするマイクロアクチュエータを同時作製できる。MEMS加工プロセスは，基本的には半導体プロセスと同様と考えてよいが，MEMS加工プロセスに特有な工程もある。現在，圧電セラミックス薄膜をSi半導体基板上に直接作製し，マイクロアクチュエータへ応用する研究が数多く行われている。

圧電セラミックス薄膜を用いたMEMS作製と評価に関する研究例としては，Kobayashiらが化学溶液法によりSOI（Silicon-On-Insulator）ウェハ上に（001）配向 $Pb(Zr,Ti)O_3$ 薄膜を作製している。これをさらにMEMS加工プロセスによってカンチレバー型の圧電アクチュエータに加工している[2,3]。ここで作製したアクチュエータの圧電特性は，$d_{31} = -100$ pC/N であった。また，YamashitaらはSOIウェハ上にゾル-ゲル法によりPZT膜を形成し，MEMS加工プロセスによってダイアフラム形状に加工することに成功している[4]。なお，強誘電体を用いたデバイス，さらに圧電アクチュエータを中心としたマイクロメカトロニクスについては，それらについて詳しく記述された書籍を参照されたい[5,6]。

一方，IoT（Internet of Things）分野の発展に伴い，超小型センサと無線通信機能を一体化したデバイスを用いるセンサーネットワークシステム開発の進展が著しい。そこでは，光や熱，振動など周りの環境に存在するエネルギーから発電を行う低消費電力デバイス用小型電源としての環境発電技術が注目を浴びている。このようなエネルギーハーベスティング技術として様々な機構のものが研究されているが，その中でも強誘電体薄膜が応用できる方式のものは，他の方式と比較してシンプルな素子構造でエネルギー変換が可能であり，高い量産性と高変換効率が期待できる。特に，圧電セラミックス薄膜は正圧電効果を利用した振動発電への応用が検討されている。環境発電は発電量自体非常に微小であるものの，発電するためにエネルギーの基となる燃料を必要とせず，その用途は電子回路の低消費電力化に伴い，大きく広がることが期待できる。

3 ニオブ酸アルカリ化合物系無鉛圧電セラミックス薄膜の化学溶液法による作製

ニオブ酸塩の強誘電体結晶は，一般にキュリー温度が高く，優れた強誘電性・圧電性を示す化合物が多い。その中でも（K,Na）NbO_3セラミックス[7]は圧電セラミックスとして優れた特性を有しており，最も注目されている材料の1つである。しかしながら，この材料の薄膜化は主成分元素が揮発性のアルカリ金属元素なため非常に難しく，かつ作製した薄膜から良好な電気的特性を得るのもその大きなリーク電流が原因となり非常に難しい。これまでの研究においても，揮発性Aサイト元素（アルカリ金属元素）の制御の重要性を述べた報告[8~14]が多い傾向にある。また，より高い性能を目指す結晶配向制御した薄膜作製[8,9,15~23]に関するものも多い。

本節では，金属アルコキシド前駆体溶液を用いる化学プロセスにより，筆者らにより最近開発された（K,Na）NbO_3系化合物薄膜に関して，プロセス条件の最適化および作製した薄膜の電界誘起歪み特性を含む電気的特性の評価，さらに得られた薄膜の微細加工，薄膜化プロセスの将来展望について述べる。

3.1 ニオブ酸アルカリ系無鉛圧電セラミックス薄膜作製のための前駆体コーティング溶液の調製と前駆体の解析

溶液を用いた薄膜作製プロセスにおいては，前駆体薄膜作製に用いるコーティング溶液が非常に重要になる。（K,Na）NbO_3化合物薄膜作製のための出発原料（KOC_2H_5，$NaOC_2H_5$，$Nb(OC_2H_5)_5$）と溶媒（2-メトキシエタノール），溶液反応条件等の最適化を行い，均一かつ安定な$K_{0.5}Na_{0.5}NbO_3$（KNN）組成の前駆体溶液を調製することができた[12,13]。ここでは，前駆体溶液中に生成した複合金属-有機化合物の構造についても核磁気共鳴（NMR）法等により調べている[24]。KNN前駆体溶液中のKNN前駆体を採取してNMR測定を行った結果，各金属元素へのアルコキシド配位子がエトキシ基から2-メトキシエタノール溶媒との反応による2-メトキシエトキシ基へと配位子交換が行なわれ，溶液中での金属アルコキシド（$M(OR)_n$）間の反応により，構造中に［$Nb(OR)_6$］$^-$構造を有し，K^+またはNa^+が［$Nb(OR)_6$］$^-$に1:1で結合した複合金属アルコキシドが生成していることがわかった（図1）。これより，NbO_6ユニットからなる結晶構造を有する（K,Na）NbO_3薄膜の作製に対し，目的化合物の薄膜を得るのに有利な組成と構造を有する複合金属-有機化合物前駆体の形成に成功したといえる。金属-有機化合物を原料に用いた場合の化学溶液プロセスによる薄膜作製のための前駆体溶液の調製に関する重要な因子については，筆者らの著書を参照されたい[25,26]。

3.2 ペロブスカイトニオブ酸アルカリ系薄膜作製における揮発性元素に関する組成制御

上記の化学的に制御した前駆体溶液を用い，半導体デバイス基板上への直接作製を想定したPt/TiO_x/SiO_2/Si基板上に650℃での加熱処理によりKNN薄膜を作製した。図2に示すXRD測

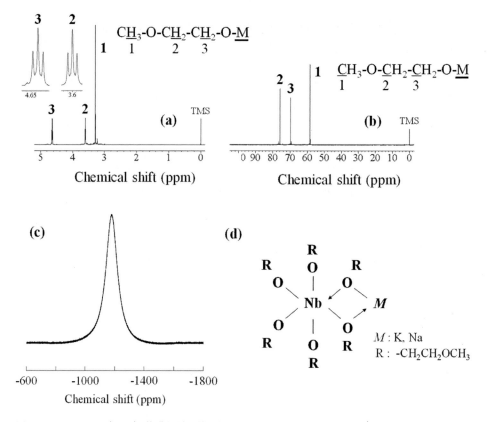

図1 K$_{0.5}$Na$_{0.5}$NbO$_3$(KNN) 薄膜作製用前駆体溶液中の KNN 前駆体の (a) ^{1}H NMR スペクトル, (b) ^{13}C NMR スペクトル, (c) KNN 前駆体溶液の ^{93}Nb NMR スペクトル, (d) KNN 前駆体について考えられる分子構造

定結果より,前駆体溶液調製時に K および Na の組成を化学量論組成よりも 4~10 mol% 過剰組成に制御することで,多くの研究の中で非常に困難とされてきたアルカリ金属イオンの加熱処理過程での揮発による不純物相 (A サイトイオン不足 K$_4$Nb$_6$O$_{17}$ 相) の生成を抑制することができ,ペロブスカイト KNN 単相薄膜が得られることがわかった[12]。さらに,AFM 観察結果から,A サイトイオン組成など作製条件の最適化により表面微構造の改善 (表面粗さの低減) が可能になることも見いだされた。特に,K, Na 組成を 10 mol% 過剰として作製した薄膜試料においては,リーク電流特性も改善された[8]。なお,溶液中の前駆体を薄膜作製時と同じ条件で加熱処理した後,得られたペロブスカイト KNN 試料の化学組成を誘導結合プラズマ (ICP) 発光分光分析法により調べたところ,特に K および Na の組成を 10 mol% 過剰組成とした試料において化学量論組成に最も近い組成の KNN 試料が得られることもわかった。これにより,揮発性 A サイト元素 (アルカリ金属元素) の制御の重要性が明らかとなった。

第39章　無鉛圧電セラミックス薄膜の開発

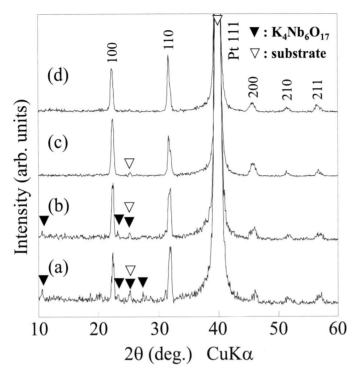

図2　Pt/TiO$_x$/SiO$_2$/Si 基板上に 650℃で作製した K$_{0.5}$Na$_{0.5}$NbO$_3$（KNN）薄膜の XRD 図形
＜前駆体溶液中の K，Na 過剰組成＞
(a) 0 mol%, (b) 2 mol%, (c) 4 mol%, (d) 10 mol%

3.3　ニオブ酸アルカリ系薄膜への機能元素ドープによる電気的特性向上

　ニオブ酸アルカリ系薄膜において筆者らは，揮発性元素である K および Na の過剰組成を含む薄膜作製条件の最適化により，ペロブスカイト単相の薄膜の作製を可能とした[12,13,27,28]。しかしながら，ここで作製した KNN 薄膜においては，結晶構造中の主成分元素であるアルカリ金属イオンの揮発性のため，前駆体薄膜の加熱処理の際に薄膜中に酸素空孔の生成を伴って陽イオン欠陥が生成しやすいことに注意しなくてはならない。ここでの酸素欠陥の生成を伴う K および Na 成分の揮発によるショットキー欠陥の形成が絶縁性の高い薄膜試料の作製を難しくし，その大きなリーク電流が原因となり印加電界を高めることができず，良好な電気的特性を得ることが困難となることが多い。Kizaki らは，KNN 単結晶を用いた研究により，KNN 構造中への Mn 元素のドープ効果について報告している[29]。その主な働きは，Mn イオンが多様な価数をとることができることに注目し，試料の絶縁性（電気伝導性）に影響を及ぼす単結晶中でのホール（$h^{\cdot}$）のトラップ機構について欠陥反応式と ESR（Electron Spin Resonance）スペクトルデータなどをもとに考察を行っている。筆者の研究グループにおいても，この Mn ドープによる効果をケミカルプロセスにより作製した KNN 系薄膜において検証する実験を試みた[27,28]。ここで

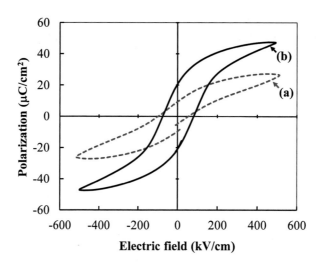

図3 Pt/TiO$_x$/SiO$_2$/Si 基板上に 650℃で作製した (a) K$_{0.5}$Na$_{0.5}$NbO$_3$ および (b) K$_{0.5}$Na$_{0.5}$Nb$_{0.99}$Mn$_{0.01}$O$_3$ 薄膜の強誘電特性

は，1 mol%の Mn ドープにより印加電界方位による非対称性も含めリーク電流特性が大きく改善されることがわかった。また，ペロブスカイト Mn ドープ KNN 系試料の ESR 測定結果から，KNN 系薄膜中にドープした Mn は 2 価あるいは 3 価の状態で存在していることが示唆され，この価数変化によりキャリアの補足を行い，薄膜の絶縁性を高めていることがわかった[27, 28]。図3にノンドープおよび Mn を Nb サイトに 1 mol%ドープした KNN 薄膜の P-E ヒステリシスループを示す。Mn ドープによりリーク電流成分が減少した形状となり，より良好な強誘電特性が得られることがわかった。Mn ドープによる強誘電特性の改善効果は PLD 法により作製した KNN 薄膜においても見られている[30]。また，このような Mn ドープ効果は KNN と同様に揮発性元素を主構成成分とする (Bi$_{1/2}$Na$_{1/2}$)TiO$_3$ 強誘電体薄膜においても確認された[31]。さらに，作製した Mn ドープ KNN 薄膜についてレーザードップラー干渉計を用いて電界誘起歪み特性の評価を行った。その結果，実効圧電定数として 100 pm/V を超える電界誘起歪み挙動が観測された（図4）。圧電薄膜デバイスは一般に高電界強度下で使用されることを考慮すると，その絶縁特性（リーク電流）に関する挙動解析と薄膜中の欠陥との関係解明が必須であり，高い信頼性実現のため今後のさらなる検討を必要とする。

3.4 ニオブ酸アルカリ系薄膜の配向制御による高機能化

KNN 薄膜のさらなる高機能化に関しては，適切な基板（結晶学的なマッチングのよい Pt(100)/MgO(100)）および作製条件を最適化することにより，(100)，(001) 面方位へ配向した KNN 薄膜（配向度：95％）の作製を行った[24]。この薄膜は基板として用いた Pt(100)/MgO(100) の原子配列を引き継いで結晶成長していることが XRD 極点図形の測定により明らかとなった（図5）。ここでの配向制御による KNN 薄膜の強誘電特性の向上は，図6に示され

第 39 章　無鉛圧電セラミックス薄膜の開発

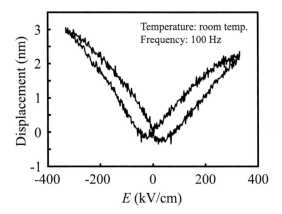

図 4　Pt/TiO$_x$/SiO$_2$/Si 基板上に 650℃で作製した K$_{0.5}$Na$_{0.5}$Nb$_{0.99}$Mn$_{0.01}$O$_3$ 薄膜の電界誘起歪み曲線
＜測定温度：室温＞
歪み曲線の傾きから求めた実効 d_{33} 値：102 pm/V

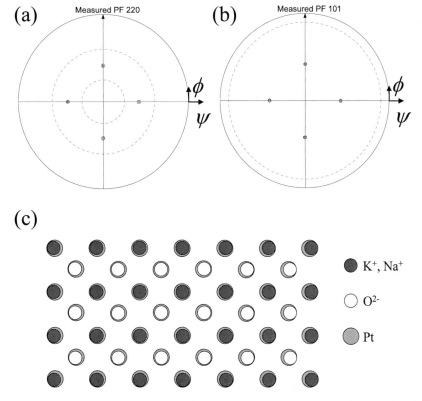

図 5　(a) Pt(100)/MgO(100) 基板上に 650℃で作製した K$_{0.5}$Na$_{0.5}$NbO$_3$(KNN) 薄膜の (101) 面，(b) MgO(100) 基板上に作製した Pt 薄膜の (220) 面に対して測定した XRD 極点図形，(c) 極点図から考えられる KNN の (100) 面と Pt の (100) 面との間の原子配列の関係（格子間ミスマッチは約 1%）

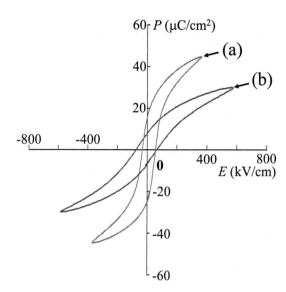

図6　650℃で作製した（a）K$_{0.5}$Na$_{0.5}$NbO$_3$配向薄膜と（b）K$_{0.5}$Na$_{0.5}$NbO$_3$無配向薄膜のP-Eヒステリシスループの比較
＜測定温度：－190℃＞

るP-Eヒステリシス測定結果（Mnノンドープ試料なため抵抗率が高められる低温域での測定）より，無配向KNN薄膜と比較して配向KNN薄膜はより低電場で分極値が飽和することが確認され，残留分極および抗電界の値はそれぞれ$2P_r$ = 41 μC/cm，$2E_c$ = 90 kV/cmを示した。これより結晶配向成長方位を制御することによる強誘電特性向上が確認された。さらに，ここで用いたPt(100)/MgO(100)基板のような酸化物単結晶系の基板ではなく，シリコン系基板上，さらにはステンレス基板上に所望の結晶面方位へ配向結晶化した薄膜を簡便にかつ直接作製するための技術として，ペロブスカイト強誘電体化合物と原子配列など結晶学的なマッチングのよい結晶面を広く有する酸化物ナノシートをシード層として用いる方法[32,33]への興味が最近高まりつつある。

3.5　ニオブ酸アルカリ系薄膜の微細加工と圧電セラミックス薄膜作製に関する将来展望

作製したMnドープKNN薄膜を用い，集束イオンビーム（FIB）により薄膜を薄片化し，薄膜加工後の薄膜断面構造を透過型電子顕微鏡（TEM）により観察した。その結果，図7に示されるような断面像が得られた。作製時の複数回コーティングによる影響と思われる層状の構造が観察されたが，本研究で作製した薄膜は加工後も空隙やクラックなどの発生は見られず，緻密な組織を有する薄膜であることが確認された。また，フォトリソグラフィー，Arイオンミリング，シリコン基板のXeF$_2$エッチングプロセスを併用したMnドープKNN薄膜からなるマイクロカンチレバーの作製を行った。図8に示されるような目的とする形状（構造）を有する試料の作製に成功した。この無鉛圧電セラミックス試料を用いた薄膜型アクチュエータとしての評価

第 39 章　無鉛圧電セラミックス薄膜の開発

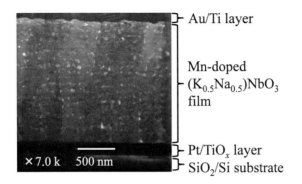

図7　Pt/TiO$_x$/SiO$_2$/Si 基板上に 650℃で作製した K$_{0.5}$Na$_{0.5}$Nb$_{0.99}$Mn$_{0.01}$O$_3$ 薄膜の断面 TEM 写真

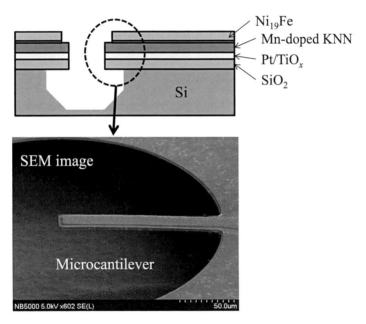

図8　Pt/TiO$_x$/SiO$_2$/Si 基板上に 650℃で作製した K$_{0.5}$Na$_{0.5}$Nb$_{0.99}$Mn$_{0.01}$O$_3$ 薄膜を微細加工したカンチレバー

およびエネルギーハーベスター応用のための正圧電効果による電荷の発生挙動解析などが今後の課題である。

　さらなる将来展望として，薄膜合成技術として最近発展が著しいインクジェット技術（＋レーザー光による局所加熱技術）とここでの化学的に制御された溶液を用いる技術とを融合させたエッチングフリーなデバイス作製プロセス（オンデマンドプロセス）への展開[34]についても，他の薄膜合成法では実現し得ない将来有望なプロセス技術として，これに関連した研究が活発となることが期待される。

4 まとめ

ここでは，主にマイクロエレクトロメカニカルシステムデバイスへの応用を目的とした無鉛圧電セラミックス薄膜としてのニオブ酸アルカリ系ペロブスカイト化合物薄膜の作製と評価に関する研究例を中心に述べた。適切な薄膜作製プロセス条件を確立することにより，所望の基板上に優れた圧電特性を有する無鉛圧電セラミックス薄膜を作製できることが示された。特に，作製する薄膜の精密な化学組成制御は重要であり，微構造およびリーク電流特性にも大きく影響するため，優れた強誘電特性および圧電特性を発現させるのに有効な揮発性元素の組成および微量ドープ元素の選択，そのドープ量の最適化を行わなくてはならない。また，単なる化学組成および結晶化処理条件の制御のみならず，化学溶液プロセスにおいては前駆体溶液中の前駆体分子の設計（最適化）も重要である。さらに，ペロブスカイト強誘電体化合物においては，分極軸方位へ配向成長した薄膜の作製も可能であり，それにより発現する物性のさらなる向上も期待できる。一方，実際の応用を目指した微細加工技術，将来のオンデマンド（インクジェット成膜）プロセスなどへの対応が今後の重要な課題として残されている。

以上のことにより，様々な電子デバイス，特に圧電デバイスへの応用のために要求される電気的特性をはじめとした諸条件をバランスよく達成する高品質無鉛圧電セラミックス薄膜の作製および実際のデバイス化が実現可能になる。

謝辞

本文中のデータに関する研究を実施するにあたり，多大な協力をいただきました中島好史氏，近藤尚弥氏，松田巧氏，熊谷純准教授，余語利信教授（以上，名古屋大学），眞岩宏司教授（湘南工科大学），飯島高志氏（産業技術総合研究所），由比藤勇准教授（早稲田大学）に感謝致します。

文　献

1) 眞岩宏司，超音波 TECHNO, **21**, 5（2009）
2) T. Kobayashi et al., *J. Micromech. Microeng.*, **17**, 1238（2007）
3) T. Kobayashi et al., *J. Micromech. Microeng.*, **18**, 035007（2008）
4) K. Yamashita et al., *Sensors and Actuators A: Physical*, **97-98**, 302（2002）
5) K. Uchino, 強誘電体デバイス（内野研二，石井孝明共訳），森北出版（2005）
6) K. Uchino et al., マイクロメカトロニクス 圧電アクチュエータを中心に（内野研二，石井孝明共訳），森北出版（2007）
7) R. E. Jeager et al., *J. Am. Ceram. Soc.*, **45**, 208（1962）
8) T. Saito et al., *Jpn. J. Appl. Phys.*, **43**, 6627（2004）

9) T. Saito et al., *Jpn. J. Appl. Phys.*, **44**, L573 (2005)
10) F. Lai et al., *J. Sol-Gel Sci. Techn.*, **42**, 287 (2007)
11) K. Tanaka et al., *Jpn. J. Appl. Phys.*, **46**, 6964 (2007)
12) Y. Nakashima et al., *Jpn. J. Appl. Phys.*, **46**, L311 (2007)
13) Y. Nakashima et al., *Jpn. J. Appl. Phys.*, **46**, 6971 (2007)
14) J. Ryu et al., *Appl. Phys. Lett.*, **92**, 012905 (2008)
15) C.-R. Cho et al., *J. Appl. Phys.*, **87**, 4439 (2000)
16) C.-R. Cho, *Mater. Lett.*, **57**, 781 (2002)
17) M. Blomqvist et al., *Appl. Phys. Lett.*, **81**, 337 (2002)
18) V. M. Kugler et al., *J. Cryst. Growth*, **262**, 322 (2004)
19) T. Saito et al., *Jpn. J. Appl. Phys.*, **44**, 6969 (2005)
20) T. Mino et al., *Jpn. J. Appl. Phys.*, **46**, 6960 (2007)
21) K. Shibata et al., *Appl. Phys. Exp.*, **1**, 011501 (2008)
22) M. Abrazari et al., *Appl. Phys. Lett.*, **93**, 192910 (2008)
23) M. Abrazari et al., *J. Appl. Phys.*, **103**, 104106 (2008)
24) Y. Nakashima et al., *J. Euro. Ceram. Soc.*, **31**, 2497 (2011)
25) 平野眞一ほか,ゾル-ゲル法応用技術の新展開,シーエムシー,15 (2000)
26) 坂本 渉,溶解性パラメーター適用事例集,情報機構,153 (2007)
27) N. Kondo et al., *Jpn. J. Appl. Phys.*, **49**, 09MA04-1-6 (2010)
28) T. Matsuda et al., *Jpn. J. Appl. Phys.*, **51**, 09LA03-1-6 (2012)
29) Y. Kizaki et al., *Appl. Phys. Lett.*, **89**, 142910 (2006)
30) M. Abrazari et al., *Appl. Phys. Lett.*, **92**, 212903 (2008)
31) W. Sakamoto et al., *Sensors and Actuators A*, **200**, 60-67 (2013)
32) K. Kikuta et al., *J. Sol-Gel Sci. Techn.*, **42**, 381 (2007)
33) Y. Minemura et al., *AIP Advances*, 077139 (2015)
34) 秋山善一,セラミックス,**51**, 488 (2016)

第40章　次世代デバイス用誘電体単結晶ナノキューブ三次元規則配列集積体

三村憲一[*1]，加藤一実[*2]

1　はじめに

近年の情報機器の目まぐるしい発展に伴い，電子デバイスのさらなる小型化，超高性能化，超高集積化などが求められている。特に電子デバイスの小型化の技術は成熟しつつあり，さらなる超小型かつ高性能化を達成するためには革新的な材料およびプロセス開発が必要と考えられる。ナノクリスタルは，従来のサイズという規定に加えて形状による特性のデザインや，それらを2次元あるいは3次元的に集積させて，その界面構造由来の高い特性を効率的に取り出すことができる新しい材料として注目されている[1〜5]。本章では，誘電体材料の小型化・高性能化に着目し，溶液化学的手法を用いた誘電体単結晶ナノキューブ三次元規則配列集積体の作製方法ならびに特異なナノ構造に起因する高い電気的特性について紹介し，次世代デバイス用の新しい材料および革新的な製造プロセスとしての可能性について述べる。

2　ペロブスカイト型誘電体酸化物単結晶ナノキューブの水熱合成

誘電体の中でもチタン酸バリウム系酸化物は，積層セラミックコンデンサなどの誘電体材料として広く応用されている。著者らは原料粉自体の高機能化・高品質化に着眼し，それらの単結晶ナノキューブの合成法を開発した[6〜8]。特にチタン原料に水溶性錯体[9,10]を用いることにより，均一な反応制御を可能とした。また，界面活性剤を用いることにより，チタン酸バリウムの{100}面に選択的に吸着させてその面方位への成長速度を遅らせることが可能となり，立方体形状のナノサイズ単結晶の合成が可能となった。さらに，固溶体形成による特性制御を目的として，チタンサイトの一部をジルコニウムで置換するため，チタン原料と類似の性質を有する水溶性錯体を用いることにより，ジルコニウム固溶量20 mol%以下において，均一な粒子サイズを有するチタン酸ジルコン酸バリウム（BZT）ナノキューブを得た。ジルコニウム20 mol%を固溶させたBZTナノキューブの走査型透過電子顕微鏡像およびエネルギー分散エックス線分析による元素マッピング像を図2に示す。ナノキューブ内部にジルコニウムが均一に分布している

[*1] Ken-ichi Mimura（国研）産業技術総合研究所　無機機能材料研究部門
　　　テーラードリキッド集積グループ　研究員
[*2] Kazumi Kato（国研）産業技術総合研究所　理事

第40章　次世代デバイス用誘電体単結晶ナノキューブ三次元規則配列集積体

図1　チタン酸バリウム単結晶ナノキューブの透過電子顕微鏡による微構造観察結果[6]

状態が確認でき，表1に示すように組成分析の結果もほぼ理論比に近い値を得られた。上記以外の組成においても，チタン酸ストロンチウムナノキューブの合成も可能[11]であり，錯体原料による精密な反応制御および界面活性剤による結晶成長制御を行うことにより，高品質で内部に欠陥などが含まれない単結晶ナノキューブの合成が可能であることを確かめた。

3　チタン酸バリウムナノキューブ三次元規則配列構造の作製

水熱合成により得られたチタン酸バリウムナノキューブ（BT NC）の表面は界面活性剤により被覆されているため，非極性の溶媒に高い分散性を示し，単分散なコロイド溶液を調製することが容易である。そのため，分散液を基材に塗布し，乾燥することにより，ナノキューブ間に生じる毛管現象を利用して，ナノキューブが自己組織化し，三次元構造を形成することが可能である。これらの手法は，移流集積法（convective self-assembly）[12〜14]と呼ばれ，ナノクリスタルを含むコロイド溶液などの配列手法として一般的に知られている。本手法は単分散のBT NC分散系に適用することが可能であり，汎用的なディップコートの手法と組み合わせて三次元規則配列構造の作製を行った。分散媒には，非極性かつ比較的沸点の高いメシチレン（1,3,5-トリメチルベンゼン）を用い，引き上げ速度を約10〜20 nm/secに設定することにより，溶媒蒸発により集積体が形成される速度と引き上げ速度がほぼ同速度になるように調節し，キューブ間に発生する横毛管力により規則配列構造を得ることができる[15,16]。得られた集積体の走査電子顕微鏡（SEM）による微構造観察結果を図3に示す。表面像および断面像から，規則性の極めて高い三次元構造が得られ，これらを高温で焼成しても，粒成長や配列構造を乱すことなく，界面のみで接合していることが高分解能透過電子顕微鏡（HR-TEM）観察により明らかとなった。また，基板上に凹凸加工を施すことにより，集積体のマイクロパターン化も可能である[17,18]。図5に示すようにディップコートの引き上げ方向と並行方向のラインアンドスペース基板を用いることにより，比較的長距離にわたり，集積体構造を得ることができる。また，ポリイミドなどの高分子

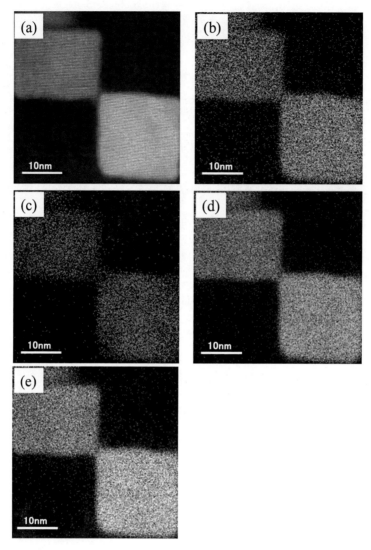

図2 チタン酸ジルコン酸バリウムナノキューブの高角散乱環状暗視野走査型透過電子顕微鏡（HAADF-STEM）像とエネルギー分散エックス線分析（EDX）マッピング像[8]
(a) HAADF-STEM 像, (b) 酸素, (c) ジルコニウム, (d) バリウム, (e) チタンのマッピング像
(Copyright (2016) The Japan Society of Applied Physics.)

表1 BZT ナノキューブの EDX による平均組成分析結果[8]
(Copyright (2016) The Japan Society of Applied Physics.)

	Ba	Zr	Ti
平均組成比	56	11	33
理論比	50	10	40

第40章　次世代デバイス用誘電体単結晶ナノキューブ三次元規則配列集積体

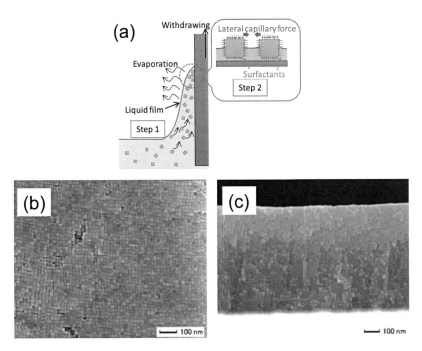

図3　(a) 毛管現象を利用したディップコート自己集積プロセスの模式図，(b) ディップコートにより得られたBTナノキューブ三次元規則配列構造体の表面微構造観察結果および，(c) 断面微構造観察結果[16]

（Copyright（2013）The Japan Society of Applied Physics.）

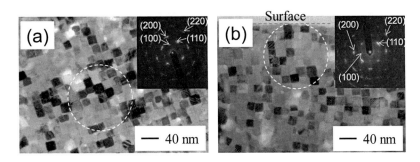

図4　850℃にて焼成後のBTナノキューブ三次元規則配列構造体の透過電子顕微鏡像
(a) 表面微構造，(b) 断面微構造[16]
（Copyright（2013）The Japan Society of Applied Physics.）

によりラインアンドスペースパターンを施した基板を用いると，集積後に極性溶媒などで高分子パターンのみをエッチングすることができ，最終的にBT NC三次元配列集積体のマイクロパターンのみが基板上に残る。この方法における最大の利点は，すべて温和な条件下のウェットプロセスのみで行うことができるため，基板や集積体へのダメージが少なく，特性の劣化がほとんどなくマイクロパターンを直接作製できることにある。このように既存技術を集積化に適用する

401

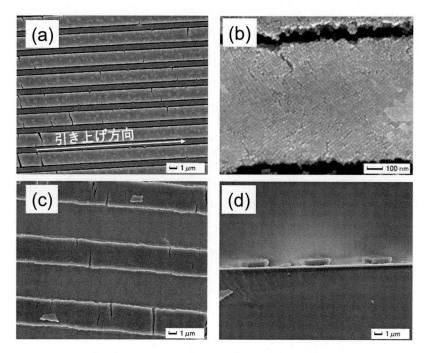

図5 マイクロパターン加工基板への BT ナノキューブの集積[17, 18]
(a) ライアンドスペース Si 基板上に集積した BT ナノキューブ三次元規則配列集積体の表面微構造観察結果と (b) 断面微構造観察結果, (c) ポリイミド加工基板を用いて集積後に, ポリイミドを除去した BT ナノキューブマイクロパターン集積体の表面微構造観察結果と (d) 断面微構造観察結果
(Copyright (2015) The Japan Society of Applied Physics and The Ceramic Society of Japan.)

ことにより, 規則配列構造を所望の領域に得ることが可能である。

4 チタン酸バリウム系ナノキューブ三次元規則配列構造体の電気特性

前項で得られた三次元規則配列構造体の電気特性について述べる。まず, BT NC および BZT NC 三次元規則配列構造体の圧電特性について圧電応答顕微鏡を用いて評価を行った[8, 16]。850℃ にて焼成を行った BT NC 三次元規則配列構造体の $d_{33\text{-PFM}}$-E 曲線においてヒステリシスループを示し, 15 nm のナノキューブにおいて強誘電性を有することが確認された。また, BT NC 集積体のラマン分光測定結果[7]より, 305 cm^{-1} 付近の正方晶に起因するピークを室温にて確認でき, 強誘電性発現を結晶学的にも確かめた。さらに温度を上昇させると, ピーク強度が徐々に減少し, ブロードな強誘電-常誘電相転移を示すことが示唆された。

一方, BZT NC 集積体においては, Zr の固溶量に従いヒステリシスがスリム化し, Zr 10 mol% において最も大きな電界誘起歪み挙動を示した。バルクセラミックスでも同様の結果が報告されており, Zr 固溶によるリラクサー化が示唆された。一方, 化学溶液堆積法における

第 40 章　次世代デバイス用誘電体単結晶ナノキューブ三次元規則配列集積体

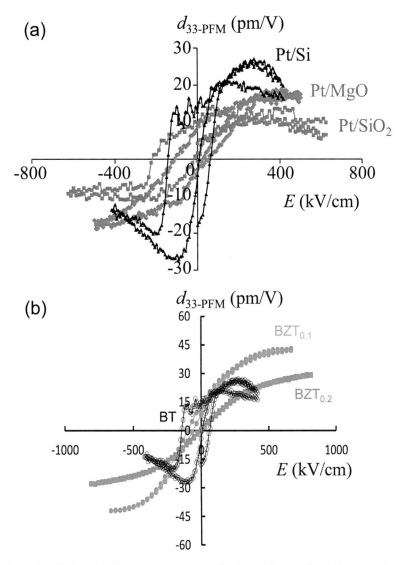

図6　(a) 各種基板上に集積させた BT ナノキューブおよび (b) 各組成における BZT ナノキューブの圧電応答特性[8, 16]

（Copyright (2013) and (2016) The Japan Society of Applied Physics.）

BZT 多結晶膜やパルスレーザー堆積法によりエピタキシャル成長させた BZT 薄膜においては，強誘電特性がスリム化しないという報告もある[19, 20]。通常の薄膜成長においては，基板結晶の影響を受けながら結晶成長が進行するため，その際，基板と薄膜の格子定数や熱膨張率の違いから生じる応力により材料本質の特性が得られない可能性が指摘されている。一方，NC 三次元配列構造体は，基板の結晶構造に依存した結晶成長を必要としないため，基板からの拘束を受けることなく，材料の本質的な特性の発現を確認できたと考えられる。

図8に各温度にて焼成したBT NC三次元規則配列構造体の誘電率の周波数依存性を示す[21,22]。800℃以上の焼成により，3000以上の高い誘電率を発現しており，誘電損失の値も比較的低く，周波数依存の小さな特性を示すことが明らかとなった。通常，チタン酸バリウムに代表される強誘電体材料のナノ粒子では，ナノサイズ効果と呼ばれる粒子サイズの減少に伴う誘電率の急激な減少が生じることが知られている[23〜27]。これはチタン酸バリウムの強誘電性が消失

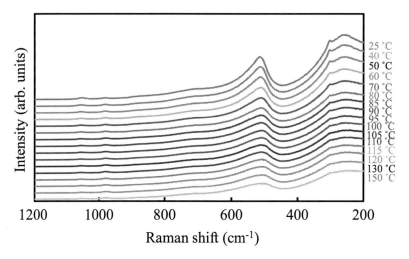

図7　BTナノキューブ三次元規則配列集積体（未焼成）の各温度におけるラマン分光測定結果[7]
（Copyright（2016）The Ceramic Society of Japan.）

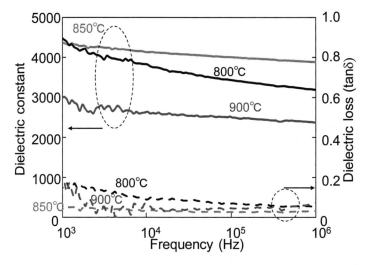

図8　BTナノキューブ三次元規則配列集積体の誘電率の周波数依存性[21,22]
（Copyright（2014）The Japan Society of Applied Physics.）

第 40 章　次世代デバイス用誘電体単結晶ナノキューブ三次元規則配列集積体

するためと考えられており，その臨界粒径は一般的に約 20 nm 程度と報告されている[28〜30]。しかしながら，BT NC 三次元規則配列構造体においては，ナノキューブの平均サイズが 15 nm と非常に微細ながらも単結晶よりも高い誘電率が得られている。この特異な現象の起源は，BT NC 同士が形成する接合界面による影響と考えられている。前項の図 4 の HR-TEM 観察結果より，個々のナノキューブのコントラストに違いがあることを確認できるが，これらは BT NC のわずかなサイズ分布に伴い回転角が生じ，ねじれながら接合しているためと考えられる。このような界面接合状態を導入することにより，界面近傍の局所領域において格子歪みが発生することが，界面近傍の詳細な観察により推察された[31]。また，微小ねじれ角に伴う歪みの発生により，チタン酸バリウムナノキューブ集積体が二次相転移を示すこと，さらに強誘電-常誘電相転移温度が室温付近にシフトすることが理論計算から導かれた[32]。これらの結果から，BT NC の三次元規則配列構造において接合界面を作製することにより，局所歪みを無数に導入することができ，誘電特性の大幅な向上に至ったと考察した。850℃にて焼成した BT NC 三次元規則配列構造体のキャパシタンス-温度依存性曲線を図 10 に示す。90〜100℃付近に強誘電-常誘電相転移に起因するブロードなキャパシタンスの最大値が見られ，ラマン分光測定の結果と良い一致を示し，本結果からも，BT NC 三次元規則配列構造体が強誘電性を有することが確認された。さらに DC バイアス依存性についても特徴的であり，高電界下においても静電容量変化率が約 20% と小さく，高電界・高温環境下でも使用可能な誘電体デバイス用材料としても期待される。図 12 に，BT NC 三次元規則配列構造体の誘電特性のベンチマークを示す[33〜45]。他の手法により作製された BT 系薄膜と比較すると，サイズ効果や膜厚効果がほとんどない材料であり，次世代の誘電体デバイス材料として期待されることが分かる。

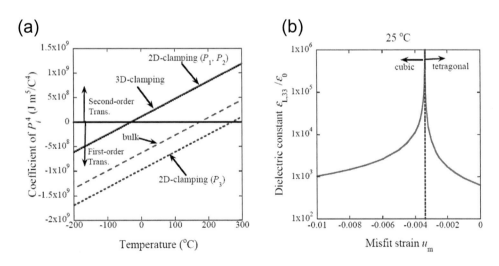

図 9　BT ナノキューブ三次元規則配列集積体における (a) ギブス関数 P^4 係数の温度依存性と (b) 誘電率のミスフィット歪み依存性[32]

(Copyright (2017) The Japan Society of Applied Physics.)

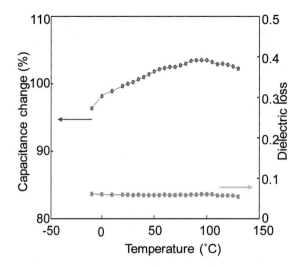

図10 850℃にて焼成したBTナノキューブ三次元規則配列集積体のキャパシタンスの温度依存性[21]
（25℃を基準にしたときの変化率）
（Copyright（2014）The Japan Society of Applied Physics.）

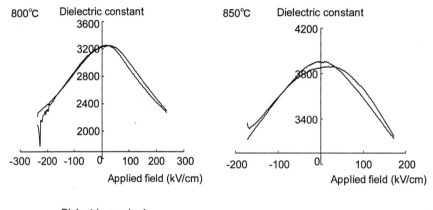

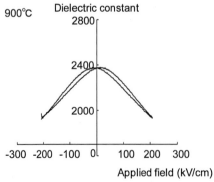

図11 各温度で焼成したBTナノキューブ三次元規則配列集積体の誘電率のDCバイアス依存性[22]
（Copyright（2014）The Japan Society of Applied Physics.）

第40章　次世代デバイス用誘電体単結晶ナノキューブ三次元規則配列集積体

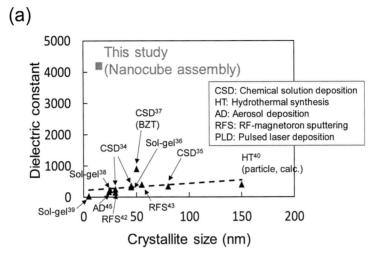

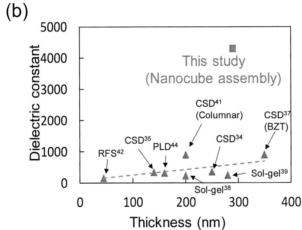

図12　BTナノキューブ三次元規則配列集積体の誘電率のベンチマーク[33~45]
(a) 結晶子サイズ依存性, (b) 膜厚依存性
(Copyright (2016) The Ceramic Society of Japan.)

5　まとめ

単結晶チタン酸バリウム系ナノキューブの合成方法およびそれらの三次元規則配列構造体の作製法, 高い誘電特性などについて述べた。高機能発現には, 単結晶由来の高結晶性に加えて, 界面制御技術が肝要である。また, 大面積で規則配列構造を得るためには, ナノキューブの精密なサイズ制御, 均一分散性など, 様々な因子を定量化して最適化する必要がある。今後, これらの技術的課題を解決し, 誘電材料のみならず, 様々な材料展開が可能となれば, 今後のスマート社会を支える新素材・新セラミックス技術へと発展していくと考えられる。ナノクリスタルの魅力的な特性を最大限に発揮する未来はそう遠くはないと期待している。

謝辞

本研究成果の一部は，産総研コンソーシアム型共同研究「ナノクリスタルセラミックスに関する研究」，JST 先端的低炭素化技術開発事業推進の下で得られました．また，研究推進にご協力いただいた産総研の関係者（安井久一主任研究員，鷲見裕史主任研究員，鈴木健太研究員，党鋒特別研究員（現中国山東大学教授），馬強特別研究員）に厚くお礼申し上げます．

文　献

1) A. Moreau et al., *Nature*, **492**, 8689 (2012)
2) K. Kato, K. Mimura, et al., *J. Mater. Res.*, **28**, 2932 (2013)
3) K. Kato, F. Dang, K. Mimura, et al., *Adv. Powder Technol.*, **25**, 1401 (2014)
4) 加藤一実，表面技術，**63**, 357 (2012)
5) 加藤一実，三村憲一ほか，セラミックス，**51**, 223 (2016)
6) F. Dang, K. Mimura, K. Kato et al., *Nanoscale*, **4**, 1344 (2012)
7) K. Mimura, Q. Ma, K. Kato, *J. Ceram. Soc. Jpn.*, **124**, 639 (2016)
8) K. Mimura, K. Kato, *Jpn. J. Appl. Phys.*, **55**, 0TA05 (2016)
9) K. Fujinami, K. Katagiri et al., *Nanoscale*, **2**, 2080 (2010)
10) K. Tomita, V. Petrykin et al., *Angew. Chem. Int. Ed.*, **45**, 2378 (2006)
11) F. Dang, K. Mimura, K. Kato et al., *CrystEngComm*, **13**, 3878 (2011)
12) B. G. Prevo and O. D. Velev, *Langmuir*, **20**, 2099 (2004)
13) M. H. Kim et al., *Adv. Funct. Mater.*, **15**, 1329 (2005)
14) K. Mimura, K. Kato et al., *Appl. Phys. Lett.*, **101**, 012901 (2012)
15) K. Mimura, K. Kato, *J. Nanopart. Res.*, **15**, 1995 (2013)
16) K. Mimura, K. Kato, *Jpn. J. Appl. Phys.*, **52**, 09KC06 (2013)
17) K. Mimura, K. Kato, *J. Ceram. Soc. Jpn.*, **123**, 579 (2015)
18) K. Mimura, K. Kato, *Jpn. J. Appl. Phys.*, **54**, 10NA11 (2015)
19) K. Tanaka et al., *Jpn. J. Appl. Phys.*, **44**, 6885 (2005)
20) J. Ventura et al., *Thin Solid Films*, **518**, 4692 (2010)
21) K. Mimura, K. Kato, *Appl. Phys. Express*, **7**, 061501 (2014)
22) K. Mimura, K. Kato, *Jpn. J. Appl. Phys.*, **53**, 09PA03 (2014)
23) 保科拓也，日本結晶学会誌，**51**, 300 (2009)
24) T. Hoshina, *J. Ceram. Soc. Japan*, **121**, 156161 (2013)
25) T. Tsurumi et al., *J. Am. Ceram. Soc.*, **89**, 13371341 (2006)
26) V. Buscaglia et al., *J. Eur. Ceram. Soc.*, **26**, 28892898 (2006)
27) 保科拓也ほか，セラミックス，**50**, 856 (2015)
28) S. Wada et al., *Jpn. J. Appl. Phys.*, **42**, 6188 (2003)
29) Y. Sakabe et al., *J. Eur. Ceram. Soc.*, **25**, 2739 (2005)
30) X. Deng et al., *J. Am. Ceram. Soc.*, **89**, 1059 (2006)

31) Q. Ma, K. Kato, *CrystEngComm*, **18**, 1543 (2016)
32) K. Yasui, K. Mimura, N. Izu, K. Kato, *Jpn. J. Appl. Phys.*, **56**, 021501 (2017)
33) K. Mimura, *J. Ceram. Soc. Jpn.*, **124**, 848 (2016)
34) K. Tanaka et al., *Jpn. J. Appl. Phys.*, **43**, 65256529 (2004)
35) Y. Guo et al., *J. Cryst. Growth*, **284**, 190196 (2005)
36) B. Lee and J. Zhang, *Thin Solid Films*, **388**, 107113 (2001)
37) K. Mimura et al., *Thin Solid Films*, **516**, 84088413 (2008)
38) M. H. Frey and D. A. Payne, *Appl. Phys. Lett.*, **63**, 27532755 (1993)
39) Y. Hao et al., *J. Am. Ceram. Soc.*, **97**, 34343441 (2014)
40) J. Adam et al., *Nanotechnology*, **25**, 065704 (2014)
41) S. Hoffmann and R. Waser, *J. Eur. Ceram. Soc.*, **19**, 13391343 (1999)
42) C. S. His et al., *Jpn. J. Appl. Phys.*, **42**, 544548 (2003)
43) A. Ianculescu et al., *J. Eur. Ceram. Soc.*, **27**, 11291135 (2007)
44) T. Hino et al., *Appl. Surf. Sci.*, **254**, 26382641 (2008)
45) T. Hoshina et al., *Jpn. J. Appl. Phys.*, **49**, 09MC02 (2010)

第41章 シリカおよびシロキサンを含む有機-無機複合材料の生体応答性

城﨑由紀*

1 はじめに

1970年代に生体内におけるケイ素の役割が少しずつ明らかにされ、骨置換を目的とした生体活性シリケートガラス（バイオガラス）をはじめとする生体活性材料の開発が盛んとなった。さらにシリコン置換ヒドロキシアパタイトや有機-無機複合体を用いて、それらの微細構造におけるケイ素・シリケートの役割や生化学的応答に関して研究が展開されてきた。

現在までに、骨におけるケイ素の化学的・生化学的作用は、①グリコサミノグリカンおよびプロテオグリカンとの相互作用、②ヒドロキシアパタイト結晶格子構造内のイオン置換の2つがよく知られている。さらに、バイオガラスからの溶出物が骨芽細胞の特定遺伝子、細胞周期や細胞外基質タンパクに影響を及ぼすことも報告されている。しかしながら、ケイ素化学種の微細構造と骨形成との関係や、骨以外の組織に対する影響はあまり明らかではない。

本稿ではケイ素やシリカの生体応答性に関して述べ、それらあるいはシリケート・シロキサン結合を含むバイオガラス、および筆者らの取り組んでいる有機-無機複合材料からの溶出物と細胞応答性に関する研究結果を紹介する。

2 ケイ素の生体内における役割

ケイ素は高等動物の正常代謝や軟骨、結合組織の形成において必要不可欠な微量元素であることが知られている。ケイ素の生体応答に関する研究は、ケイ肺症や尿路結石症といった症状とケイ素濃度との関連に長らくとどまっていたが、1970年代にCarlisleらが生体組織内の存在量を明らかにすると、その生体内での役割に着目されるようになってきた[1~11]。他の微量元素同様、ケイ素はヒト血漿中に可溶性のケイ酸の形で、通常約0.5 mg/L含まれている[2]。

Carlisleらは、まずマウスやラットの骨成長が活発化している部位にケイ素が局在化していることを発見した[3]。骨石灰化初期では、この部位でのケイ素およびカルシウム存在量は著しく低い。その後、骨石灰化が進むと両元素の存在量は増加し、骨として成熟するとケイ素存在量は再び減少する。ケイ素が豊富に存在する部位では、Ca/P比が1.0以下と成熟した骨アパタイトの

---

* Yuki Shirosaki　九州工業大学　大学院工学研究院　物質工学研究系　応用化学部門　准教授

第41章　シリカおよびシロキサンを含む有機-無機複合材料の生体応答性

1.67よりも低く，ケイ素が有機相に含有されていることが示唆されている。さらに，ケイ素（10，25，250 ppm）およびカルシウム量（0.08，0.40，1.20％）を変化させた飼料をラットに摂取させると[4]，カルシウム含有量が低い状態でケイ素量を増加させた際に，骨石灰化が促進されカルシウム含有量も増加する。一方で，ケイ素含有量が不十分な飼料を摂取した鶏では正常に骨が形成せず[1]，皮膚が薄くなり，脚の骨がもろく，さらに頭蓋骨が平滑で正常鶏よりも貧弱な体格となる。この頭蓋骨の異常は，コラーゲン産生量の低下が原因であることが報告されている[5]。5〜50 μMのメタケイ酸塩や10〜20 μMのオルトケイ酸塩を加えた培地中で培養した骨芽細胞ではコラーゲン産生が促進される報告もあり，ケイ素化学種がコラーゲン産生を促進する働きがあることは明らかである[6,7]。この濃度は生体内中で自然にケイ酸塩の重合がおきる濃度2 mMよりもはるかに低い。一方，ケイ素の摂取量が不十分であるとビタミンDの活性に影響し，その結果として骨形成を抑制することも報告されている。骨芽細胞内におけるケイ素濃度はマグネシウムやリン酸とほぼ等しく，骨芽細胞内のミトコンドリアに局在化し，代謝活性に大きく関与する[8]。例えば，シリカゲルを腹腔内に注入すると，骨芽細胞のミトコンドリア内に直径40〜50 Åの球状体や150〜1200 Åの凝集体として観察される[9]。Costa-Rodriguesらはケイ酸塩を添加した培地中でヒト間葉系幹細胞（hMSCs）やCD14＋幹細胞を培養し，その応答性を観察している[10]。1〜25 μMのケイ酸塩を添加した培地中では全DNA量の増加が観察されたが，5 μM以上ではプログラム細胞死（アポトーシス）数も増加する。ケイ酸塩存在化で培養したhMSCsは，細胞質の分布が均一で細胞骨格を有する。さらに，初期の骨分化マーカーであるアルカリフォスファターゼ活性（ALP），転写因子（RUNX2），コラーゲン（COL1），および後期マーカーのオステオカルシン（OC），骨シアロプロテイン（BSP）およびオステオポンチン（OP）が通常培地中で培養した細胞よりも高い発現量を示す。破骨細胞の分化マーカーであるマクロファージコロニー刺激因子（M-CSF）と破骨細胞分化因子（RANKL）は発現量が低下する。さらにCD14＋幹細胞の培養では，ケイ酸塩濃度が25 μM以上になると全DNAは低下しアポトーシス数は増加し，アクチンリングの形成も通常培地より抑制される。後述するが，バイオガラスを用いた実験系においても，ケイ酸塩濃度が高いと破骨細胞の活性を抑制する報告がある。

一方，靭帯，骨，皮膚，大動脈や器官のような結合組織では，肺，心臓や筋肉といった部位よりも4〜5倍以上のケイ素が，結合組織の骨格を形成するグリコサミノグリカンや糖タンパクの構成要素として存在している[4]。その為骨形成と同様にケイ素の不足は，関節軟骨や結合組織にも影響を与える[11]。ケイ素が不十分な飼料を摂取した鶏では，その関節軟骨や結合組織中のケイ素やヘキサミンの存在量が通常と比較して著しく低い。Carlisleらは，ケイ素が，コラーゲン，グリコサミノグリカンやヘキソサミンの産生量を増加させる報告をしている[12,13]。Schwarz[14]らによって，ケイ素が細胞マトリックス中のグリコサミノグリカンとR-O-Si-O-RやR-O-Si-O-Si-O-Rといったシラノラート結合を形成し，多糖類の構造や機能を安定化させるとも報告されている。

ケイ素はアスコルビン酸塩との相互作用により，ヘキソサミン産生も促進する[15]。Fenoglio

らは，シリカがシラノール基を介してアスコルビン酸塩と直接結合し[16]，ミトコンドリアが抗酸化剤としてアスコルビン酸を取り込むと同時にシリカも細胞内に取り込まれることを確認している。軟骨細胞を用いた実験により，ケイ素はコラーゲン，ヒドロキシプロリンや多糖の産生を促進することも明らかになっている[17]。異なるケイ素濃度（0～2.0 mM）の培地中でコラーゲン産生に関わる酵素のプロロルヒドロキシラーゼは，ケイ素濃度が高いほど活性を促進される。Liaらは，カルシウムシリケートから溶出したケイ素が，線維芽細胞や内皮細胞中の血管内皮成長因子（VGEF）の発現を促進し，このVGEFが骨誘導因子（BMP）の発現を引き起こすことを報告している[18]。一方で，ケイ素がマクロファージや破骨細胞の活性を抑制するといった報告もある[19,20]。このように，ケイ素は骨や軟骨といった結合組織の形成・代謝活性において大変重要な元素の一つであることは明らかである。

3 バイオガラスから溶出するケイ酸種と骨形成

1960年後半にHenchらによって開発されたバイオガラスは，その生体活性や生体応答性に関して多くの研究がなされている[21～24]。バイオガラスは骨芽細胞の接着や増殖を促進し，骨形成を助ける[21,23]。生体内にバイオガラスを埋入すると，オルトケイ酸等のイオンが急速に溶出し，バイオガラス表面のケイ酸濃度が上昇しシリカゲル層を形成する。同時に，カルシウム，リン酸および炭酸イオンの吸着によって析出したヒドロキシアパタイトが，骨芽細胞の接着・増殖を促進し増殖因子やBMPのような骨誘導因子を産生する。その後バイオガラス表面に骨前駆細胞がコロニーを形成し，コラーゲンを含む細胞外基質を産生し，骨細胞への成熟と共に石灰化する[24]。*In vitro*の細胞の初期成長は*in vivo*と比較して大変ゆっくりと起こるが，実際の骨組織での細胞応答性とよく似ている。Xynosらは*in vitro*で培養した骨芽細胞がバイオガラス表面で多くの糸状仮足や微絨毛を持つ活性化した形態を示すことを報告している[25～27]。バイオガラスからの抽出溶液を用いた溶液中で初代ヒト骨芽細胞を培養するとインシュリン様成長因子II（IGF-II）や細胞外基質の遺伝子発現が高く[28,29]，石灰化因子を必要としない石灰化が観察されている[30,31]。このような遺伝子発現は，培地中の溶解ケイ素濃度が20 μg/mL，カルシウムイオン濃度が60～90 μg/mLの際にもっとも高い値を示す[32]。さらにケイ酸やカルシウムといったバイオガラスからの溶出物はアポトーシスの数を増やし，一方で生細胞のDNA合成や有糸分裂は促進する[33]。細胞内カルシウムはIGF-IIの発現やグルタミン産生量を増加させ，ケイ酸は濃度10 mMでタイプIコラーゲン産生を促進するという各イオンの働きも報告されている[34～37]。

Karpovらは，ゾル-ゲル法を用いて異なるシリカ含有量のバイオガラスコーティングを作製し，その表面での骨髄由来MSCsの応答を観察している[38]。シリカ含有量が少ない（40SiO_2-54CaO-6P_2O_5）コーティング表面ではMSCsは骨芽細胞と破骨細胞に分化し，生体内の骨生成と骨リモデリングを再現する一方で，シリカ含有量が多い（80SiO_2-16CaO-4P_2O_5）コーティング表面では，破骨細胞への分化は観察されなかった。コーティングからの溶出物を含む分化培地

（デキストランおよび β-グリセロリン酸を含む）中で培養したマウス胚性幹細胞でも，石灰化様の細胞数の増加が観察されている[39]。

破骨細胞に関してもいくつか報告はあるが[27] in vivo で骨リモデリングを促進するという結果と in vitro での結果は矛盾している[40]。しかしながら，バイオガラスからの溶出物が，生体内で破骨細胞の働きにも何らかの影響を与えていることは間違いない。

4　シリカ，シリケートおよびシロキサン結合を含む有機-無機複合体

　バイオガラスの研究成果を受け，シリカ，シリケートおよびシロキサン結合を組み込んだ，新しい有機-無機複合体の提案がなされてきた。多孔質化された複合体を生体再生の足場材料として組織欠損部に埋入し，その孔内に細胞や組織が侵入すれば，材料と組織との大きな固定力が発揮される。さらに，その複合体が生体内分解性であれば，細胞増殖・組織再生を伴いながら，最終的には新しく再生した生体組織と完全に置き換わることができる。そのような複合体の合成には，生分解性有機物との複合化が必要である。ゾル-ゲル法を用い生分解性高分子にケイ素成分を修飾した有機-無機複合体の研究が多く報告されている。さらに導入するケイ素成分が各種細胞応答に刺激を与えることが報告されている。Gomide らは，ポリビニルアルコール（PVA）中にバイオガラスを分散させた複合体表面で，ラット骨髄 MSCs を培養しその増殖・活性を調べている[41]。MSCs 細胞は複合体表面で良好な増殖・活性を示すが，このような単なる混ぜ物ではPVA とバイオガラス間に化学的結合が存在しない為，生体内で早期に溶解し，生体組織が再生するまでその骨格を維持できない。そこで，有機官能基を有するシランカップリング剤を使用してケイ素成分と生分解性有機物の間に共有結合のような強い化学結合を形成させ，分解速度を制御すると共に溶出するケイ素成分を制御可能な複合体の創製が試みられている。

　著者らは，生分解性有機物の一つであるキチン・キトサンに着目し，生体組織再生用材料の創製に取り組んでいる[42〜48]。キトサンとエポキシ基を有するシランカップリング剤 γ-グリシドキシプロピルトリメトキシシラン（GPTMS）をゾル-ゲル法により複合化し，透明で柔軟なフィルムや連通孔を有するスポンジ状の多孔質体を作製した。このフィルム上には，ヒト由来骨芽細胞用細胞（MG63）やヒト由来骨髄細胞が良好に接着し，増殖することが分かっている[42,43]。また，分化誘導因子を加えない条件でも，骨再生に必須である高い石灰化能を発現する。さらに多孔質体は 90％と高い気孔率を有し，その体積をほとんど変化させることなく，その孔内に培地や細胞を保持することができる。この多孔質体をビーグル犬の頭蓋骨欠損部に埋入すると多孔質体周辺に多くの骨芽細胞が存在し，その後多孔質体は分解され，類骨組織の形成や血管新生が起こることも分かっている（図1）[45]。一方，テトラエトキシシラン（TEOS）を添加した複合体フィルムと比較すると，溶出ケイ素濃度が同じでも骨芽細胞の応答が異なる結果を得ている[46]。GPTMS 由来の溶出液では細胞接着・増殖が促進され，TEOS 由来の場合には，増殖が抑制され，分化活性が促進される（図2）。この結果は，重合体のサイズや構造が，骨芽細胞の増殖・

ゾル-ゲルテクノロジーの最新動向

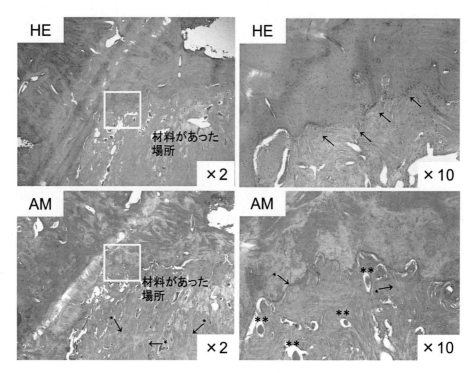

図1 複合体埋入12ヶ月後の組織画像
HE（ヘマトキシリン-エオジン染色），AM（アザン-マロリー染色）右は左の枠部を拡大。多くの骨芽細胞が材料埋入周辺に存在し（→），埋入部に類骨組織（*→）や血管新生（**）が観察される[45]。

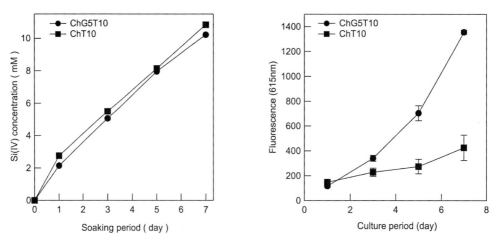

図2 キトサン-GPTMS-TEOS複合体からのケイ素溶出挙動（左）と骨芽細胞細胞様細胞MG63の増殖（右）
ケイ素溶出量が同じでも，細胞応答性が異なることが分かる[47]。

分化機構に影響を与えていると示唆される。このキトサン-GPTMS複合体は，合成時のpH，温度等を変化させると異なった重合構造を持つことが固体核磁気共鳴法（NMR）によって詳細に調査されている[47]。今後この微細構造と細胞応答性との関連を明らかにしていけば，骨形成機構へのケイ素の役割に関する知見が深まると期待できる。

　骨再生への応用だけでなく，損傷したラットの末梢神経に足場材料として埋入すると，ポリ乳酸のような他の生分解性材料よりも神経組織の再生が良好となる結果も得ている[48]。神経細胞の軸索周囲を取り囲むミエリン鞘（絶縁体のような働きをする。）の厚みが増すほど，神経伝達がより迅速に行われるが，このミエリン鞘の厚みが，多孔質複合体を用いたラットでは，自然治癒やポリ乳酸を用いた場合よりも，より厚く再生されることが分かっている。それに伴い，運動・感覚機能も早期に回復されている。皮下埋入における炎症試験でもこの複合体は興味深い結果を示す[49]。複合体をラット皮下に埋入するとのその周辺はカプセル皮膜で覆われる。しかし，8週目にはその皮膜の厚さは減少し，周辺軟組織の浸潤が多孔質内にまで観察される。神経の再生や皮下埋入時の炎症反応へのケイ素成分の役割は目下調査中であり未だ明らかではないが，骨組織への影響と同様，各細胞の働きを刺激していることは間違いない。

5　まとめ

　骨代謝におけるケイ素の役割はかなり明らかになっており，新規材料の設計に応用されてきている。細胞内部におけるケイ素成分の構造の解明や，その構造の違いによる生体応答性をさらに明らかにすれば，骨以外の生体組織への応用が可能となると期待される。

文　　献

1) E. M. Carlisle, *Science*, **178**, 619（1972）
2) E. M. Carlisle, *Trace elements in human and animal nutrition, 5th edn*, W Mertz ed., Academic Press, Orlando, USA.（1986）
3) E. M. Carlisle, *Science*, **167**, 179（1970）
4) E. M. Carlisle, *Fed. Proc.*, **33**, 1758（1974）
5) E. M. Carlisle, *J. Nutr.*, **10**, 352（1980）
6) M. Q. Arumugam *et al.*, *Key. Eng. Mater.*, **254**, 869（2006）
7) D. M. Reffitt *et al.*, *Bone*, **32**, 127（2003）
8) E. M. Carlisle, *Nurt. Rev.*, **40**, 193（1982）
9) A. Policard *et al.*, *J. Biophys. Biochem. Cytol.*, **9**, 236（1961）
10) J. Costa-Rodrigues *et al.*, *Stem Cells Int.*, **2016**, ID5653275（2016）

11) E. M. Carlisle, *J. Nutr.*, **106**, 478（1976）
12) E. M. Carlisle & W.F. Alpenfels, *Fed. Proc.*, **37**, 1123（1978）
13) E. M. Carlisle & W.F. Alpenfels, *Fed. Proc.*, **39**, 787（1980）
14) E. M. Carlisle, *Sci. Total Environ.*, **73**, 95（1988）
15) E. M. Carlisle & C. Suchil, *Fed. Proc.*, **42**, 398（1983）
16) I. Fenoglio *et al.*, *Chem. Res. Toxicol.*, **13**, 971（2000）
17) E. M. Carlisle & D.L. Garvey, *Fed. Proc.*, **41**, 461（1982）
18) P. J. Bouletreau *et al.*, *Plast. Reconstr. Surg.*, **109**, 2384（2002）
19) ˇZ. Mladenovi´c *et al.*, *Acta Biomater.*, **10**, 406（2013）
20) J. R. Henstock *et al.*, *J. Mater. Sci. Mater. Med.*, **25**, 1087（2014）
21) L. L. Hench, *J. Mater. Sci. Mater. Med.*, **17**, 967（2006）
22) J. R. Jones, *Acta Biomater.*, **9**, 4457（2013）
23) M. V. Thomas *et al.*, *J. Long. Term Eff. Med. Implants*, **15**, 585（2005）
24) C. Loty *et al.*, *J. Biomed. Mater. Res.*, **49**, 423（1999）
25) J. E. Gough *et al.*, *Biomaterials*, **25**, 2039（2004）
26) E. Kaufmann *et al.*, *Tissue Eng.*, **6**, 19（2000）
27) M. Bosetti & M. Cannas, *Biomaterials*, **26**, 3873（2005）
28) I. A. Silver *et al.*, *Biomaterials*, **22**, 175（2001）
29) J. D. Xynos *et al.*, *J. Biomed. Mater. Res.*, **55**, 151（2001）
30) J. D. Xynos *et al.*, *Biochem. Biophys. Res. Commun.*, **276**, 461（2000）
31) J. D. Xynos *et al.*, *Calcified. Tissue, Int.*, **6**, 311（2000）
32) L. L. Hench, *J. Eur. Ceram. Soc.*, **29**, 1257（2009）
33) L. L. Hench *et al.*, *Mater. Res. Innovations*, **3**, 313（2000）
34) P. J. Marie, *Bone.* **46**, 571（2010）
35) S. Maeno *et al.*, *Biomaterials*, **26**, 4847（2005）
36) P. Valerio *et al.*, *Biomed. Mater.*, **4**, 045011（2009）
37) D. M. Reffitt *et al.*, *Bone*, **32**, 127（2003）
38) M. Karpov *et al.*, *J. Biomed. Mater. Res. Part A*, **84A**, 718（2008）
39) R. C. Bielby *et al.*, *Tissue Eng.*, **11**, 479（2005）
40) M. Hamadouche *et al.*, *J. Biomed. Mater. Res.*, **54** 560（2001）
41) V. S. Gomide *et al.*, *Biomed. Mater.*, **7**, 015004（2012）
42) Y. Shirosaki *et al.*, *Biomaterials*, **26**, 485（2005）
43) Y. Shirosaki *et al.*, *Acta Biomaterialia*, **5**, 346（2009）
44) Y. Shirosaki *et al.*, *Int. J. Mater. Chem.*, **3**, 1（2013）
45) Y. Shirosaki *et al.*, *Letter. Appl. NanoBioSci.*, **5**, 342（2016）
46) Y. Shirosaki *et al.*, *J. Ceram. Soc. Jpn*, **118**, 989（2010）
47) L. S. Connell *et al.*, *J. Mater. Chem. B*, **2**, 668（2014）
48) S. Amado *et al.*, *Biomaterials*, **29**, 4409（2008）
49) M. J. Simões *et al.*, *Acta Med. Port.*, **24**, 43（2011）

ゾル-ゲルテクノロジーの最新動向

2017年7月31日　第1刷発行

監　　修	幸塚広光	(T1054)
発 行 者	辻　賢司	
発 行 所	株式会社シーエムシー出版	

　　　　　　東京都千代田区神田錦町1-17-1
　　　　　　電話 03(3293)7066
　　　　　　大阪市中央区内平野町1-3-12
　　　　　　電話 06(4794)8234
　　　　　　http://www.cmcbooks.co.jp/

編集担当　　深澤郁恵／町田　博

〔印刷　日本ハイコム㈱〕　　　　　　　　　　Ⓒ H. Kozuka, 2017

落丁・乱丁本はお取替えいたします。

本書の内容の一部あるいは全部を無断で複写(コピー)することは，法律で認められた場合を除き，著作者および出版社の権利の侵害になります。

ISBN978-4-7813-1258-3　C3058　¥86000E